U0154081

ゼロからはじめる「構造力学」演習

原口秀昭——著
陳曄亭——譯

圖解結構力學練習入門

一次精通結構力學的
基本知識、原理和計算

前言

只要像個笨蛋般重複記憶，應該不管是誰都能掌握到大概的內容！

設計系的學生有許多人不擅長結構力學，就算讀一次不會，只要配合解題讀個兩次、三次，一定會記得。「反覆練習」是指重複進行基本動作，讓身體記得的一種學習方式，在武道上經常使用。或許有人會說學問是用腦，跟使用身體記憶的運動不一樣，但對我來說，兩者其實是一樣的。

本書是結構力學的基本練習書，以過去日本建築師考試出過的問題為基礎。日本唸建築的學生，不是報考二級建築師就是一級建築師，在運用的積極面上，本書可以在將來考試時派上用場。在難易度上，書中標記「簡單」的篇章為二級建築師程度，「普通」、「困難」為一級建築師程度的問題。除了重新編輯過去實際出過的問題之外，也追加了中等、基本的問題。

撓度與撓角、靜不定構架的彎矩、挫屈、塑性彎矩、破壞荷重等，學生常說困難的部分，占了大部分的篇幅，也使用了許多圖解來說明。公式則是適當、重複性的提示。書末集結了結構力學的重要公式，一目了然，方便記憶。

報考一級的人，也請依序從簡單→普通來解題。同時請一定要在紙上用鉛筆和橡皮擦加以練習。就算覺得讀算式很難，自己在紙上慢慢寫，說不定很快就可以理解了。不要覺得麻煩，強力推薦讀者試著自己在紙上書寫吧。

有關練習問題的解法說明，理論部分都努力以圖像來表示。藉由大量的圖解，讓讀者能夠用感覺來了解結構力學。為了避免過於無趣，也附有圖解系列中的共通漫畫，腳蹬高跟鞋的吐槽肉食系女子美貴，以及自信的裝傻草食系男子阿旭兩人。有時會收到這是亂搞的批評，就當作是不同形式的漫畫，請大家多多包涵吧。

圖解系列的源頭，是從筆者為了教導學生，每天在部落格（http://plaza.rakuten.co.jp/haraguti/）分享附有漫畫的解說開始。而且若是沒有附漫畫，學生就不看。部落格的讀者會反映這篇文章是不是有錯誤，也有好幾次受到應該是這樣或那樣的指教。另外也有得到圖解畫得很好的鼓勵。如此不斷重複，集結、修正部落格文章編輯成冊至今，本書已是系列的第十本了。

多本拙作已在中國、台灣、韓國翻譯出版。或許是全頁附註圖解、漫畫的形式，在亞洲圈頗受好評。不過大量使用圖解、漫畫的作業相當辛苦，需要很多耐心。若不是有來自讀者、學生、部落格讀者以及編輯的壓力，大概早就放棄了。

對於結構力學的基本概念，會在各頁重複解說，完全不懂向量、力矩、內力、應力的讀者，強烈建議併同拙作《漫畫結構力學入門》一起閱讀。至於一般的結構知識，可閱讀已出版的圖解系列《圖解建築結構入門》；若是要得知結構力學的公式推導，以及微積分、微分方程式等的意義，這些更進一步的內容則可閱讀《結構力學超級解法術》；至於各種結構或構法等，則請務必參考《圖解木造建築入門》、《圖解 RC 造建築入門》、《圖解 S 造建築入門》。接下來預定出版的《圖解 RC 造 +S 造結構練習入門》，也敬請期待。

本書能夠出版，要感謝許多提出建言的專家學者、部落格的讀者、作為參考的專門書的作者，以及提出許多簡單問題的學生，還有協助繁瑣的編輯作業的彰國社編輯部尾關惠小姐，在企畫階段多方協助的中神和彥先生，再次獻上我衷心的感謝。真的非常謝謝大家。

2014 年 7 月

原口秀昭

目次　　CONTENTS

在進入練習之前，將力及內力等加上正負符號，一起記下來吧。

①力與符號

建築所使用的力，與物理的靜力學相同，符號不具有絕對性。假設向上的力F為正，計算的結果若是正，就表示是向上；若是負，則表示是向下。向右、向左也是同樣的道理。力矩的旋轉方向也是一樣，不管順時針轉或逆時針轉，都是由最初的假設來決定，得到負的就表示是反方向旋轉。

↑ F ⇨ 假設為向上 ⇨ 得到−5kN就表示是向下（與假設相反）

↺ M ⇨ 假設為逆時針 ⇨ 得到−10kN·m就表示是順時針（與假設相反）

若每次都隨意假設，很容易出錯，一般來說，都是以向右的x方向為正（以下用→⊕），向上的y方向為正（以下用↑⊕），旋轉方向（M方向）則是以順時針為正（以下用↻⊕）。在本書中的x方向力平衡（以下用$\Sigma Fx=0$）、y方向力平衡（以下用$\Sigma Fy=0$），以及力矩平衡（以下用$\Sigma M=0$）的公式，都是採用這樣的符號設定。

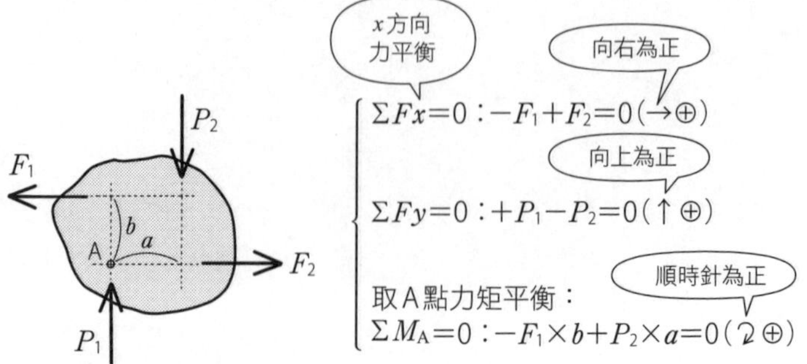

②內力與符號

內力是發生在物體內部的力量，是因應從外部施加的外力（荷重或反力）所產生的力。在此將內力N、Q、M與其相關符號等，一起記下來吧。

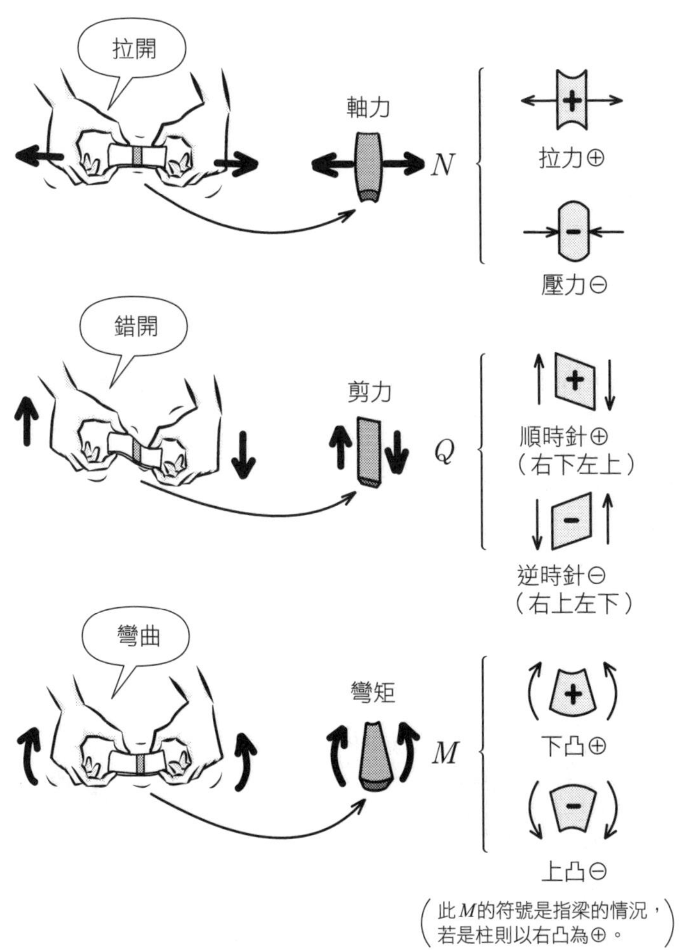

（此M的符號是指梁的情況，若是柱則以右凸為⊕。）

Q 如下圖，有2個力P_1、P_2作用，請求出A、B、C各點的力矩M_A、M_B、M_C（以順時針為正）。

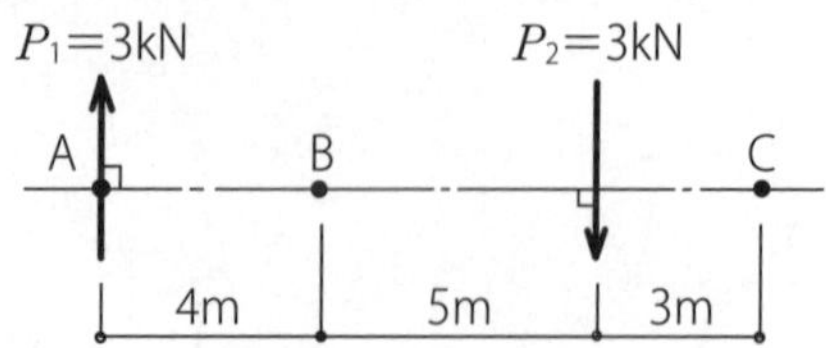

A ①考量作用在A點的力矩。P_1的作用線通過A點，因此P_1的力矩為0。

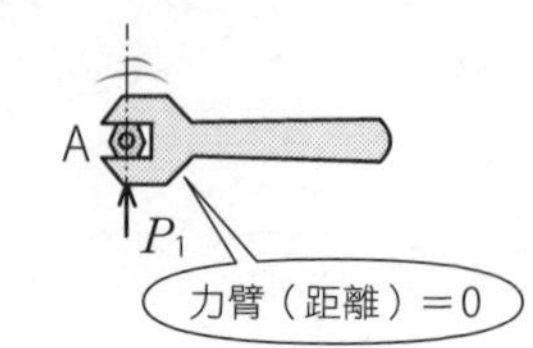

P_2對A點作用的力矩為
力×力臂＝3kN×(4m＋5m)
＝＋27kN·m（↻⊕）

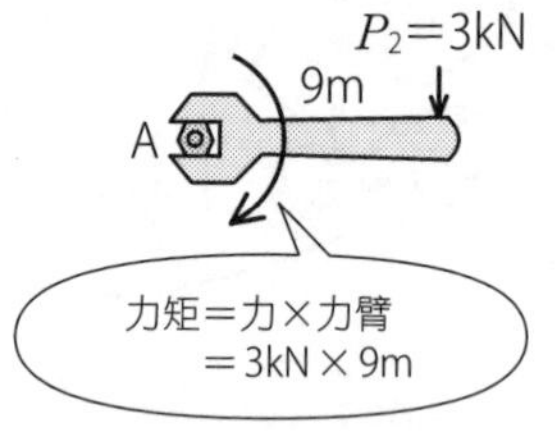

因此，M_A＝＋27kN·m（↻⊕）

②考量作用在B點的力矩。

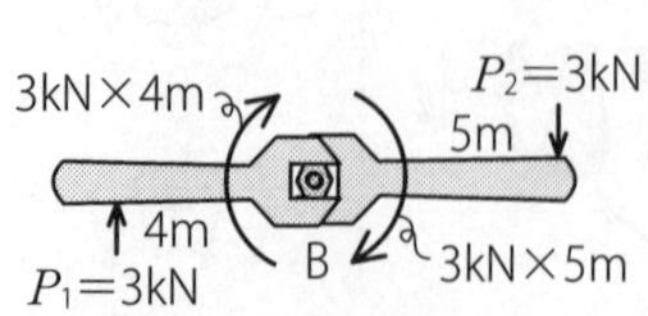

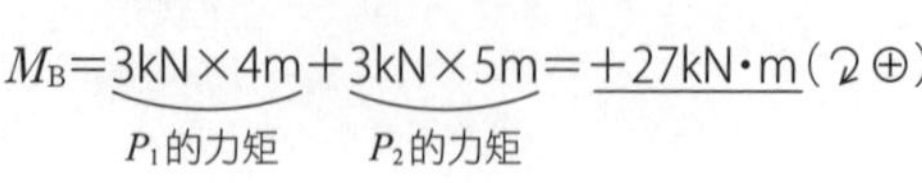

M_B＝3kN×4m＋3kN×5m＝＋27kN·m（↻⊕）
（3kN×4m：P_1的力矩；3kN×5m：P_2的力矩）

③考量作用在C點的力矩。

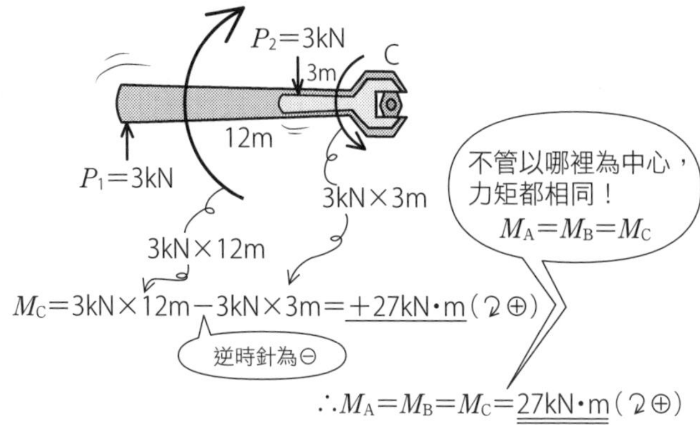

M_C=3kN×12m－3kN×3m=＋27kN·m（↻⊕）

逆時針為⊖

∴$M_A=M_B=M_C$=27kN·m（↻⊕）

④用別的方式，如力偶來計算看看。大小相等、方向相反、不在同一作用線上的2個力稱為力偶。不管以哪裡為中心計算，力矩的大小都是力的大小×2力的距離，因此 $M_A=M_B=M_C$。

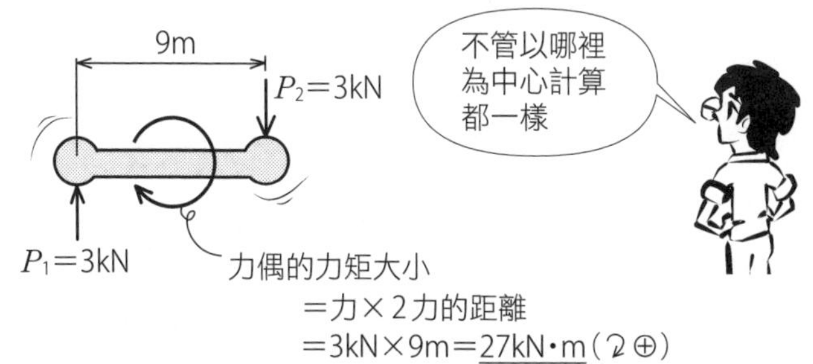

力偶的力矩大小
=力×2力的距離
=3kN×9m=27kN·m（↻⊕）

Point

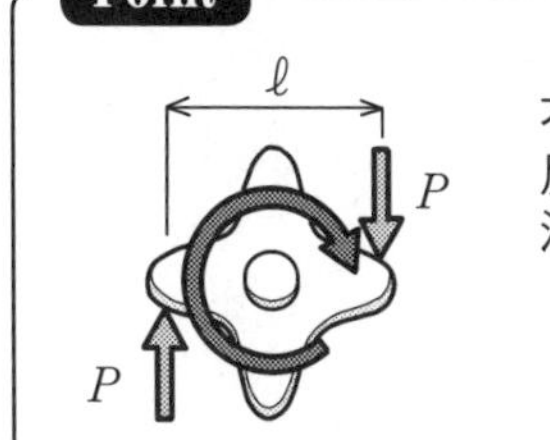

不在同一作用線、大小相等、方向相反的力為力偶。此為力矩的特殊情況。不管從哪一點計算，力矩都相同。

力矩的大小＝$P\times\ell$

Q 如圖的分布荷重，請求出合力的作用線到A點之間的距離。

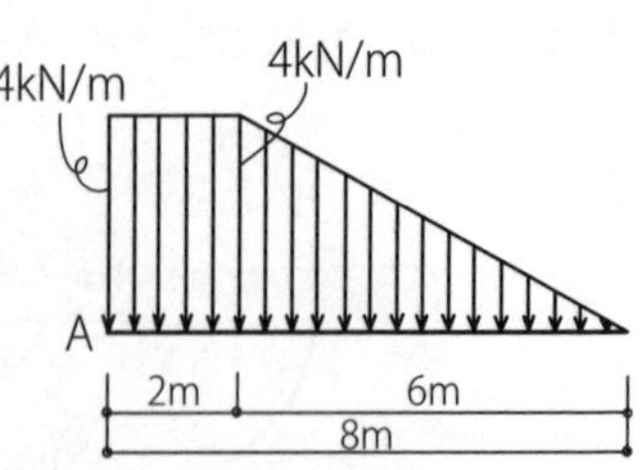

A ①將分布荷重分成兩個區塊，個別計算合力。

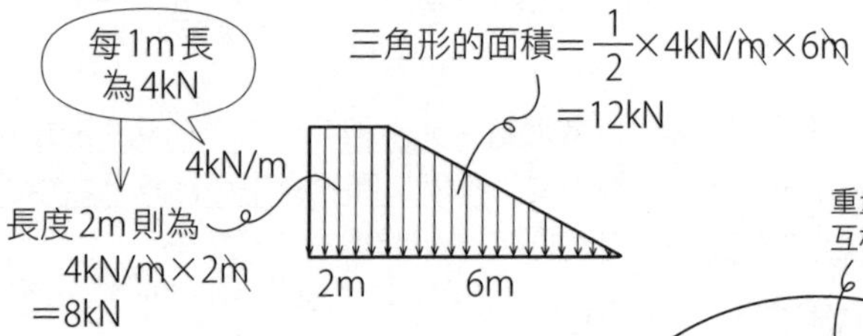

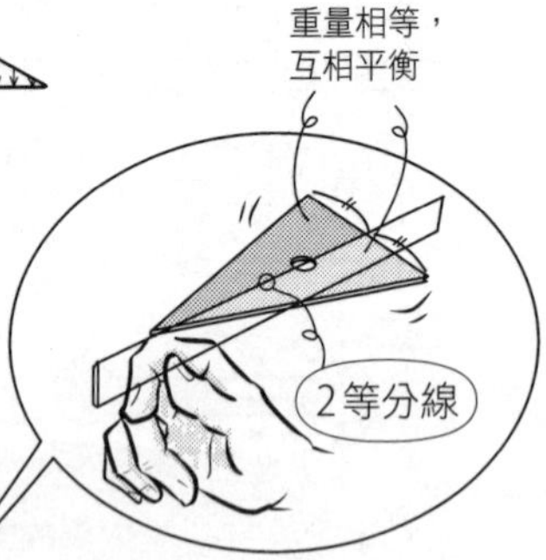

每1m長為4kN

三角形的面積$=\frac{1}{2}\times 4\text{kN/m}\times 6\text{m}$
$=12\text{kN}$

4kN/m

長度2m則為
$4\text{kN/m}\times 2\text{m}$
$=8\text{kN}$

2m　6m

重量相等，互相平衡

2等分線

②將個別合力放在各區塊的重心。

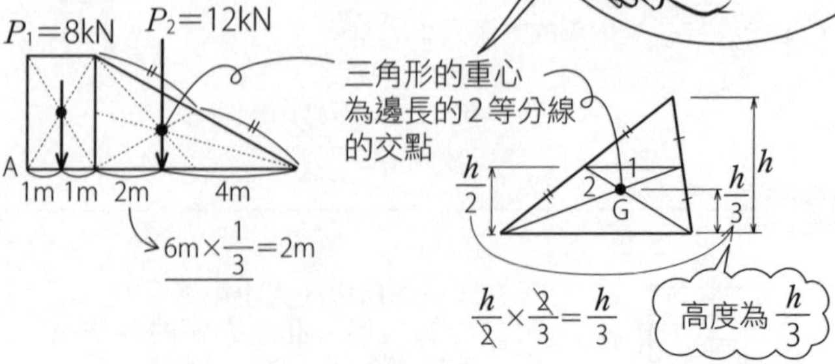

$P_1=8\text{kN}$　$P_2=12\text{kN}$

A　1m 1m 2m　4m

$6\text{m}\times\frac{1}{3}=2\text{m}$

三角形的重心為邊長的2等分線的交點

$\frac{h}{2}$　1　2　G　$\frac{h}{3}$　h

$\frac{h}{2}\times\frac{2}{3}=\frac{h}{3}$

高度為$\frac{h}{3}$

③將P_1、P_2相加，可得P_1與P_2的合力F的大小。

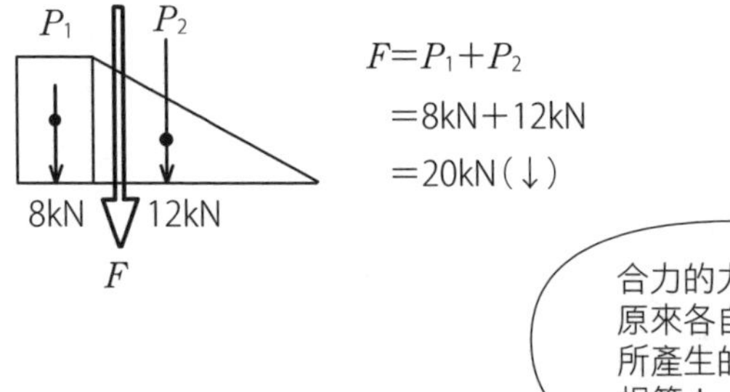

$$F = P_1 + P_2 = 8\text{kN} + 12\text{kN} = 20\text{kN}(\downarrow)$$

合力的力矩會與原來各自的力所產生的力矩總和相等！

④從「合力F的力矩＝P_1、P_2的力矩和」，就可以求得合力F的位置x。

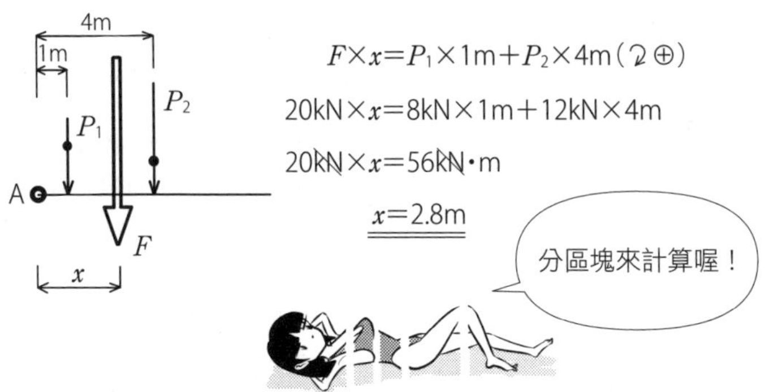

$$F \times x = P_1 \times 1\text{m} + P_2 \times 4\text{m}\ (↻\oplus)$$
$$20\text{kN} \times x = 8\text{kN} \times 1\text{m} + 12\text{kN} \times 4\text{m}$$
$$20\text{kN} \times x = 56\text{kN} \cdot \text{m}$$
$$x = 2.8\text{m}$$

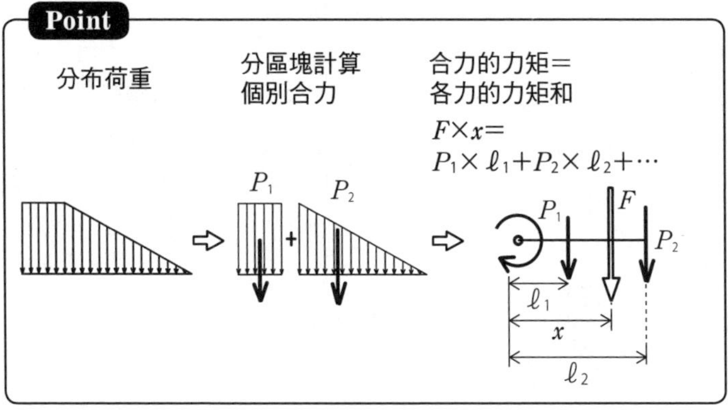

Q 如圖，在P_1、P_2、P_3、P_4等4力作用下互相平衡時，請求出P_1的大小。

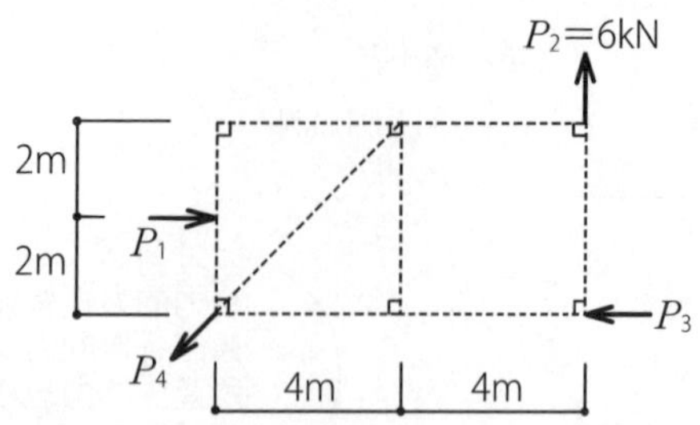

A ①首先，考量中心點O的力矩平衡。P_1、P_2、P_3、P_4作用在O點的力矩為M_1、M_2、M_3、M_4。

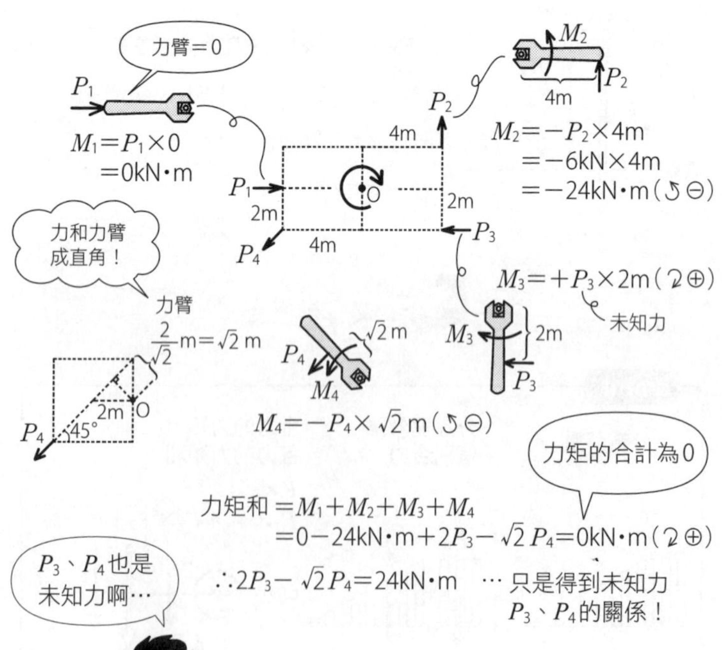

力矩和 $=M_1+M_2+M_3+M_4$

$=0-24$kN·m$+2P_3-\sqrt{2}P_4=0$kN·m（↻⊕）

$\therefore 2P_3-\sqrt{2}P_4=24$kN·m　… 只是得到未知力$P_3$、$P_4$的關係！

這個方法無法求得P_1。

②因此，改成考量P_3、P_4作用線的交點，即A點的力矩平衡。

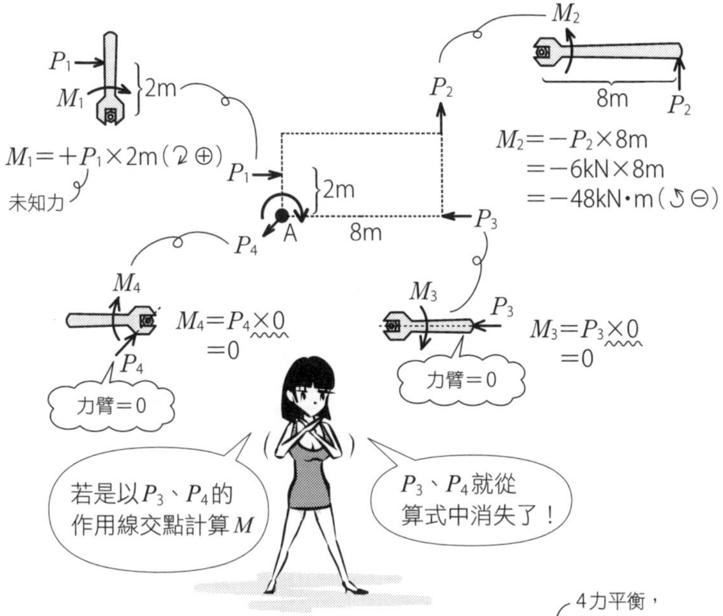

P_1 → M_1 2m

$M_1 = +P_1 \times 2\text{m}$（↻⊕）

未知力

M_2

P_2 8m P_2

$M_2 = -P_2 \times 8\text{m}$
$= -6\text{kN} \times 8\text{m}$
$= -48\text{kN·m}$（↺⊖）

P_1 2m A 8m P_2 P_3 P_4

M_4 P_4

$M_4 = P_4 \times 0$
$= 0$

力臂＝0

M_3 P_3

$M_3 = P_3 \times 0$
$= 0$

力臂＝0

若是以P_3、P_4的作用線交點計算M

P_3、P_4就從算式中消失了！

4力平衡，故力矩合計為0

力矩和 $= M_1 + M_2 + M_3 + M_4 = 0$

$2(\text{m})P_1 - 48\text{kN·m} + 0 + 0 = 0$（↻⊕）

$\therefore \underline{\underline{P_1 = 24\text{kN}}}$（→）

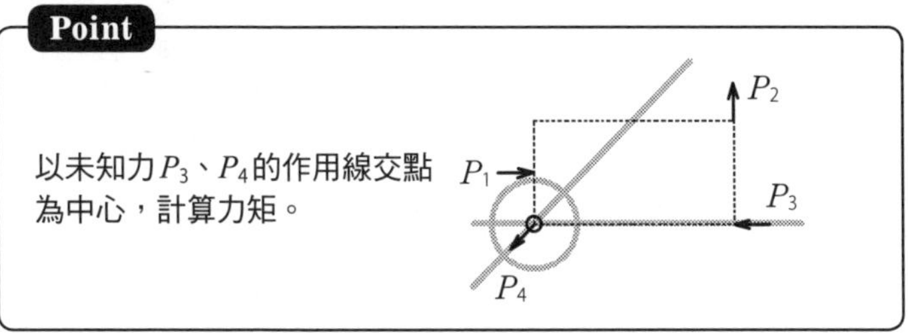

Point
以未知力P_3、P_4的作用線交點為中心，計算力矩。
P_2
P_1
P_3
P_4

Q 如圖，在P_1、P_2、P_3、P_4等4力作用下互相平衡時，請求出P_1、P_2、P_4的大小。

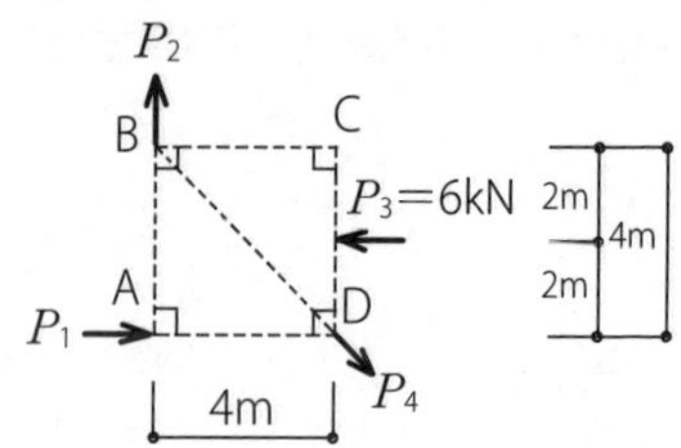

A ①45°方向的力P_4，可以分解成x、y方向。

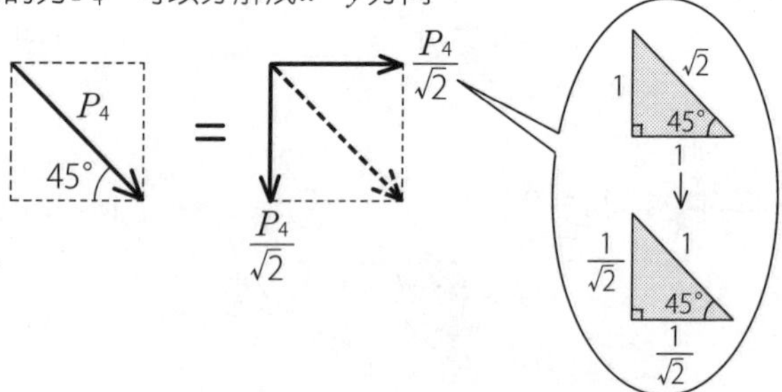

②考量x方向的力平衡。

$$\Sigma Fx=0：P_1-6+\frac{P_4}{\sqrt{2}}=0(\rightarrow\oplus)\cdots(1)$$

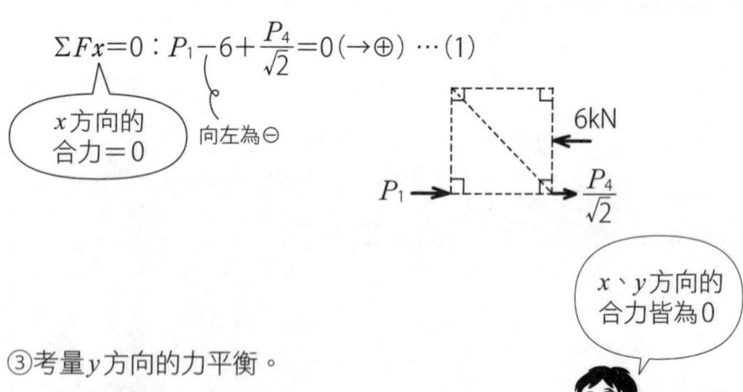

③考量y方向的力平衡。

$$\Sigma Fy=0：P_2-\frac{P_4}{\sqrt{2}}=0(\uparrow\oplus)\cdots(2)$$

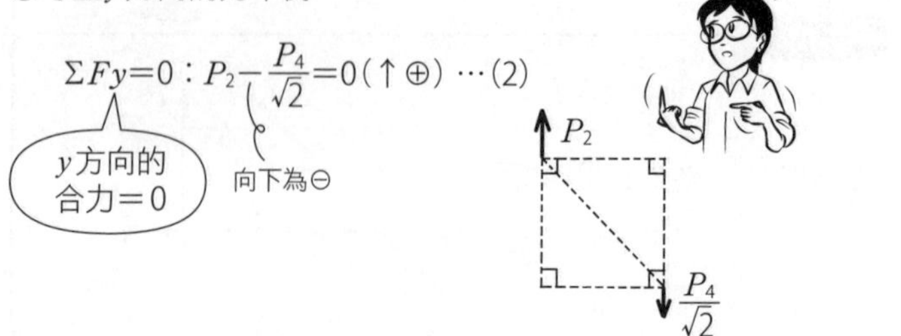

④考量力矩平衡。不管以哪裡為中心都一樣，若是考量以B點為中心的力矩M_B，斜向力P_4的力矩為0，計算較輕鬆。P_2的力矩也是0。

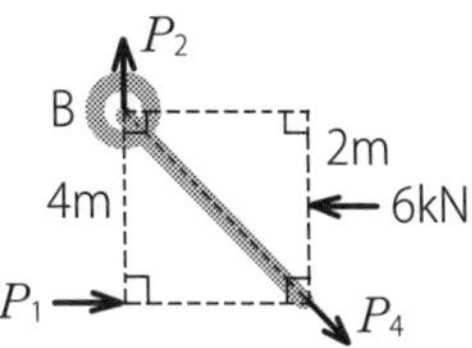

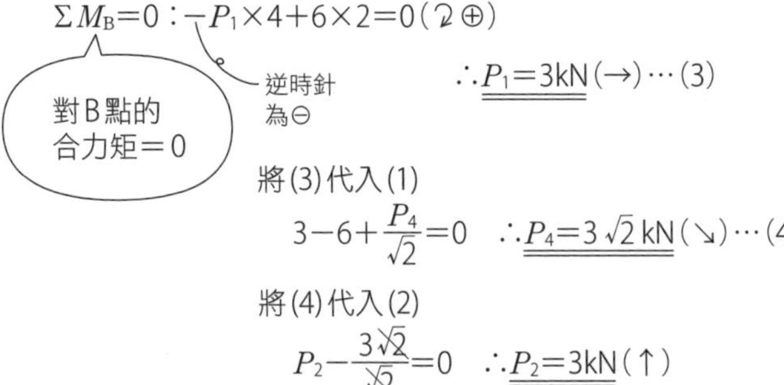

$\Sigma M_B=0$：$-P_1\times4+6\times2=0$（↻⊕）

$\therefore P_1=3\text{kN}(\rightarrow)\cdots(3)$

將(3)代入(1)

$3-6+\frac{P_4}{\sqrt{2}}=0$　$\therefore P_4=3\sqrt{2}\text{ kN}(\searrow)\cdots(4)$

將(4)代入(2)

$P_2-\frac{3\sqrt{2}}{\sqrt{2}}=0$　$\therefore P_2=3\text{kN}(\uparrow)$

Point

就算是$\Sigma Fx=0$、$\Sigma Fy=0$，也會有不平衡的時候。如大小相等、方向相反的2個力，即力偶的情況下。為了不讓力偶發生，平衡條件一定要有$\Sigma M=0$。

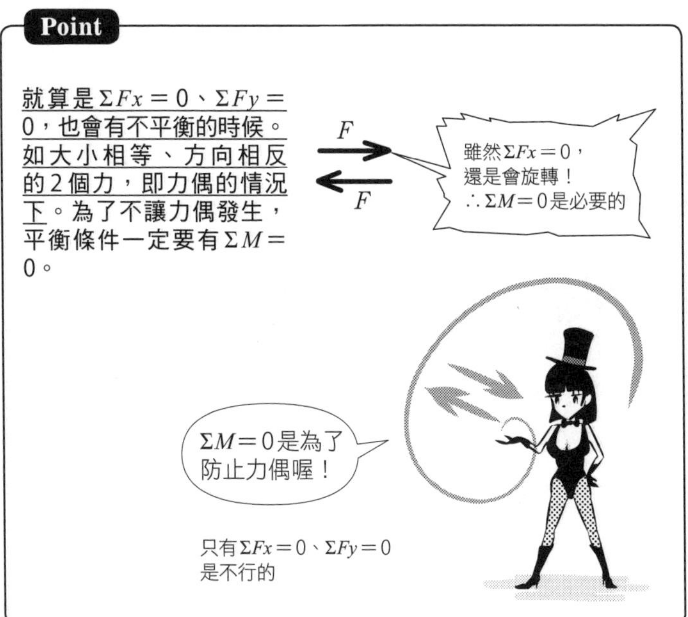

Q 在止滑面上放置如圖的剛體，在水平力F作用下，請求出剛體正要傾倒時，水平力F與重力W相對比α（$=F/W$）的條件。此時剛體的質量分布一致，水平力持續作用在剛體的重心。

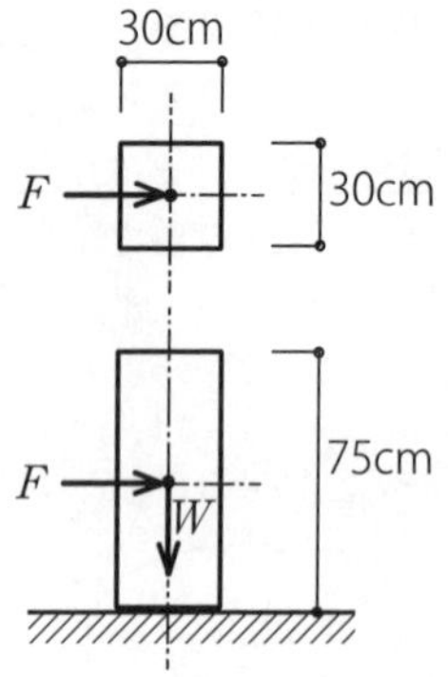

A ①剛體是指受力也不會變形的物體，考量外力平衡時，都會假設為剛體。作用在這個長方形剛體上的外力，除了F、W之外，還有如下圖左所示的反力H、V。以x、y方向的力平衡，可知$F=H$、$W=V$。加上不會旋轉的條件，也就是力矩平衡，可知F和W合力的作用線，會與H和V的作用線一致。若是<u>不在同一作用線，2個合力會形成力偶，使該物體產生旋轉</u>。

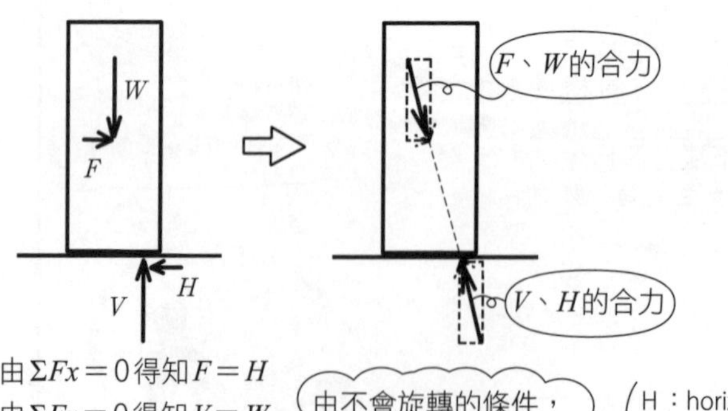

由$\Sigma Fx=0$得知$F=H$
由$\Sigma Fy=0$得知$V=W$

由不會旋轉的條件，即$\Sigma M=0$得知合力的作用線會一致

（H：horizontal 水平的
V：vertical 垂直的）

②F逐漸增加時，F和W的合力作用線會往右偏。作用線最終會來到底面的角落，再往右就會脫離底面，無法形成平衡的反力。當作用線來到底面角落的瞬間，也就是該物體傾倒之前的驚險一瞬間。

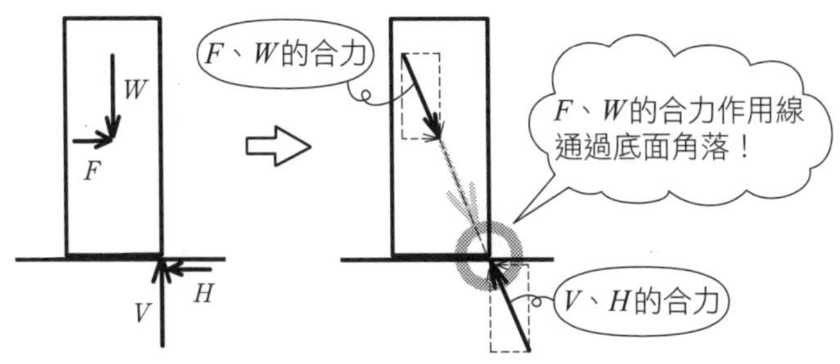

若要求得此時F、W的比

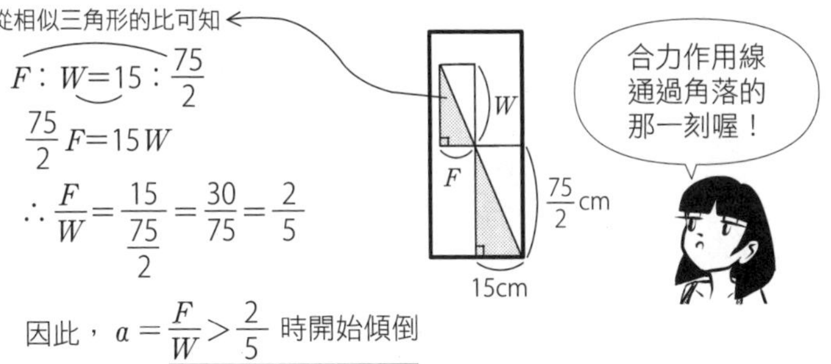

$$F:W=15:\frac{75}{2}$$

$$\frac{75}{2}F=15W$$

$$\therefore \frac{F}{W}=\frac{15}{\frac{75}{2}}=\frac{30}{75}=\frac{2}{5}$$

因此，$\alpha=\frac{F}{W}>\frac{2}{5}$ 時開始傾倒

③考量物體稍微傾倒的狀況，由右下角Ａ點的M的和＝0，也可以求解。

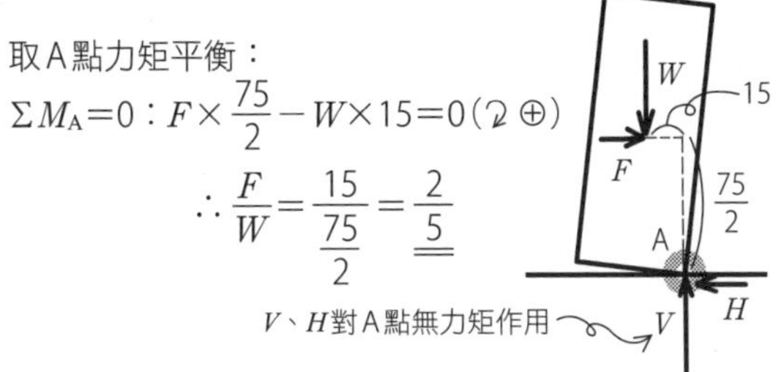

取Ａ點力矩平衡：

$$\Sigma M_A=0：F\times\frac{75}{2}-W\times 15=0（↻⊕）$$

$$\therefore \frac{F}{W}=\frac{15}{\frac{75}{2}}=\frac{2}{5}$$

Q 如圖承受荷重的簡支梁，請求出支承的反力。

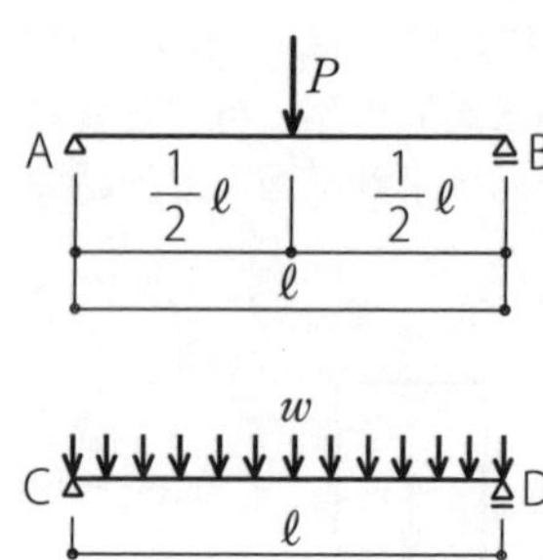

A ①只要以「左右對稱，支承反力各半」來思考，就可以得到反力了。比起馬上用平衡來計算，更重要的是以實感來衡量重量。

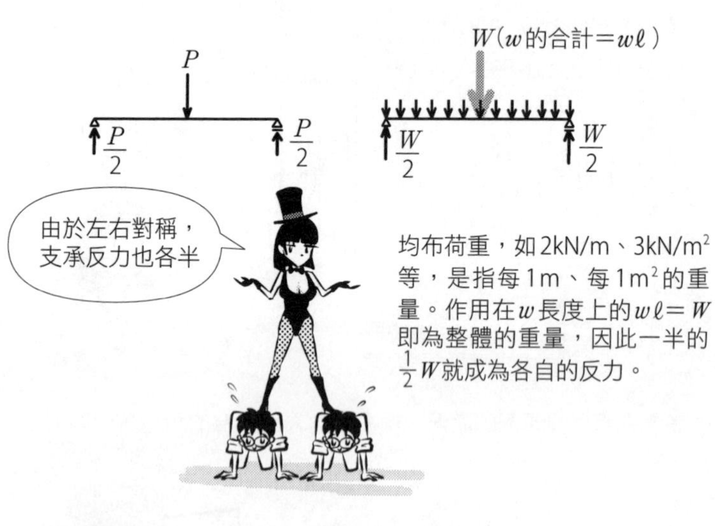

均布荷重，如2kN/m、3kN/m²等，是指每1m、每1m²的重量。作用在w長度上的$w\ell = W$即為整體的重量，因此一半的$\frac{1}{2}W$就成為各自的反力。

Point

左右對稱→反力各半

簡單

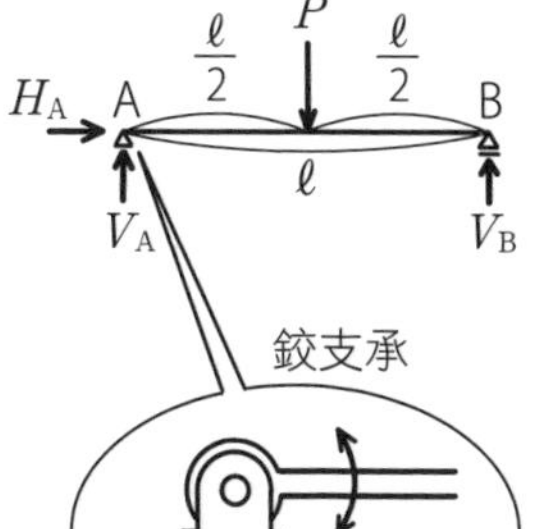

②假設支承A、B的反力如左圖，由平衡式求解。

$\Sigma Fx=0$：$\underline{\underline{H_A=0}}$（→⊕）

$\Sigma Fy=0$：$V_A+V_B-P=0$（↑⊕）……(1)　向下為⊖

對A點取力矩平衡：

$\Sigma M_A=0$：$P\times\frac{\ell}{2}-V_B\times\ell=0$（↻⊕）……(2)　逆時針為⊖

由(2) $\underline{\underline{V_B=\frac{P}{2}}}$（↑）……(3)

將(3)代入(1)

$\underline{\underline{V_A=\frac{P}{2}}}$（↑）

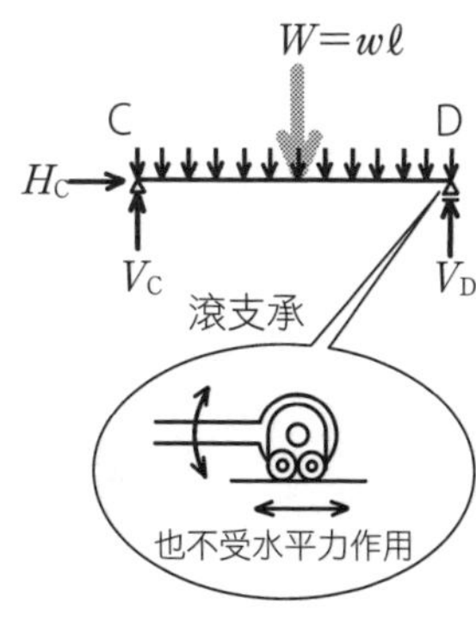

③同樣地，以平衡式求出C、D的反力。

$\Sigma Fx=0$：$\underline{\underline{H_C=0}}$（→⊕）

$\Sigma Fy=0$：$V_C+V_D-W=0$（↑⊕）

對C點取力矩平衡：

$\Sigma M_C=0$：$W\times\frac{\ell}{2}-V_D\times\ell=0$（↻⊕）

同樣解出　$\underline{\underline{V_C=V_D=\frac{W}{2}=\frac{w\ell}{2}}}$（↑）

・假設H、V即可得解，由$V_A+V_B=\frac{P}{2}+\frac{P}{2}=P$與荷重$P$相符，可以簡單地驗算出是否正確，減少錯誤。

檢核答案用！
（反力相加＝荷重）

Point

以方程式求解→馬上驗算！

Q 如圖承受非對稱荷重的簡支梁，請求出支承的反力。

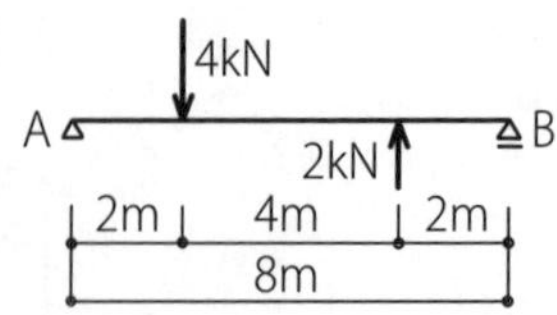

A ①假設反力如下圖。

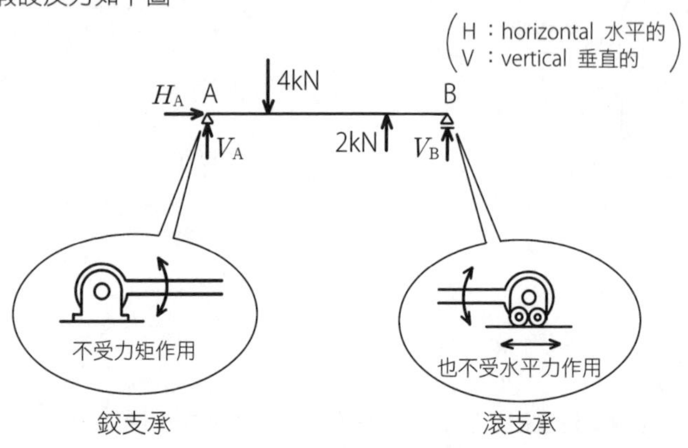

支承A為鉸支承，梁不受力矩作用。支承B可以水平向移動，因此也不受水平力作用。就像「推動布簾」，可動方向不會有反力作用。

②梁若沒有水平方向的荷重，可以馬上知道與其平衡的H_A也是0。可以在假設階段就不予考量。

Point

水平方向無荷重→水平方向無反力

③考量垂直方向的力平衡式。

（向下為⊖：指 −4）

$$\Sigma Fy=0：V_A+V_B+2-4=0(\uparrow\oplus)$$

$$\therefore V_A+V_B=2 \quad \cdots\cdots(1)$$

④若有2個未知數，方程式也需要2個。另一個方程式不管以哪裡為中心都可以，先以A為中心列出力矩的平衡式。力矩的平衡式如下。

（逆時針為⊖：指 −2×6）

$$\Sigma M_A=0：4\times2-2\times6-V_B\times8=0(\circlearrowright\oplus)$$

$$\therefore V_B=-\frac{1}{2}\text{kN}(\downarrow)\cdots\cdots(2)$$

將(2)代入(1)　$V_A-\frac{1}{2}=2$

$$\therefore V_A=\frac{5}{2}\text{kN}(\uparrow)$$

假設向上為正，
負值就是向下喔！

<u>公式(2)中，由於是假設向上為正，因此得到負值就表示力量是向下作用</u>。

⑤支承B的反力向下，代表<u>支承對梁的右端為拉力作用</u>。這是由於梁有受到向上2kN的力作用，會往上浮的關係。

Point

垂直反力V也有向下的情況！

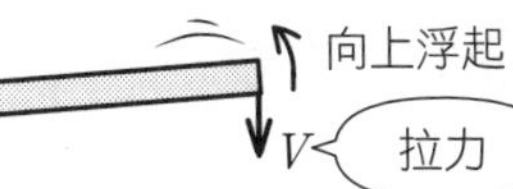

Q 如圖承受力矩荷重的簡支梁，請求出支承的反力。

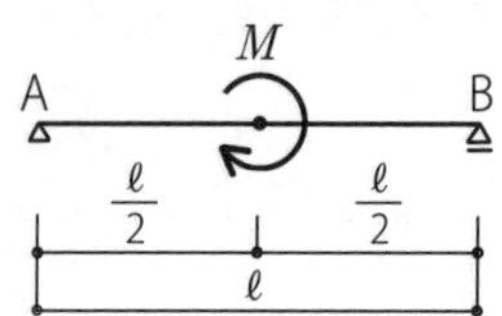

A ①力矩荷重是使梁產生旋轉的力量。作用在梁上某點上的力矩，會傳到整個梁，因而使梁整體產生彎曲。

M 扭

M會傳到梁整體

假設反力如下圖，列出平衡式。

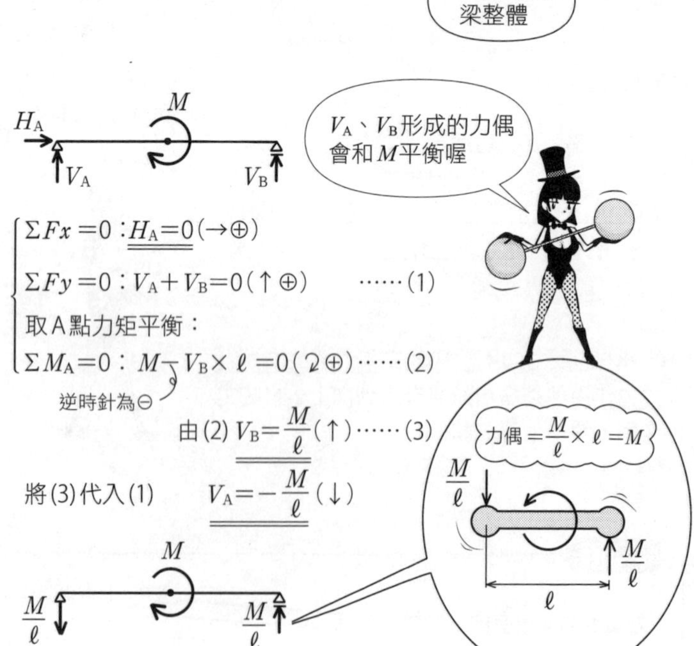

$\Sigma Fx=0$：$\underline{\underline{H_A=0}}$（→⊕）

$\Sigma Fy=0$：$V_A+V_B=0$（↑⊕） ……(1)

取A點力矩平衡：

$\Sigma M_A=0$：$M-V_B\times\ell=0$（↻⊕）……(2)

逆時針為⊖

由(2) $\underline{\underline{V_B=\frac{M}{\ell}}}$（↑）……(3)

將(3)代入(1)　$\underline{\underline{V_A=-\frac{M}{\ell}}}$（↓）

V_A和V_B為力偶關係。

②試著將M放在其他位置，求反力。

❶

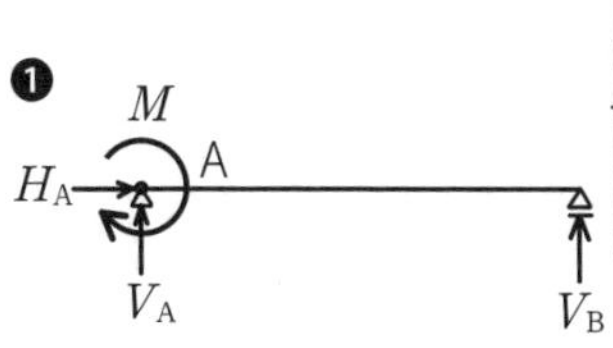

$\Sigma Fx=0$：$\underline{H_A=0}$（→⊕）

$\Sigma Fy=0$：$V_A+V_B=0$（↑⊕）　……(4)

取A點力矩平衡：

$\Sigma M_A=0$：$M-V_B\times\ell=0$（↻⊕）……(5)

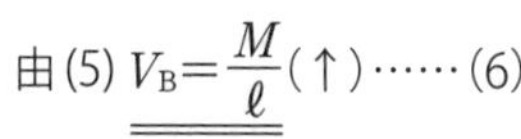

由(5) $V_B=\dfrac{M}{\ell}$（↑）……(6)

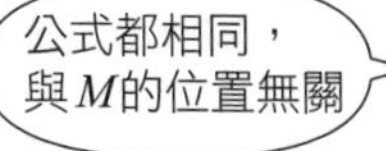

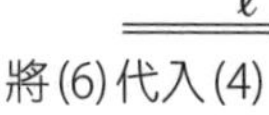

將(6)代入(4)

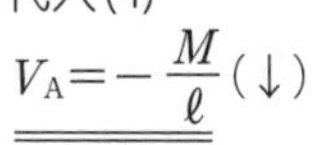

$V_A=-\dfrac{M}{\ell}$（↓）

❷

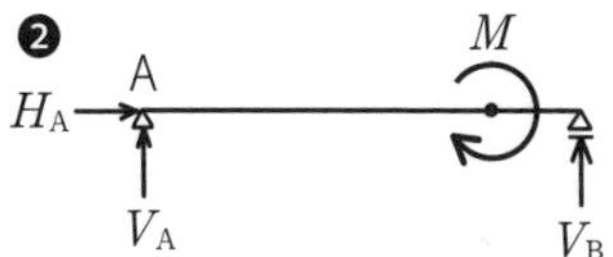

$\Sigma Fx=0$：$H_A=0$（→⊕）

$\Sigma Fy=0$：$V_A+V_B=0$（↑⊕）

取A點力矩平衡：

$\Sigma M_A=0$：$M-V_B\times\ell=0$（↻⊕）

❸

$\Sigma Fx=0$：$H_A=0$（→⊕）

$\Sigma Fy=0$：$V_A+V_B=0$（↑⊕）

取A點力矩平衡：

$\Sigma M_A=0$：$M-V_B\times\ell=0$（↻⊕）

❶～❸的平衡式都相同，
V_A、V_B形成的力偶和M平衡。

Point

不管M作用在哪裡，反力都相同。

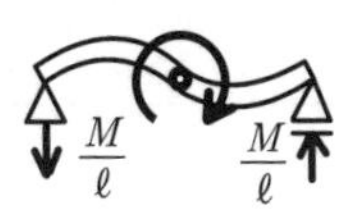

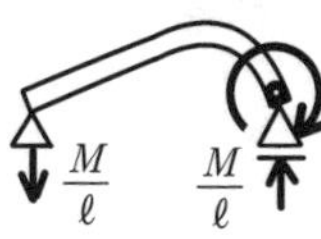

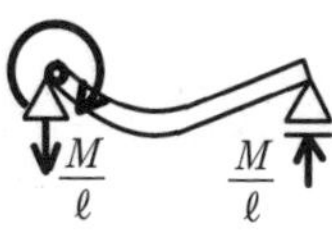

Q 如圖承受荷重的懸臂梁，請求出支承的反力。

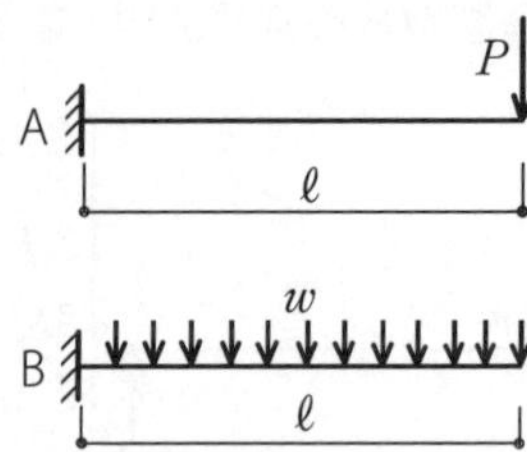

A ①假設反力如下圖。P作用在A點的力矩為順時針（↻）旋轉，反力M_A則為逆時針（↺）旋轉。只要假設好旋轉的方向，得到的結果若為負值，就是反向旋轉的情況。

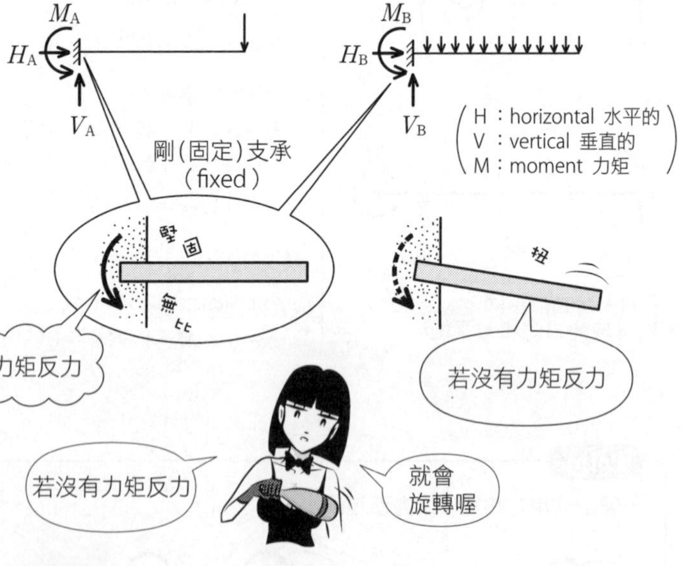

Point

剛(固定)支承的反力為
H、V、M

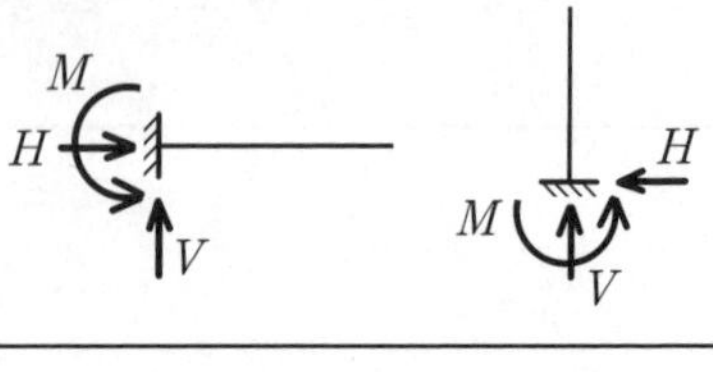

②列出平衡式，求得H、V、M。

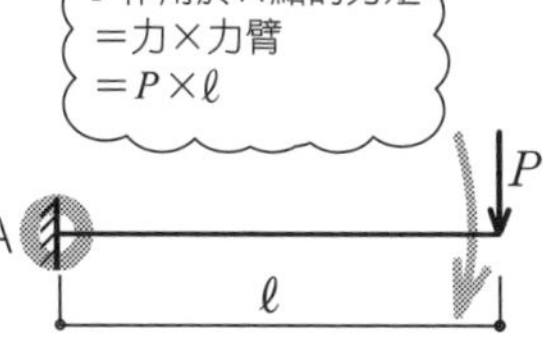

$$\begin{cases} \Sigma Fx=0：\underline{\underline{H_A=0}}(\rightarrow\oplus) \\ \Sigma Fy=0：V_A-P=0(\uparrow\oplus)\cdots\cdots(1) \\ \Sigma M_A=0：P\times\ell-M_A=0(\circlearrowright\oplus)\cdots\cdots(2) \end{cases}$$

逆時針為⊖

由(1) $\underline{\underline{V_A=P}}(\uparrow)$

由(2) $\underline{\underline{M_A=P\ell}}(\circlearrowleft)$

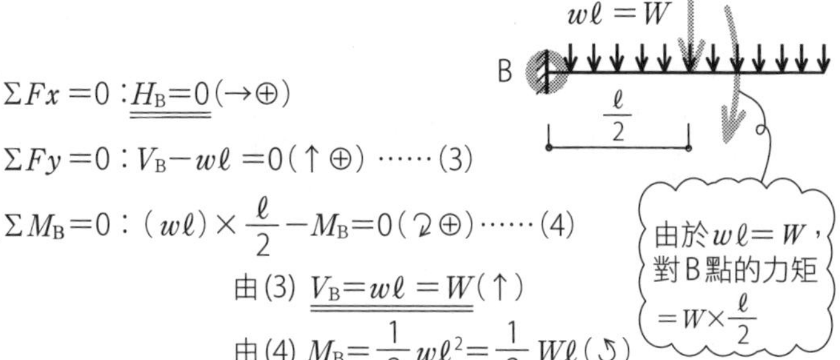

$$\begin{cases} \Sigma Fx=0：\underline{\underline{H_B=0}}(\rightarrow\oplus) \\ \Sigma Fy=0：V_B-w\ell=0(\uparrow\oplus)\cdots\cdots(3) \\ \Sigma M_B=0：(w\ell)\times\frac{\ell}{2}-M_B=0(\circlearrowright\oplus)\cdots\cdots(4) \end{cases}$$

由(3) $\underline{\underline{V_B=w\ell=W}}(\uparrow)$

由(4) $\underline{\underline{M_B=\frac{1}{2}w\ell^2=\frac{1}{2}W\ell}}(\circlearrowleft)$

Point

由力矩的平衡求出力矩反力

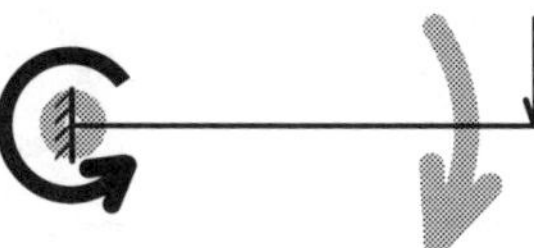

Q 如圖承受均變荷重的單柱，請求出支承的反力。

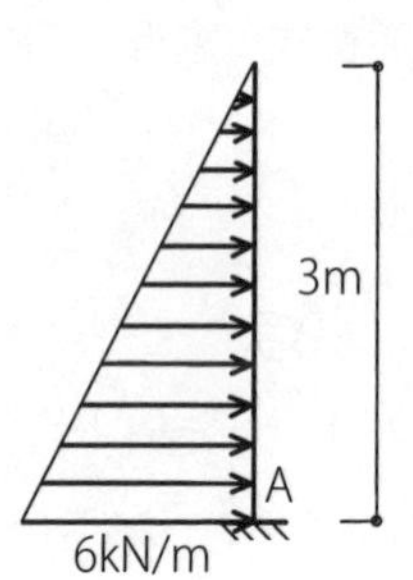

A ①假設反力如下圖。

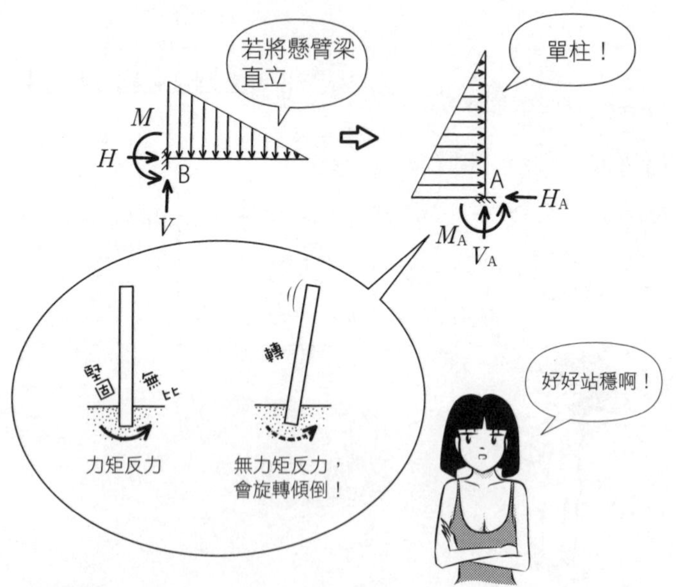

Point

若要固定懸臂梁、單柱，一定要有力矩反力

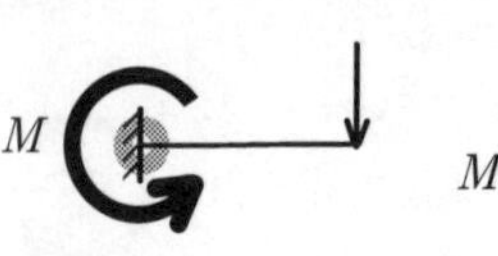

②將分布荷重替換成集中荷重（合力）。

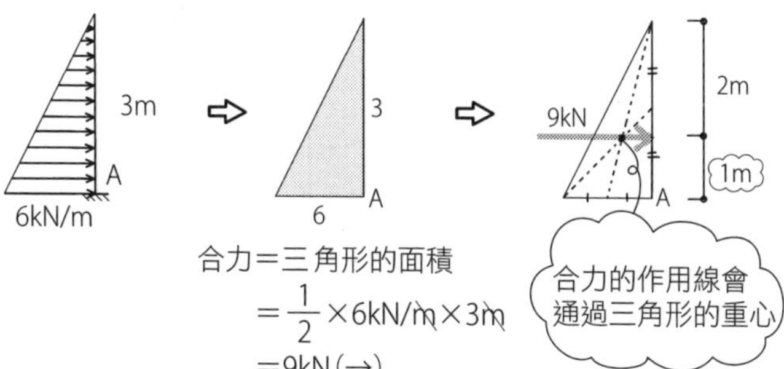

合力＝三角形的面積

$=\frac{1}{2}\times 6\text{kN/m}\times 3\text{m}$

$=9\text{kN}(\rightarrow)$

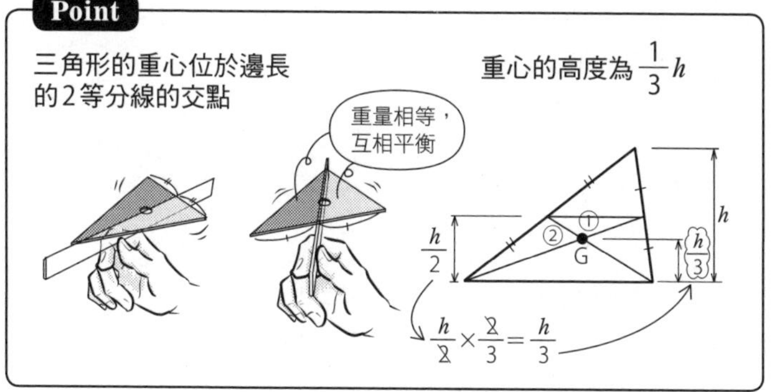

③由平衡求出 H_A、V_A、M_A。

$\Sigma Fx=0：9-H_A=0(\rightarrow\oplus)$

$\therefore H_A=9\text{kN}(\leftarrow)$

$\Sigma Fy=0：V_A=0(\uparrow\oplus)$

取A點力矩平衡：

$\Sigma M_A=0：9\times 1-M_A=0(\circlearrowright\oplus)$

$\therefore M_A=9\text{kN}\cdot\text{m}(\circlearrowleft)$

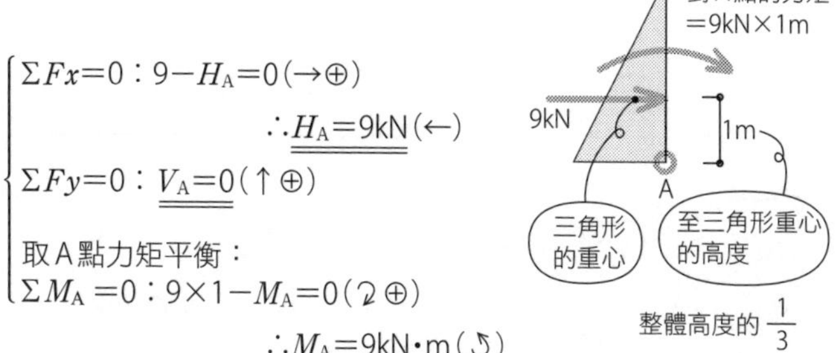

Q 如圖承受荷重的靜定構架，請求出支承A、B的支承反力。

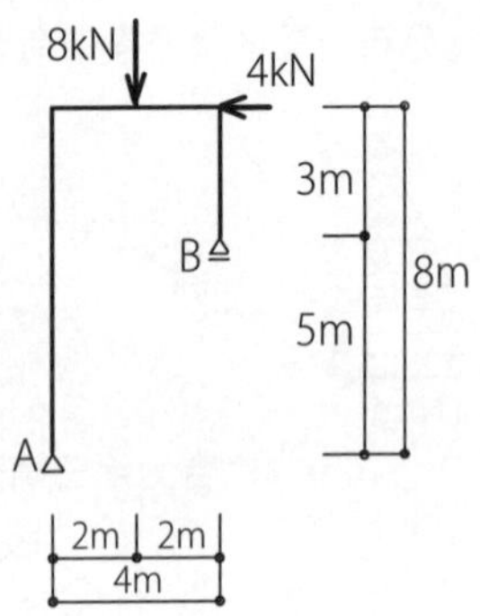

A 靜定是指單以平衡就能求出反力及內力的結構型態。構架的節點若是剛接，則不會相對旋轉。

①假設支承A、B的反力。

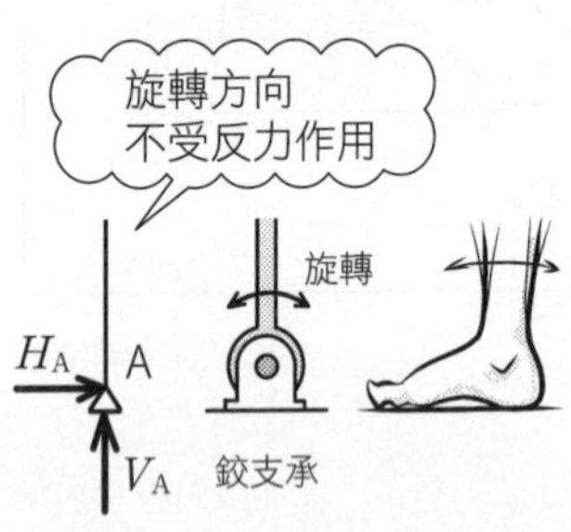

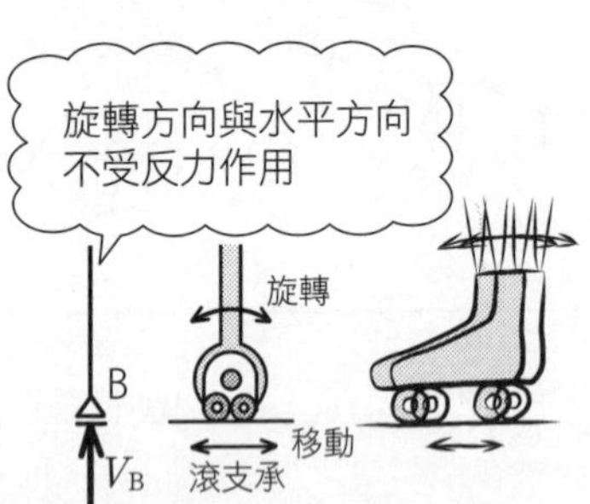

推動布簾！
↓
可動方向不受反力作用

②考量x方向的力平衡。

$\Sigma Fx=0$：$H_A-4=0$（→⊕）

∴$\underline{\underline{H_A=4kN}}$（→）

③考量y方向的力平衡。

$\Sigma Fy=0$：$V_A+V_B-8=0$（↑⊕）

∴$V_A+V_B=8kN$

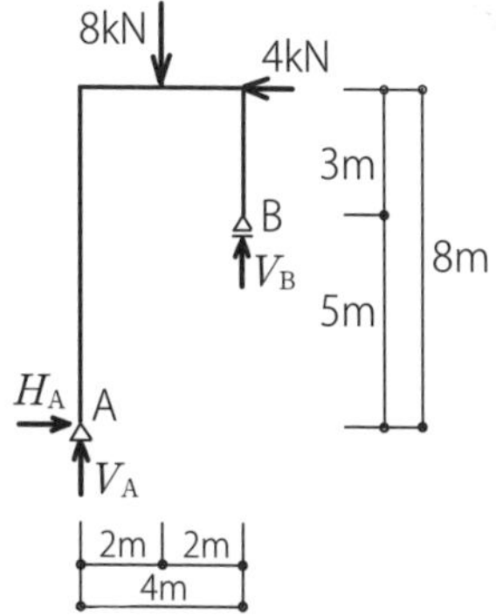

④只用x、y方向的力平衡還無法得解，因此要再考量力矩的平衡（$\Sigma M=0$）。不管以哪裡為中心都可以，以A點為中心時，算式中不會出現V_A。可以將A點周圍的力矩想成左下圖的螺絲扳手。

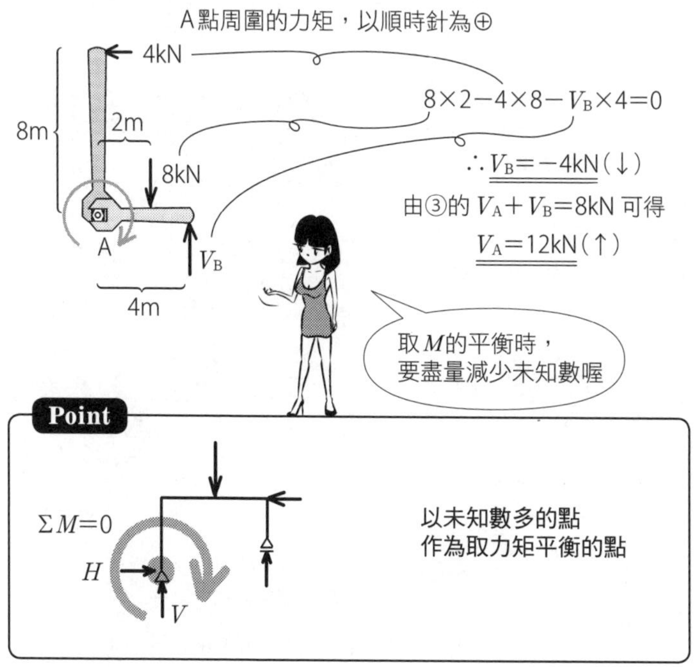

Point

$\Sigma M=0$

H

V

以未知數多的點
作為取力矩平衡的點

Q 如圖承受荷重P的三鉸構架，請求出支承A、B的反力。

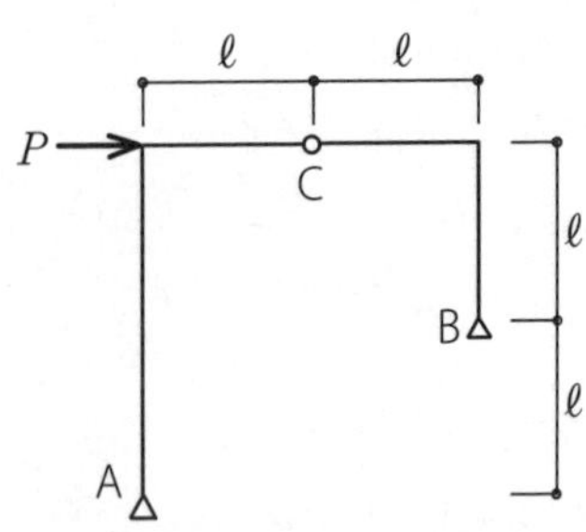

A

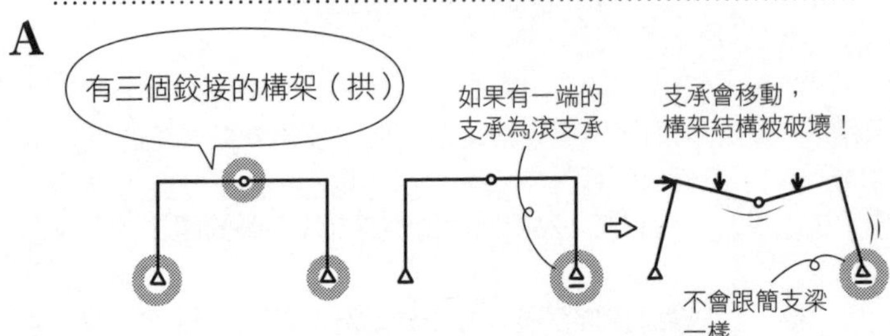

巴黎萬國博覽會機械館（1889，杜特〔Ferdinand Dutert〕和康塔明〔Victor Contamin〕）就是以三鉸拱組成跨距約115m、高度為45m的大空間，驚豔全世界。

①假設支承反力如下圖，列出平衡式。

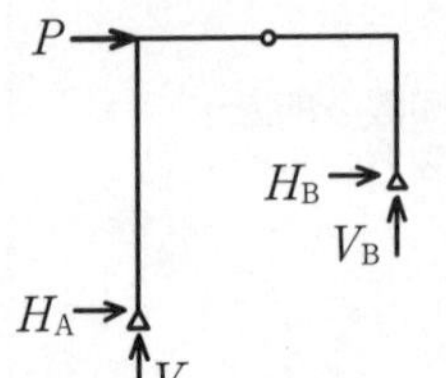

$\Sigma Fx=0$：$H_A+H_B+P=0$（→⊕）

$\therefore H_A+H_B=-P$ ……(1)

$\Sigma Fy=0$：$V_A+V_B=0$（↑⊕）……(2)

普通

②4個未知數，2個方程式，還少2個算式。由中央的鉸接部分切開成2個自由體，就可以列出2個算式。先看左側自由體。

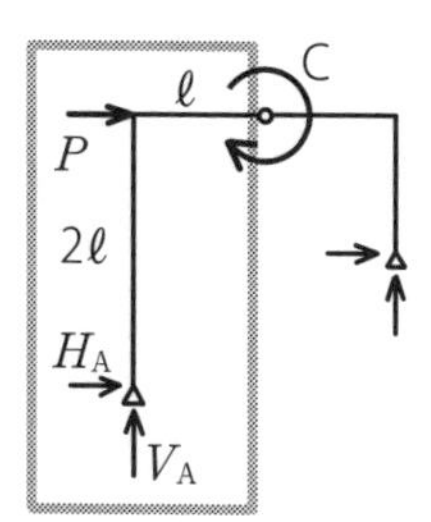
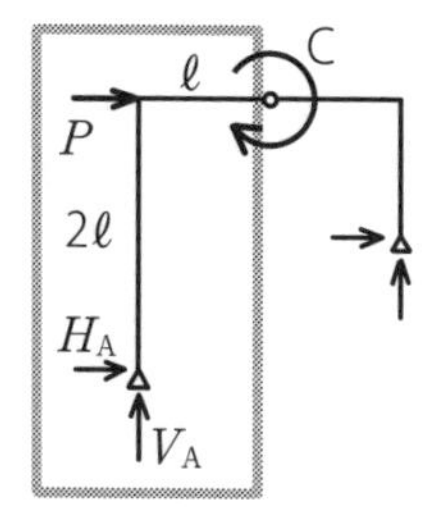

取C點力矩平衡：

$\Sigma M_C=0：P\times 0+V_A\times \ell-H_A\times 2\ell=0$（↻⊕）

逆時針為⊖

$\therefore V_A=2H_A$　……(3)

③同樣地，考慮右側自由體。

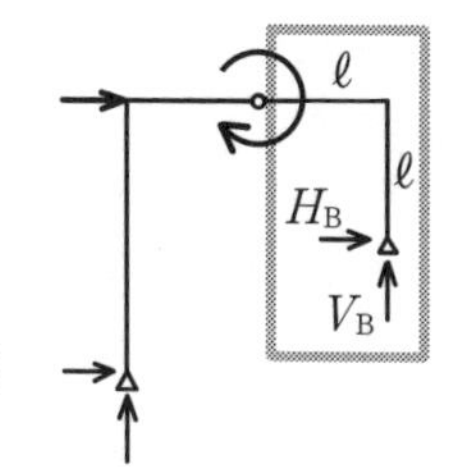

取C點力矩平衡：

$\Sigma M_C=0：-H_B\times \ell-V_B\times \ell=0$（↻⊕）

逆時針為⊖

$\therefore V_B=-H_B$　……(4)

將(3)、(4)代入(2)

$2H_A-H_B=0$　……(5)

由(1)、(5) $H_A=-\frac{1}{3}P(\leftarrow)$　……(6)

$H_B=-\frac{2}{3}P(\leftarrow)$　……(7)

將(6)、(7)代入(3)、(4)

$V_A=-\frac{2}{3}P(\downarrow)$

$V_B=\frac{2}{3}P(\uparrow)$

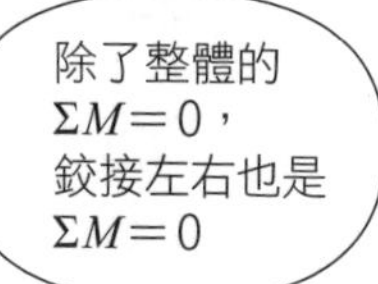

Point

三鉸構架中，
鉸接左右的自由體
$\Sigma M=0$

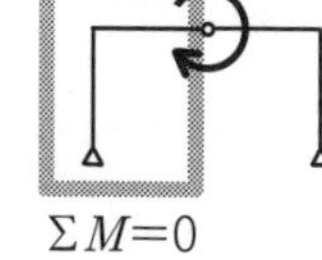

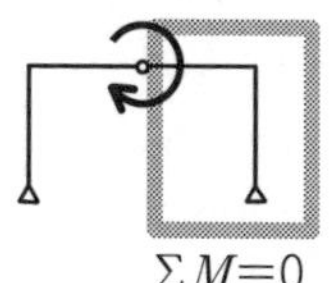

拆自由體之後，別忘了整體力平衡。（力平衡）

Q 如圖承受荷重P的三鉸構架，請求出支承A、B的反力比H_A：V_A、H_B：V_B。

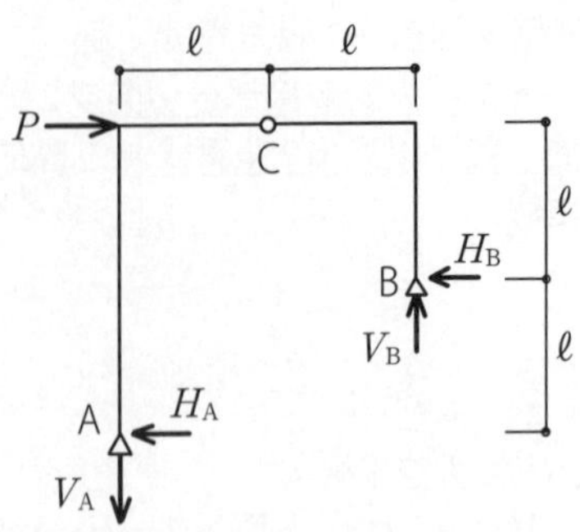

A 如前述，可由$\Sigma Fx=0$、$\Sigma Fy=0$、Σ(左側自由體M_C)$=0$、Σ(右側自由體M_C)$=0$，來求得反力的值；若只是求V_A、H_A的比，有更便利的方法。

①考量C右側自由體的$\Sigma M_C=0$。除了V_B、H_B之外，沒有其他外力作用。

由於V_B、H_B對C點力矩和為0，因此<u>V_B、H_B的合力作用線通過C點</u>。由於沒有力臂的關係，合力無法旋轉C。如下圖中，力是沿著螺絲扳手的縱向作用。

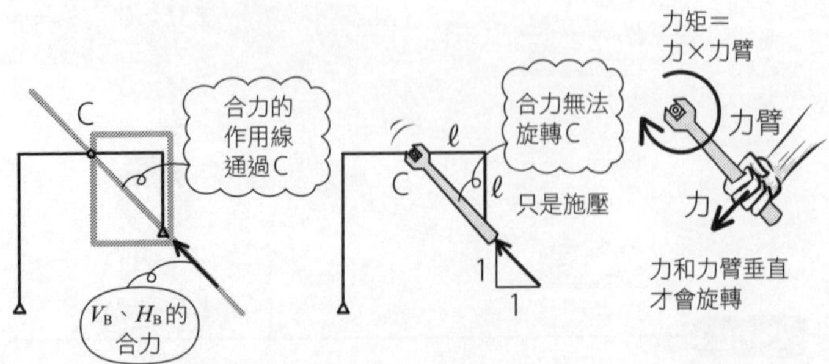

因此H_B、V_B的比，就是上圖中的三角形邊長比，即<u>H_B：V_B＝1：1</u>。

②考量C點左側的自由體。P的作用線通過C點，對C點沒有產生力矩。只是往C點施壓。

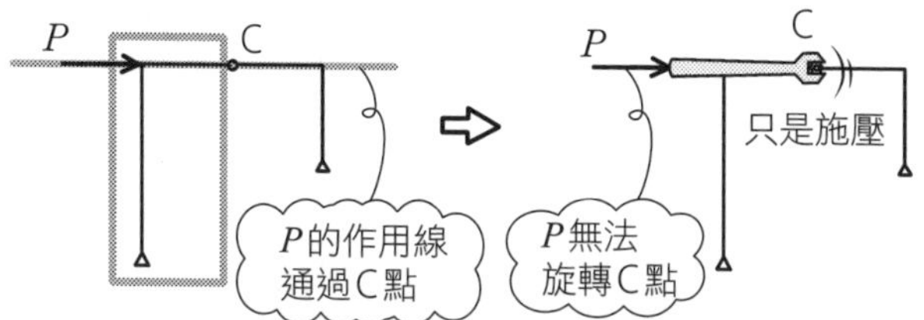

C點左側自由體中，剩下的V_A、H_A對C點的力矩應該為0。

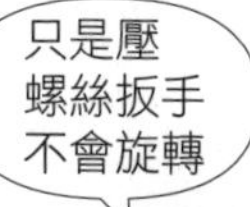

與①的道理相同，V_A、H_A的合力作用線如下圖，會通過C點。此時合力的角度無法旋轉C點，只是施壓而已。

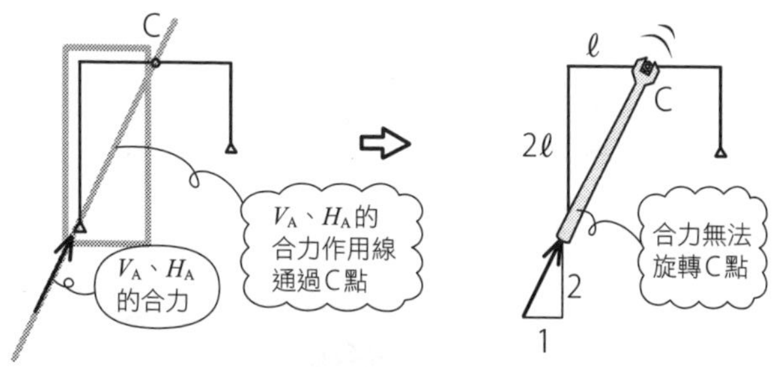

因此H_A、V_A的比，就是上圖右的三角形邊長比，即$H_A:V_A=1:2$。

Point

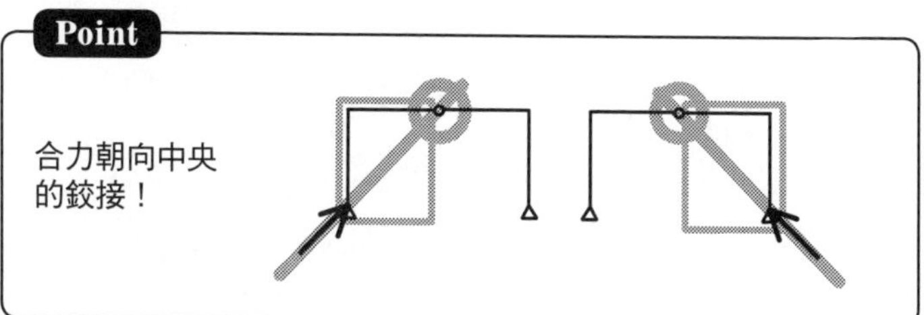

★ R014 check ▶□□□

Q 如圖承受荷重的靜定桁架，請求出各構材產生的軸力。

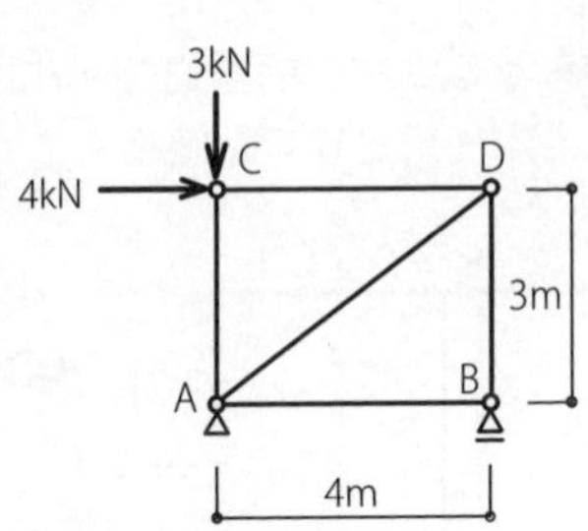

A 以節點法求解，利用各節點的平衡求出作用在構材上的力。

①先求出支承反力。將桁架想成一個箱子。

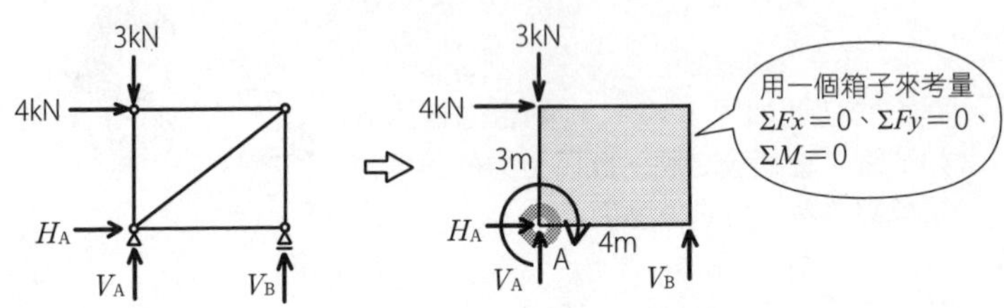

由力平衡式

$\Sigma Fx=0$：$H_A+4=0$（→⊕）

$\therefore \underline{H_A=-4\text{kN}}$（←）

$\Sigma Fy=0$：$V_A+V_B-3=0$（↑⊕）

$\therefore V_A+V_B=3$ ……(1)

取A點力矩平衡：

・$\Sigma M_A=0$：$4\times3-V_B\times4=0$（↻⊕）

$\therefore \underline{V_B=3\text{kN}}$（↑）

由(1) $V_A=3-V_B$

$\underline{=0}$

作用在o上的力平衡

②考量支承B。如下圖右，B點的右側沒有力，因此構材AB的力為0。

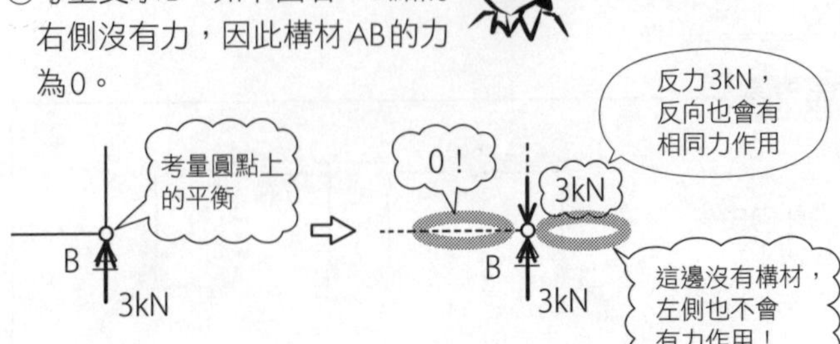

簡單

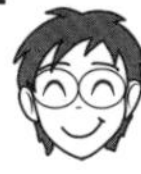

③考量節點C，如左圖，可求得C點的壓力；如右圖，可求得D、A點的壓力。

3kN
4kN
C
4kN
3kN
與荷重平衡
兩側
C 4kN
4kN D
3kN
兩側
3kN
A
兩側會有
大小相等的
反向力作用
構材CD的平衡

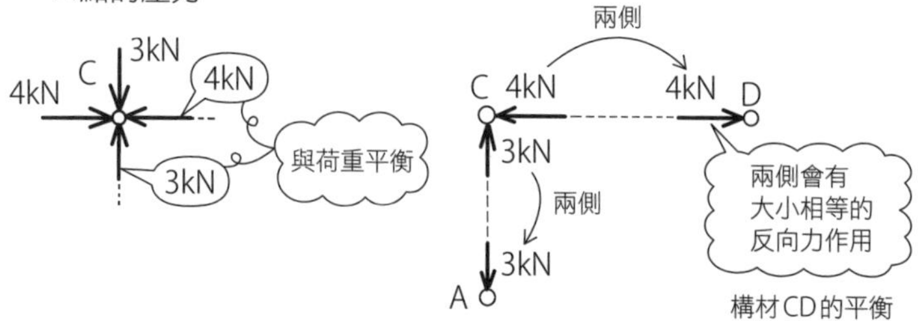

④考量支承A。構材AD的軸力可由三角形的平衡得知為5kN。

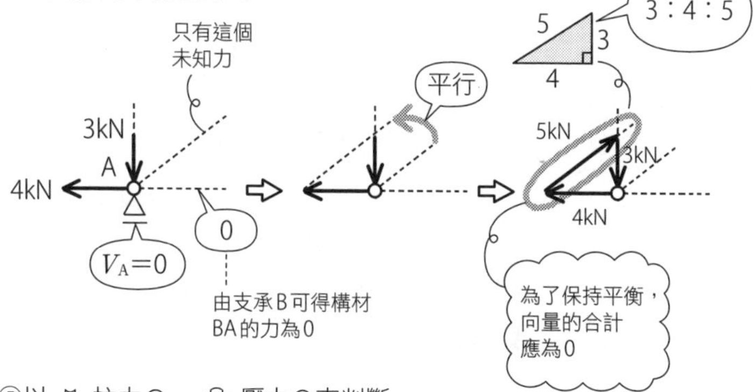

只有這個
未知力
3kN
A
4kN
$V_A=0$
0
由支承B可得構材
BA的力為0
平行
5
3
4
3：4：5
5kN
3kN
4kN
為了保持平衡，
向量的合計
應為0

⑤以←□→拉力⊕、→□←壓力⊖來判斷。

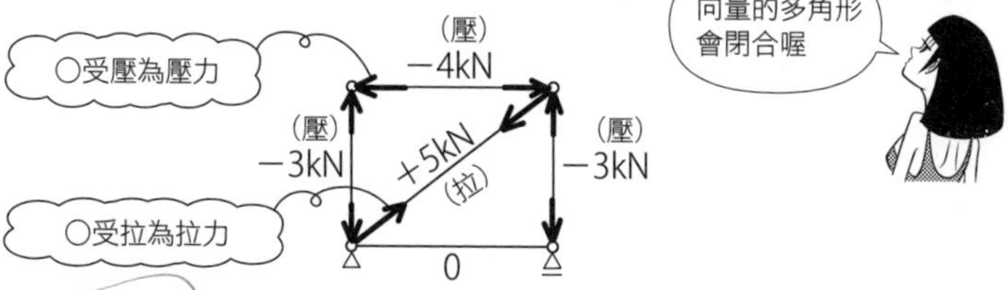

向量的多角形
會閉合喔
○受壓為壓力
(壓)
−4kN
(壓)
−3kN
+5kN
(拉)
(壓)
−3kN
○受拉為拉力
0

Point

注意L形

0
0
0

3 桁架

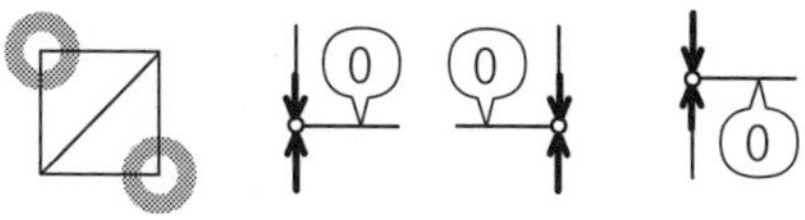

★ R015 check ▶□□□

Q 如圖承受荷重的靜定桁架，請求出構材A、B、C產生的軸力N_A、N_B、N_C。

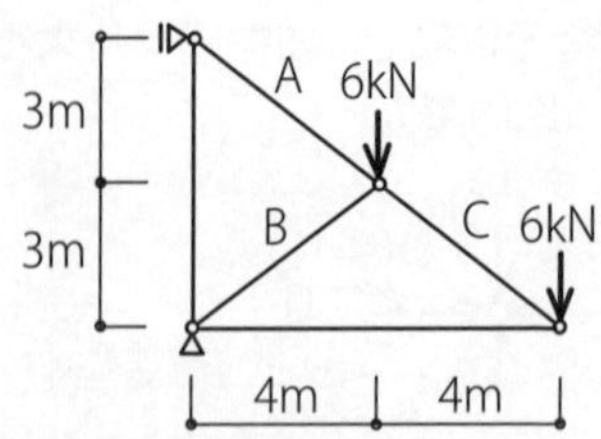

A 節點數較少時，可利用各節點的平衡求解。

①由整體平衡求得支承反力ΣFx。

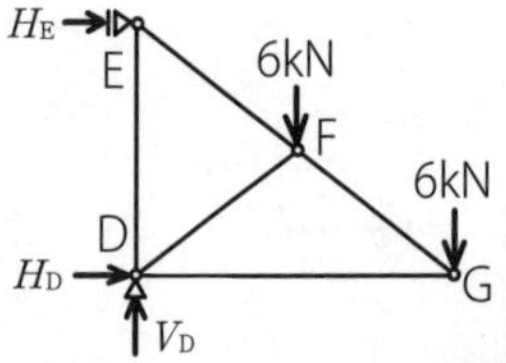

$\Sigma Fx=0$：$H_D+H_E=0$（→⊕）……(1)

$\Sigma Fy=0$：$V_D-6-6=0$（↑⊕）

$\therefore \underline{V_D=12\text{kN}}$（↑）

取D點力矩平衡：

$\Sigma M_D=0$：$H_E\times 6+6\times 4+6\times 8=0$（↻⊕）

$\therefore \underline{H_E=-12\text{kN}}$（←）……(2)

將(2)代入(1)　$\underline{H_D=12\text{kN}}$（→）

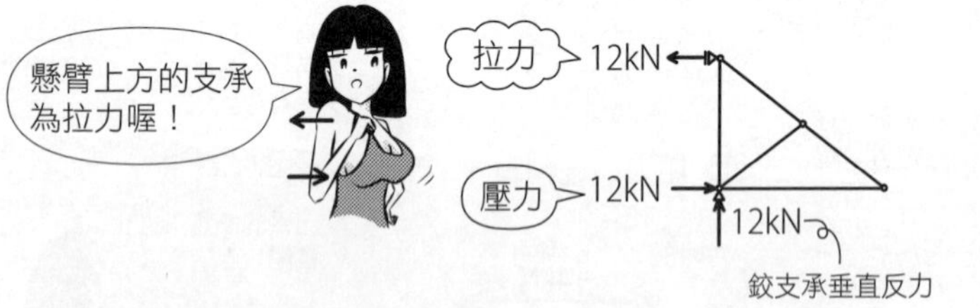

②考量構材數較少的支承E的平衡。

由下圖與右頁上圖

$\underline{\underline{N_A=15\text{kN}}}$（←□→⊕）

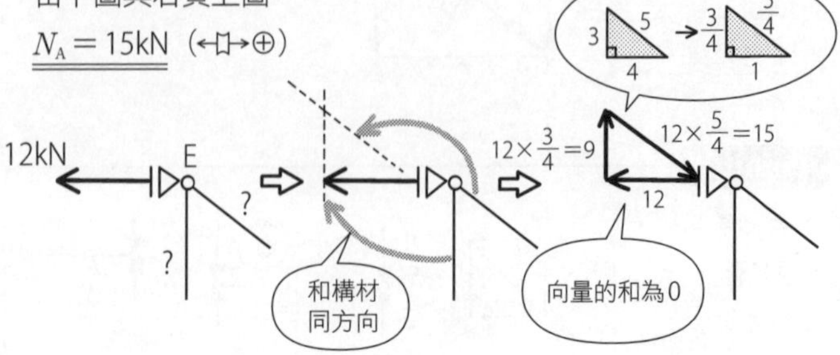

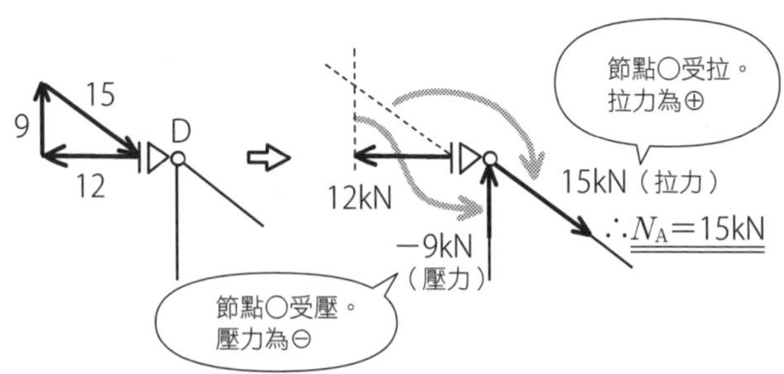

③考量構材數較少的右下的節點G的平衡。
由下圖 N_C＝10kN（←□→⊕）

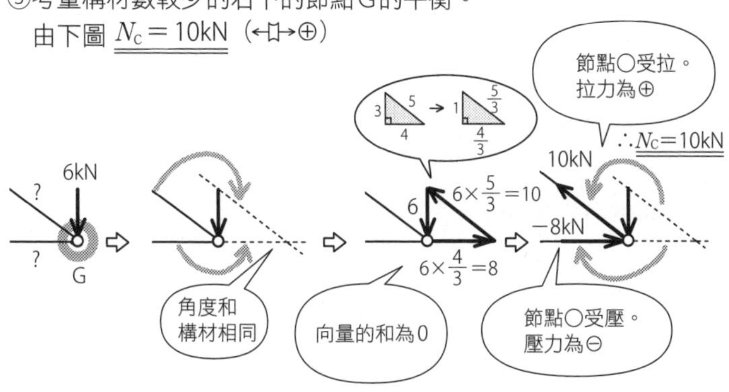

④考量節點F的平衡。
由下圖 N_B＝－5kN（→□←⊖）

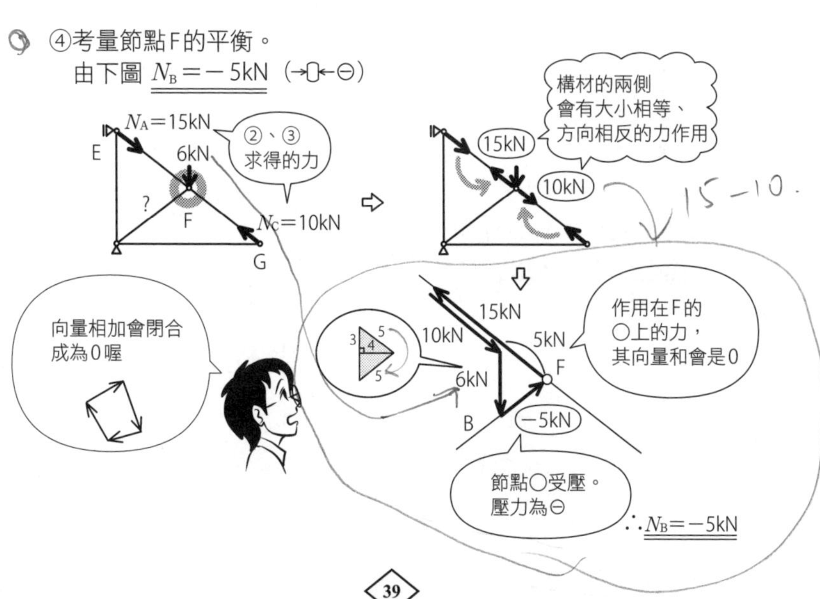

Q 如圖承受荷重的靜定桁架，請求出構材A、B、C產生的軸力N_A、N_B、N_C。

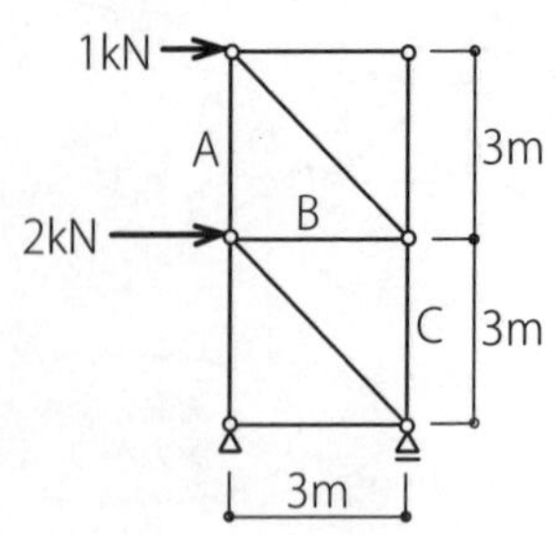

A 求支承反力時，以各節點的平衡求得各構材作用力的節點法為基本方法。若是只要構材A、B、C的內力，可以將構材A、B、C截斷，直接計算內力會比較快。這稱為截面法。

①沿著通過構材A、B、C的線截斷。

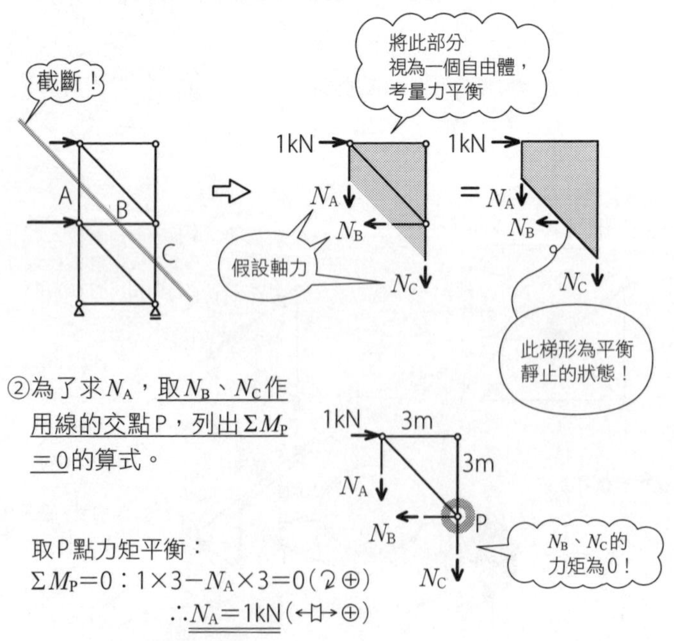

②為了求N_A，取N_B、N_C作用線的交點P，列出$\Sigma M_P=0$的算式。

取P點力矩平衡：

$\Sigma M_P=0$：$1\times3-N_A\times3=0$（↻⊕）

$\therefore N_A=1\text{kN}$（←□→⊕）

③為了求N_C，取N_A、N_B作用線的交點Q，列出$\Sigma M_Q = 0$的算式。

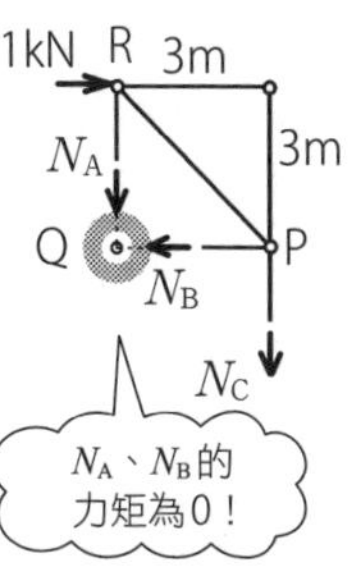

取Q點力矩平衡：

$\Sigma M_Q = 0：1 \times 3 + N_C \times 3 = 0$（↻⊕）

$\therefore N_C = -1\text{kN}$（→□←與假設相反為壓力⊖）

拉力⊕
壓力⊖

④為了求N_B，列出$\Sigma Fx = 0$的算式。

$\Sigma Fx = 0：1 - N_B = 0$（→⊕）

$\therefore N_B = 1\text{kN}$（←□→⊕）

截斷要求取的地方，考量其平衡喔！

N_B也可以用$\Sigma M = 0$來求得，但算式會比較麻煩。

取R點力矩平衡：

$\Sigma M_R = 0：N_B \times 3 + N_C \times 3 = 0$

$N_B \times 3 + (-1) \times 3 = 0$

$\therefore N_B = 1\text{kN}$（←□→⊕）

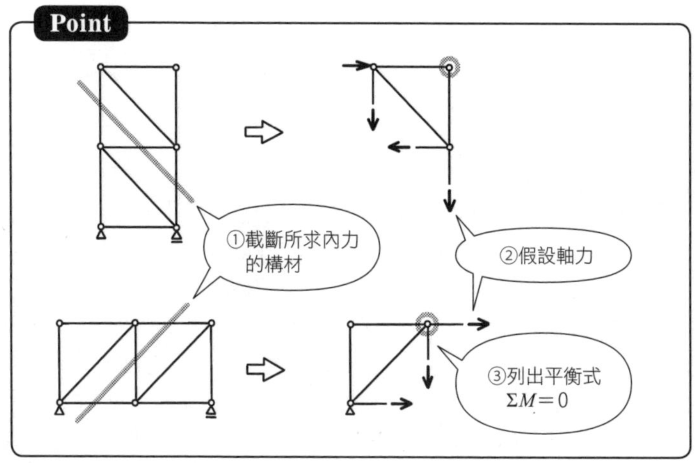

3
桁架

Q 如圖承受荷重的靜定桁架，請求出構材A產生的軸力N_A。

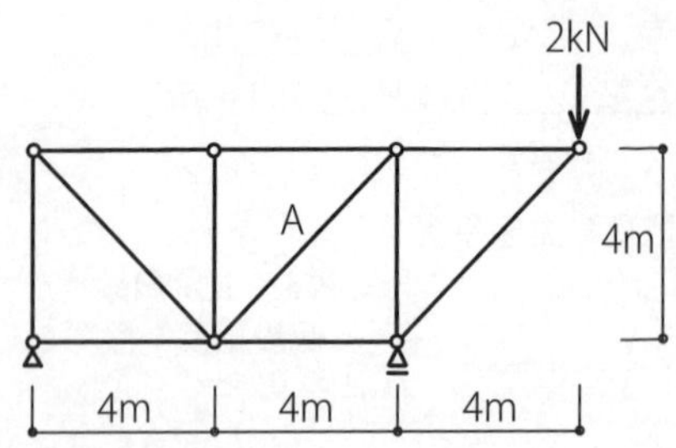

A 縱向截斷包含構材A在內的結構，各以左右兩側的自由體平衡解題。考量截斷部分的內力及支承的反力。

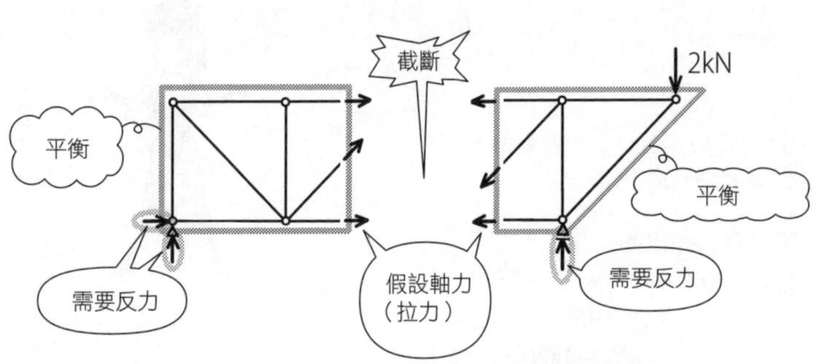

①由整體平衡求出支承反力。

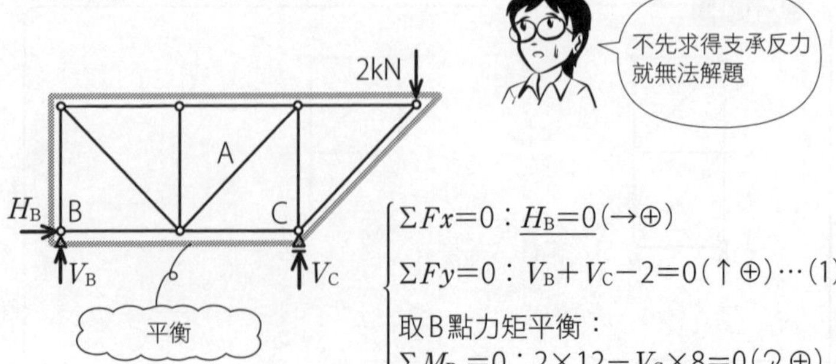

$\Sigma Fx=0$：$\underline{H_B=0}$（→⊕）

$\Sigma Fy=0$：$V_B+V_C-2=0$（↑⊕）⋯(1)

取B點力矩平衡：

$\Sigma M_B=0$：$2\times12-V_C\times8=0$（↻⊕）

$\therefore \underline{V_C=3\text{kN}}$（↑）⋯(2)

將(2)代入(1)　$V_B+3-2=0$

$\therefore \underline{V_B=-1\text{kN}}$（↓）

整体力平衡之後 自由體也力平衡即得到答案.

普通

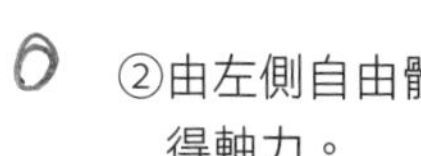

②由左側自由體平衡求得軸力。

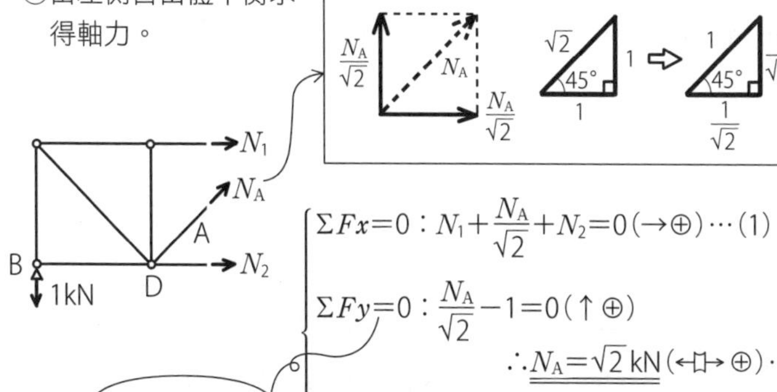

$\Sigma Fx=0：N_1+\frac{N_A}{\sqrt{2}}+N_2=0$（→⊕）…(1)

$\Sigma Fy=0：\frac{N_A}{\sqrt{2}}-1=0$（↑⊕）

$\therefore N_A=\sqrt{2}\,\text{kN}$（←□→⊕）…(2)

只有N_A的話，可由$\Sigma Fy=0$求得

取D點力矩平衡：

$\Sigma M_D=0：N_1\times4-1\times4=0$（↻⊕）

$\therefore N_1=1\text{kN}$（←□→⊕）…(3)

將(2)、(3)代入(1)　$1+\frac{\sqrt{2}}{\sqrt{2}}+N_2=0$

$\therefore N_2=-2\text{kN}$（→□←⊖）

③試著由右側自由體平衡來求求看。

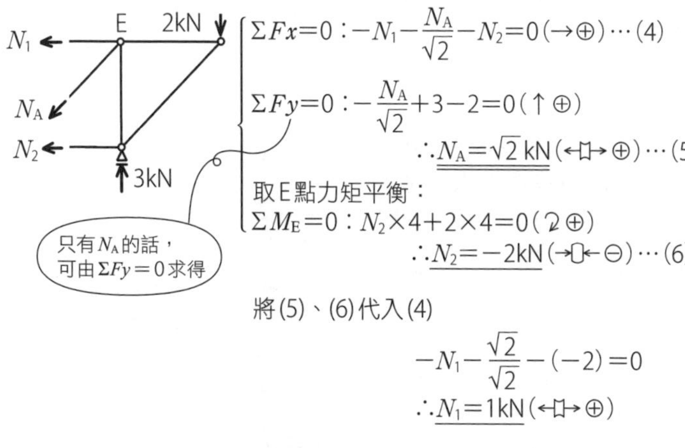

$\Sigma Fx=0：-N_1-\frac{N_A}{\sqrt{2}}-N_2=0$（→⊕）…(4)

$\Sigma Fy=0：-\frac{N_A}{\sqrt{2}}+3-2=0$（↑⊕）

$\therefore N_A=\sqrt{2}\,\text{kN}$（←□→⊕）…(5)

只有N_A的話，可由$\Sigma Fy=0$求得

取E點力矩平衡：

$\Sigma M_E=0：N_2\times4+2\times4=0$（↻⊕）

$\therefore N_2=-2\text{kN}$（→□←⊖）…(6)

將(5)、(6)代入(4)

$$-N_1-\frac{\sqrt{2}}{\sqrt{2}}-(-2)=0$$

$\therefore N_1=1\text{kN}$（←□→⊕）

Q 如圖承受荷重的靜定桁架，請求出構材A、B、C產生的軸力N_A、N_B、N_C。

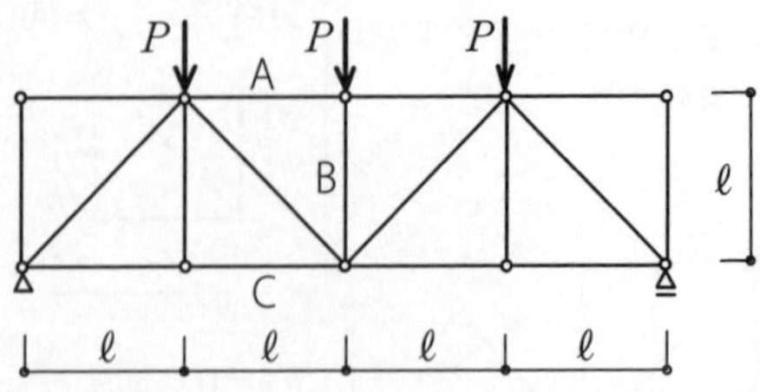

A ①由整體平衡求出支承反力。

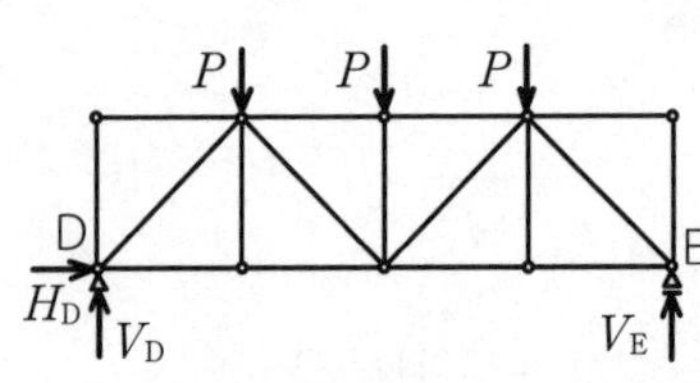

$\Sigma Fx=0$：$\underline{H_D=0}$（→⊕）

$\Sigma Fy=0$：$V_D+V_E-3P=0$（↑⊕）…(1)

取D點力矩平衡：

$\Sigma M_D=0$：$P\times\ell+P\times2\ell+P\times3\ell-V_E\times4\ell=0$（↻⊕）

$\therefore \underline{V_E=\frac{3}{2}P}$（↑）…(2)

將(2)代入(1)　$\underline{V_D=\frac{3}{2}P}$（↑）

不必透過麻煩的計算，也可從對稱的荷重得知，左右反力各半→由$3P\times\frac{1}{2}$，即可馬上求得$V_D=V_E=\frac{3}{2}P$。

②仔細看截斷之前的接合形狀，節點F為如右圖的T型，可以馬上得知構材B的作用力。即$\underline{\underline{N_B=-P}}$（→▯←⊖）。

P

F

為了與y方向的力P平衡，構材受壓

P

F

B

構材B的軸力N_B為壓力P。壓力為⊖，故$N_B=-P$

③截斷包括構材A、C在內的地方，由左側自由體平衡求得構材A、C的軸力。

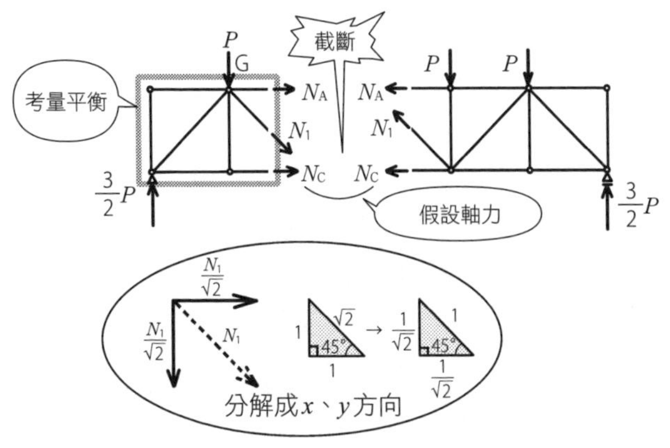

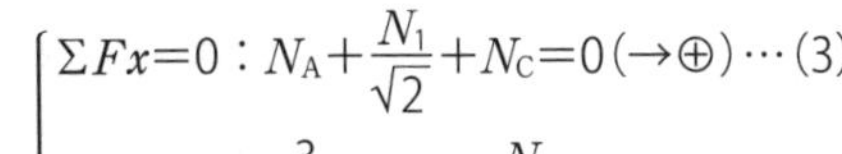

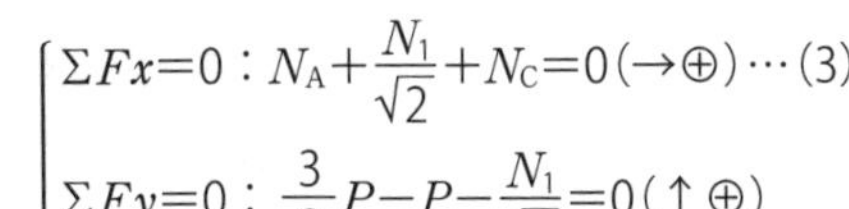

$$\Sigma Fx=0：N_A+\frac{N_1}{\sqrt{2}}+N_C=0\ (\rightarrow\oplus)\cdots(3)$$

$$\Sigma Fy=0：\frac{3}{2}P-P-\frac{N_1}{\sqrt{2}}=0\ (\uparrow\oplus)$$

$$\therefore N_1=\frac{\sqrt{2}}{2}P\ (\leftarrow\square\rightarrow\oplus)\cdots(4)$$

取G點力矩平衡：

$$\Sigma M_G=0：\frac{3}{2}P\times\ell-N_C\times\ell=0\ (\circlearrowright\oplus)$$

$$\therefore N_C=\frac{3}{2}P\ (\leftarrow\square\rightarrow\oplus)\cdots(5)$$

將(4)、(5)代入(3)

$$N_A+\frac{1}{\sqrt{2}}\times\frac{\sqrt{2}}{2}P+\frac{3}{2}P=0$$

$$\therefore N_A=-2P\ (\rightarrow\square\leftarrow\ominus)$$

與假設方向（拉力）相反，故為壓力

Point

注意T字型！

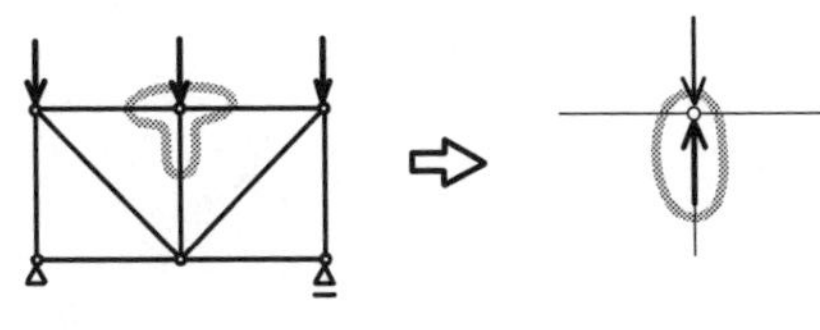

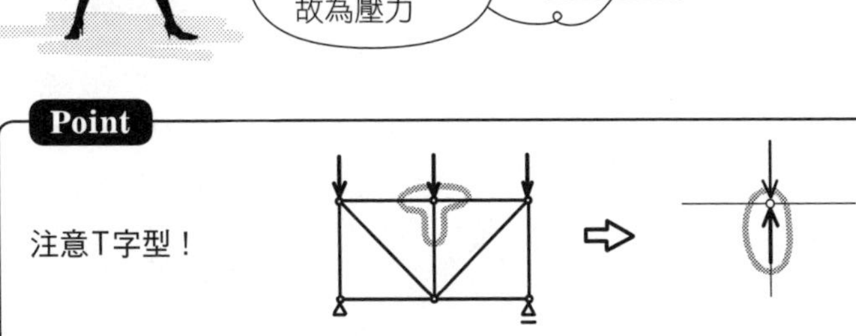

★ R019 check ▶□□□

Q 如圖承受荷重P的靜定桁架，請求出構材AB產生的軸力N_{AB}。

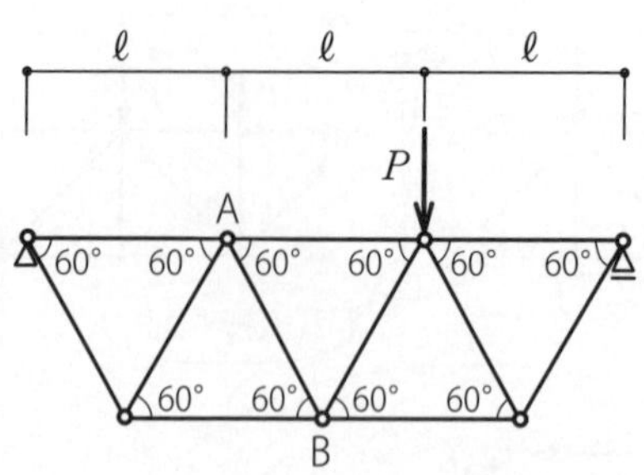

A ①假設作用在支承C、D上的外力（反力），以桁架整體的外力平衡求得反力。

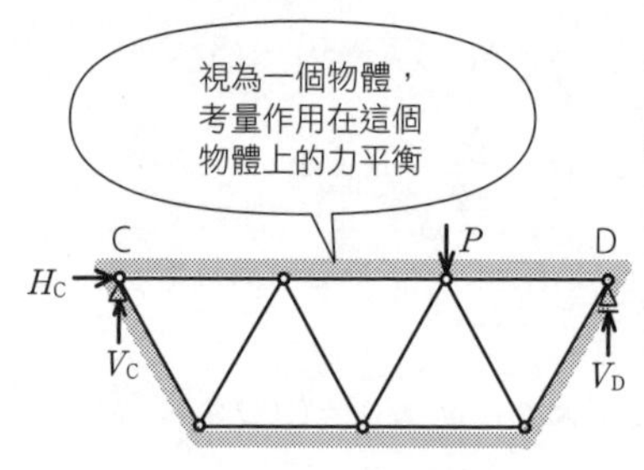

$$\begin{cases} \Sigma Fx=0：\underline{H_C=0}(\rightarrow\oplus) \\ \Sigma Fy=0：V_C+V_D-P=0(\uparrow\oplus)\cdots(1) \\ \text{取支承C力矩平衡：} \\ \Sigma M_C=0：P\times 2\ell-V_D\times 3\ell=0(\circlearrowright\oplus) \end{cases}$$

$$\therefore \underline{V_D=\frac{2}{3}P(\uparrow)}\cdots(2)$$

將(2)代入(1) $\underline{V_C=\frac{1}{3}P(\uparrow)}$

②截斷構材AB，桁架被一分為二，由左側的自由體平衡來求構材的內力。如下圖，桁架構材只有軸力作用，假設軸力為N_1、N_{AB}、N_2。

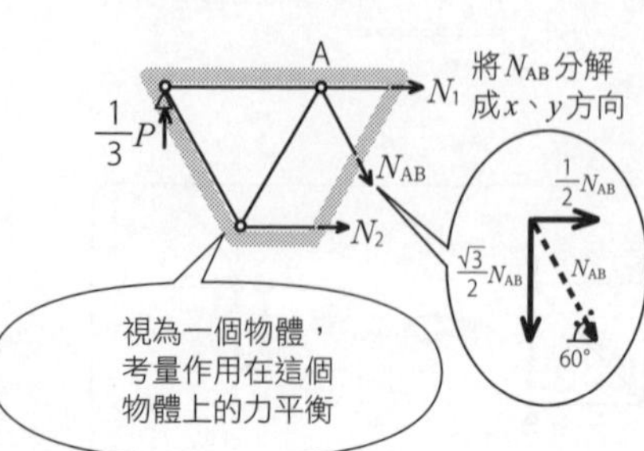

$$\Sigma Fy=0：\frac{1}{3}P-\frac{\sqrt{3}}{2}N_{AB}=0(\uparrow\oplus)$$

$$\therefore \underline{\underline{N_{AB}=\frac{2}{3\sqrt{3}}P=\frac{2\sqrt{3}}{9}P(\leftarrow\square\rightarrow\oplus)}}$$

由$\Sigma Fx=0$和任意點的$\Sigma M=0$，也可以求得N_1、N_2。

(分母有理化)

$\frac{2\cdot\sqrt{3}}{3\cdot 3}$（根号直接上移到分子，分母留下3）

困難

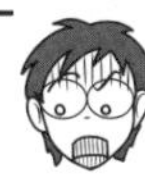

Point

桁架的解法

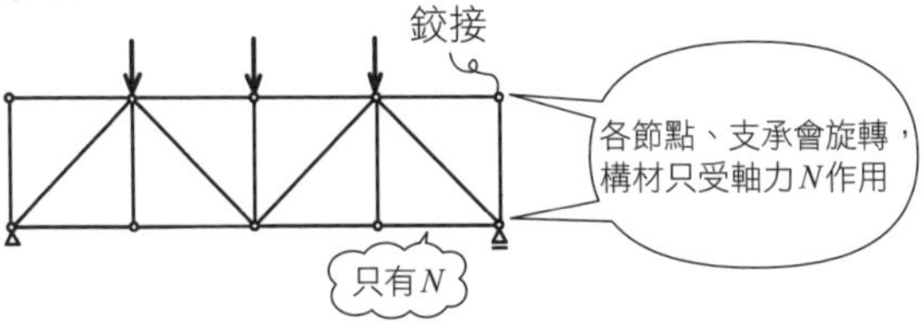

鉸接
各節點、支承會旋轉，
構材只受軸力N作用
只有N

①反力

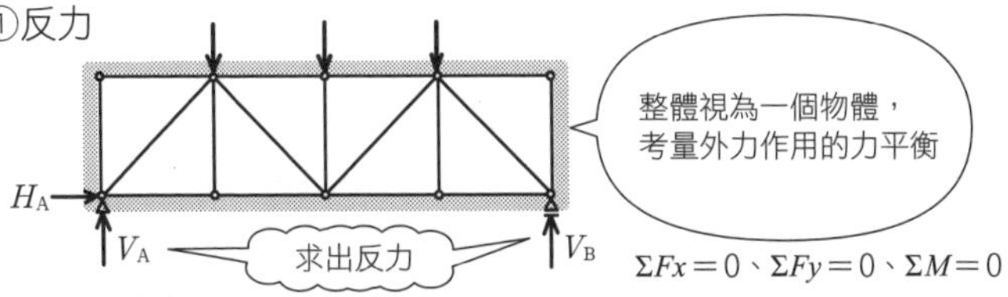

H_A
V_A
求出反力
V_B
整體視為一個物體，
考量外力作用的力平衡

$\Sigma Fx=0$、$\Sigma Fy=0$、$\Sigma M=0$

（節点或截面都要整体力平衡，除非过程不需要透过支承的反力.）

②節點法

考量作用在這個
節點的力平衡

節点的力平衡

③截面法

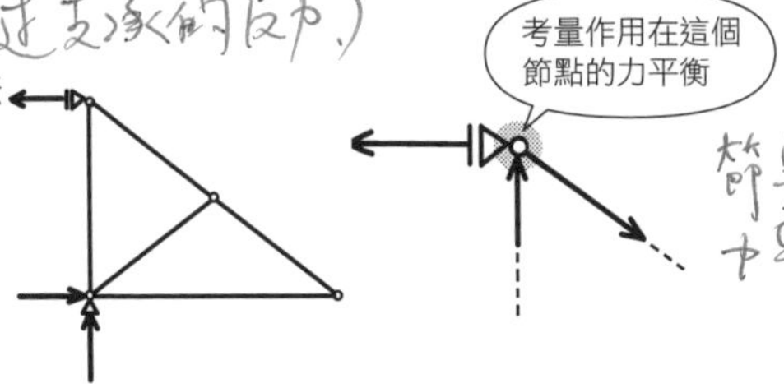

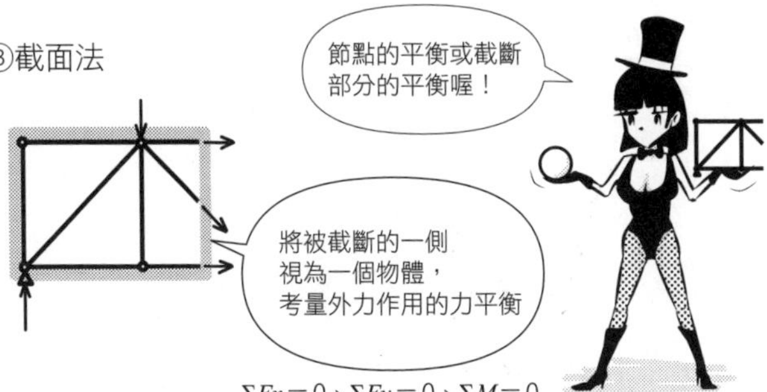

節點的平衡或截斷
部分的平衡喔！
將被截斷的一側
視為一個物體，
考量外力作用的力平衡

$\Sigma Fx=0$、$\Sigma Fy=0$、$\Sigma M=0$

截面的力平衡.

Q 如圖承受荷重的簡支梁，請求出最大彎矩 M_{max}。

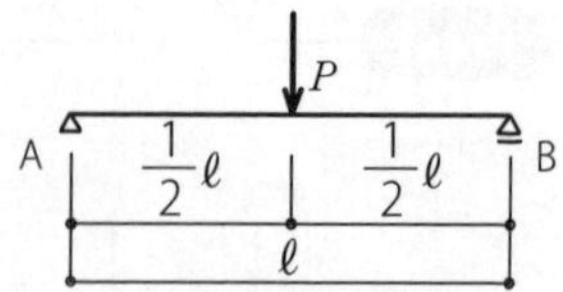

A 觀察某一物體，由外部施加的力稱為外力，物體內部因此而產生的力則稱為內力。內力可分為軸力（壓力、拉力）N、彎矩 M、剪力 Q 等。

①求出支承反力。由於是對稱荷重，故反力各半。

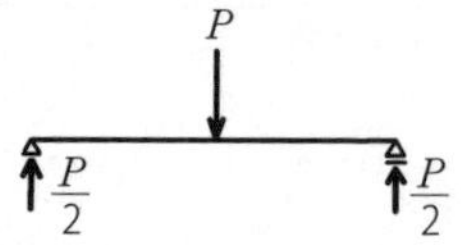

②彎矩是指為了讓構材彎曲而成對作用的力矩。將構材切出一個骰子大小，或是切成兩段來計算看看。如下圖，從 P 左側的支承，取 x（$x \leqq \frac{\ell}{2}$）距離來考量。

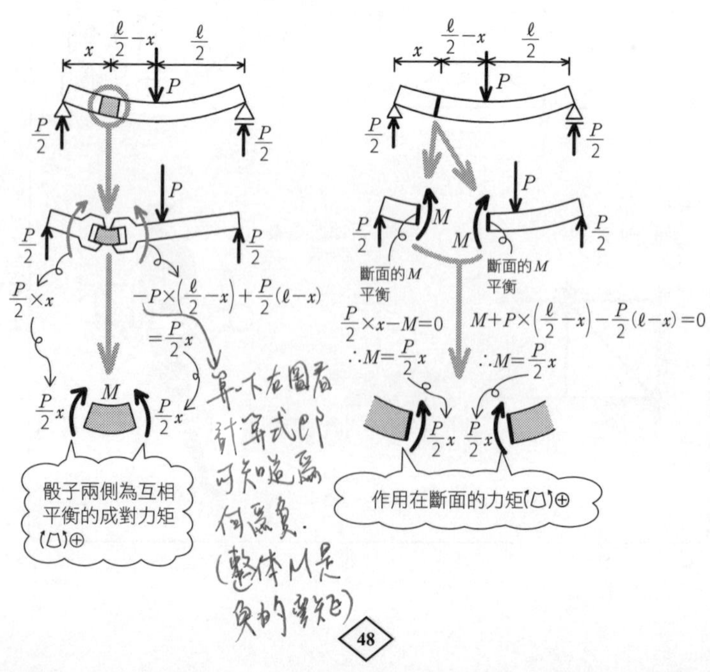

③切斷P的右側（$x > \frac{\ell}{2}$）來考量。
由於是對稱荷重，所產生的M也會對稱，過程省略也沒關係。

x, $\frac{\ell}{2}$, $x-\frac{\ell}{2}$, $\ell - x$, P, $\frac{P}{2}$, $\frac{P}{2}$

$\frac{P}{2} \times x - P \times \left(x - \frac{\ell}{2}\right) = -\frac{P}{2}x + \frac{P\ell}{2}$

$\frac{P}{2} \times (\ell - x) = -\frac{P}{2}x + \frac{P\ell}{2}$

$-\frac{P}{2}x + \frac{P\ell}{2}$ M $-\frac{P}{2}x + \frac{P\ell}{2}$

骰子兩側為互相平衡的成對力矩 (↶◡↷)⊕

④由②、③可知

$$\begin{cases} 0 \leqq x \leqq \frac{\ell}{2}：M = \frac{P}{2}x \ (\circlearrowleft\smile\circlearrowright)\oplus \\ \frac{\ell}{2} < x \leqq \ell：M = -\frac{P}{2}x + \frac{P\ell}{2} \ (\circlearrowleft\smile\circlearrowright)\oplus \end{cases}$$

畫成圖表後，如下圖所示
M在$x = \frac{\ell}{2}$時，會有最大值，$M_{max} = \frac{P\ell}{4}$

直接描繪在梁上時，若是畫在突出側（也就是畫在張力側），更容易了解變形的形式。

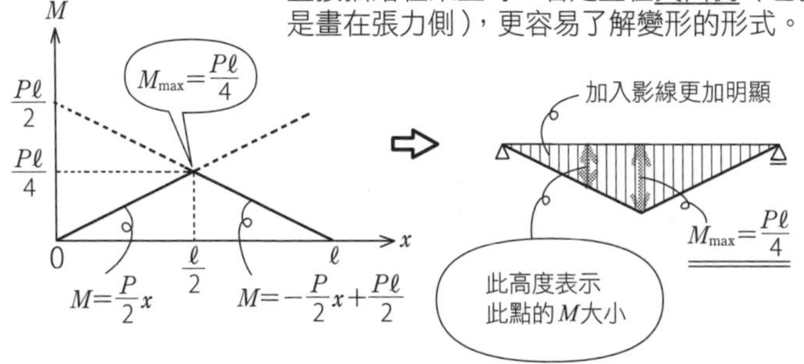

〔審訂者注：有些書是把彎矩圖畫在壓力側，也就是會與本書的 M 圖上下顛倒〕

Point

將兩邊視為螺絲扳手，從簡單的一側計算M。

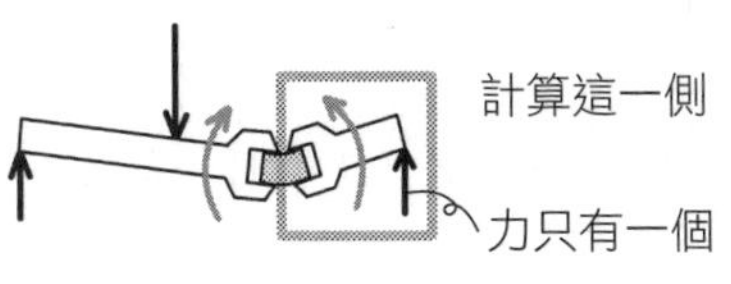

（使用x距離來假設，非常清楚的觀念）

★ R021 check ▶□□□

Q 如圖承受荷重的簡支梁，請求出最大彎矩 M_{max}。

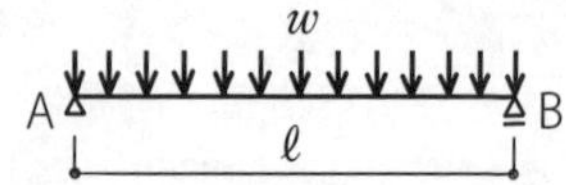

A ①支承反力與承受集中荷重時相同，因對稱而反力各半（參見R006）。

合力 $W=w\ell$

$\frac{W}{2}$ $\frac{W}{2}$

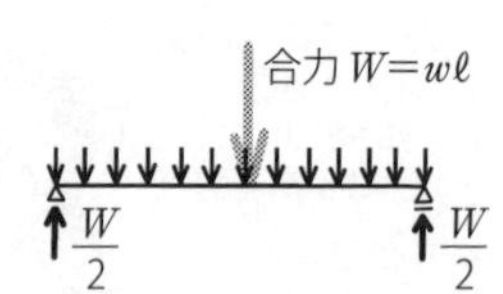

②從距離A點 x 處切斷，考量彎矩 M。

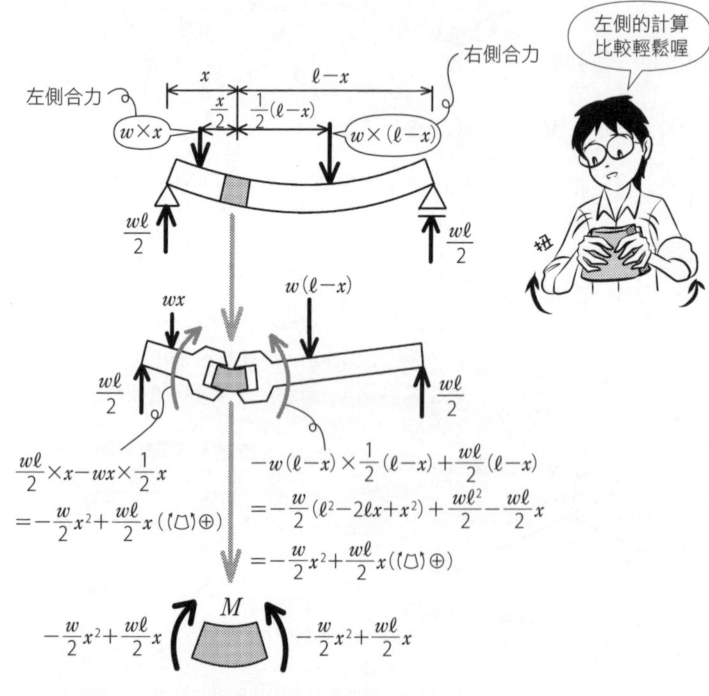

與集中力的不同是均佈力的合力位置，會在各別自由體的之處.

③將M的2次式整理，就可得到頂點的值。

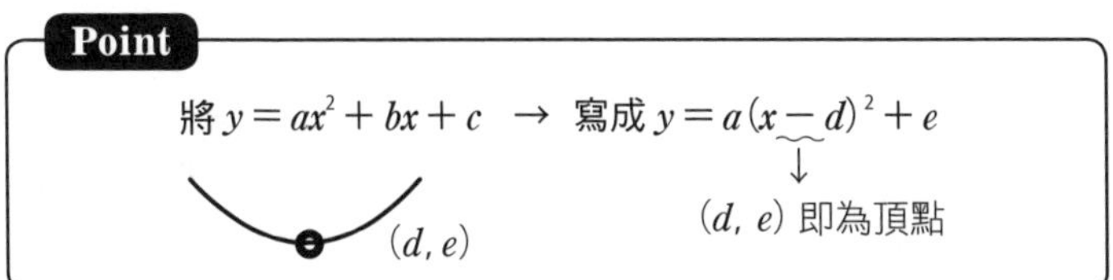

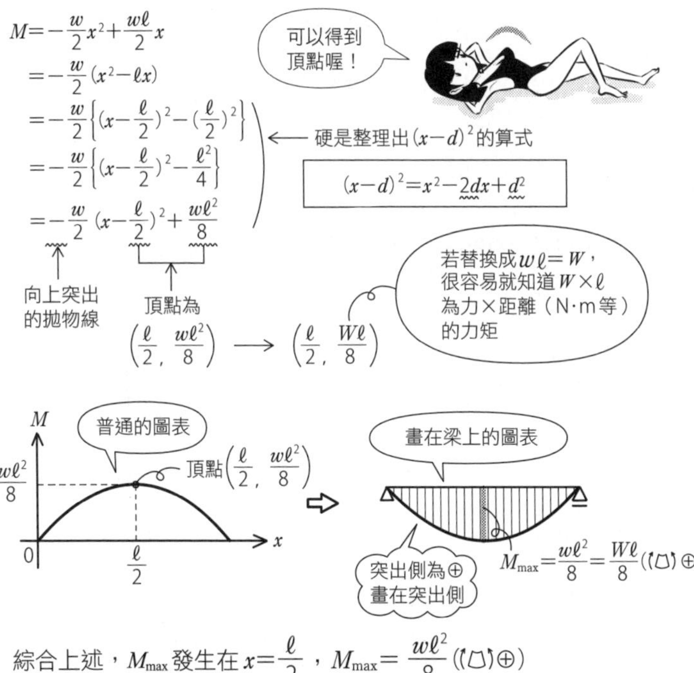

綜合上述，M_{max}發生在$x=\frac{\ell}{2}$，$M_{max}=\frac{w\ell^2}{8}$ ⊕

〔審訂者注：再次強調說明，本書之M圖是畫在張力側〕

Q 如圖承受荷重的簡支梁1、2，最大彎矩分別為M_1、M_2，請求出M_1：M_2的比。

梁1
W
1/2 ℓ
1/2 ℓ
ℓ
梁2
w
(wℓ=W)
ℓ

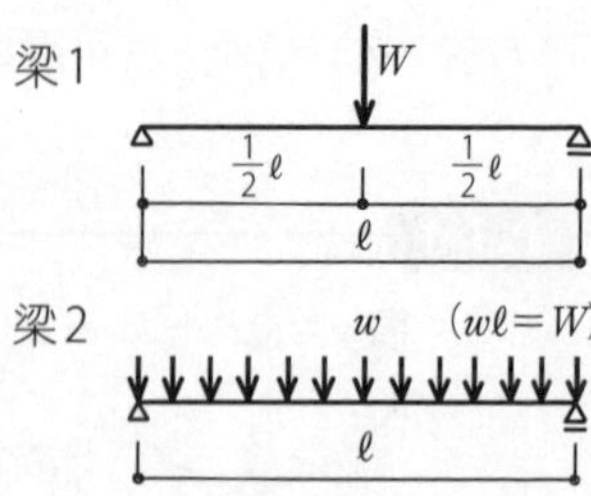

A ①若是記得$\frac{P\ell}{4}$、$\frac{W\ell}{8}$的公式（參見R020、R021），由$P=W$馬上可得知

$$M_1 : M_2 = \frac{P\ell}{4} : \frac{W\ell}{8} = \frac{W\ell}{4} : \frac{W\ell}{8} = \frac{1}{4} : \frac{1}{8} = \underline{\underline{2:1}}$$

不過為了打穩基礎，將計算方法說明如下。

②於中央左側部分切出骰子狀來考量。

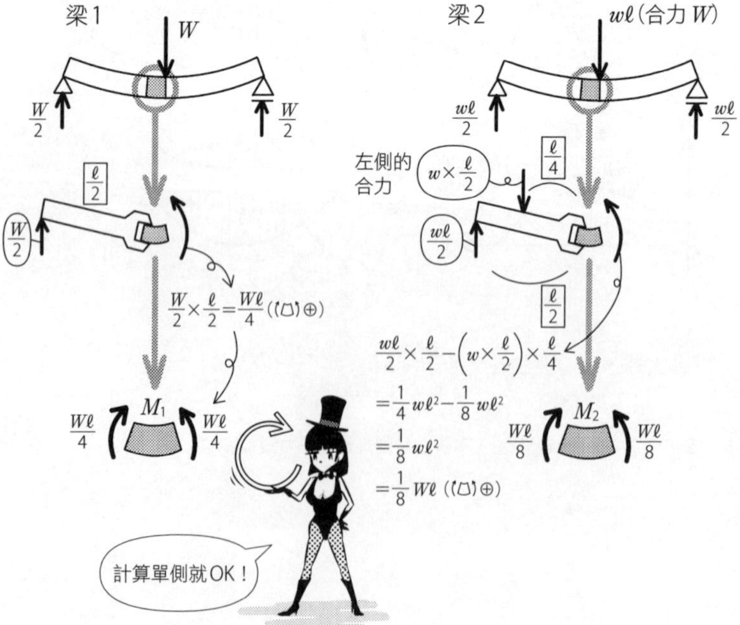

梁1
W
W/2
W/2
ℓ/2
W/2
W/2 × ℓ/2 = Wℓ/4 (⊕)
M1
Wℓ/4
Wℓ/4
梁2
wℓ(合力 W)
wℓ/2
wℓ/2
左側的合力
w × ℓ/2
ℓ/4
wℓ/2
ℓ/2
wℓ/2 × ℓ/2 − (w × ℓ/2) × ℓ/4
= 1/4 wℓ² − 1/8 wℓ²
= 1/8 wℓ²
= 1/8 Wℓ (⊕)
M2
Wℓ/8
Wℓ/8
計算單側就OK！

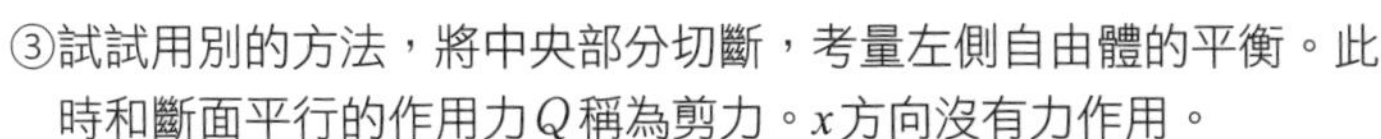

③試試用別的方法，將中央部分切斷，考量左側自由體的平衡。此時和斷面平行的作用力 Q 稱為剪力。x 方向沒有力作用。

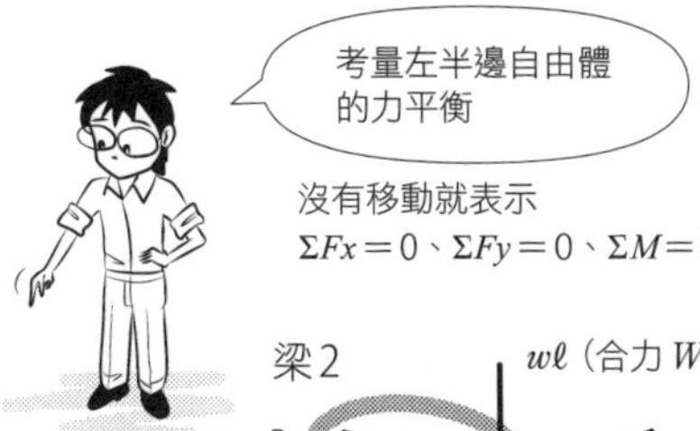

考量左半邊自由體的力平衡

沒有移動就表示
$\Sigma Fx=0$、$\Sigma Fy=0$、$\Sigma M=0$

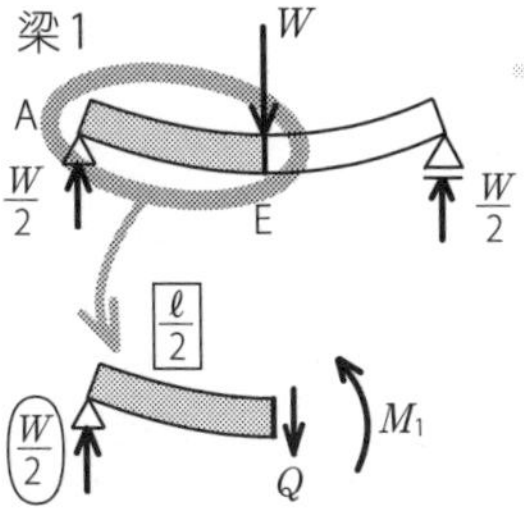

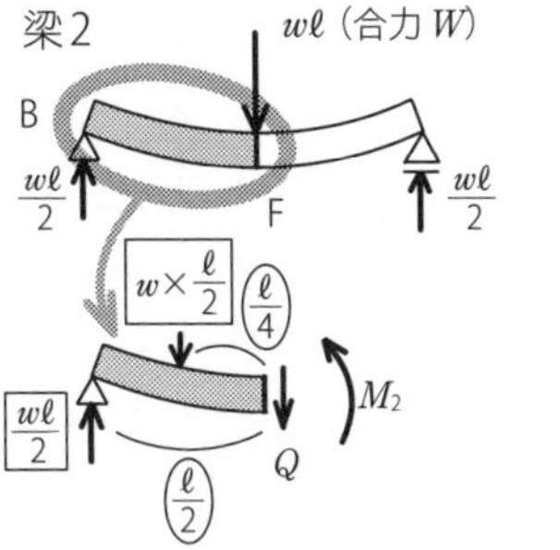

梁1　W

A　E　$\frac{W}{2}$　$\frac{W}{2}$　$\frac{\ell}{2}$　M_1　Q

$\Sigma Fy=0：\frac{W}{2}-Q=0$（↑⊕）

$\therefore Q=\frac{W}{2}$

取E點力矩平衡：

$\Sigma M_E=0：\frac{W}{2}\times\frac{\ell}{2}-M_1=0$（↻⊕）

$\therefore M_1=\frac{W\ell}{4}$（⊕）

（取A點力矩平衡：
計算 $\Sigma M_A=0$
$Q\times\frac{\ell}{2}-M_1=0$
$\therefore M_1=Q\times\frac{\ell}{2}=\frac{W}{2}\times\frac{\ell}{2}$
$=\frac{W\ell}{4}$（⊕））

梁2　$w\ell$（合力 W）

B　F　$\frac{w\ell}{2}$　$\frac{w\ell}{2}$　$w\times\frac{\ell}{2}$　$\frac{\ell}{4}$　$\frac{\ell}{2}$　M_2　Q

$\Sigma Fy=0：\frac{w\ell}{2}-\left(w\times\frac{\ell}{2}\right)-Q=0$（↑⊕）

$\therefore Q=0$

取F點力矩平衡：

$\Sigma M_F=0：\frac{w\ell}{2}\times\frac{\ell}{2}-\left(w\times\frac{\ell}{2}\right)\times\frac{\ell}{4}-M_2=0$（↻⊕）

$\therefore M_2=\frac{w\ell^2}{4}-\frac{w\ell^2}{8}=\frac{w\ell^2}{8}=\frac{W\ell}{8}$（⊕）

（取B點力矩平衡：
計算 $\Sigma M_B=0$
$\left(w\times\frac{\ell}{2}\right)\times\frac{\ell}{4}+Q\times\frac{\ell}{2}-M_2=0$
$M_2=\frac{w\ell^2}{8}+Q\times\frac{\ell}{2}=\frac{w\ell^2}{8}=\frac{W\ell}{8}$（⊕））

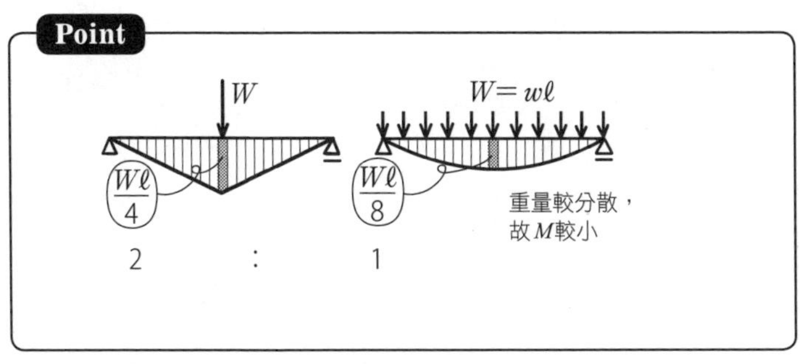

Q 如圖承受非對稱荷重的簡支梁，請求出作用在C點的彎矩M_C大小。

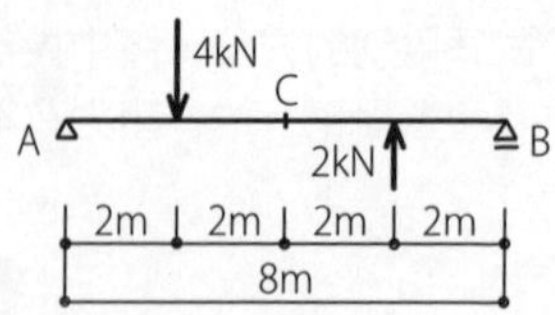

A ①假設反力，由平衡求解（參見R007）。

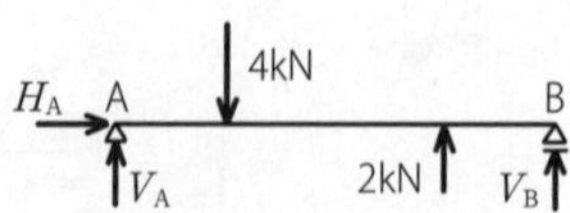

$$\begin{cases} \Sigma Fx=0：H_A=0(\rightarrow\oplus) \\ \Sigma Fy=0：V_A+V_B+2-4=0(\uparrow\oplus) \\ \qquad\qquad \therefore V_A+V_B=2 \quad \cdots\cdots(1) \\ \text{取A點力矩平衡：} \\ \Sigma M_A=0：4\times2-2\times6-V_B\times8=0(\circlearrowright\oplus) \end{cases}$$

$$\therefore \underline{V_B=-\frac{1}{2}\text{kN}(\downarrow)} \cdots\cdots(2)$$

將(2)代入(1)　$V_A-\dfrac{1}{2}=2$

$$\therefore \underline{V_A=\frac{5}{2}\text{kN}(\uparrow)}$$

②於C點切出骰子狀，考量左側的自由體。

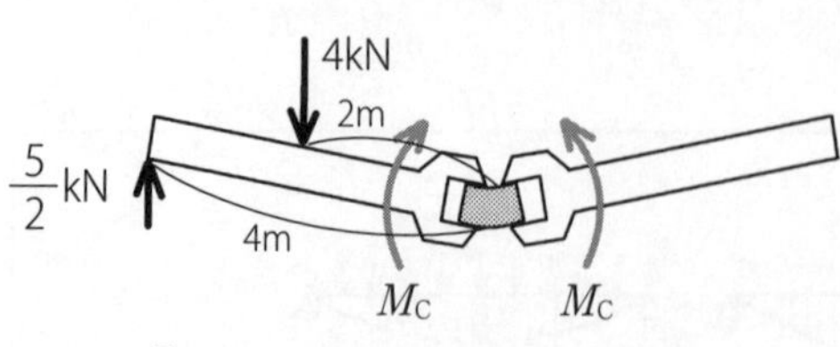

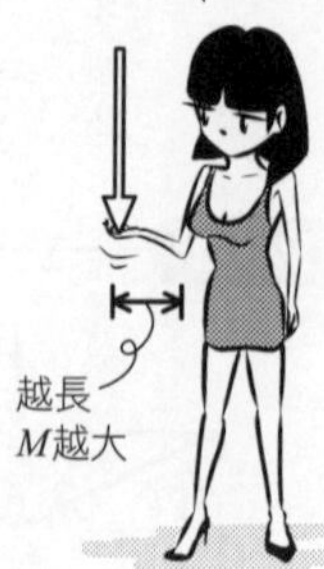

$$M_C=\frac{5}{2}\times4-4\times2=\underline{\underline{2\text{kN}\cdot\text{m}}}(\text{(凹)}\oplus)$$

普通

③試著用別的方法，將中央部分切斷，考量左側自由體平衡。

似乎用內力圖看較清楚.

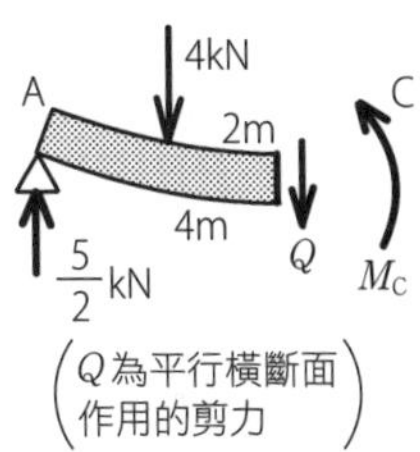

（Q為平行橫斷面作用的剪力）

$\Sigma Fy=0$：$\frac{5}{2}-4-Q=0$（↑⊕）

$\therefore Q=-\frac{3}{2}$ kN（↓）

取C點力矩平衡：

$\Sigma M_C=0$：$\frac{5}{2}\times 4-4\times 2-M_C=0$（⊕）

$\therefore \underline{\underline{M_C=2\text{kN}\cdot\text{m}}}$（⊕）

④若要畫出M圖（彎矩圖），需要求出從A點❶ $0\leqq x\leqq 2$m、❷ $2\text{m}< x\leqq 6$m、❸ $6\text{m}< x\leqq 8$m等三個區間，距離A點 x 處的 M。

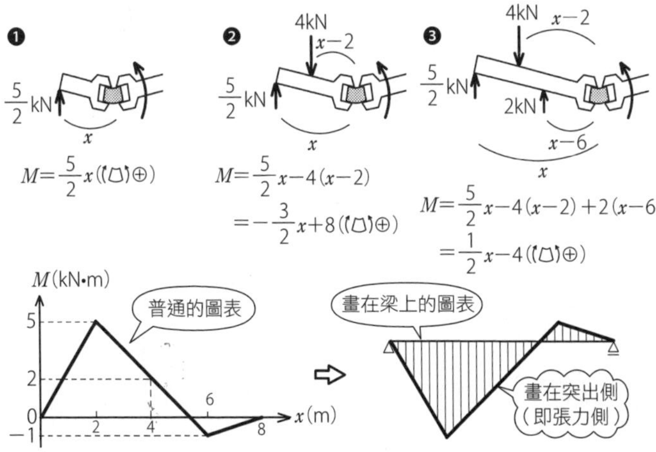

4 簡支梁的內力

Q 如圖承受荷重P的簡支梁，請求出最大剪力Q_{max}。

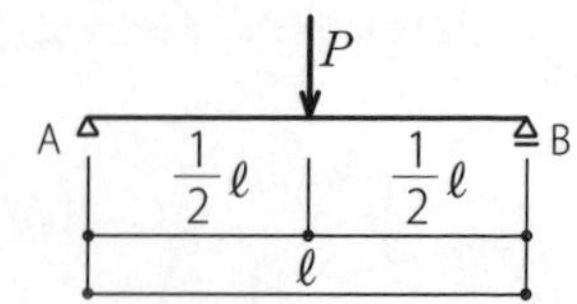

A ①求出支承反力。對稱荷重，反力各半。

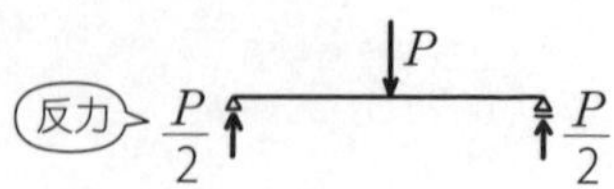

②構材內部除了使之彎曲的彎矩作用外，也受到與材軸直交、呈現平行四邊形交錯的剪力作用。一般是<u>以順時針為正</u>。

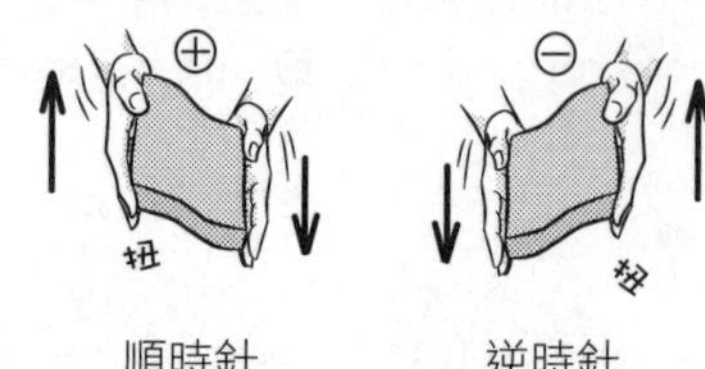

③從P的左側切出骰子狀，計算M和Q。

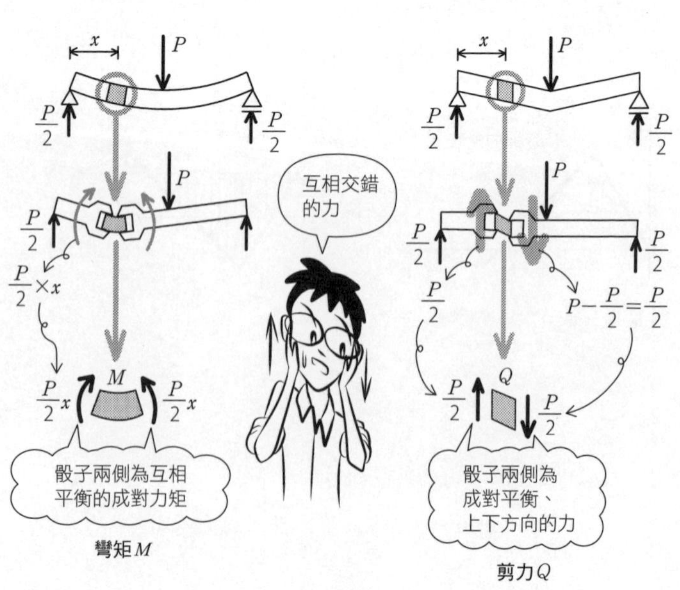

④切斷P的左側，考量平衡求出M和Q。

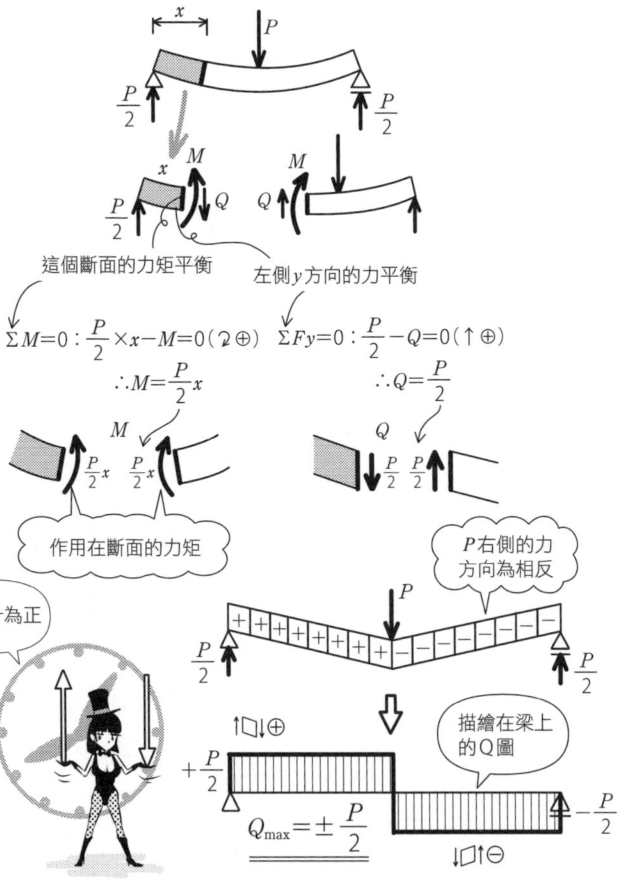

這個斷面的力矩平衡

左側y方向的力平衡

$$\Sigma M=0:\frac{P}{2}\times x-M=0(\curvearrowright\oplus)\qquad \Sigma Fy=0:\frac{P}{2}-Q=0(\uparrow\oplus)$$

$$\therefore M=\frac{P}{2}x \qquad \therefore Q=\frac{P}{2}$$

作用在斷面的力矩

P右側的力方向為相反

順時針為正

描繪在梁上的Q圖

$$Q_{max}=\pm\frac{P}{2}$$

Point

M為彎曲　　Q為平行四邊形

Q 如圖承受荷重的簡支梁，請求出C點的彎矩，以及A、B點的剪力。

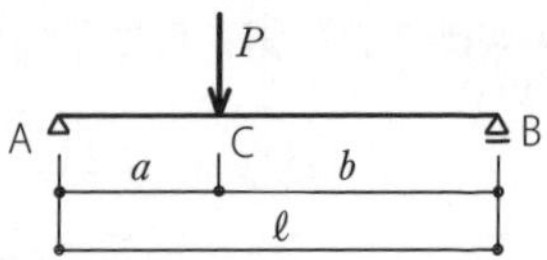

A ①求出支承反力。

$$\begin{cases}\Sigma Fx=0：\underline{H_A=0}(\rightarrow\oplus)\\ \Sigma Fy=0：V_A+V_B-P=0(\uparrow\oplus)\cdots\cdots(1)\\ \text{取A點力矩平衡：}\\ \Sigma M_A=0：P\times a-V_B\times \ell=0(\circlearrowright\oplus)\cdots(2)\end{cases}$$

$$\text{由(2) } \underline{V_B=\frac{a}{\ell}P} \quad\cdots\cdots(3)$$

P
a
b
H_A
V_A
V_B
非對稱時，
反力就不是
各半喔！
痛痛痛

將(3)代入(1)

$$V_A=P-V_B=\frac{\ell-a}{\ell}P=\underline{\frac{b}{\ell}P}$$

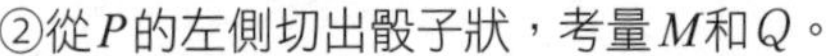

②從P的左側切出骰子狀，考量M和Q。

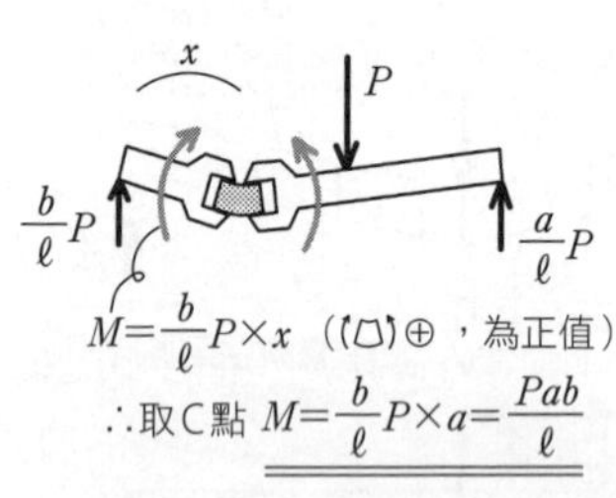

$M=\frac{b}{\ell}P\times x$ （(↻◻↺)⊕，為正值）

∴取C點 $\underline{\underline{M=\frac{b}{\ell}P\times a=\frac{Pab}{\ell}}}$

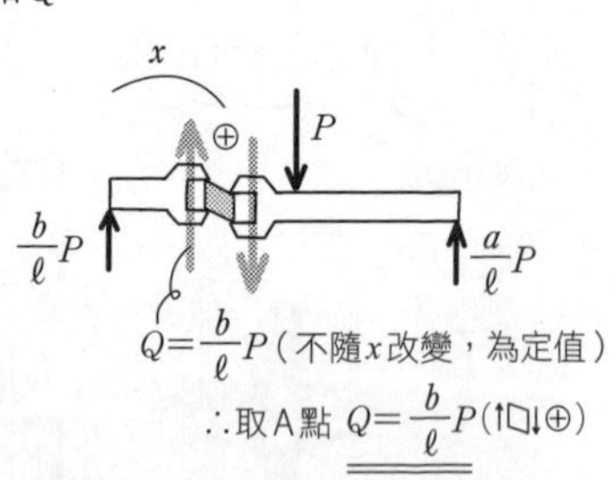

$Q=\frac{b}{\ell}P$（不隨x改變，為定值）

∴取A點 $\underline{\underline{Q=\frac{b}{\ell}P}}$(↑◻↓⊕)

③考量從P右側切出的骰子狀。

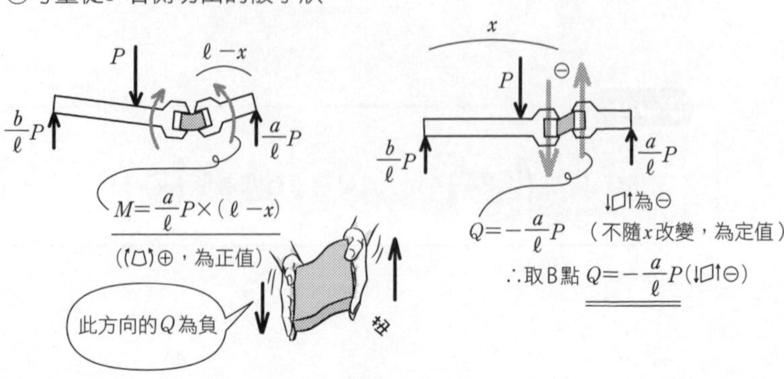

$\underline{M=\frac{a}{\ell}P\times(\ell-x)}$

((↻◻↺)⊕，為正值)

↓◻↑為⊖

$Q=-\frac{a}{\ell}P$　（不隨x改變，為定值）

∴取B點 $\underline{\underline{Q=-\frac{a}{\ell}P}}$(↓◻↑⊖)

④不同於②、③切出骰子狀，以別的方法來考量切斷部分的平衡。首先切斷P的左側。

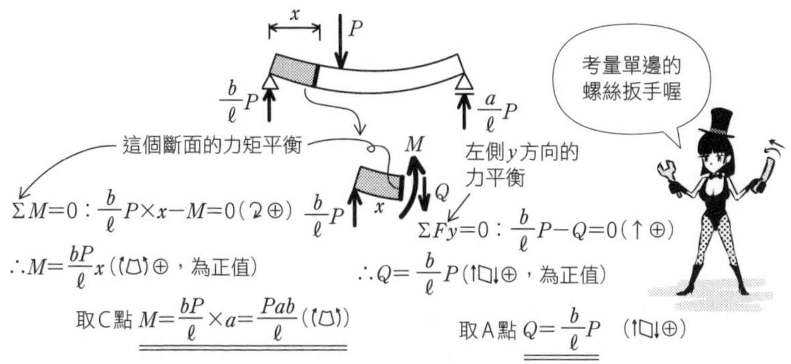

⑤切斷P的右側來考量。

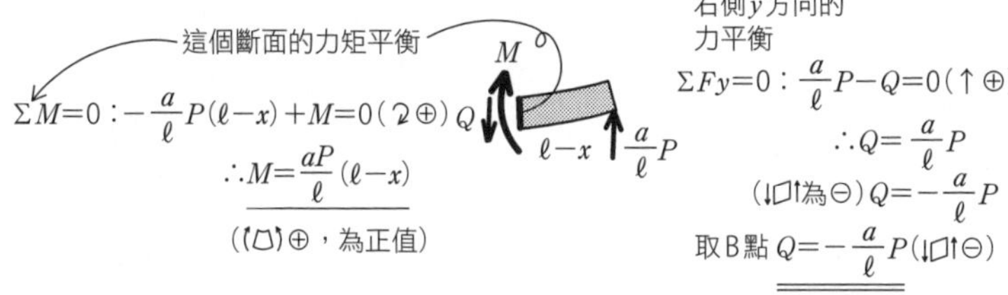

⑥描繪圖表時，M畫在突出側（張力側），Q則是以↿□⇂畫在上側。

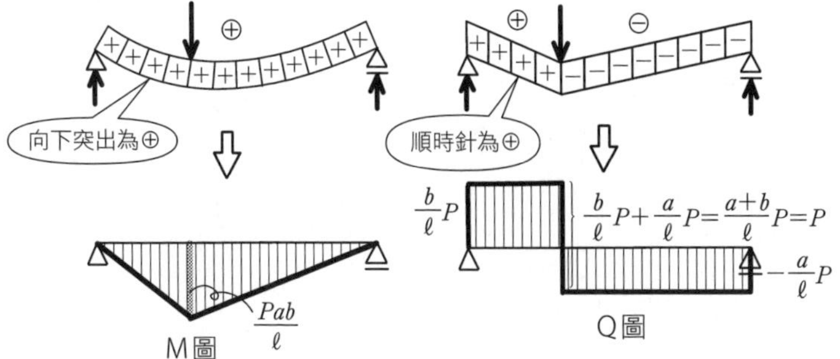

Q 如圖承受力矩荷重的簡支梁，請畫出彎矩圖（M圖）、剪力圖（Q圖）。

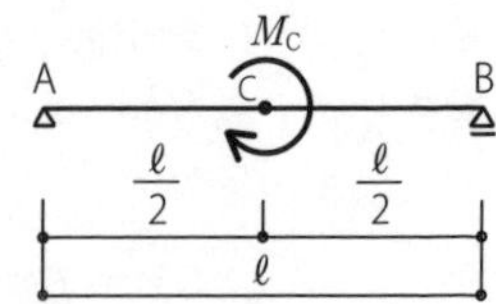

A ①假設反力，列出平衡式（參見R008）。

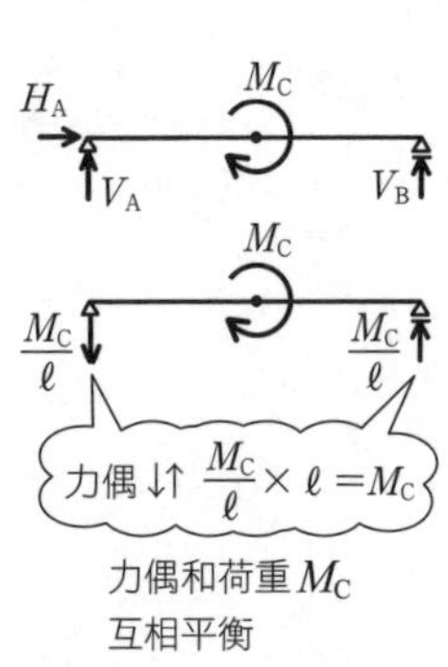

力偶和荷重 M_C 互相平衡

$\Sigma Fx=0$：$\underline{H_A=0}$（→⊕）

$\Sigma Fy=0$：$V_A+V_B=0$（↑⊕）……(1)

取A點力矩平衡：

$\Sigma M_A=0$：$M_C-V_B\times\ell=0$（↻⊕）……(2)

由(2) $\underline{V_B=\frac{M_C}{\ell}}$（↑）……(3)

將(3)代入(1)

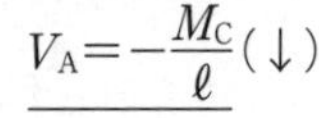

$\underline{V_A=-\frac{M_C}{\ell}}$（↓）

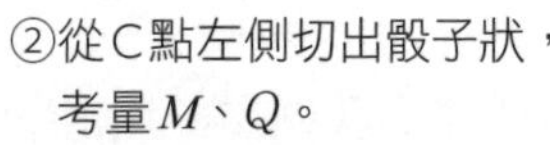

②從C點左側切出骰子狀，考量 M、Q。

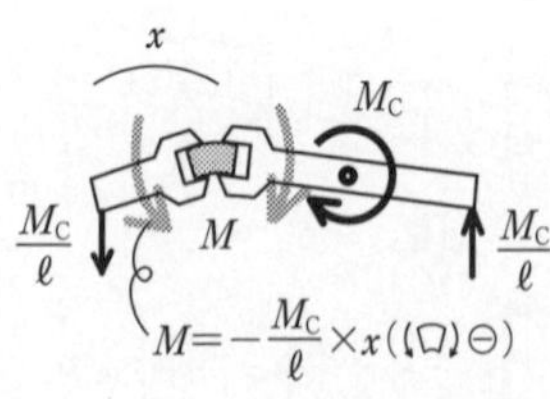

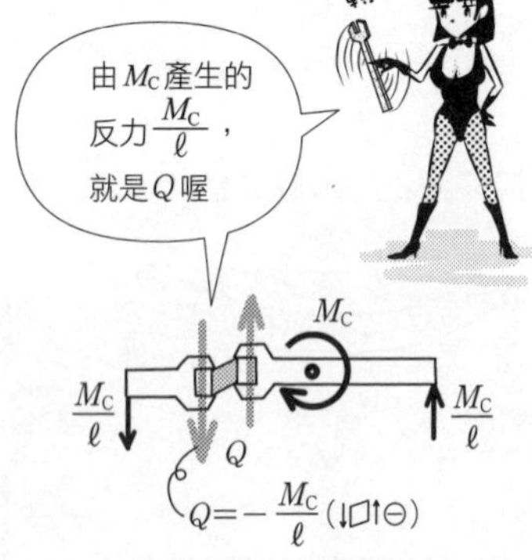

③考量C點右側切出的骰子狀。

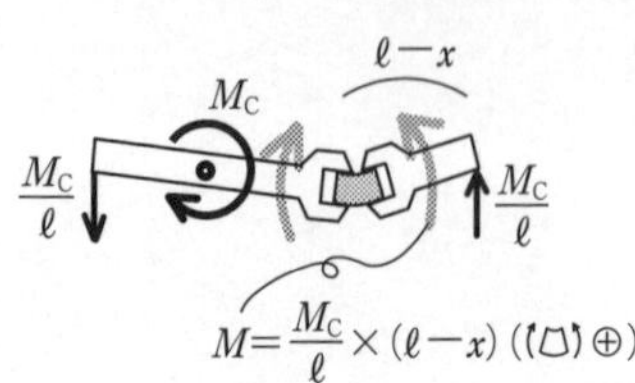

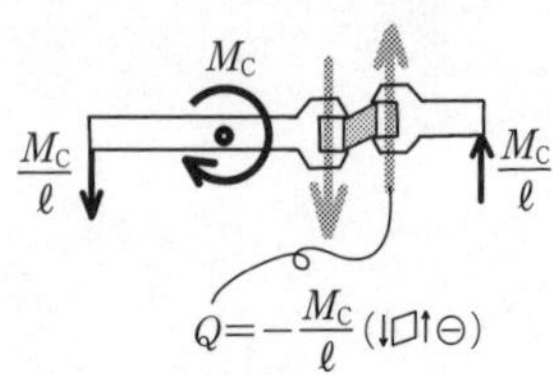

④不同於②、③切出骰子狀，以別的方法來考量切斷部分的平衡。
首先切斷C點的左側。

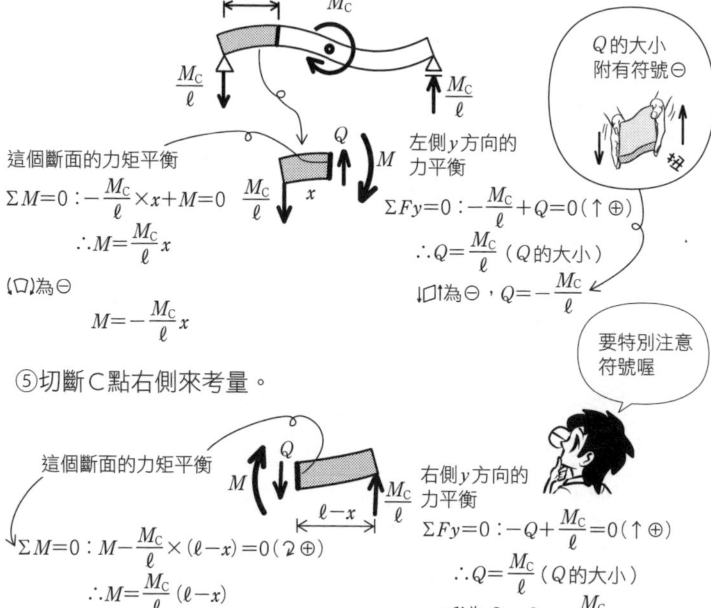

⑤切斷C點右側來考量。

⑥描繪圖表。

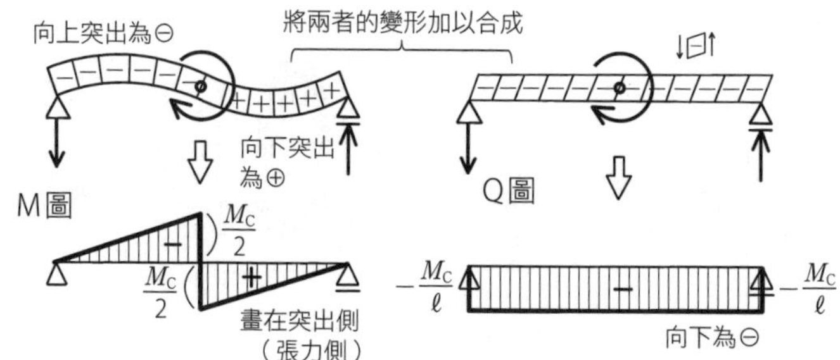

Q 如圖承受均布荷重w的簡支梁，請畫出M圖和Q圖。

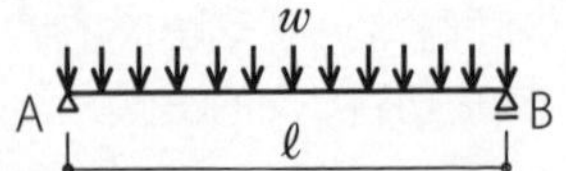

A ①支承反力與承受集中荷重時的情況相同，因對稱而反力各半。

合力 $W=w\ell$

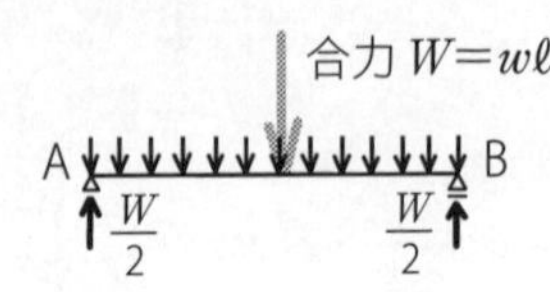

②從距離A點x的地方切出骰子狀，求出M、Q。

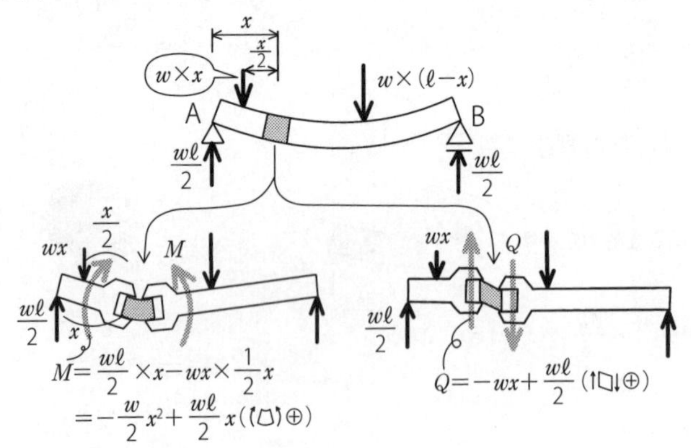

$$M=\frac{w\ell}{2}\times x-wx\times\frac{1}{2}x$$
$$=-\frac{w}{2}x^2+\frac{w\ell}{2}x\ (⊕)$$

$$Q=-wx+\frac{w\ell}{2}\ (↑□↓⊕)$$

③試著用別的方法，考量切斷面的左側平衡，求出M、Q。

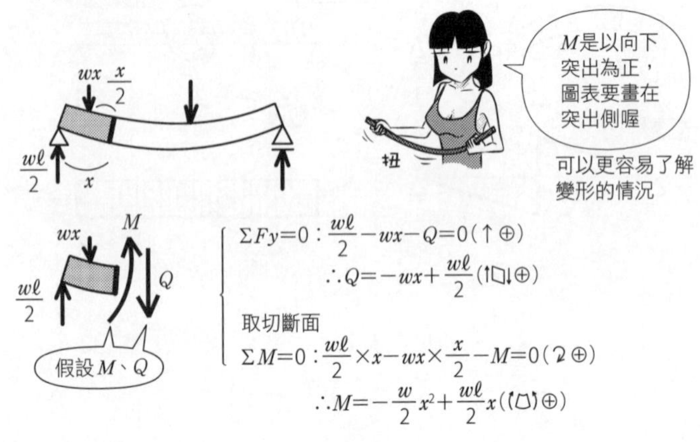

$\Sigma Fy=0$：$\frac{w\ell}{2}-wx-Q=0$（↑⊕）

$\therefore Q=-wx+\frac{w\ell}{2}$（↑□↓⊕）

取切斷面

$\Sigma M=0$：$\frac{w\ell}{2}\times x-wx\times\frac{x}{2}-M=0$（↻⊕）

$\therefore M=-\frac{w}{2}x^2+\frac{w\ell}{2}x$（⊕）

④描繪圖表時，M畫在突出側，Q則是以↿◻⇂畫在上側。

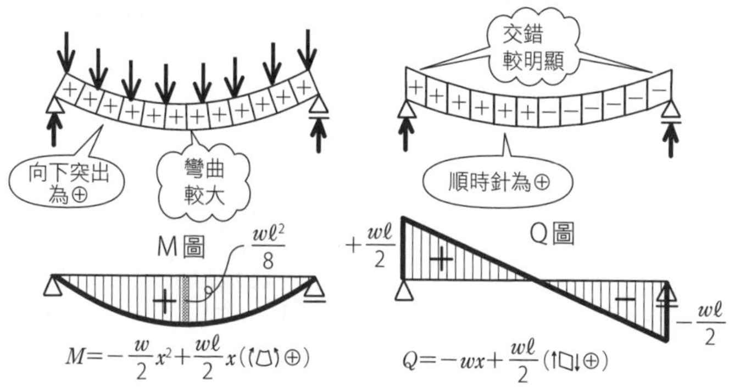

⑤若是知道$Q=M$的斜率（微分），只要將M的式子微分，就可以求得Q了。

$$Q=\frac{dM}{dx}=\left(-\frac{w}{2}x^2+\frac{w\ell}{2}x\right)'=-\frac{w}{2}\cdot 2x+\frac{w\ell}{2}\cdot 1=-wx+\frac{w\ell}{2}\ (\text{↿◻⇂}\oplus)$$

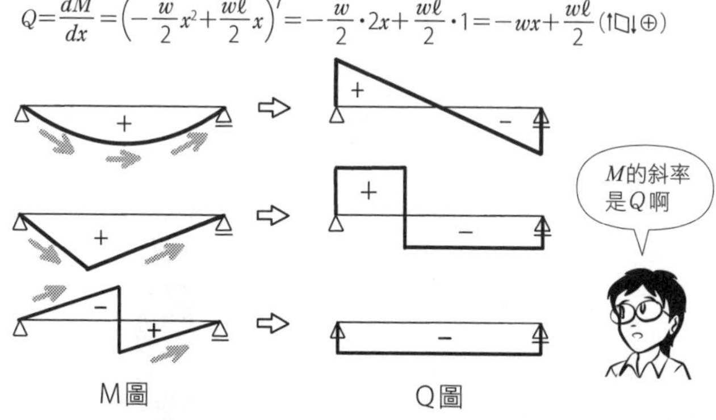

再將Q微分後，就可以得到$-w$。

Q 如圖承受荷重的簡支梁，請求出C點的彎矩M_C。

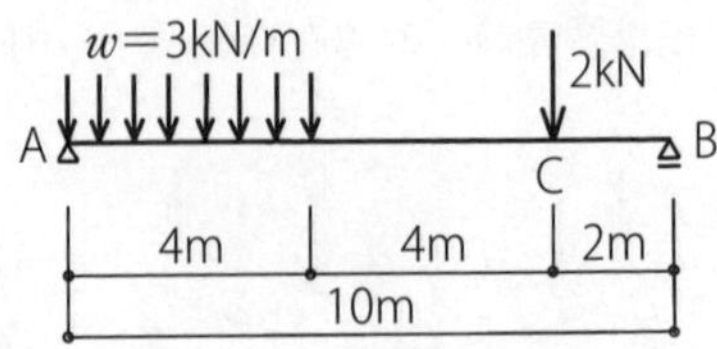

A ①假設反力，列出平衡式。

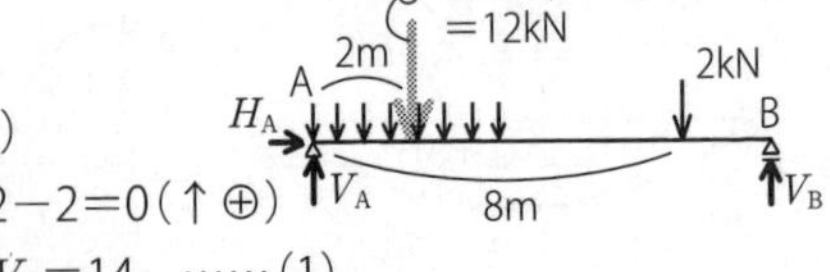

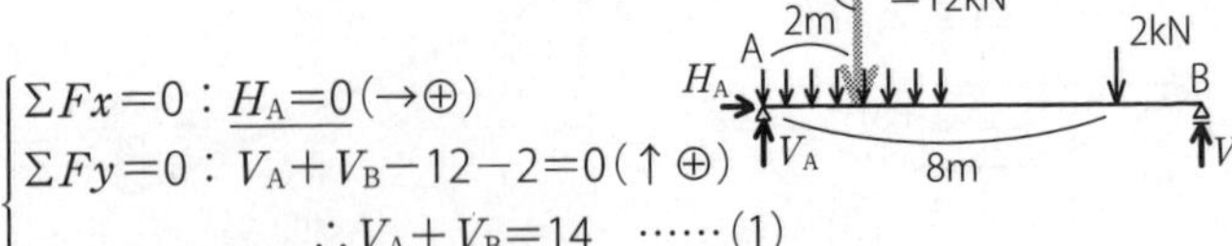

$$\begin{cases} \Sigma Fx=0: \underline{H_A=0}(\rightarrow\oplus) \\ \Sigma Fy=0: V_A+V_B-12-2=0(\uparrow\oplus) \\ \quad \therefore V_A+V_B=14 \quad \cdots\cdots(1) \\ \text{取A點力矩平衡：} \end{cases}$$

$$\Sigma M_A=0: 12\times2+2\times8-V_B\times10=0(\circlearrowright\oplus)$$

$$10\times V_B=24+16$$

$$\therefore \underline{V_B=4\text{kN}}(\uparrow) \quad \cdots\cdots(2)$$

將(2)代入(1)　$\underline{V_A=10\text{kN}}(\uparrow)$

②從C點切出骰子狀，求出M、Q。

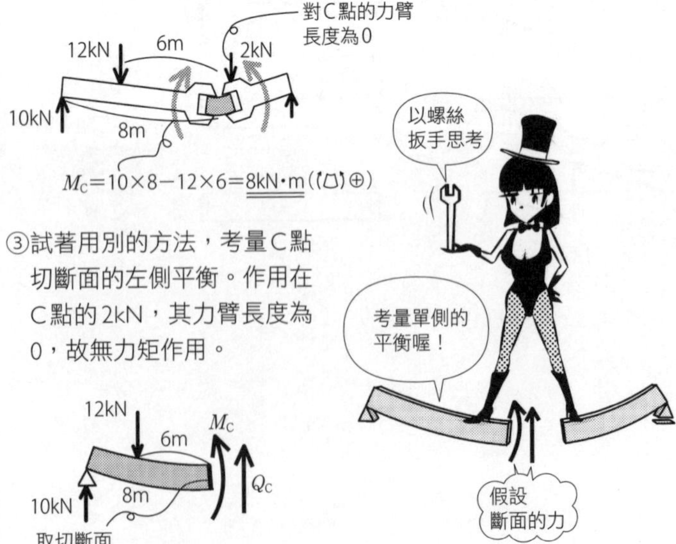

$M_C=10\times8-12\times6=\underline{\underline{8\text{kN}\cdot\text{m}}}$（⊕）

③試著用別的方法，考量C點切斷面的左側平衡。作用在C點的2kN，其力臂長度為0，故無力矩作用。

12kN　6m　M_C　Q_C　10kN　8m

取切斷面

$$\Sigma M=0: 10\times8-12\times6-M_C=0(\circlearrowright\oplus)$$

$$\therefore \underline{\underline{M_C=8\text{kN}\cdot\text{m}}}(\oplus)$$

④雖然題目沒寫，但請試著計算距離A點x處的M、Q。

❶ $0 \leqq x \leqq 4$m

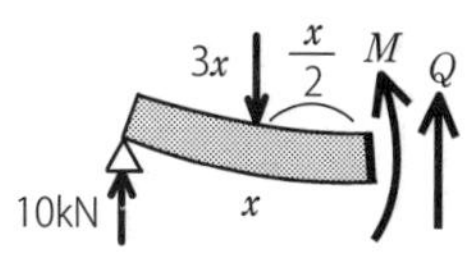

$\Sigma Fy=0$：$10-3x+Q=0$（↑⊕）
$\therefore Q=3x-10$
↓▭↑為⊖，$Q=-3x+10$ ……(3)
取切斷面
$\Sigma M=0$：$10\times x-3x\times\frac{x}{2}-M=0$（↻⊕）
$\therefore M=-\frac{3}{2}x^2+10x$（↻▭↺⊕）

（故$Q=\frac{dM}{dx}=-\frac{3}{2}(2x)+10\times1=-3x+10$，和(3)一致）

此時，當M的斜率為0（$\frac{dM}{dx}=0$）時，該點即為M的最大值

$x=\frac{10}{3}$m　$M_{\max}=-\frac{3}{2}\left(\frac{10}{3}\right)^2+10\cdot\frac{10}{3}$
$=-\frac{50}{3}+\frac{100}{3}=\frac{50}{3}$kN・m

❷ 4m ＜ $x \leqq 8$m

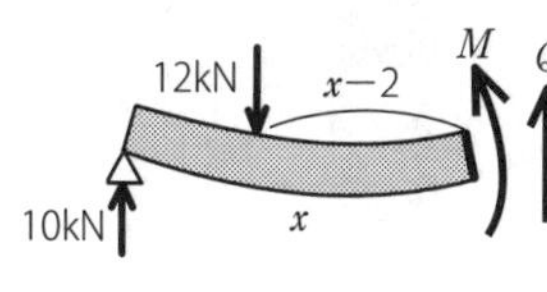

$\Sigma Fy=0$：$10-12+Q=0$（↑⊕）
$\therefore Q=2$
↓▭↑為⊖，$Q=-2$kN ……(4)
取切斷面
$\Sigma M=0$：$10\times x-12(x-2)-M=0$（↻⊕）
$\therefore M=-2x+24$（↻▭↺⊕）
（故$Q=\frac{dM}{dx}=-2\times1=-2$，和(4)一致）

❸ 8m ＜ $x \leqq 10$m

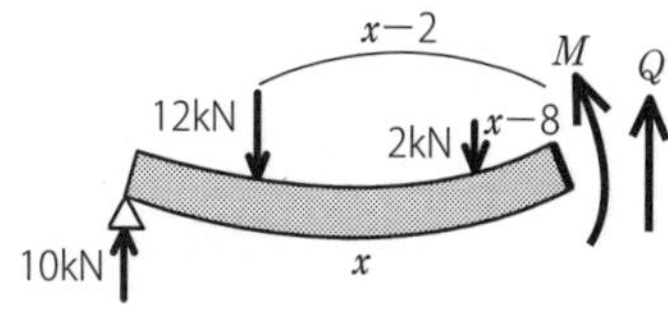

$\Sigma Fy=0$：$10-12-2+Q=0$（↑⊕）
$\therefore Q=4$
↓▭↑為⊖，$Q=-4$kN ……(5)
取切斷面
$\Sigma M=0$：$10\times x-12\times(x-2)-2\times(x-8)-M$
$=0$（↻⊕）
$\therefore M=-4x+40$（↻▭↺⊕）
（故$Q=\frac{dM}{dx}=-4\times1=-4$，和(5)一致）

⑤描繪圖表。

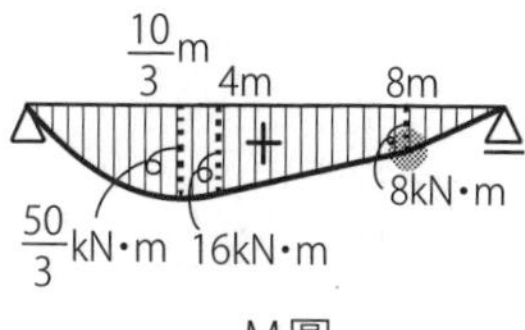

M圖

Q圖

Q 如圖承受荷重，兩端有懸臂的簡支梁，請求出C點的彎矩M_C。

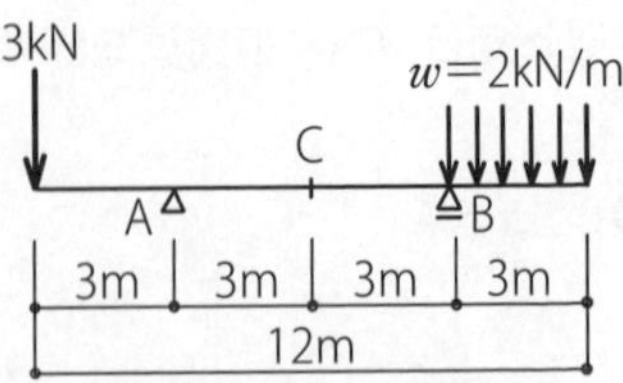

A 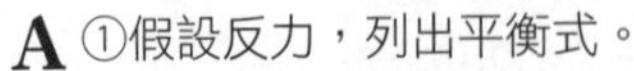
①假設反力，列出平衡式。

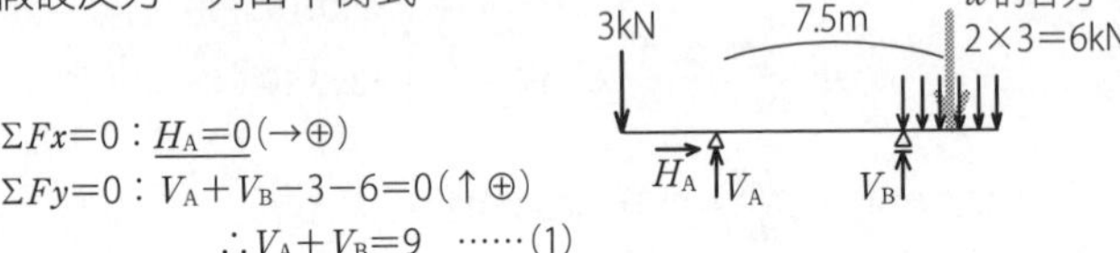

$\Sigma Fx=0$：$\underline{H_A=0}$（→⊕）

$\Sigma Fy=0$：$V_A+V_B-3-6=0$（↑⊕）

$\therefore V_A+V_B=9$ ……(1)

取A點力矩平衡：

$\Sigma M_A=0$：$-3\times3-V_B\times6+6\times7.5=0$（↻⊕）

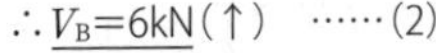
$\therefore \underline{V_B=6\text{kN}}$（↑） ……(2)

將(2)代入(1) $\underline{V_A=3\text{kN}}$（↑）

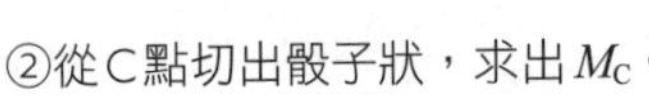
②從C點切出骰子狀，求出M_C。

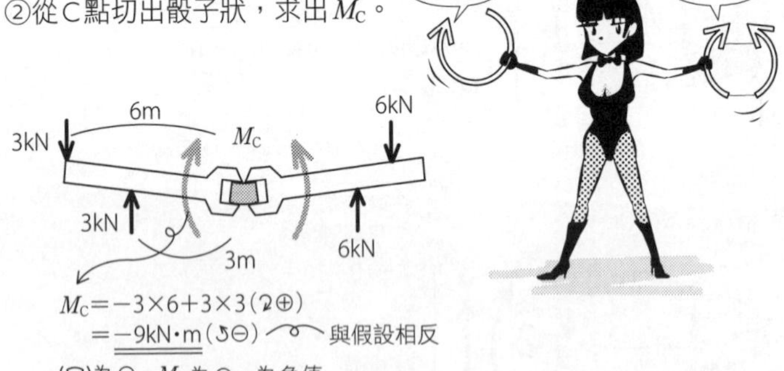

$M_C=-3\times6+3\times3$（↻⊕）

$=\underline{\underline{-9\text{kN·m}}}$（↺⊖） 與假設相反

（◡）為⊖、M_C為⊖，為負值

③試著用別的方法，考量C點切斷面的左側平衡。

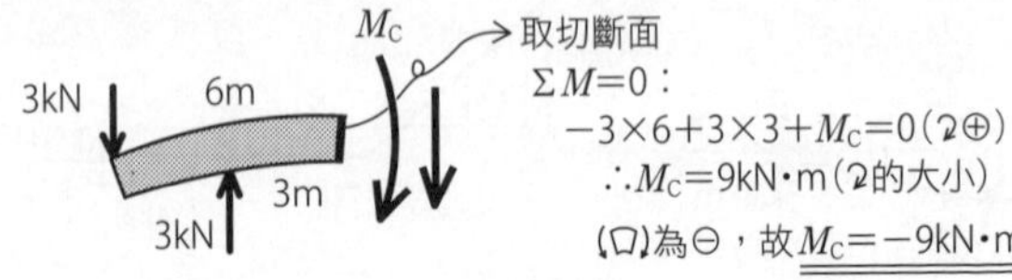

$\Sigma M=0$：

$-3\times6+3\times3+M_C=0$（↻⊕）

$\therefore M_C=9\text{kN·m}$（↻的大小）

（◡）為⊖，故$\underline{\underline{M_C=-9\text{kN·m}}}$

④雖然題目沒寫，但請試著計算距離左端x的點的M、Q。

❶ $0 \leqq x \leqq 3\text{m}$

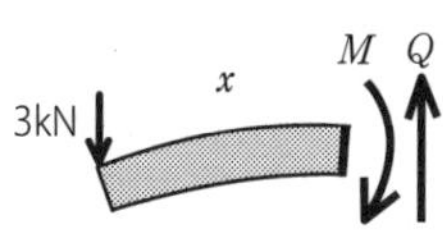

$\Sigma Fy=0$：$-3+Q=0$（↑⊕）

$\therefore Q=3$

↓□↑為⊖，$\underline{Q=-3\text{kN}}$ ……(3)

取切斷面

$\Sigma M=0$：$-3\times x+M=0$（↻⊕）

$\therefore M=3x$（↻的大小）

(□)為⊖，$\underline{M=-3x}$

（故$Q=\dfrac{dM}{dx}=-3$，和(3)一致）

❷ $3\text{m} < x \leqq 9\text{m}$

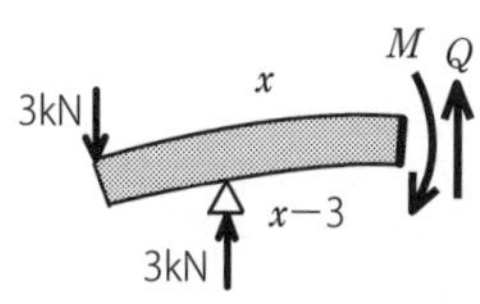

$\Sigma Fy=0$：$-3+3+Q=0$（↑⊕）

$\therefore Q=0$ ……(4)

取切斷面

$\Sigma M=0$：$-3\times x+3\times(x-3)+M=0$（↻⊕）

$\therefore M=9\text{kN}\cdot\text{m}$（↻的大小）

(□)為⊖，$\underline{M=-9\text{kN}\cdot\text{m}}$

（故$Q=\dfrac{dM}{dx}=0$，和(4)一致）

❸ $9\text{m} < x \leqq 12\text{m}$

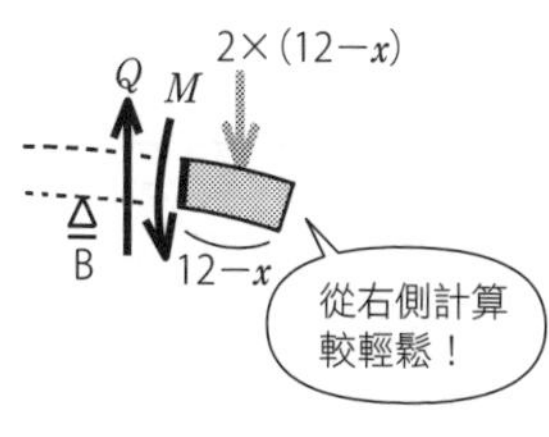

$\Sigma Fy=0$：$Q-2(12-x)=0$（↑⊕）

$\therefore \underline{Q=-2x+24}$ ……(5)

↑□↓⊕，為正值

取切斷面

$\Sigma M=0$：$-M+2(12-x)\times\dfrac{1}{2}(12-x)=0$（↻⊕）

$\therefore M=(x-12)^2$

(□)為⊖，$\underline{M=-(x-12)^2}$

$=-x^2+24x-144$

（故$Q=\dfrac{dM}{dx}=-2x+24$，和(5)一致）

AB間的M
為定值啊

M的斜率
Q為0！

⑤描繪M圖、Q圖。

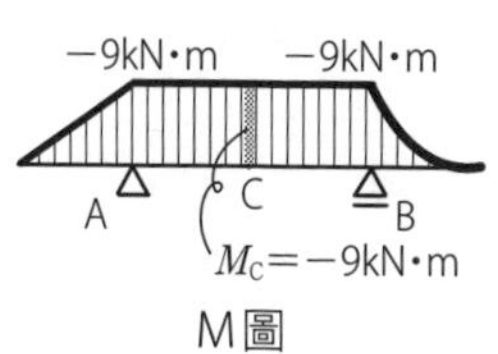

M圖

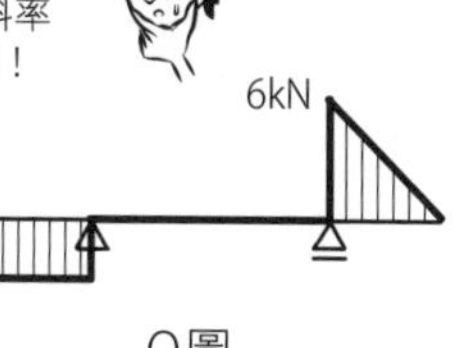

Q圖

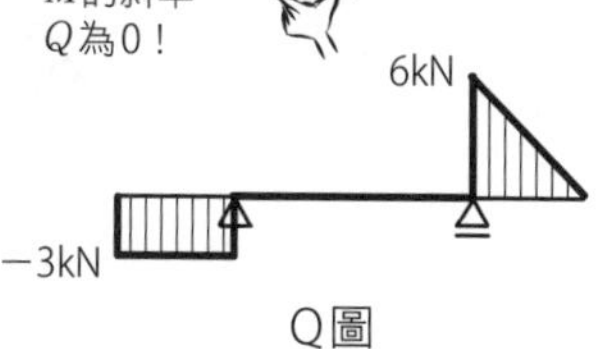

Q 如圖承受荷重P的懸臂梁，請描繪出M圖與Q圖。

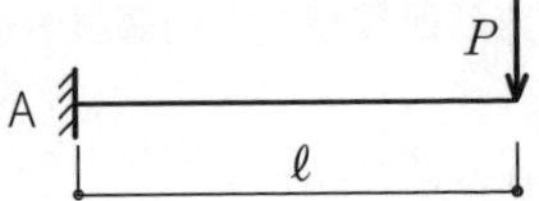

A ①假設反力，列出平衡式。

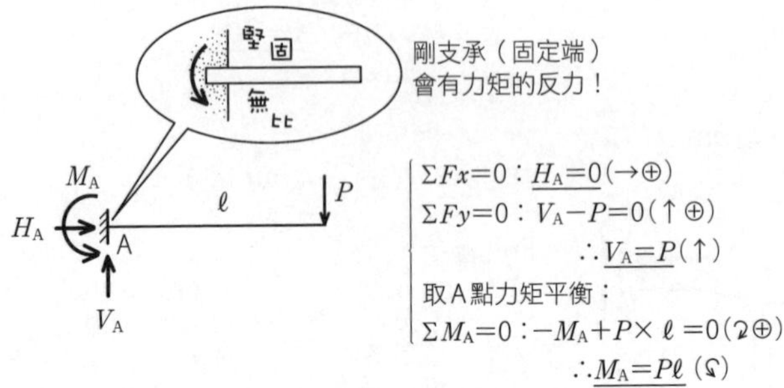

②從距離支承A的x處切出骰子狀，求出M、Q。

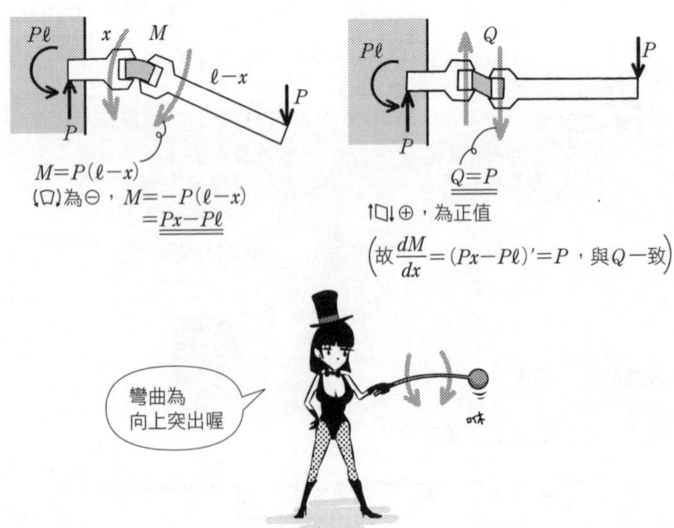

③試著用別的方法，考量切斷面的單邊平衡。

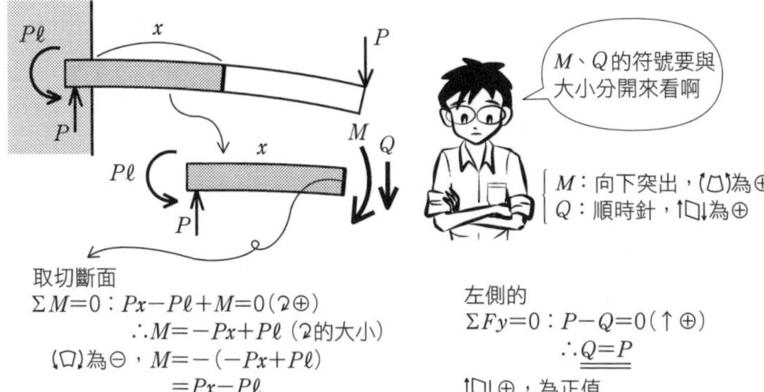

④描繪圖表。

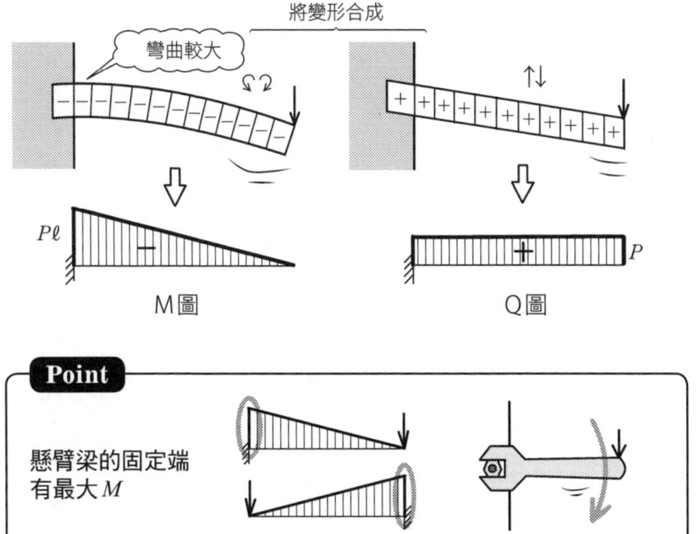

Q 如圖承受均布荷重w的懸臂梁，
請描繪出M圖與Q圖。

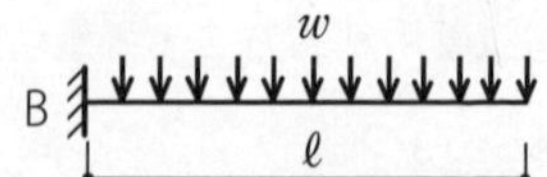

A ①假設反力，列出平衡式。

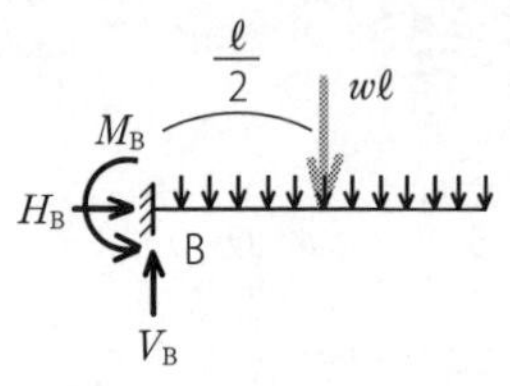

$$\begin{cases} \Sigma Fx=0：\underline{H_B=0}(\rightarrow\oplus) \\ \Sigma Fy=0：V_B-w\ell=0(\uparrow\oplus) \\ \qquad \therefore \underline{V_B=w\ell}\ (\uparrow) \\ \text{取B點力矩平衡：} \\ \Sigma M_B=0：-M_B+w\ell\times\frac{\ell}{2}=0(\circlearrowright\oplus) \\ \qquad \therefore \underline{M_B=\frac{w\ell^2}{2}}(\circlearrowleft\text{的大小}) \end{cases}$$

②從距離支承B的x處切出骰子狀，求出M、Q。

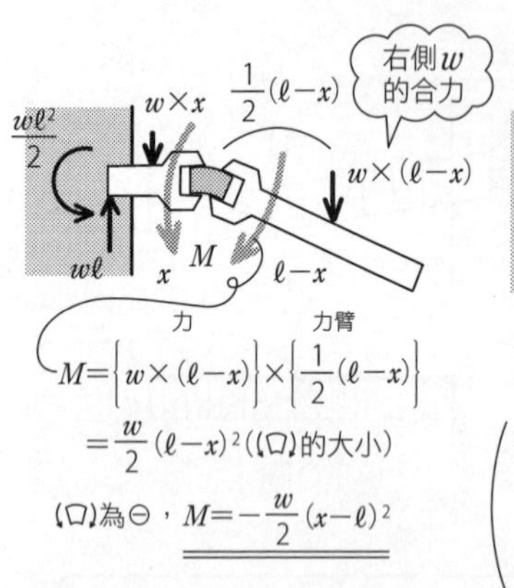

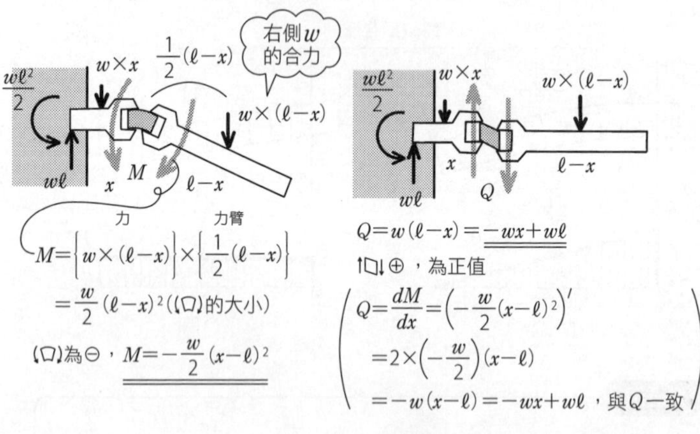

$$M=\left\{w\times(\ell-x)\right\}\times\left\{\frac{1}{2}(\ell-x)\right\}$$

$$=\frac{w}{2}(\ell-x)^2\ (\text{(口)的大小})$$

(口)為⊖，$\underline{\underline{M=-\frac{w}{2}(x-\ell)^2}}$

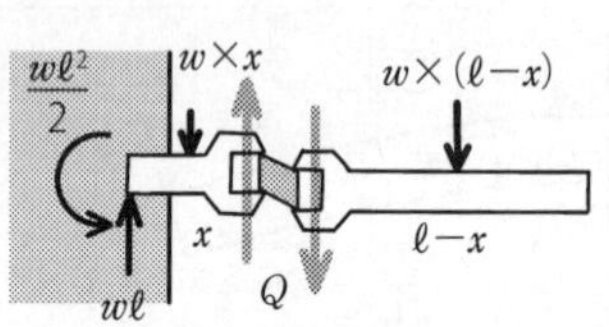

$Q=w(\ell-x)=\underline{\underline{-wx+w\ell}}$

↑口↓⊕，為正值

$$\left(\begin{aligned} Q&=\frac{dM}{dx}=\left(-\frac{w}{2}(x-\ell)^2\right)' \\ &=2\times\left(-\frac{w}{2}\right)(x-\ell) \\ &=-w(x-\ell)=-wx+w\ell\text{，與}Q\text{一致} \end{aligned}\right)$$

力矩為
$(w\times\text{長度})\times(\frac{1}{2}\times\text{長度})$
力　　　力臂

③試著用別的方法，考量切斷面的單邊平衡。

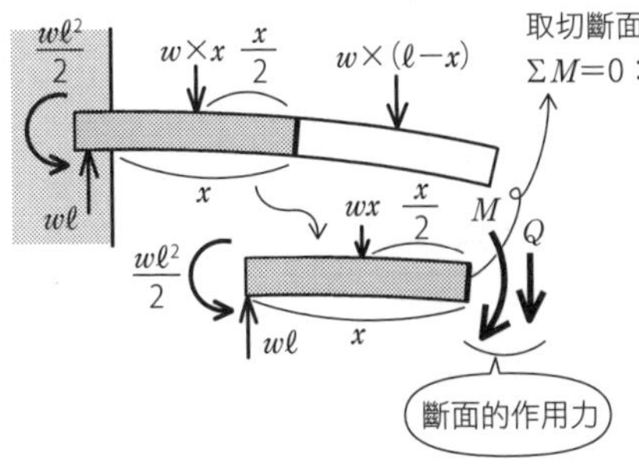

取切斷面

$\Sigma M=0$：$(w\ell)\times x-\frac{w\ell^2}{2}-(wx)\times\frac{x}{2}+M=0$（↻⊕）

$$\therefore M=\frac{w}{2}x^2-w\ell x+\frac{w\ell^2}{2}$$
$$=\frac{w}{2}(x^2-2\ell x)+\frac{w\ell^2}{2}$$
$$=\frac{w}{2}\left\{(x-\ell)^2-\ell^2\right\}+\frac{w\ell^2}{2}$$
$$=\frac{w}{2}(x-\ell)^2$$（(口)的大小）

以平方表示

(口)為⊖，$M=-\frac{w}{2}(x-\ell)^2$

左側的

$\Sigma y=0$：$w\ell-wx-Q=0$（↑⊕）

$\therefore Q=-wx+w\ell$

↑口↓⊕，為正值

④描繪圖表。

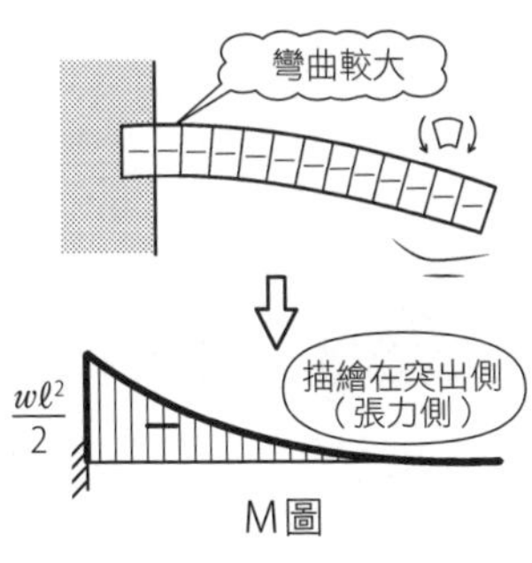

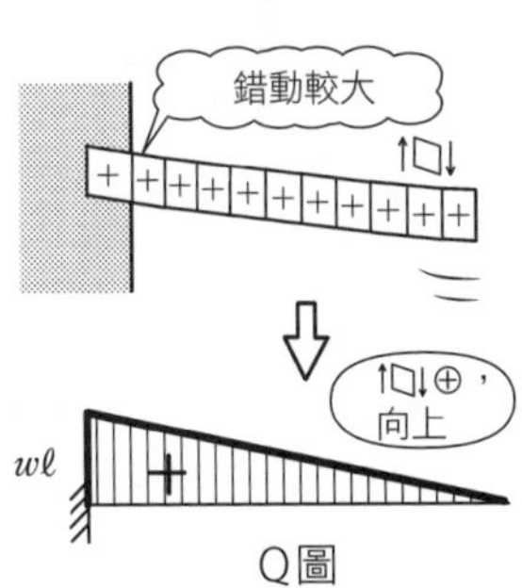

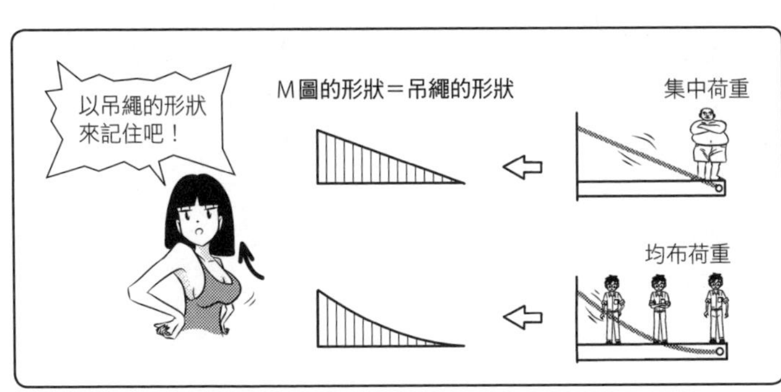

Q 如圖承受線性分布荷重的單柱，請描繪出M圖與Q圖。

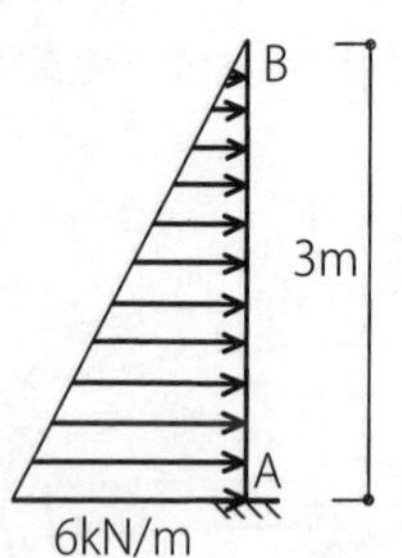

A ①假設反力，列出平衡式（參見R007）。

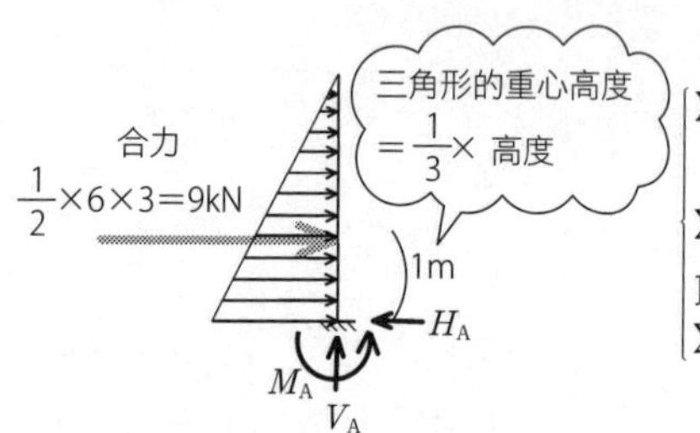

$\Sigma Fx=0$：9kN$-H_A=0$（→⊕）

$\therefore \underline{H_A=9\text{kN}}$（←）

$\Sigma Fy=0$：$\underline{V_A=0}$（↑⊕）

取A點力矩平衡：

$\Sigma M_A=0$：$9\times1-M_A=0$（↻⊕）

$\therefore \underline{M_A=9\text{kN}\cdot\text{m}}$（↺）

②距離B點x處切出骰子狀，求出M、Q（比起從距離A點x的位置來考量，這樣的計算比較輕鬆！）。

以三角形的面積×至重心的距離來計算

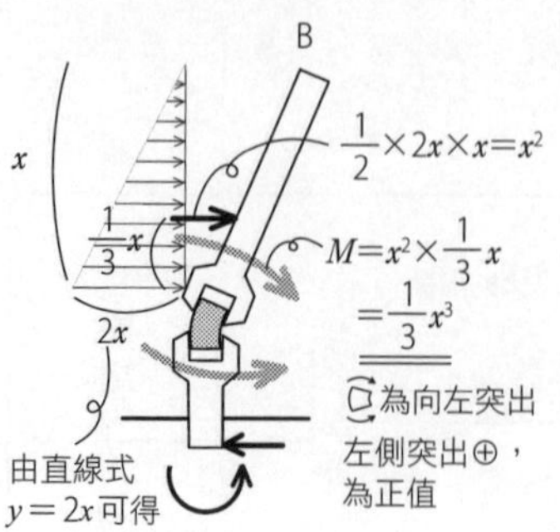

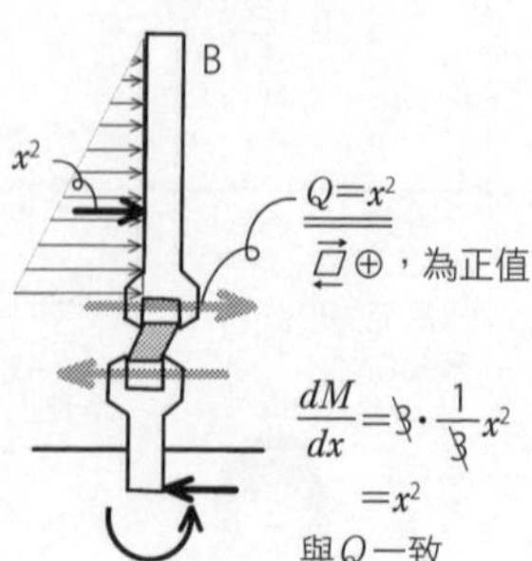

③試著用別的方法，考量切斷面的上側平衡。

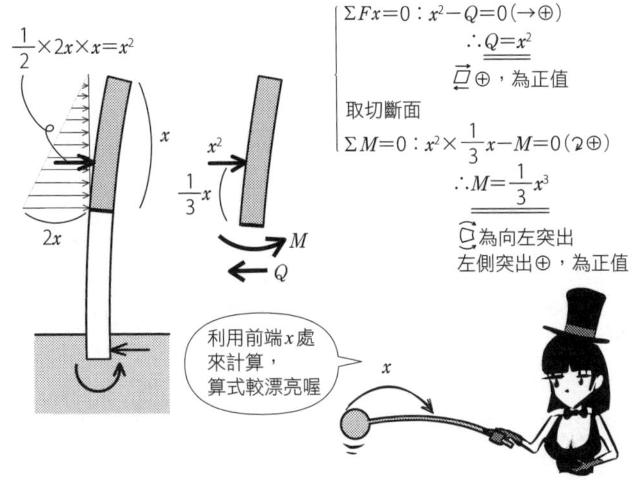

④描繪圖表。

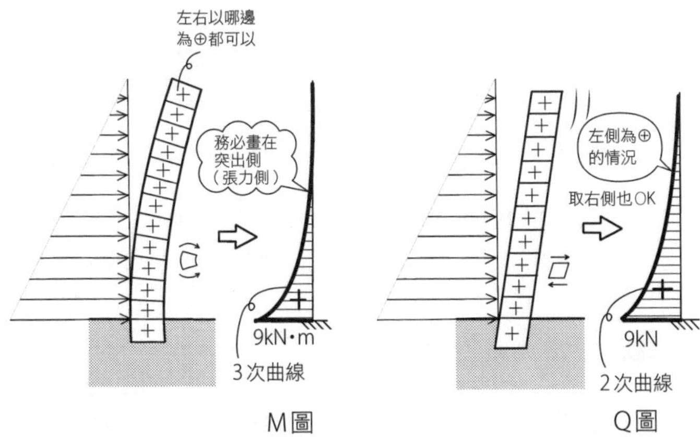

Point

懸臂梁、單柱的x
取自自由端時，
算式較簡單

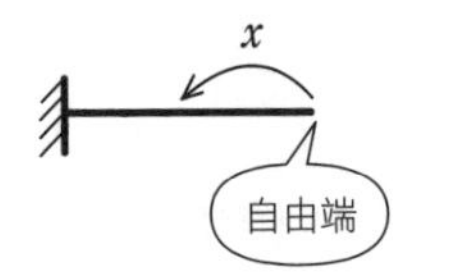

★ R033 check ▶□□□

Q 如圖承受荷重的結構，請求出柱兩端點A、B的彎矩 M_A、M_B。

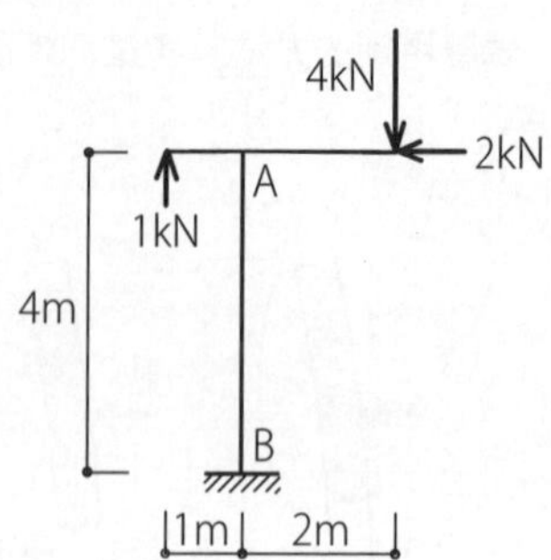

A T字型的不平衡單柱與懸臂梁相同，可單以平衡求解。先求出反力，再求出各部分的內力。

①假設反力，列出平衡式。

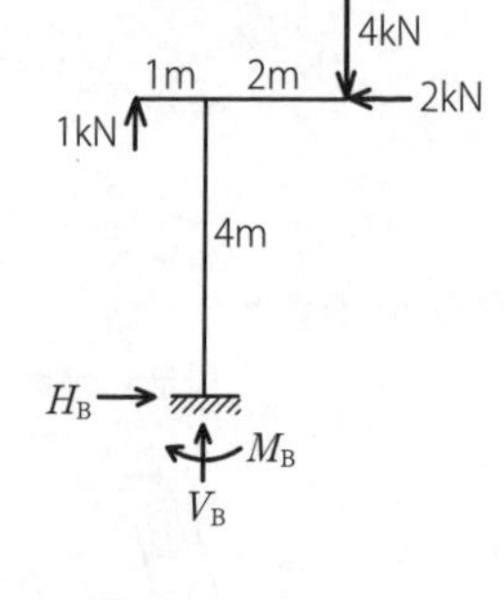

$\Sigma Fx=0$：$H_B-2=0$（→⊕）
　　$\therefore \underline{H_B=2\text{kN}}$（→）
$\Sigma Fy=0$：$V_B+1-4=0$（↑⊕）
　　$\therefore \underline{V_B=3\text{kN}}$（↑）
取B點力矩平衡：
$\Sigma M_B=0$：$M_B+1\times1+4\times2-2\times4=0$（↻⊕）
　　$\therefore \underline{M_B=-1\text{kN}\cdot\text{m}}$（與假設相反，故為↺）

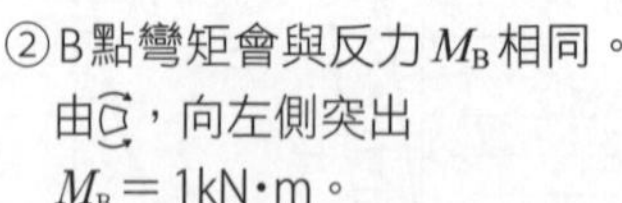

②B點彎矩會與反力 M_B 相同。
由↻，向左側突出
M_B = $\underline{\underline{1\text{kN}\cdot\text{m}}}$。

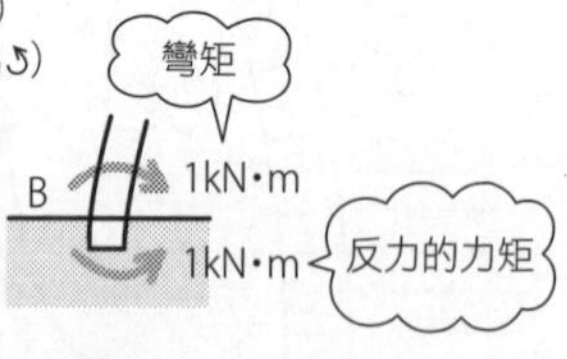

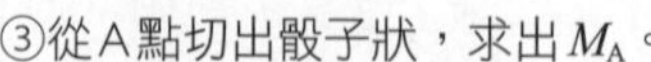

③從A點切出骰子狀，求出 M_A。

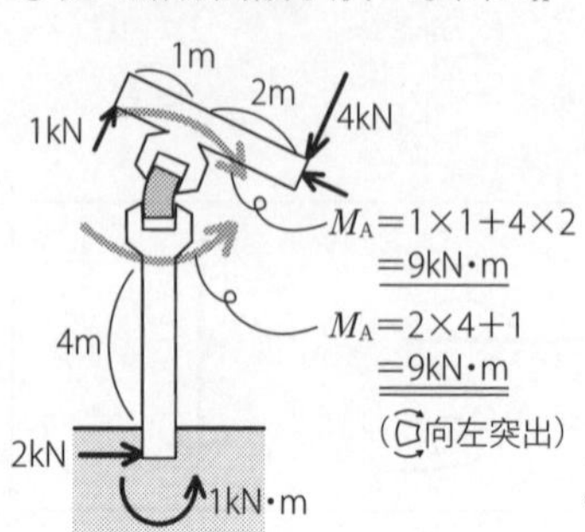

④雖然題目沒寫，但請試著以切出骰子狀的方法，計算各點的 M。

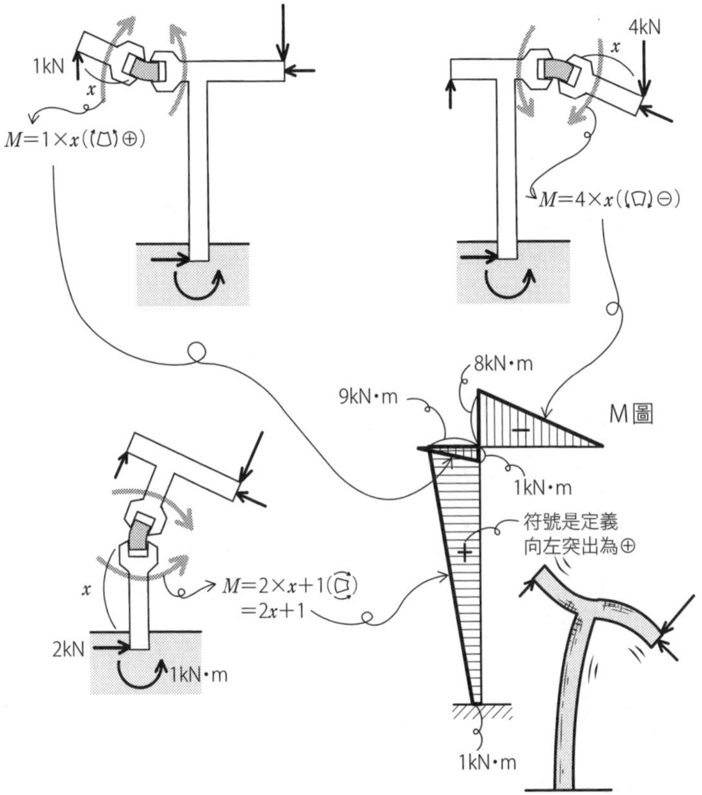

Q 如圖承受荷重的靜定構架，請求出DE梁產生的剪力Q。

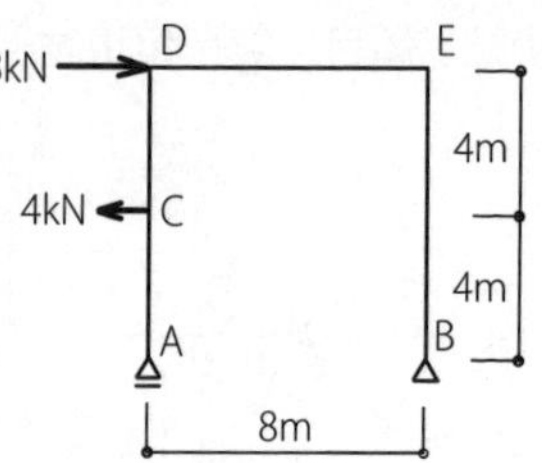

A 靜定是指只要利用平衡就可以求出反力、內力的結構。無法單以平衡求解者，則稱為靜不定結構。

①假設反力，列出平衡式。

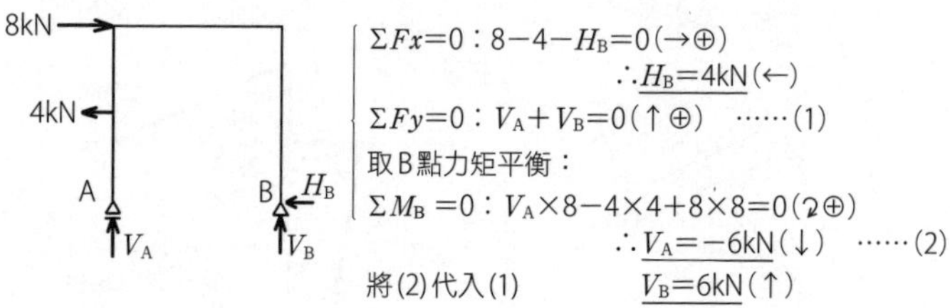

$\Sigma Fx=0$：$8-4-H_B=0$（→⊕）

∴ $H_B=4$kN（←）

$\Sigma Fy=0$：$V_A+V_B=0$（↑⊕）　……(1)

取B點力矩平衡：

$\Sigma M_B=0$：$V_A\times8-4\times4+8\times8=0$（↻⊕）

∴ $V_A=-6$kN（↓）　……(2)

將(2)代入(1)　$V_B=6$kN（↑）

②由梁中央切出骰子狀，求出Q。

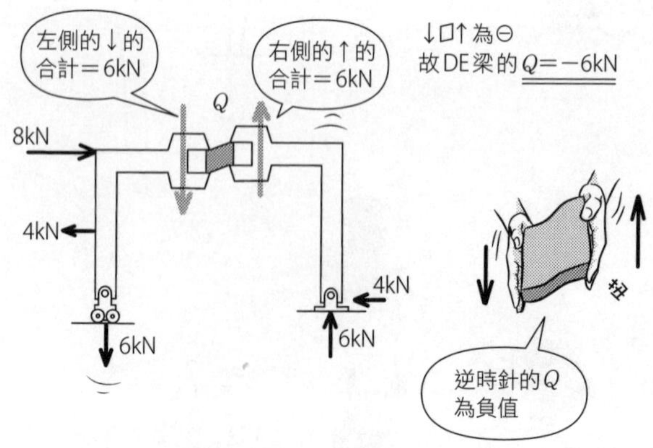

↓□↑為⊖

故DE梁的$Q=-6$kN

③試著用別的方法，從距離D點x處的F點切斷，考量右側平衡。

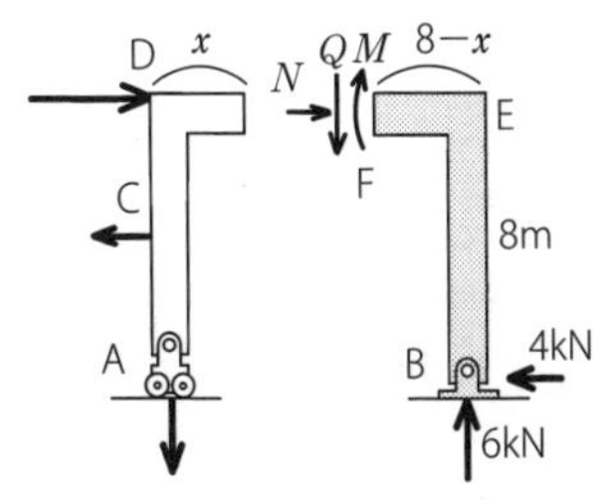

$\Sigma Fx=0$：$N-4=0$（→⊕）

$\therefore N=4\text{kN}$

→□←為⊖，$N=-4\text{kN}$

$\Sigma Fy=0$：$-Q+6=0$（↑⊕）

$\therefore Q=6\text{kN}$

↓□↑為⊖，$Q=-6\text{kN}$

取F點力矩平衡：

$\Sigma M_F=0$：$M+4\times8-6\times(8-x)=0$（↻⊕）

$\therefore M=-6x+16$

（▭）⊕，為正值

故 $\dfrac{dM}{dx}=-6\text{kN}$，和$Q$一致

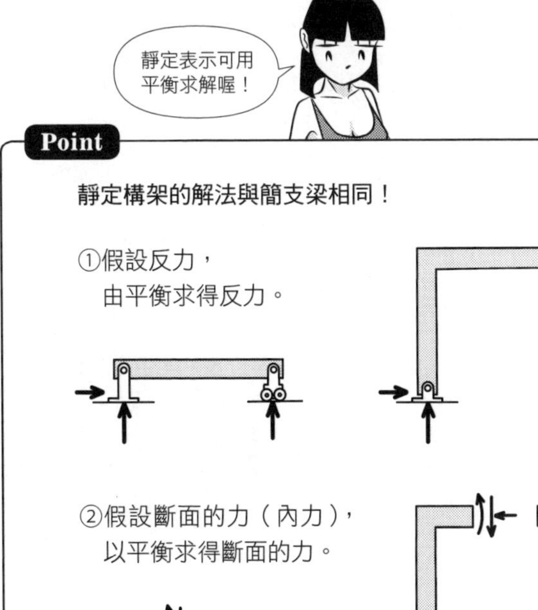

Point

靜定構架的解法與簡支梁相同！

①假設反力，
由平衡求得反力。

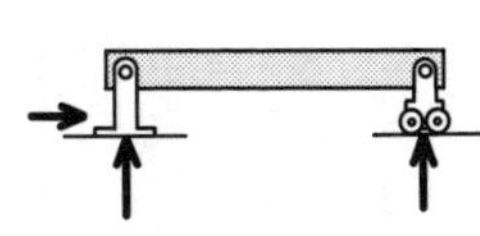

②假設斷面的力（內力），
以平衡求得斷面的力。

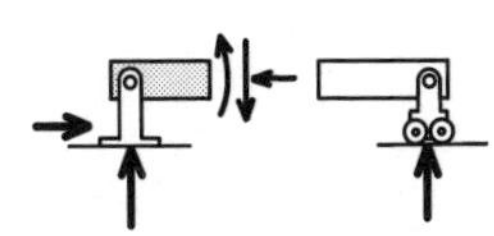

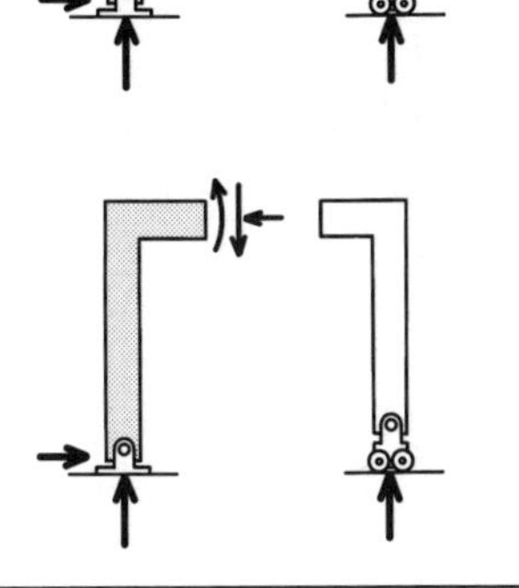

★ R035 check ▶□□□

Q 如圖承受荷重的靜定構架，請求出支承A、B的反力，以及C點的剪力Q。

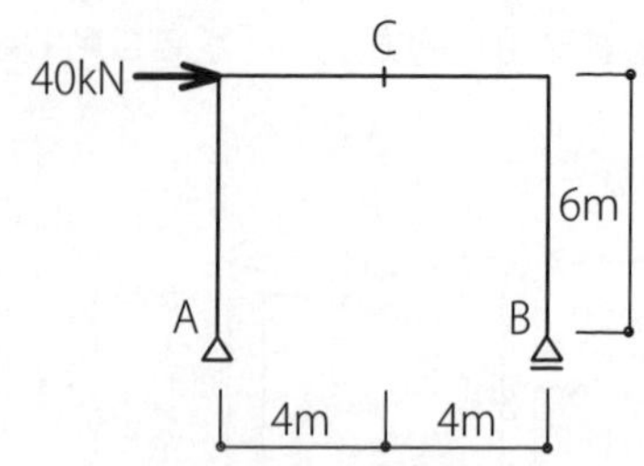

A ①假設反力，列出平衡式。

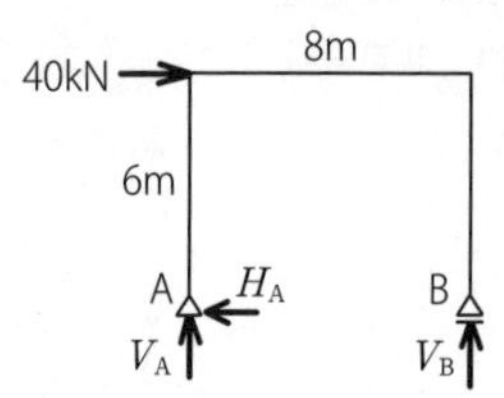

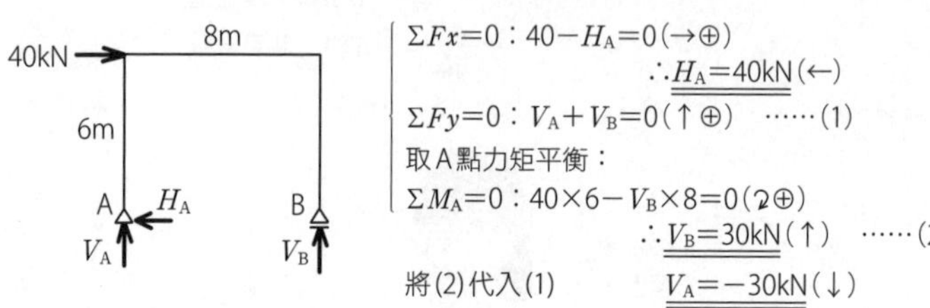

$\Sigma Fx=0$：$40-H_A=0$（→⊕）

$\therefore \underline{\underline{H_A=40\text{kN}}}$（←）

$\Sigma Fy=0$：$V_A+V_B=0$（↑⊕）　……(1)

取A點力矩平衡：

$\Sigma M_A=0$：$40\times6-V_B\times8=0$（↻⊕）

$\therefore \underline{\underline{V_B=30\text{kN}}}$（↑）　……(2)

將(2)代入(1)　$\underline{\underline{V_A=-30\text{kN}}}$（↓）

②由C點切出骰子狀，求出Q。

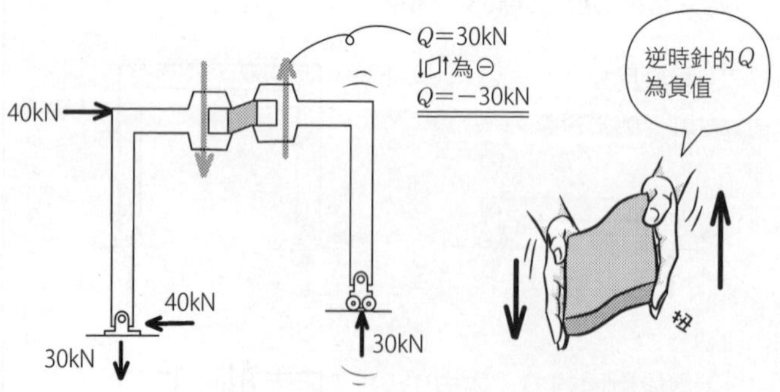

③試著用別的方法，切斷C點考量右側平衡。

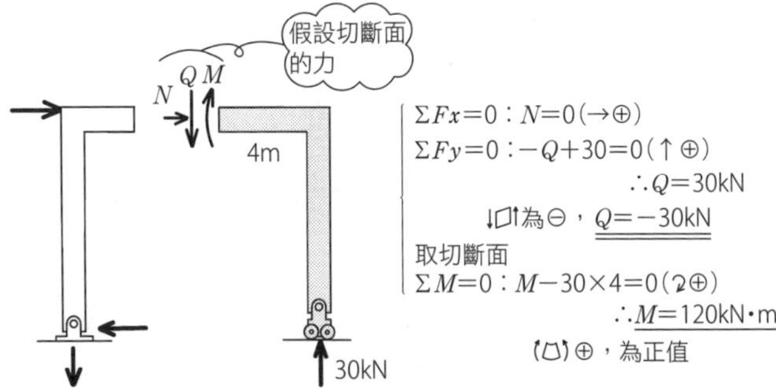

④雖然題目沒寫，請試著以③的方法，求得各點的M、Q。

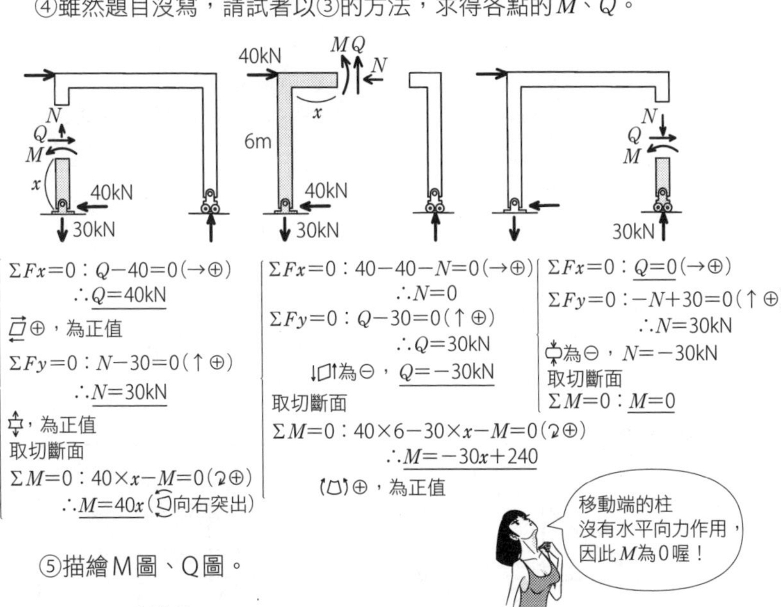

⑤描繪M圖、Q圖。

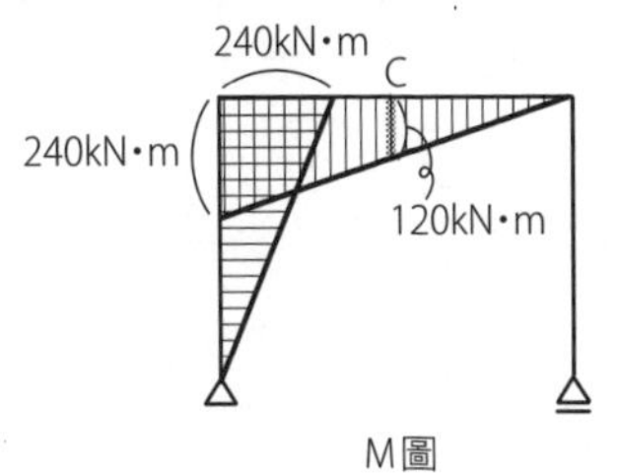

M圖

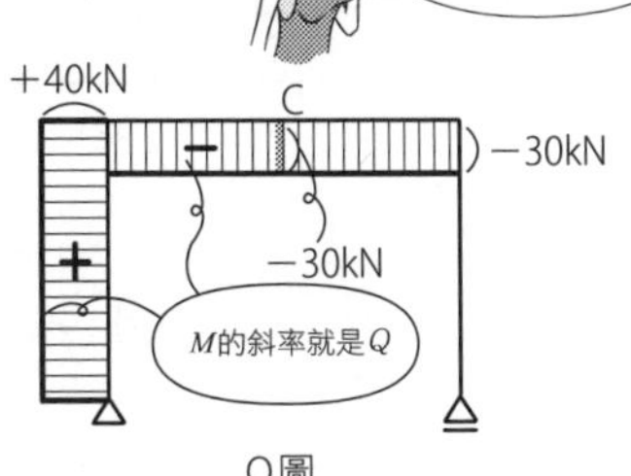

Q圖

★ R036 check ▶□□□

Q 如圖承受均布荷重的山型靜定構架，請求出支承E的反力，以及C點的彎矩 M_C。

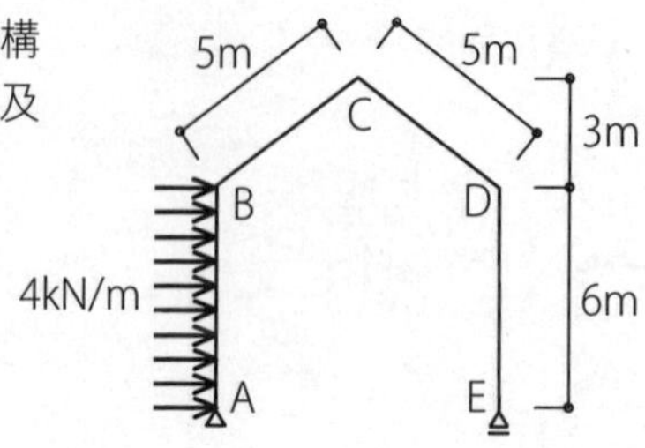

A ①假設反力，列出平衡式。

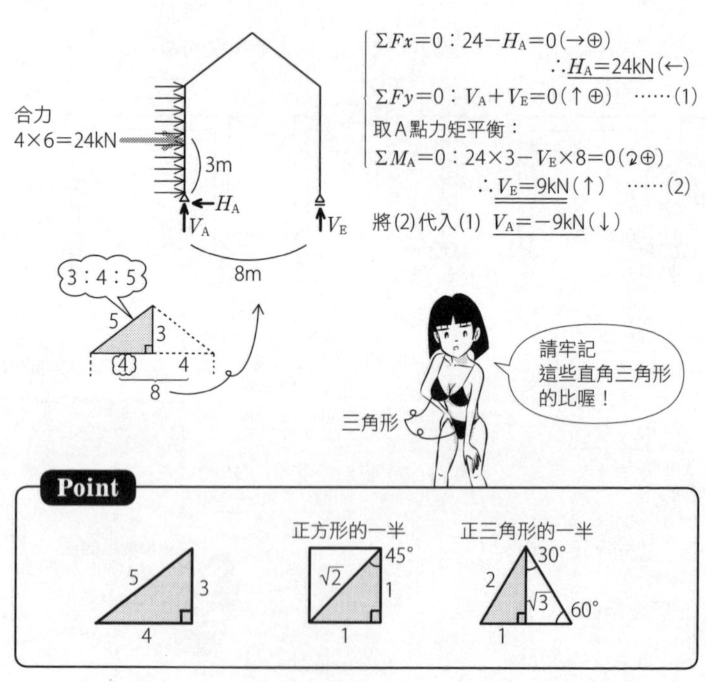

Point

正方形的一半　正三角形的一半

5　3　4

$\sqrt{2}$　1　1　45°

2　$\sqrt{3}$　1　30°　60°

普通

②切出包含C點的右側骰子狀，求出M_C。

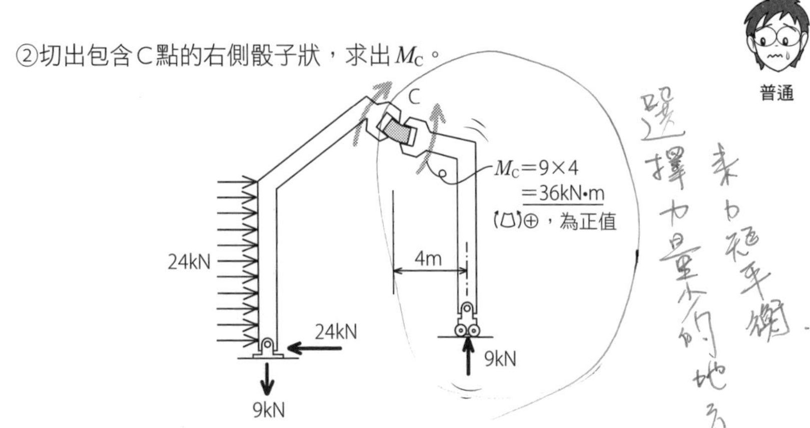

③試著用別的方法，切斷C點考量右側平衡。

取C點力矩平衡：

$\Sigma M_C = 0$：$M_C - 9\times4 = 0$（↻⊕）

$\therefore M_C = 36\text{kN}\cdot\text{m}$

(↻)⊕，為正值

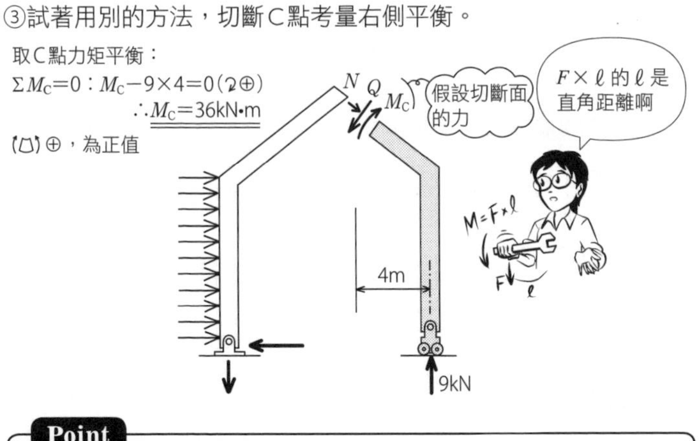

Point

力矩＝力×力臂 → 力與力臂成直角

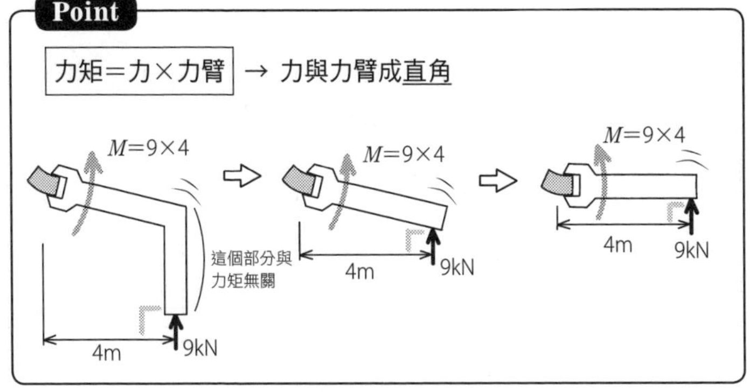

Q 如圖承受荷重的結構，以下哪一個是它正確的彎矩圖？

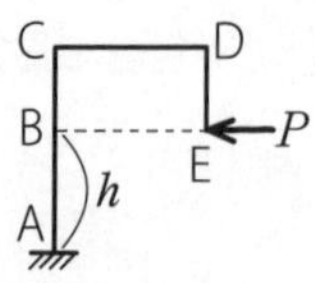

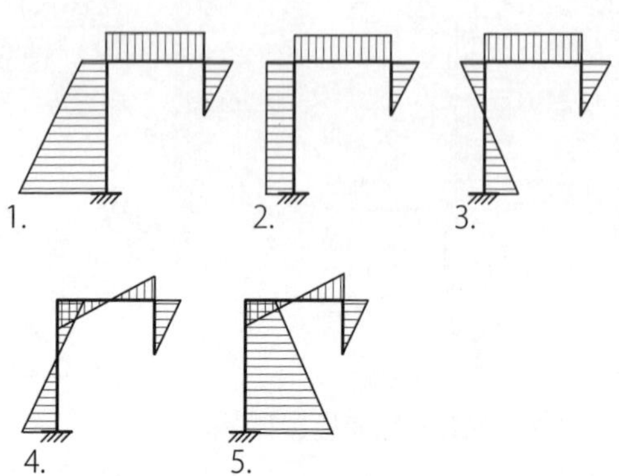

A ①與懸臂梁相同，以一個固定支承作為支撐的結構，可由平衡求解（即為靜定）。由平衡可求得支承A的反力。

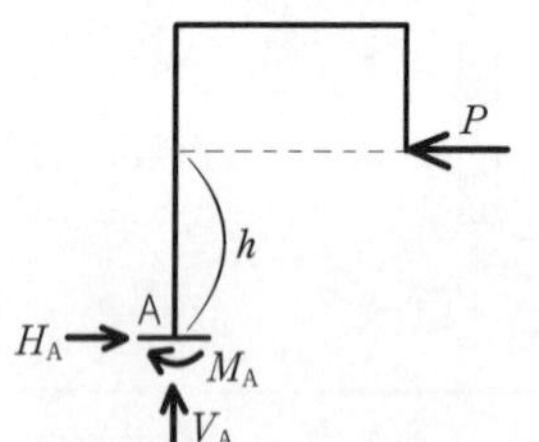

$\Sigma Fx=0$：$H_A-P=0$（→⊕）
$\therefore H_A=P$
$\Sigma Fy=0$：$V_A=0$（↑⊕）
取A點力矩平衡：
$\Sigma M_A=0$：$M_A-P\times h=0$（↻⊕）
$\therefore M_A=Ph$

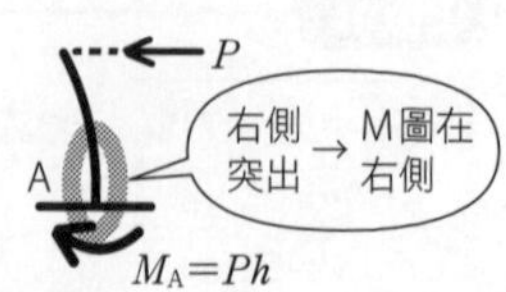

$M_A=Ph$會讓柱往右突出變形，M圖會在右側。因此在這個階段就可以知道1、2、4的M圖是錯誤的。

②AC柱的M，可從距離A點x的地方切斷，由平衡求得。

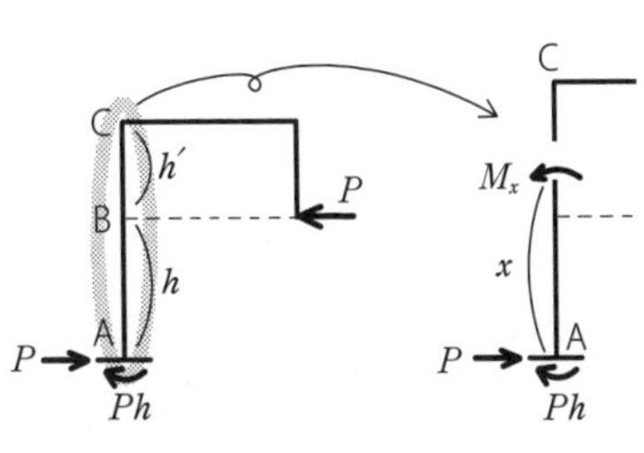

x位置的M

取x處

$\Sigma M=0：Ph-Px-M_x=0$（↻⊕）

$\therefore M_x=Ph-Px$

由$x=h$，$M_x=Ph-Ph=0$

在這個階段可知道除了3、4之外，其他是錯誤的。在①已經排除了4，因此3為正確答案。

C點的M為

由$x=h+h'$，$M_C=Ph-P(h+h')$

$=-Ph'$

③DE柱的M，可從距離E點x的地方切斷，由平衡求得。

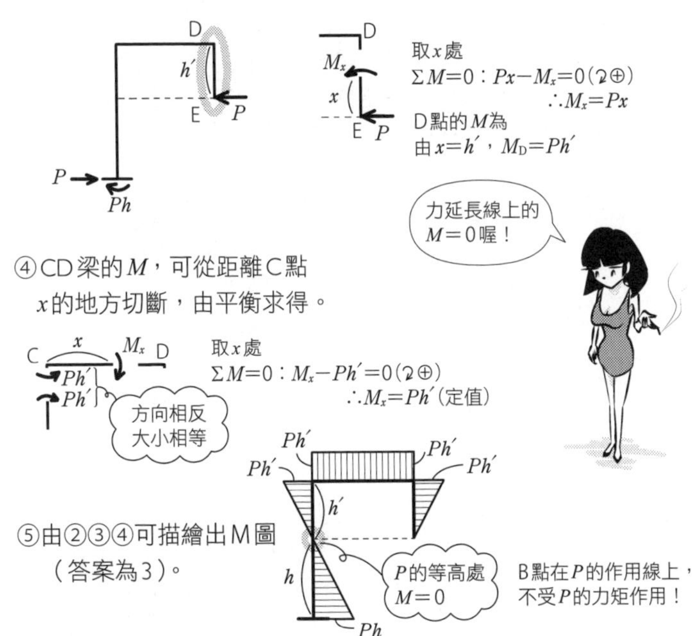

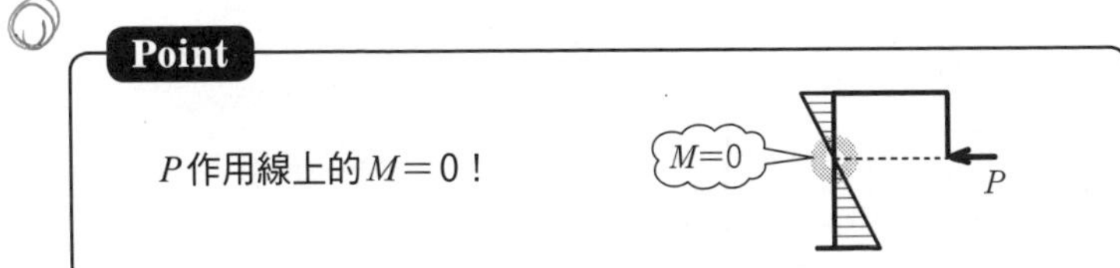

★ R038 check ▶□□□

Q 如圖受到荷重P、F作用的靜定構架，其彎矩圖如圖所示。請求出此時的P、F值。假設P、F符號的箭頭方向為正。

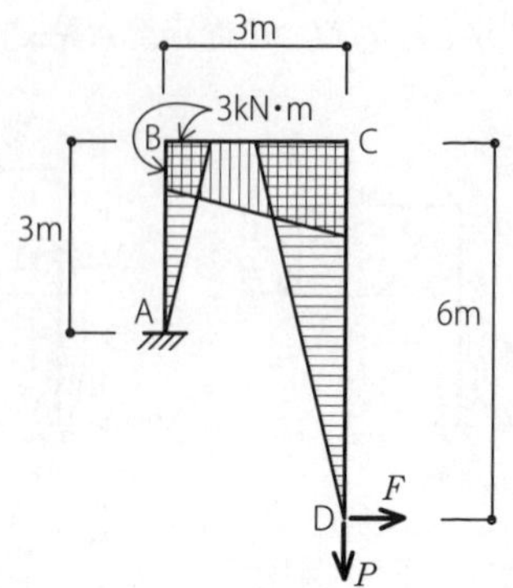

A ①看M圖可直接得知的M值為A、D點為0，B點為3kN·m。一般來說，固定支承的A點不會是$M=0$，在這裡則是像鉸接一樣的M圖形式。只有在F、P值為特殊的情況下，A點的M才會是0。首先考量F、P作用在A點的力矩平衡。

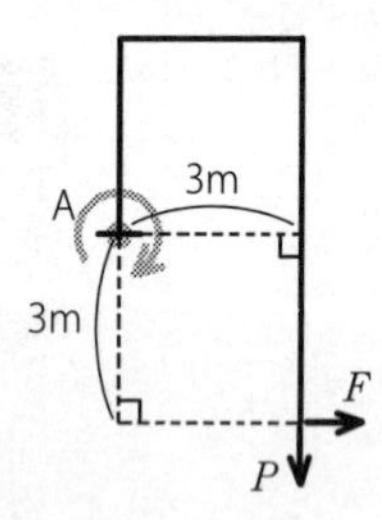

和力的距離為直角測量

取A點力矩平衡

$\Sigma M_A=0$：$P\times3-F\times3=0$（↻⊕）

$\therefore P=F$ ……(1)

②考量B點的力矩平衡。

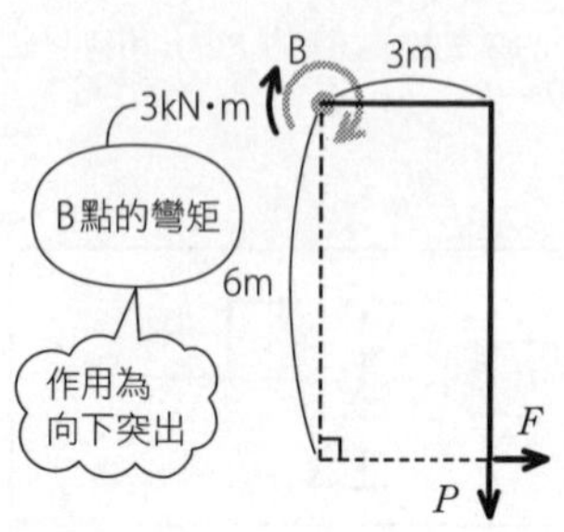

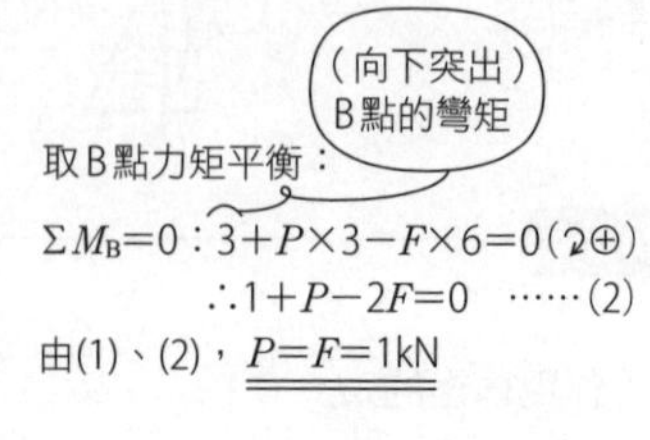

取B點力矩平衡：

$\Sigma M_B=0$：$3+P\times3-F\times6=0$（↻⊕）

$\therefore 1+P-2F=0$ ……(2)

由(1)、(2)，$\underline{\underline{P=F=1\text{kN}}}$

③圖的構架形式是將懸臂梁旋轉90°成為單柱，再將柱彎折2次而成。與懸臂梁相同，是可由平衡求得反力、內力的靜定結構。不同於①、②的方法，亦可由傳統的外力平衡求得反力。

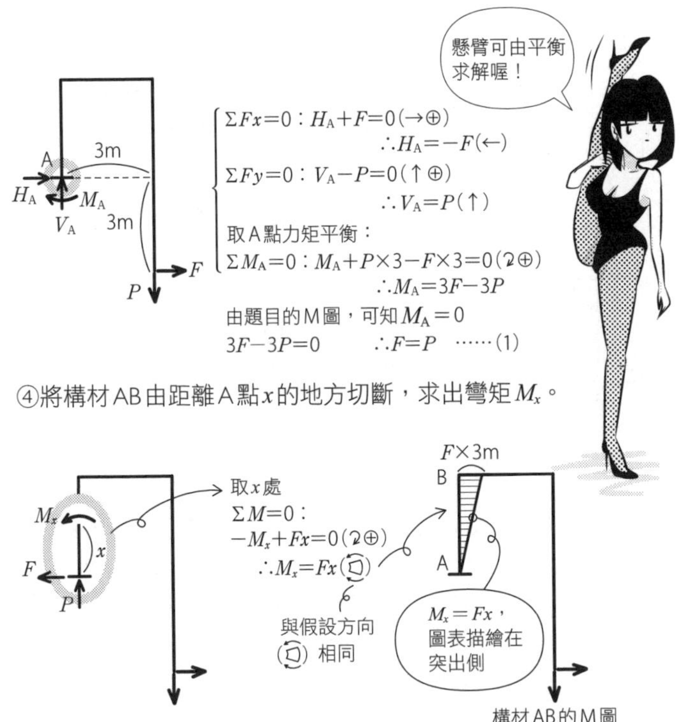

構材AB的$M_x=Fx$，B點為$x=3$m，故$M_x=F\times3$。由題目提供的M圖，B點為3kN·m，故$F\times3=3$，$\therefore$ $\underline{F=1\text{kN}}$。之後由(1)，可知$\underline{\underline{P=F=1\text{kN}}}$。

⑤構材CD也是只要求得距離D點x的彎矩M_x，就可以完成M圖了。

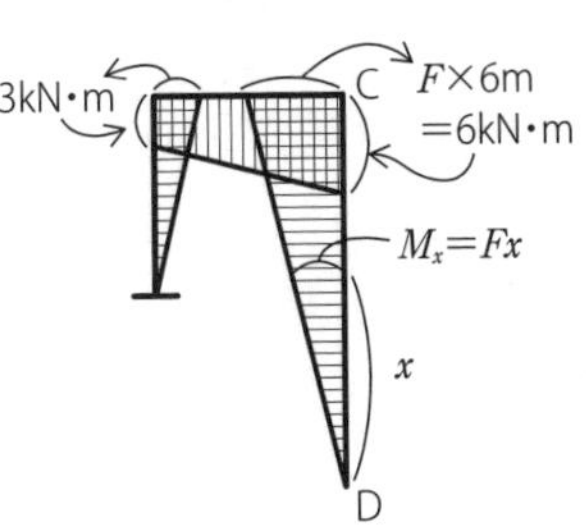

Q 如右圖承受荷重的靜定構架，以下哪一個是它正確的彎矩圖？

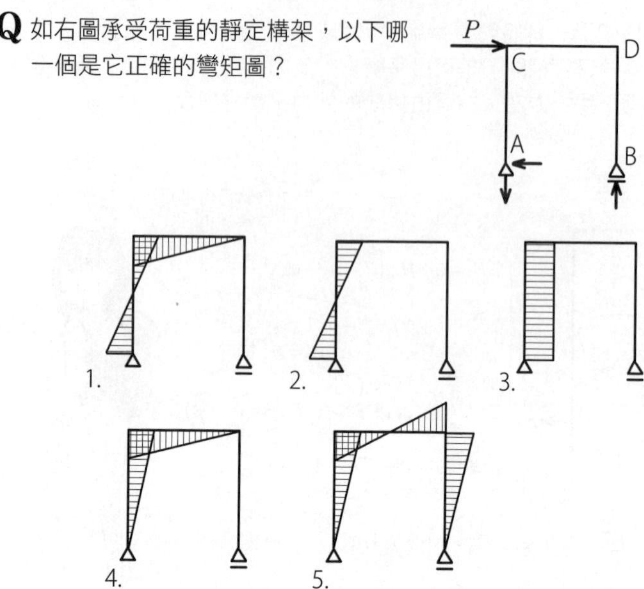

A ①靜定是指可單由平衡求出反力、內力的結構。反力總計為3個，支承A有2個，支承B有1個。外力平衡公式有3個，$\Sigma Fx=0$、$\Sigma Fy=0$、$\Sigma M=0$，因此可由聯立方程式求解。支承B若不是滾支承而是鉸支承，未知數就變成4個，無法以3個方程式得解。因此，<u>無法單以平衡求解者就稱為靜不定</u>。

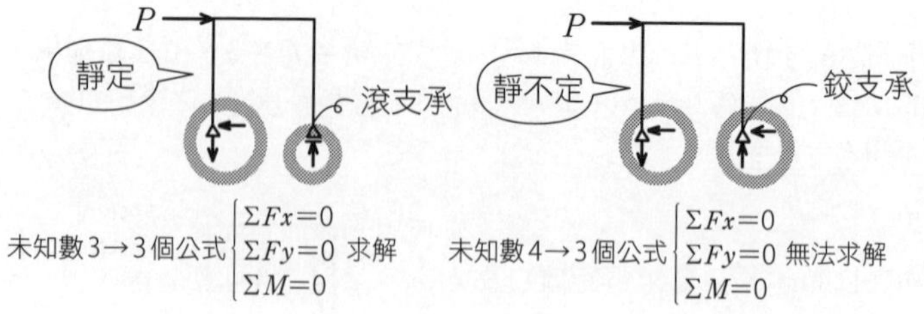

未知數3→3個公式 $\begin{cases}\Sigma Fx=0\\ \Sigma Fy=0\\ \Sigma M=0\end{cases}$ 求解

未知數4→3個公式 $\begin{cases}\Sigma Fx=0\\ \Sigma Fy=0\\ \Sigma M=0\end{cases}$ 無法求解

②支承A為鉸支承可旋轉，鉸支承上的構材不受彎矩作用。支承A的彎矩$M=0$，因此題目的M圖1、2、3是錯誤的。另一方面，柱頭的C點為剛節點，會保持直角，承受彎矩作用。

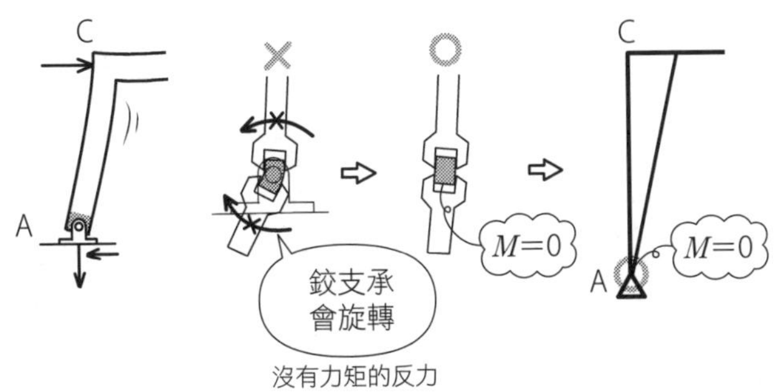

③支承B為滾支承，不只會旋轉也會水平向移動。由於不受地面的水平向力作用，BD柱整體不受彎曲或與構材直交的力作用，$M=0$。因此M圖為1、2、3、4，由②已知1、2、3為錯誤的，因此4為正確答案。

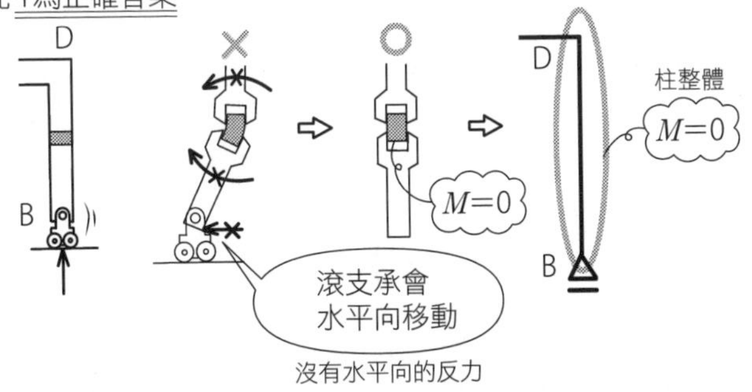

④節點C、D為剛接，在梁端部會產生與柱頭大小相等、方向相反的M。

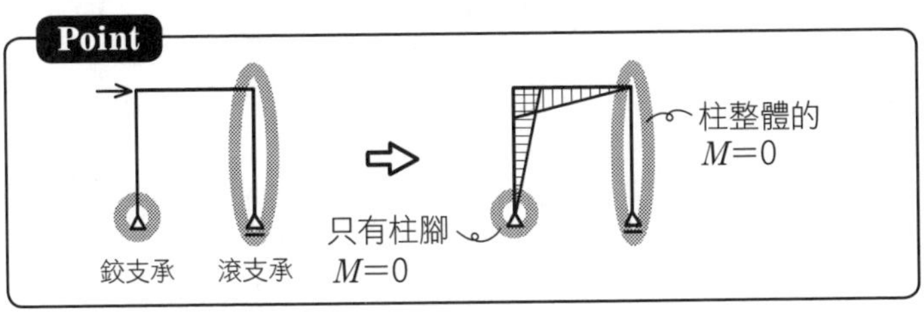

★ **R040** check ▶□□□

Q 如圖承受荷重P的構架，以下哪一個是它正確的彎矩圖？

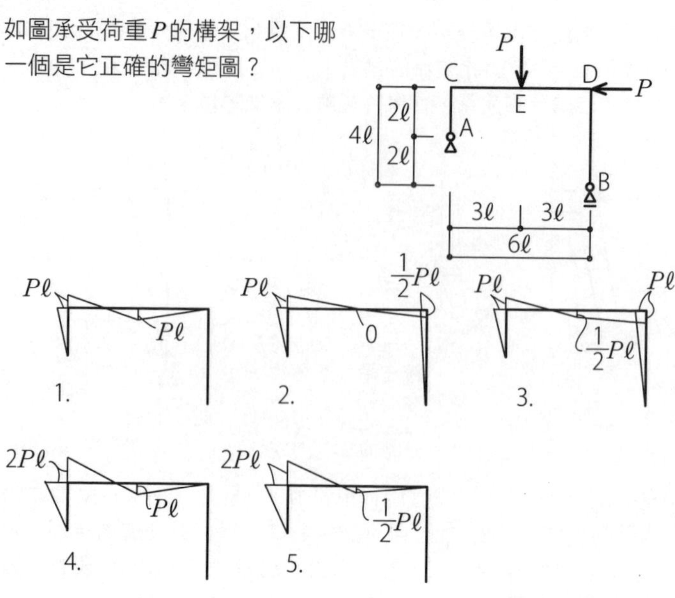

A ①以鉸支承和滾支承支撐，是由簡支梁彎折成型的靜定構架。由平衡可以求得反力、內力。首先假設反力，以外力平衡求得反力。

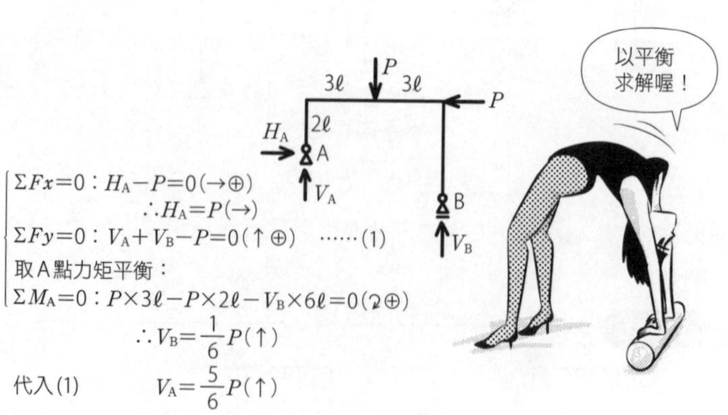

$\Sigma Fx=0$：$H_A-P=0(\rightarrow\oplus)$

$\therefore H_A=P(\rightarrow)$

$\Sigma Fy=0$：$V_A+V_B-P=0(\uparrow\oplus)$ ……(1)

取A點力矩平衡：

$\Sigma M_A=0$：$P\times3\ell-P\times2\ell-V_B\times6\ell=0(\circlearrowright\oplus)$

$\therefore V_B=\frac{1}{6}P(\uparrow)$

代入(1)　$V_A=\frac{5}{6}P(\uparrow)$

②來看構材BD，支承B為滾支承，不受水平的反力作用。節點D承受向左的荷重P，滾支承會移動，因此支承B不受水平力的作用。構材BD沒有受到與構材直交方向的力作用，只是在軸方向受壓，因此不會產生彎矩。題目的M圖2、3在構材BD上有M，因此是錯誤的。

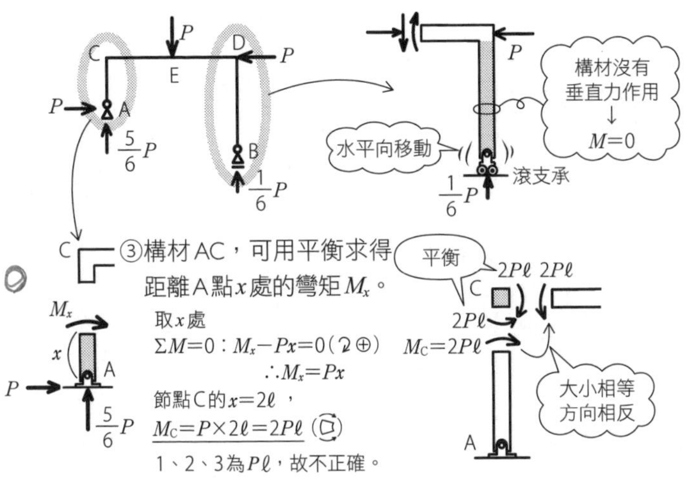

③構材AC，可用平衡求得距離A點x處的彎矩M_x。

取x處

$\Sigma M=0$：$M_x-Px=0$（↻⊕）

$\therefore M_x=Px$

節點C的$x=2\ell$，

$M_C=P\times 2\ell=2P\ell$

1、2、3為$P\ell$，故不正確。

④來看節點C，構材AC上部的$M_C=2P\ell$，會和構材CD左端的M互相平衡。若不平衡，節點C就會旋轉。因此構材CD左端的M方向會和M_C相反，大小同樣為$2P\ell$。同樣地，節點D的M，不管從柱頭或梁右端來看都是0。

⑤切斷E點，求出M_E。

C　3ℓ　P　2ℓ　E　M_E　P　$\frac{5}{6}P$

取E點力矩平衡：

$\Sigma M_E=0$：$-M_E+\frac{5}{6}P\times 3\ell-P\times 2\ell=0$（↻⊕）

$\therefore M_E=\frac{1}{2}P\ell$

由構材BD的$M=0$、$M_C=2P\ell$、$M_E=\frac{1}{2}P\ell$，可知5為正確答案。

Q 如圖承受荷重P的靜定構架，以下哪一個是它正確的彎矩圖？

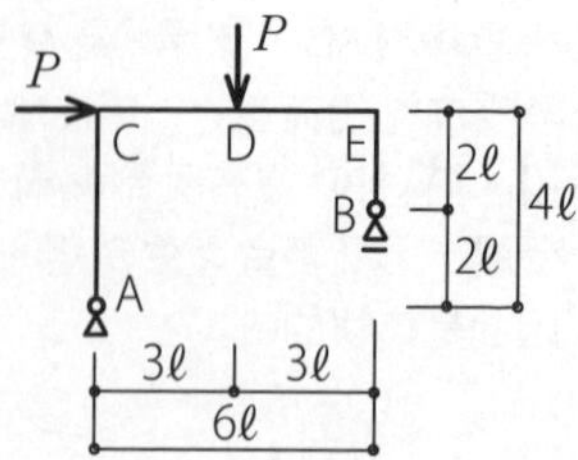

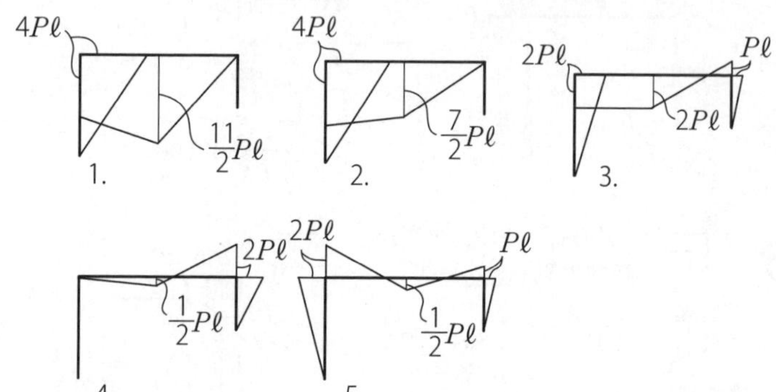

A ①支承B為滾支承會水平向移動，構材BE在與構材直交的方向不受外力作用。因此構材BE的$M=0$。選擇範圍縮小至1和2。

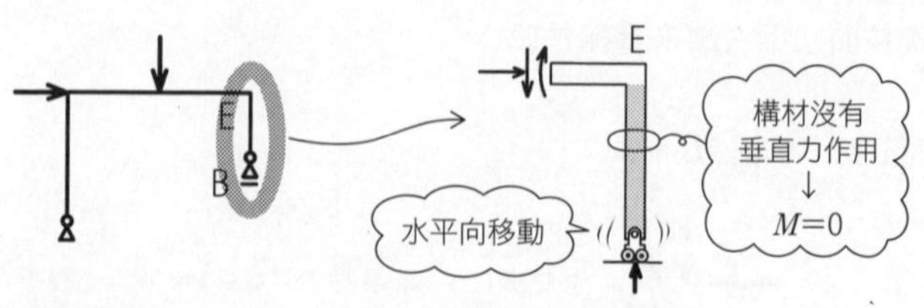

Point

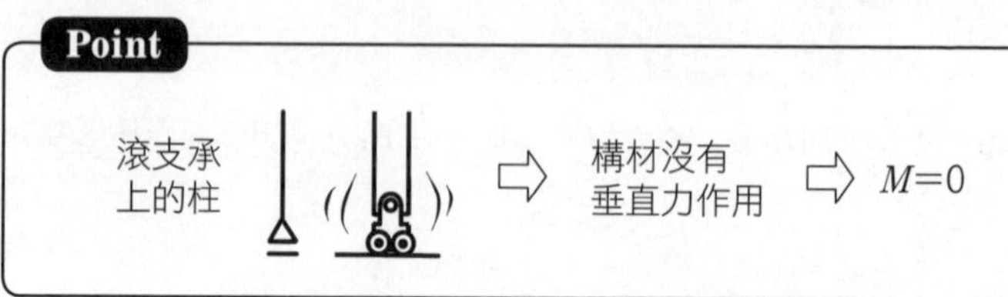

②只要知道D點的彎矩 M_D，就可以知道正確的是1或2，因此必須先求得支承反力。

$\Sigma Fx=0$：$P-H_A=0$（→⊕）

$\therefore \underline{H_A=P}$（←）

$\Sigma Fy=0$：$V_A+V_B-P=0$（↑⊕）　……(1)

取A點力矩平衡：

$\Sigma M_A=0$：$P\times 4\ell+P\times 3\ell-V_B\times 6\ell=0$（↻⊕）

$\therefore \underline{V_B=\frac{7}{6}P}$（↑）

代入(1)　　$\underline{V_A=-\frac{1}{6}P}$（↓）

③切斷D點，可由右側部分的平衡求得 M_D。作用在D點的外力 P、剪力及軸力等，不會對D點產生力矩。

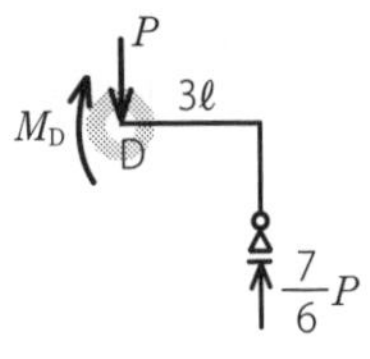

取D點力矩平衡：

$\Sigma M_D=0$：$M_D-\frac{7}{6}P\times 3\ell=0$（↻⊕）

$\therefore M_D=\frac{7}{2}P\ell$

由於 $M_D=\frac{7}{2}P\ell$，可知2為正確答案。

求出 $M_C=H_A\times 4\ell=P\times 4\ell=4P\ell$，就完成M圖了。

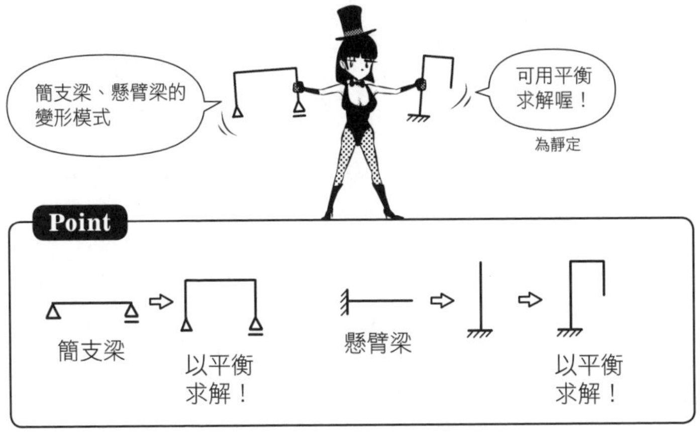

Q 如圖1的結構承受水平力3P作用，若產生如圖2的彎矩情形，請求出構材AD產生的拉力是多少。

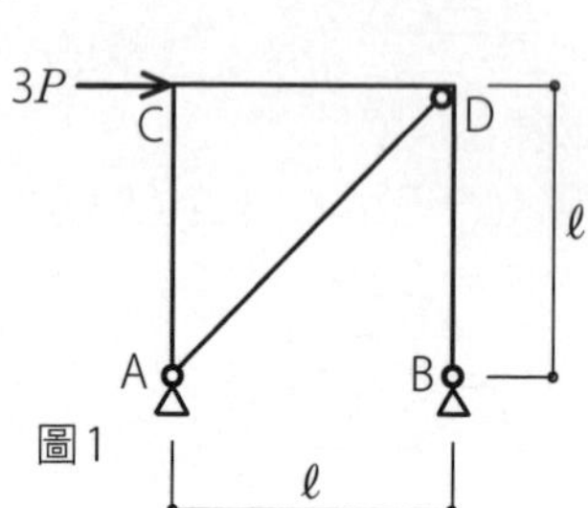

圖1

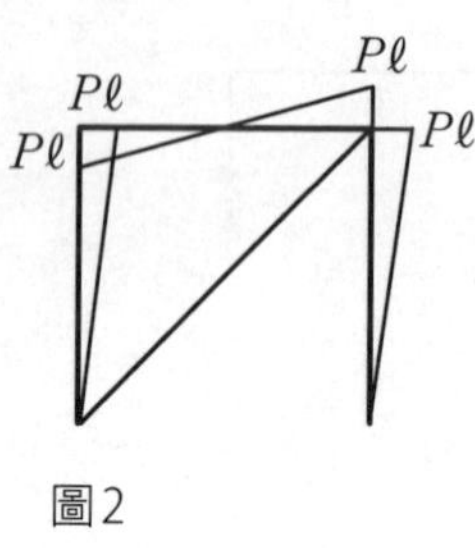

圖2

A ①支承A、B為鉸支承，各自在x、y方向有反力作用，反力數為4個，圖1由3個平衡式$\Sigma Fx=0$、$\Sigma Fy=0$、$\Sigma M=0$無法求解，故為靜不定結構物。題目已經給了M圖，就可以從M圖求得Q，再求得軸力N或是反力。

②從AC柱、BD柱的M圖，M的斜率（微分）為$\frac{P\ell}{\ell}=P$，就是剪力Q。

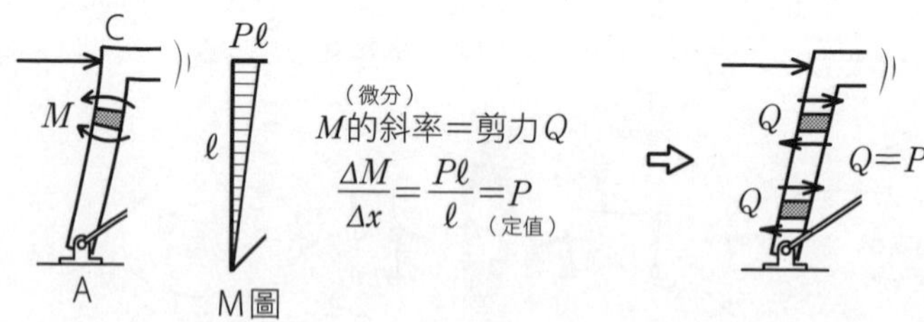

③知道 2 根柱的剪力 $Q=P$，由水平方向力平衡就可以求得斜撐材 AD 的拉力 T。將構架由水平切斷，考量上方的 $\Sigma Fx=0$。

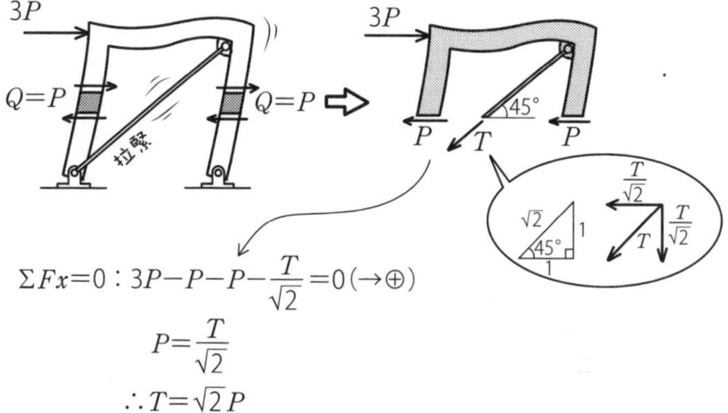

$$\Sigma Fx=0：3P-P-P-\frac{T}{\sqrt{2}}=0\ (\rightarrow\oplus)$$

$$P=\frac{T}{\sqrt{2}}$$

$$\therefore \underline{\underline{T=\sqrt{2}P}}$$

一般的構架中，柱的剪力 Q 的合計＝水平力。地震或颱風等的水平力，是由柱的剪力 Q 來抵抗。若像本題加入 45° 的斜撐材，抵抗水平力的力量會再加上斜撐拉力 T 的 $\frac{1}{\sqrt{2}}$ 倍。加入亦可抗壓的斜撐，就算從反方向受到水平力作用，也可以有效地加以抵抗。

Q 如圖1的結構承受水平力6P作用，若產生如圖2的彎矩情形，請求出構材AD產生的拉力是多少。

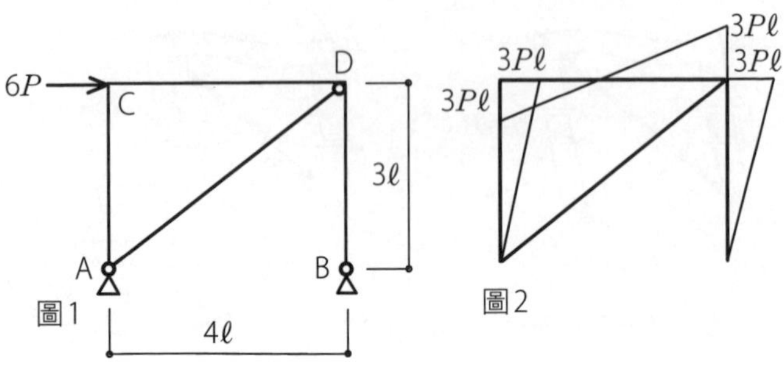

圖1　圖2

A ①從AC柱、BD柱的M圖，M的斜率（微分）為$\frac{3P\ell}{3\ell}=P$，就是各個柱的剪力Q。

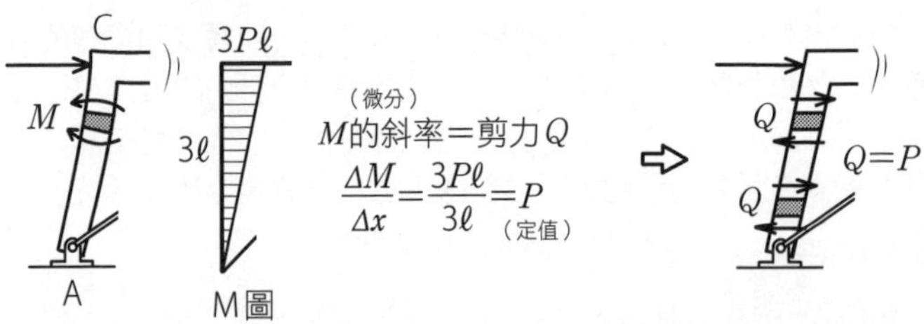

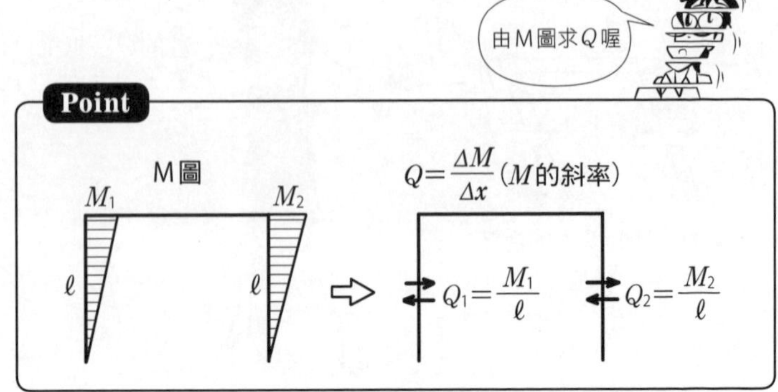

②將構架由水平切斷，考量上方的$\Sigma Fx=0$。

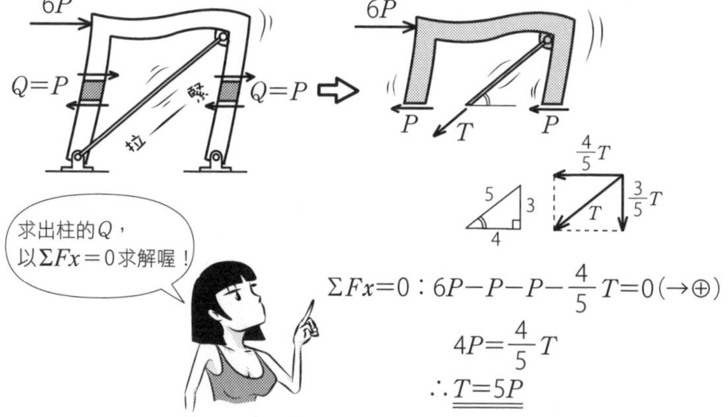

③梁的剪力Q也一樣，可以從彎矩的斜率（變化率）求得。

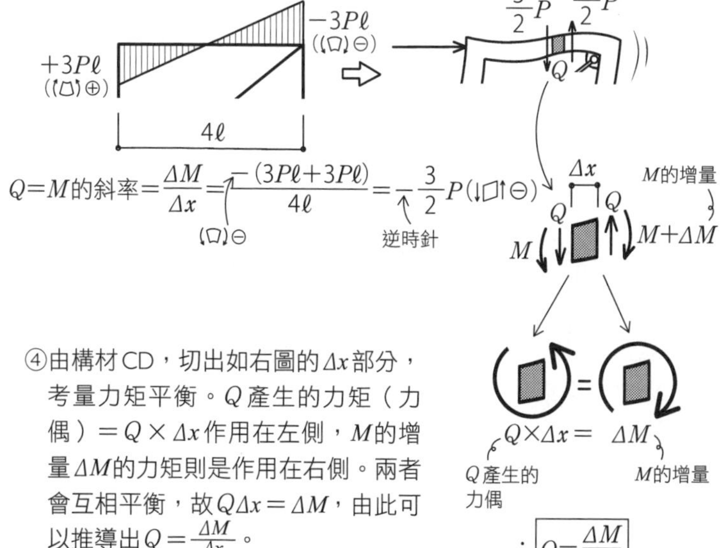

④由構材CD，切出如右圖的Δx部分，考量力矩平衡。Q產生的力矩（力偶）$=Q\times\Delta x$作用在左側，M的增量ΔM的力矩則是作用在右側。兩者會互相平衡，故$Q\Delta x=\Delta M$，由此可以推導出$Q=\frac{\Delta M}{\Delta x}$。

★ R044 check ▶□□□

Q 如圖承受120kN的荷重作用，柱腳產生100kN·m的彎矩，平衡時的彎矩圖如圖所示。請求出此時構材CD的拉力是多少。兩個柱腳為固定支承，其他部分為鉸接接合。

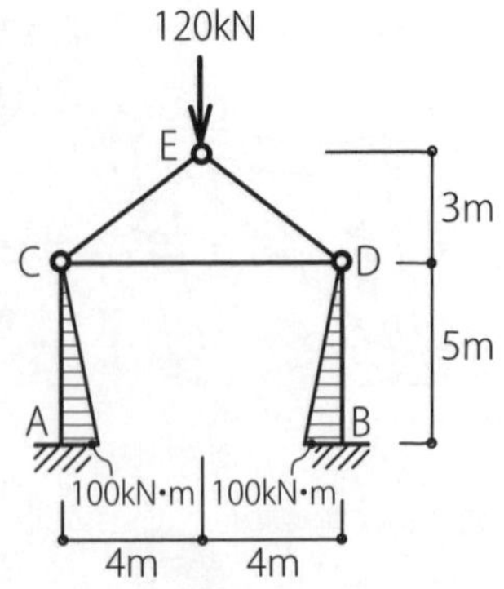

A ①三角形部分是左右斜邊為壓力、底邊為拉力的桁架。柱跟地面之間為剛接的固定支承，是無法以平衡求解的靜不定結構物。不過由左右對稱的荷重，再加上所給的彎矩圖，就可以從中求解。

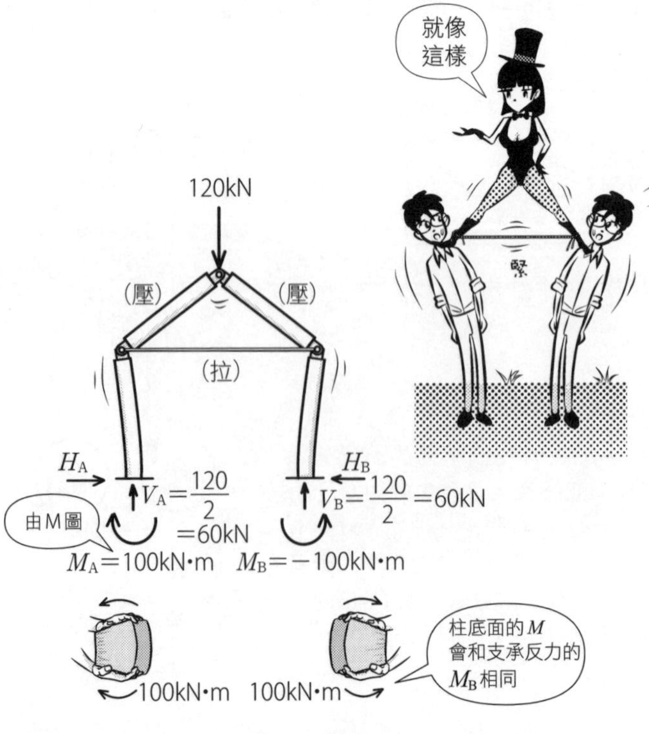

就像這樣

緊

120kN

（壓）　（壓）

（拉）

H_A　H_B

$V_A=\frac{120}{2}=60kN$　$V_B=\frac{120}{2}=60kN$

由M圖

$M_A=100kN\cdot m$　$M_B=-100kN\cdot m$

100kN·m　100kN·m

柱底面的M會和支承反力的M_B相同

②由左右對稱的形狀和荷重，可知垂直反力 $V_A = V_B = \frac{120}{2} = 60\text{kN}$。AC柱、BD柱的柱腳，由M圖可知有100kN·m的彎矩作用，柱腳底面承受的彎矩就是支承的反力。因此，$M_A = 100\text{kN·m}$（↻⊕）、$M_B = -100\text{kN·m}$（↺⊖）。力矩的方向可由M圖的突出側（拉力側）來判斷。

③AC柱、BD柱的剪力，就由 M 的斜率 $\frac{\Delta M}{\Delta x} = \frac{100\text{kN·m}}{5\text{m}} = 20\text{kN}$ 來求得。作用在柱腳底面的剪力，就是支承的水平反力。剪力的方向則可由平行四邊形的變形來判斷。

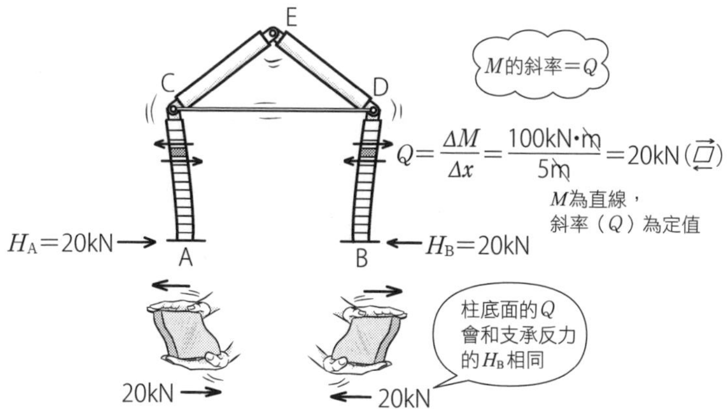

④將想求的部分（CD間）切斷，把左側整體想成一個結構來考量，列出 $\Sigma M = 0$ 的算式。和桁架的截面法（參見R019）相同。考量對E點取力矩平衡，N_{CE} 造成的 M 是0，馬上就可求得 N_{CD}。

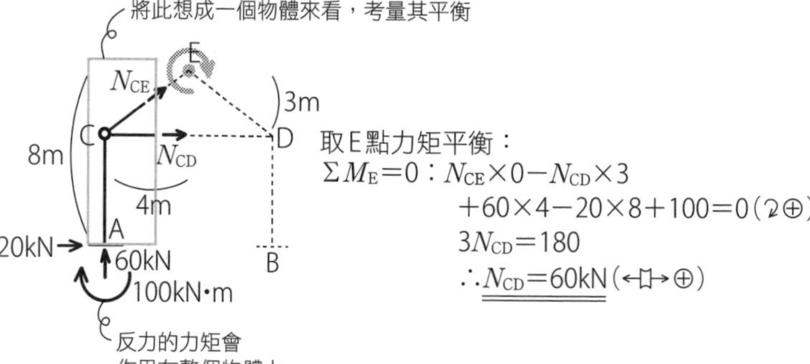

取E點力矩平衡：

$\Sigma M_E = 0$：$N_{CE} \times 0 - N_{CD} \times 3 + 60 \times 4 - 20 \times 8 + 100 = 0$（↻⊕）

$3N_{CD} = 180$

$\therefore N_{CD} = 60\text{kN}$（←□→⊕）

Q 如圖1的構架，A點產生垂直向下的沉陷時，構架變形成如圖2所示。此時以下哪一個是它正確的彎矩圖？

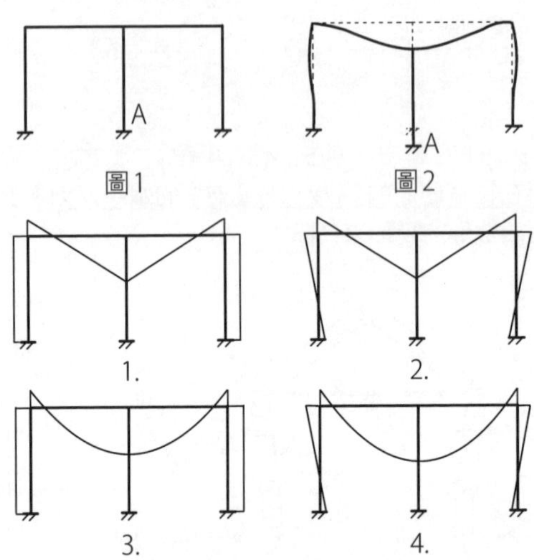

A ①中央的柱下陷，在梁中央會有集中荷重作用。就和門型構架的梁中央有集中荷重作用的情況相同。

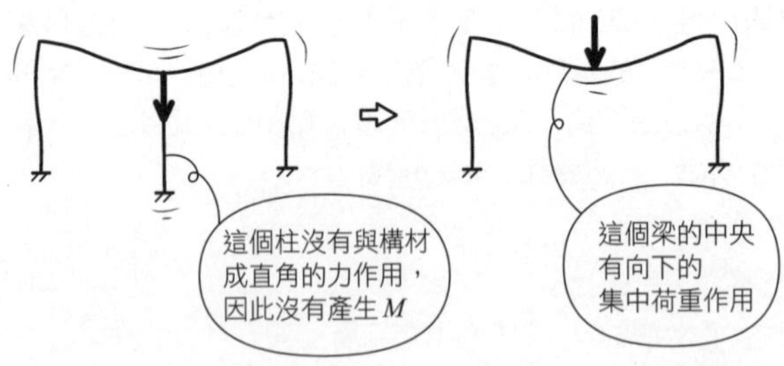

②複習一下簡支梁的M圖。承受集中荷重時，是在荷重點有彎折的直線，均布荷重則是拋物線的形式。在相同大小的荷重作用下，集中荷重的最大M值會是均布荷重的2倍。

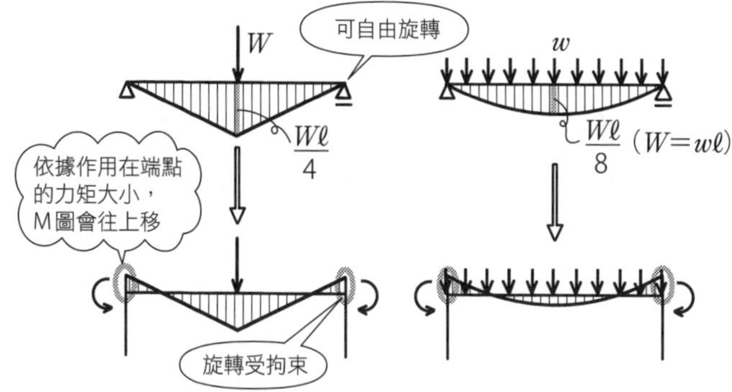

簡支梁的兩端可以旋轉，$M=0$。若兩端為剛節點，旋轉受拘束。使構材端點的旋轉受拘束的力矩，稱為桿端彎矩。M圖依桿端彎矩的大小而往上移。旋轉受到多少的拘束，是由構材的彎曲困難度（長度ℓ、斷面二次矩I、彈性模數E）來決定。

③梁端點的M，應該和柱端點的M互相平衡。不然節點會旋轉。因此梁的桿端M和柱的桿端M為大小相等，方向相反。在梁整體傾倒，沒有構材角的狀況下，桿端M會傳遞一半至構材反側的固定支承。因此，2為正確答案。考量柱的變形，也會知道2是正確的。

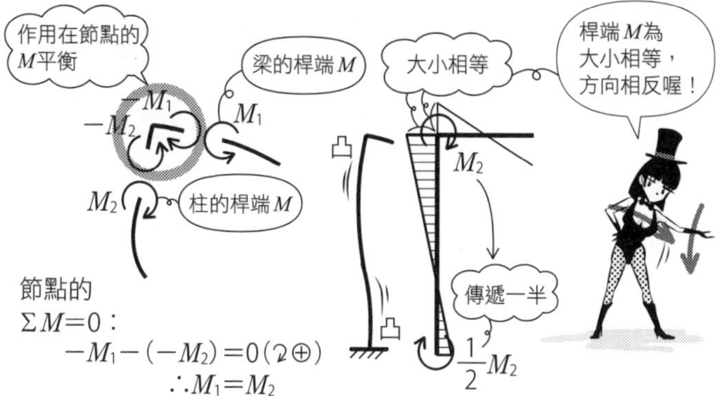

★ R046 check ▶□□□

Q 如圖，各層承受水平荷重作用的2層結構物，在構架上標示出如圖的柱彎矩。請求出作用在屋頂地板的水平荷重P_2。

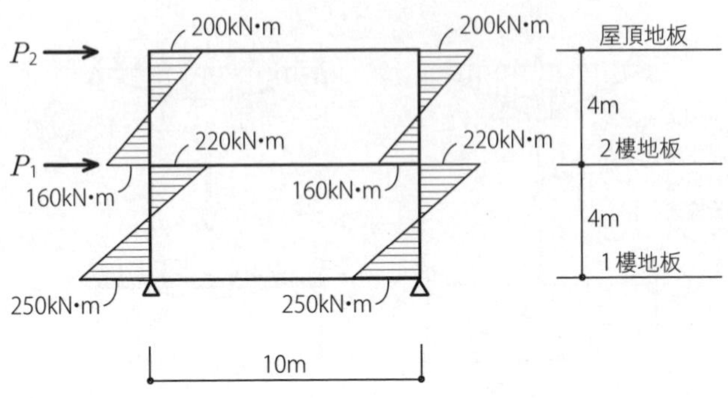

A ①在進行地震或風的水平荷重的結構計算時，就像題目一樣，重量會集中作用，成為地板的水平荷重。柱、牆壁等的重量，會從中間切一半，分配在左側的上下。

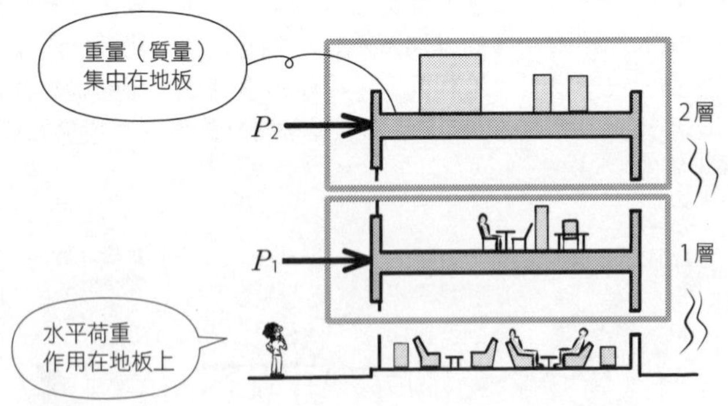

②CE柱、DF柱的剪力Q_{CE}、Q_{DF}，分別可由彎矩M_{CE}、M_{DF}的斜率求得。

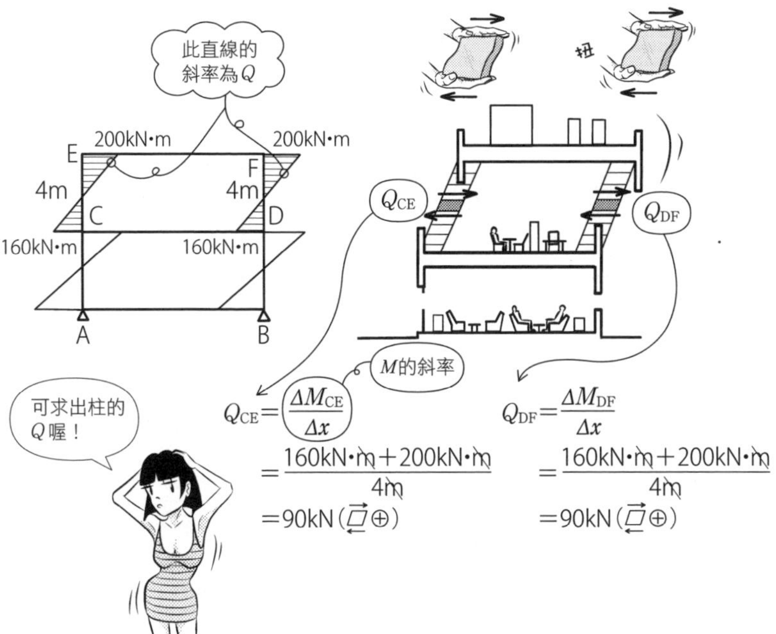

③從CE柱、DF柱的中間切斷，由上方的平衡求得P_2。若從切斷的下半部來進行平衡計算時，還要考量地面的水平反力，計算上會比較麻煩。

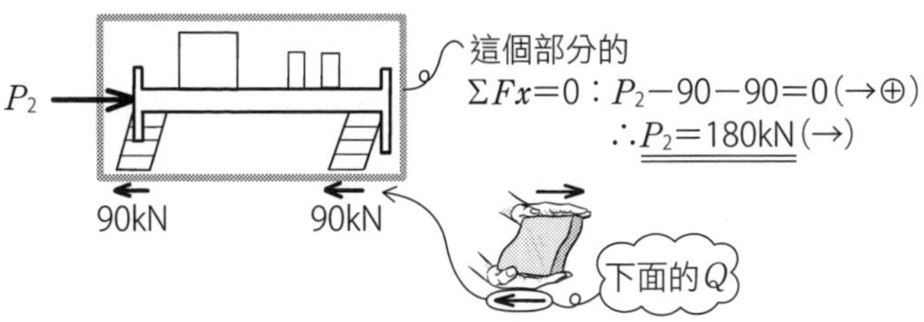

結構設計要反過來，先計算出地震或風的水平荷重，再求出各柱的M及Q。

7
靜不定構架的內力

Q 如圖，各層承受水平荷重作用的2層結構物，在構架上標示出如圖的柱彎矩。請求出作用在地板的水平荷重P_1、P_2。

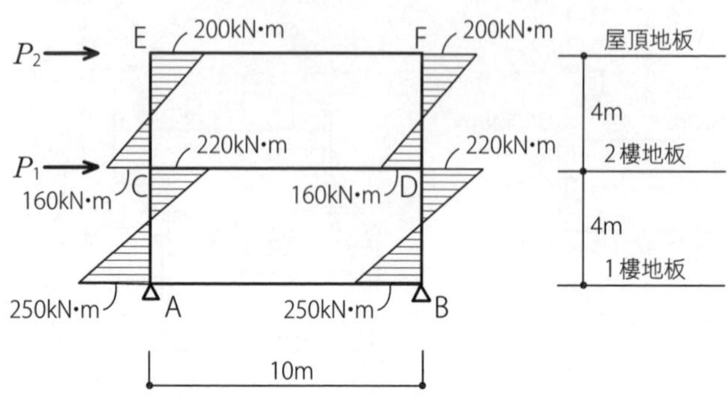

A ①由上而下，以$P_2 \to P_1$的順序求得。P_2如前題所述，先計算2樓柱的剪力，再由平衡即可求得。從CE柱、DF柱的中間切斷，考量上半部的力平衡。

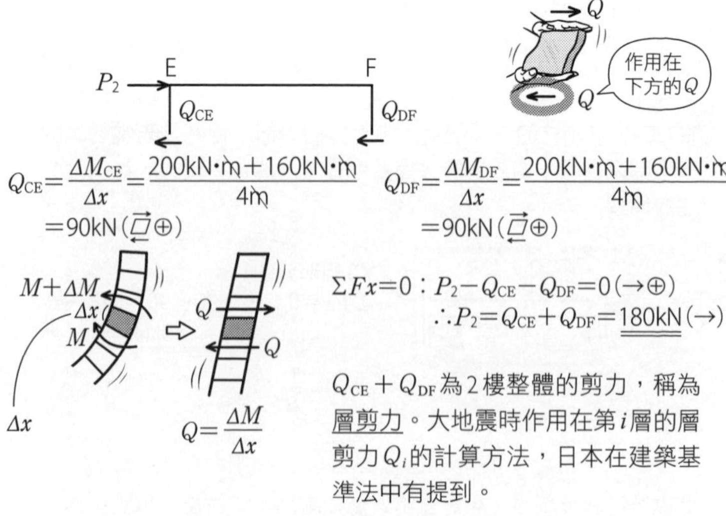

$$Q_{CE}=\frac{\Delta M_{CE}}{\Delta x}=\frac{200\text{kN}\cdot\text{m}+160\text{kN}\cdot\text{m}}{4\text{m}}=90\text{kN}\ (\oplus)$$

$$Q_{DF}=\frac{\Delta M_{DF}}{\Delta x}=\frac{200\text{kN}\cdot\text{m}+160\text{kN}\cdot\text{m}}{4\text{m}}=90\text{kN}\ (\oplus)$$

$$Q=\frac{\Delta M}{\Delta x}$$

$\Sigma Fx=0$：$P_2-Q_{CE}-Q_{DF}=0\ (\to\oplus)$

$\therefore P_2=Q_{CE}+Q_{DF}=\underline{\underline{180\text{kN}}}\ (\to)$

$Q_{CE}+Q_{DF}$為2樓整體的剪力，稱為<u>層剪力</u>。大地震時作用在第i層的層剪力Q_i的計算方法，日本在建築基準法中有提到。

②1樓的柱剪力 Q_{AC}、Q_{BD}，也是從彎矩的斜率求得。

$$\begin{cases} Q_{AC}=\dfrac{\Delta M_{AC}}{\Delta x}=\dfrac{220\text{kN}\cdot\text{m}+250\text{kN}\cdot\text{m}}{4\text{m}}=117.5\text{kN}\ (\oplus) \\ Q_{BD}=\dfrac{\Delta M_{BD}}{\Delta x}=\dfrac{220\text{kN}\cdot\text{m}+250\text{kN}\cdot\text{m}}{4\text{m}}=117.5\text{kN}\ (\oplus) \end{cases}$$

③切斷1樓的柱，由水平方向的力平衡可求得 P_1。此時，要注意1樓的柱也有受到 P_2 作用。越下方的柱，就會承受越多的水平力作用。

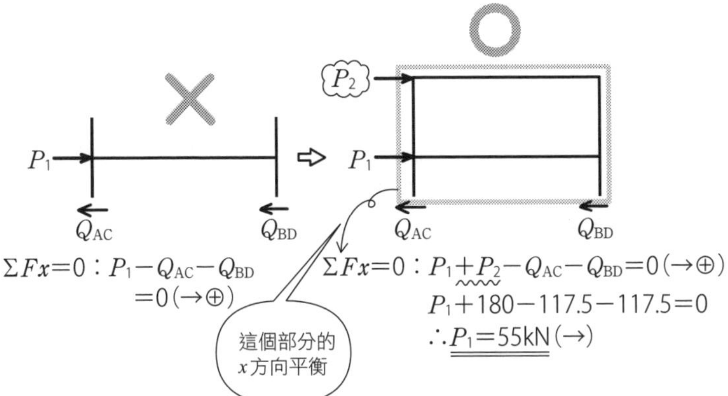

Point

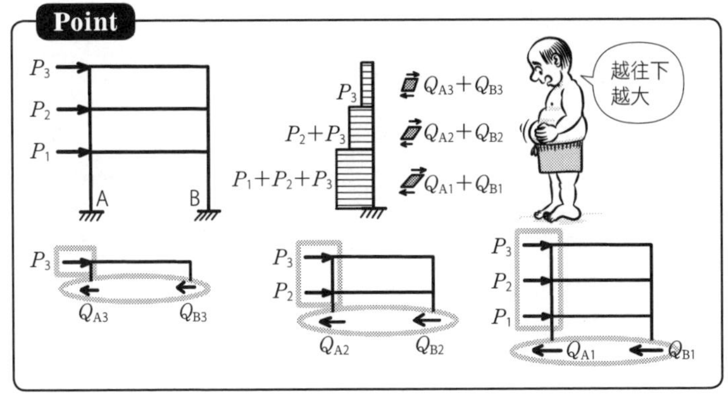

Q 如圖，各層承受水平荷重作用的2層結構物，在構架上標示出如圖的柱彎矩。請求出作用在屋頂EF梁的剪力Q_{EF}。

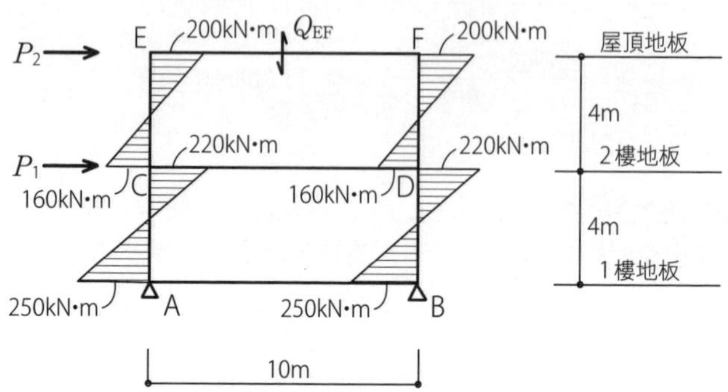

A ①節點E受水平力作用往右傾，CE柱往右倒。節點F也往右傾，DF柱也會往右倒。節點E、F為剛接，柱、梁會維持直角，梁會變形成S字型。

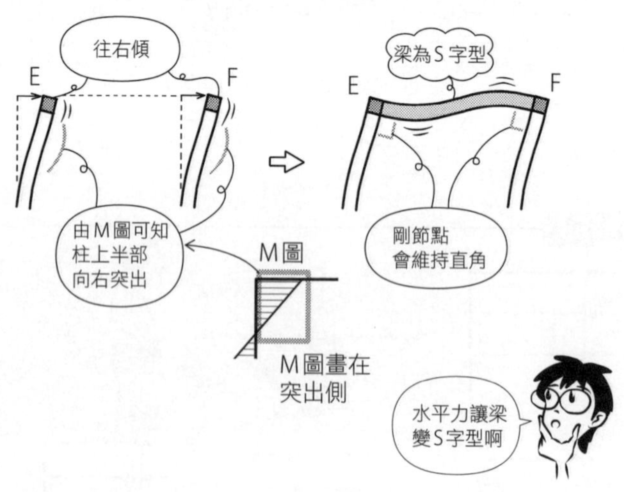

②從梁的S字型，可以想像出作用在桿端的彎矩方向。由於中間沒有荷重，M圖為直線。

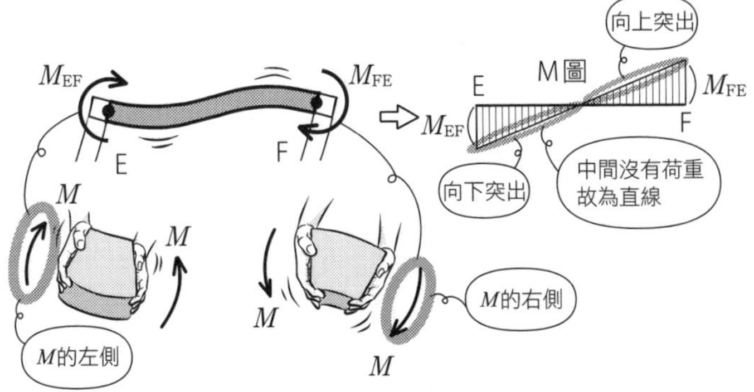

③考量作用在節點E、F的力矩。節點的$\Sigma M=0$，梁端部、柱頂部產生的M為大小相等、方向相反的彎矩。

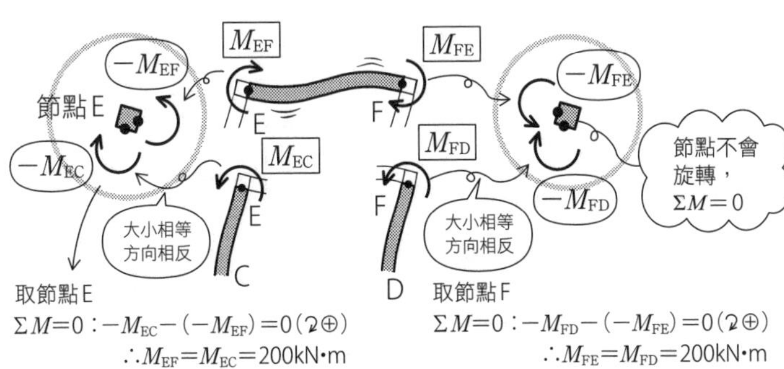

取節點E

$\Sigma M=0$：$-M_{EC}-(-M_{EF})=0$（↻⊕）

$\therefore M_{EF}=M_{EC}=200\text{kN}\cdot\text{m}$

取節點F

$\Sigma M=0$：$-M_{FD}-(-M_{FE})=0$（↻⊕）

$\therefore M_{FE}=M_{FD}=200\text{kN}\cdot\text{m}$

④梁的Q_{EF}＝梁的M圖斜率＝$\dfrac{200\text{kN}\cdot\text{m}+200\text{kN}\cdot\text{m}}{10\text{m}}=40\text{kN}$

Q_{EF}為逆時針（↓□↑），符號為負，即 -40kN 。

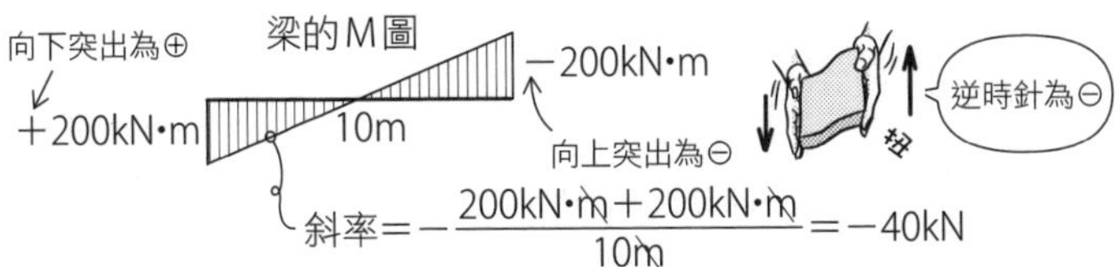

★ R049 check ▶□□□

Q 如圖，各層承受水平荷重作用的2層結構物，在構架上標示出如圖的柱彎矩。請求出作用在2樓CD梁的剪力Q_{CD}。

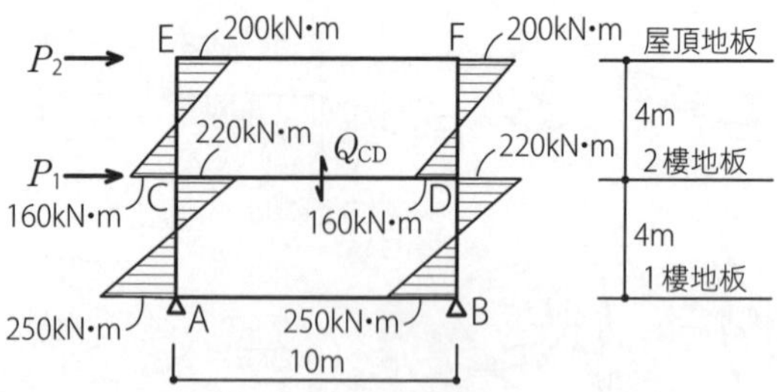

A ①承受水平向荷重時，全部的節點都會往右偏移。柱全部都往右傾倒。各節點的柱、梁會維持直角，EF梁、CD梁變形成S字型。另外，從柱的M圖，可知柱上半部往右突出，下半部往左突出，柱變形成逆S字型。

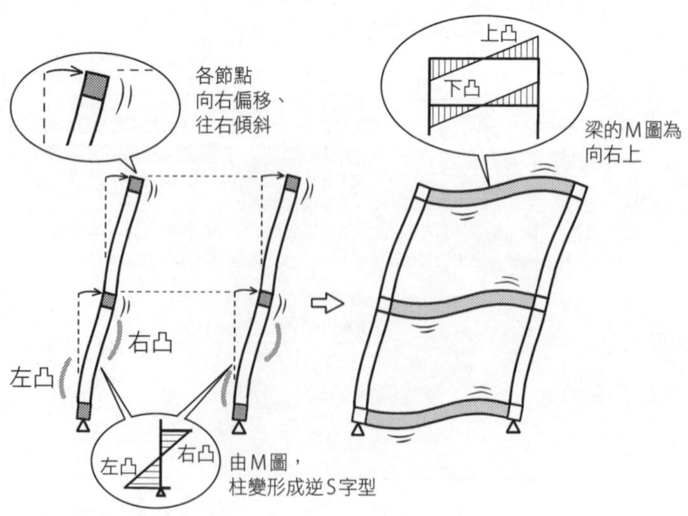

②柱會往右傾倒，節點C承受160＋220＝380kN·m，順時針旋轉的力矩。在旋轉時，梁受到380kN·m的力矩作用，會讓節點C逆時針旋轉。380kN·m的彎矩會形成反作用力，發生在梁的桿端。

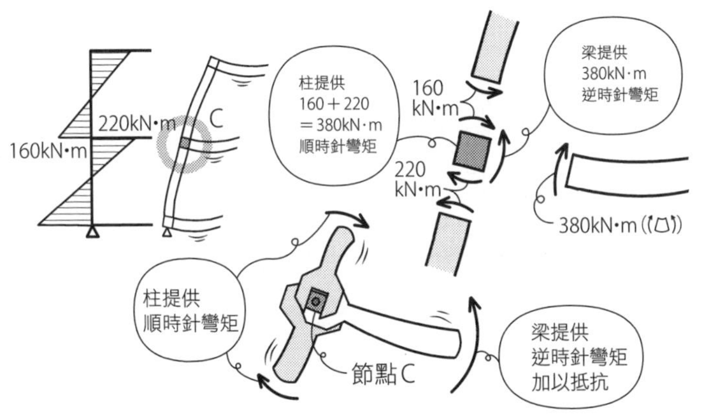

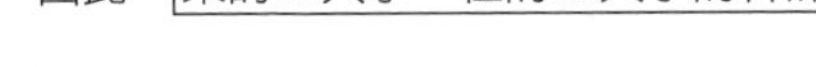

因此，梁的M大小＝柱的M大小的合計。

③由梁的M圖斜率，求出梁的Q。

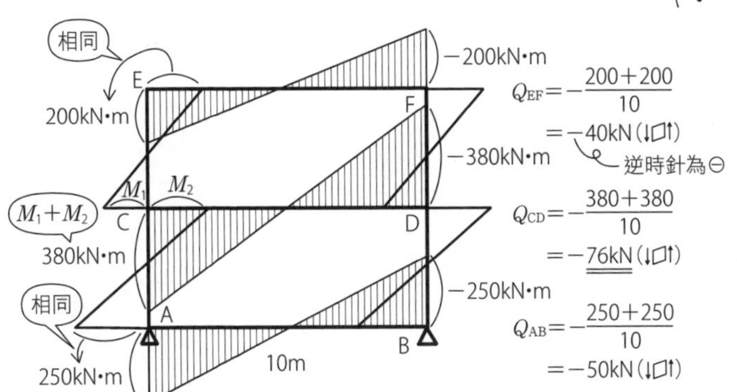

Q 如圖，各層承受水平荷重作用的2層結構物，在構架上標示出如圖的柱彎矩。請求出水平荷重P_1、P_2，梁的剪力Q_{EF}、Q_{CD}。

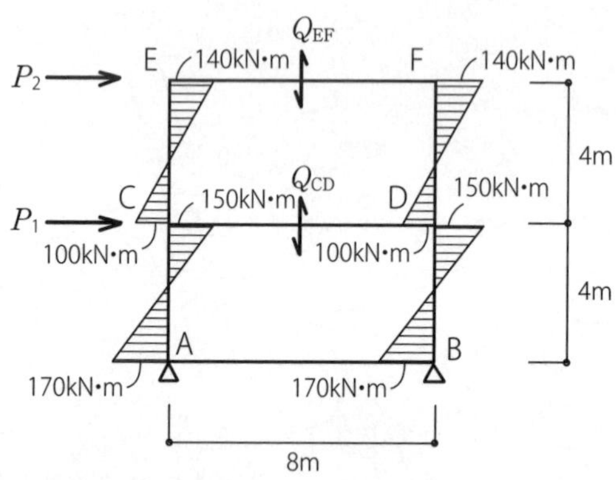

A ①承受均布的垂直荷重和水平荷重的門型構架的M圖，可利用以下的方式記下來，不必個別考量節點的變形。

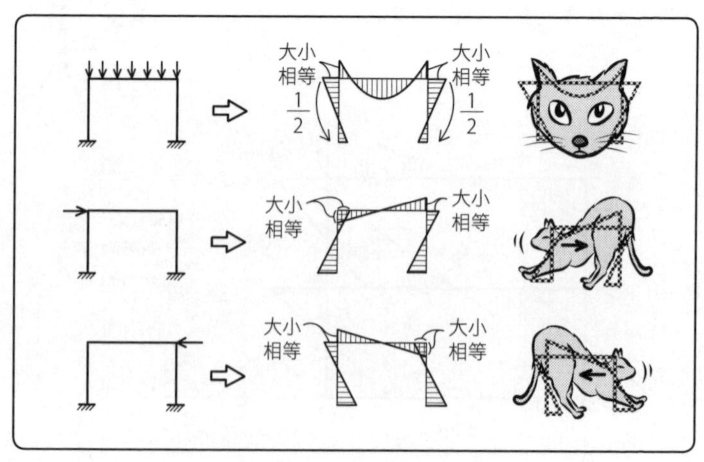

困難

②從柱桿端的M可求出梁桿端的M，完成M圖。之後再從M的斜率得到Q。

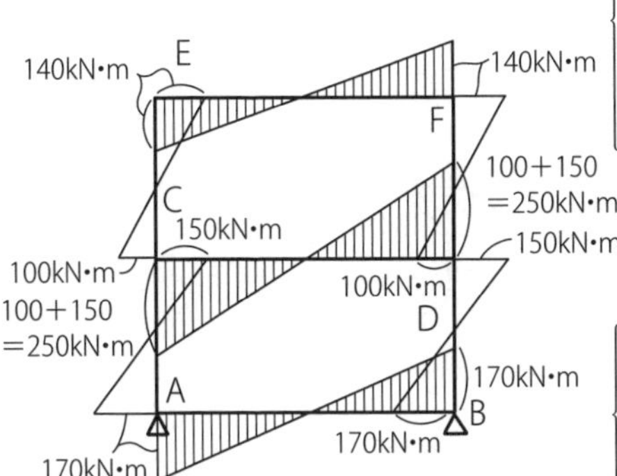

M圖

柱的剪力（⊕）

$$\begin{cases} Q_{AC}=\dfrac{170+150}{4}=80\text{kN} \\ Q_{BD}=\dfrac{170+150}{4}=80\text{kN} \\ Q_{CE}=\dfrac{100+140}{4}=60\text{kN} \\ Q_{DF}=\dfrac{100+140}{4}=60\text{kN} \end{cases}$$

梁的剪力（⊖）

$$\begin{cases} Q_{EF}=-\dfrac{140+140}{8}=\underline{\underline{-35\text{kN}}} \\ Q_{CD}=-\dfrac{250+250}{8}=\underline{\underline{-62.5\text{kN}}} \\ Q_{AB}=-\dfrac{170+170}{8}=-42.5\text{kN} \end{cases}$$

③由x方向的平衡可求出P_1、P_2。

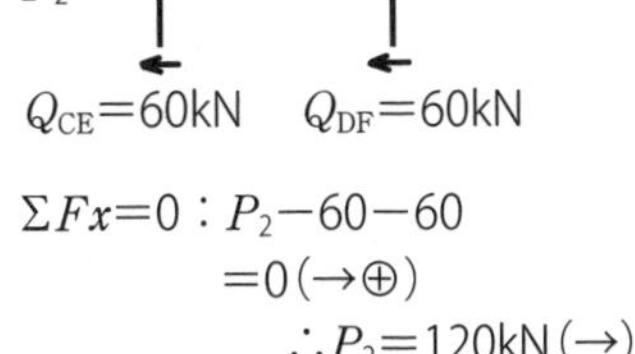

$Q_{CE}=60\text{kN}$　$Q_{DF}=60\text{kN}$

$\Sigma Fx=0$：$P_2-60-60=0$（→⊕）

$\therefore \underline{\underline{P_2=120\text{kN}}}$（→）

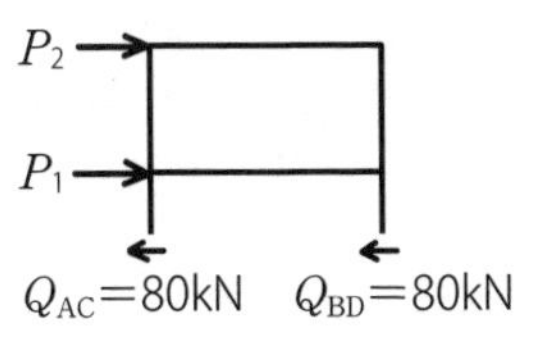

$Q_{AC}=80\text{kN}$　$Q_{BD}=80\text{kN}$

$\Sigma x=0$：$P_1+P_2-80-80=0$（→⊕）

$\therefore P_1=160-P_2=\underline{\underline{40\text{kN}}}$（→）

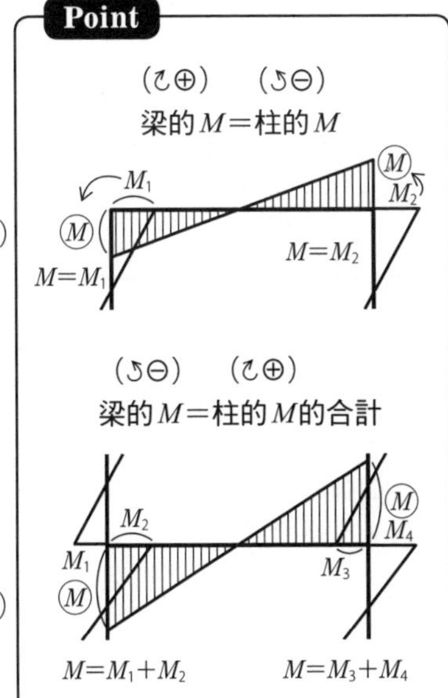

Q 如圖，各層承受水平荷重作用的2層結構物，在構架上標示出如圖的柱彎矩。請求出BD柱、DF柱的軸力N_{BD}、N_{DF}，支承B的垂直反力V_B。

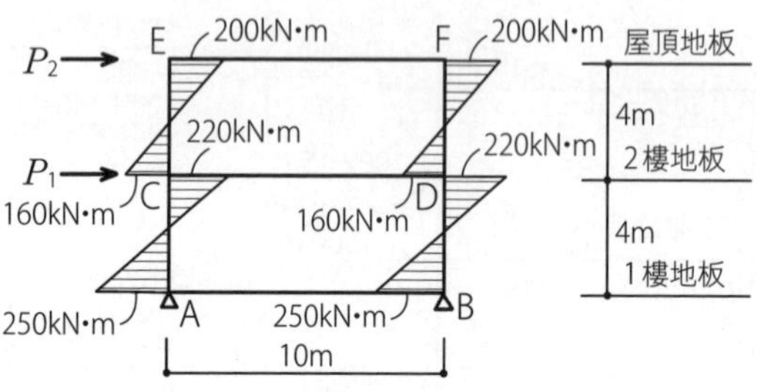

A ①柱承受由梁而來的垂直力作用，這個力同時也是梁的剪力。先完成構架的M圖，從M的斜率求得Q。

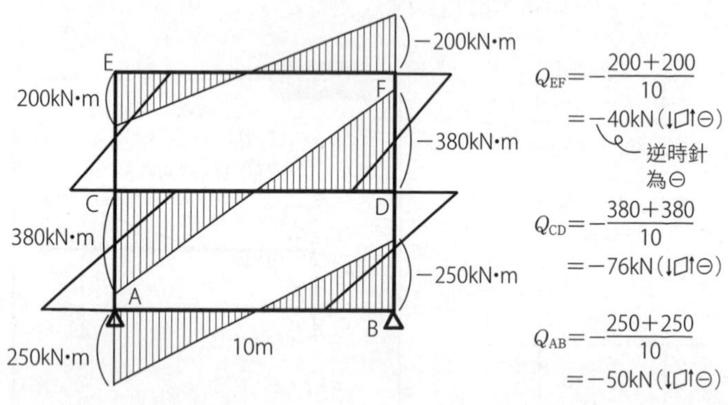

②切斷欲求得的軸力部分，假設拉力側為⊕，列出$\Sigma Fy=0$的算式。將梁切斷後，y方向的力只有Q，Q已經計算出來，就可以直接列出平衡式。

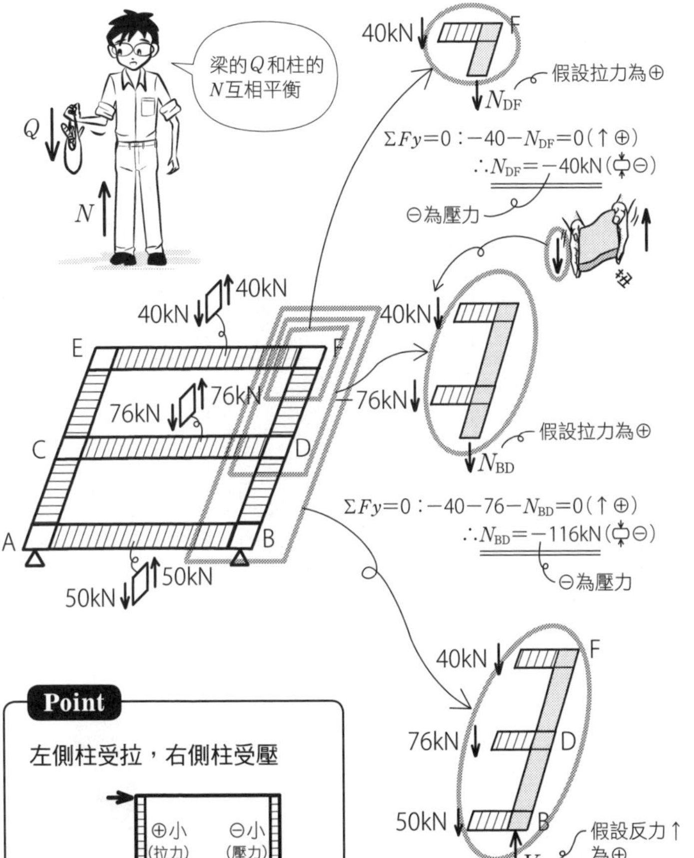

梁的Q和柱的N互相平衡

假設拉力為⊕

$\Sigma Fy=0$：$-40-N_{DF}=0$(↑⊕)

$\therefore N_{DF}=-40$kN(⊖)

⊖為壓力

扭

假設拉力為⊕

$\Sigma Fy=0$：$-40-76-N_{BD}=0$(↑⊕)

$\therefore N_{BD}=-116$kN(⊖)

⊖為壓力

假設反力↑為⊕

$\Sigma Fy=0$：$-40-76-50+V_B=0$(↑⊕)

$\therefore V_B=166$kN(↑)

Point

左側柱受拉，右側柱受壓

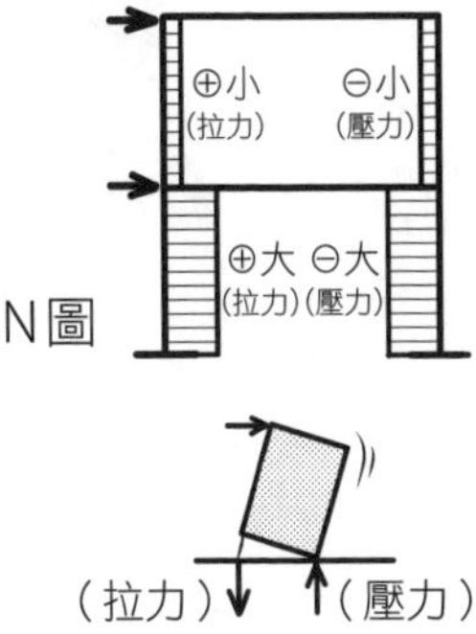

⊕小(拉力)　⊖小(壓力)

⊕大(拉力)　⊖大(壓力)

N圖

(拉力)　(壓力)

Q 如圖，各層承受水平荷重作用的2層結構物，在構架上標示出如圖的柱彎矩。請求出柱的軸力N_{BD}，支承垂直反力V_B。

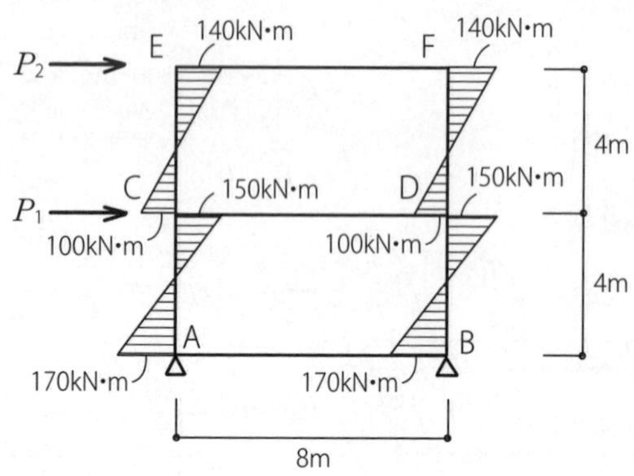

A ①N_{BD}、V_B都是垂直方向，考量垂直方向的平衡時，必須求出梁的剪力Q_{AB}、Q_{CD}、Q_{EF}。先畫出梁的M圖，由M的斜率計算Q。

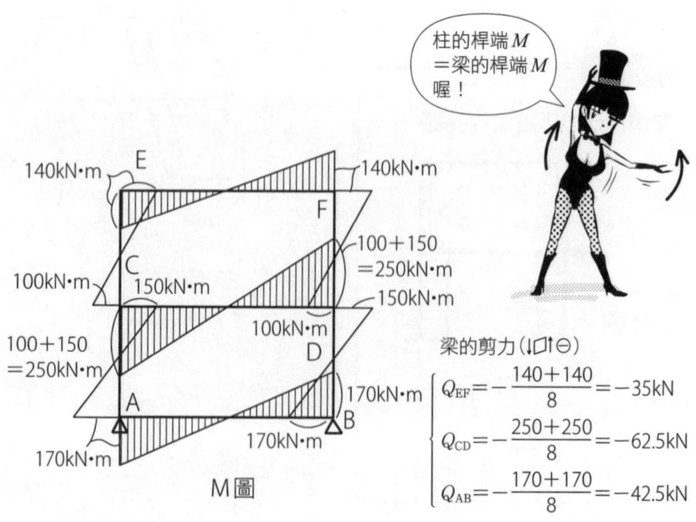

$$Q_{EF}=-\frac{140+140}{8}=-35\text{kN}$$

$$Q_{CD}=-\frac{250+250}{8}=-62.5\text{kN}$$

$$Q_{AB}=-\frac{170+170}{8}=-42.5\text{kN}$$

②切斷柱、梁，由平衡式$\Sigma Fy=0$，求出柱的N_{BD}和V_B。

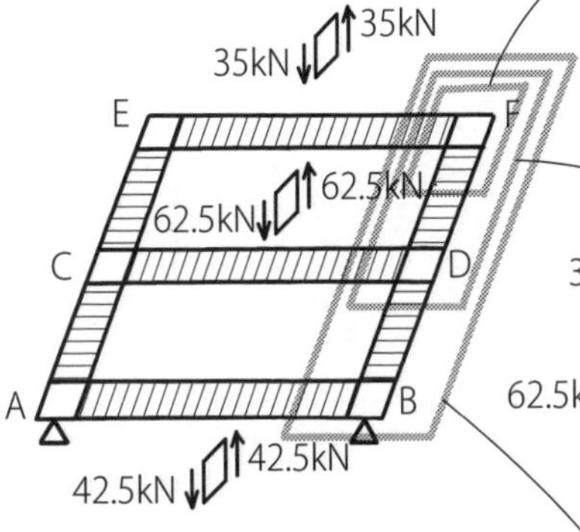

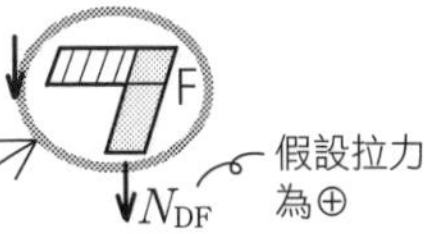

$\Sigma Fy=0$：$-35-N_{DF}=0$（↑⊕）

$\therefore N_{DF}=-35\text{kN}$（⊖）

⊖為壓力

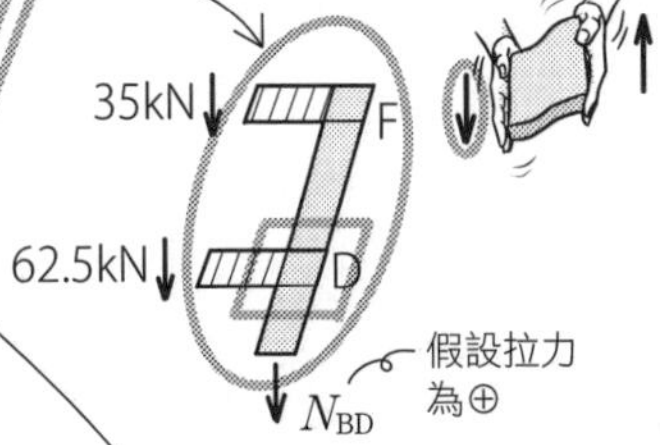

$\Sigma Fy=0$：$-35-62.5-N_{BD}=0$（↑⊕）

$\therefore N_{BD}=-97.5\text{kN}$（⊖）

⊖為壓力

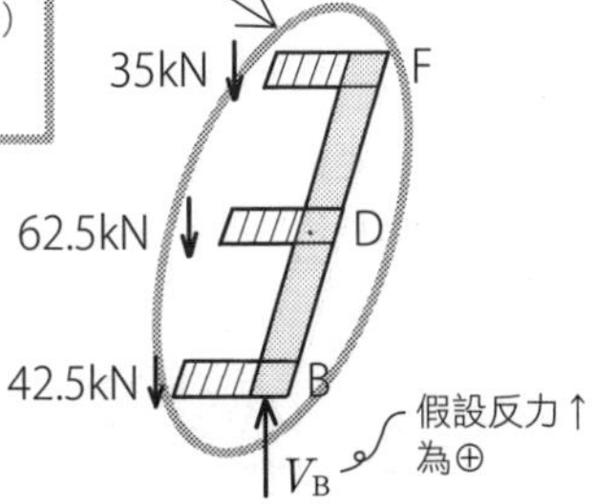

N_{BD}也可從切斷節點D來求解。

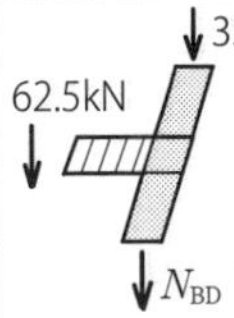

35kN（壓力）…上方DF柱的軸力

62.5kN

$\Sigma Fy=0$：$-35-62.5-N_{BD}=0$（↑⊕）

$\therefore N_{BD}=-97.5\text{kN}$（⊖）

N_{BD}　⊖為壓力

$\Sigma Fy=0$：$-35-62.5-42.5+V_B=0$

$\therefore V_B=140\text{kN}$（↑）

Q 如圖承受荷重P的構架，以下哪一個是它正確的彎矩圖？全部的構材皆為相同材質、相同斷面。

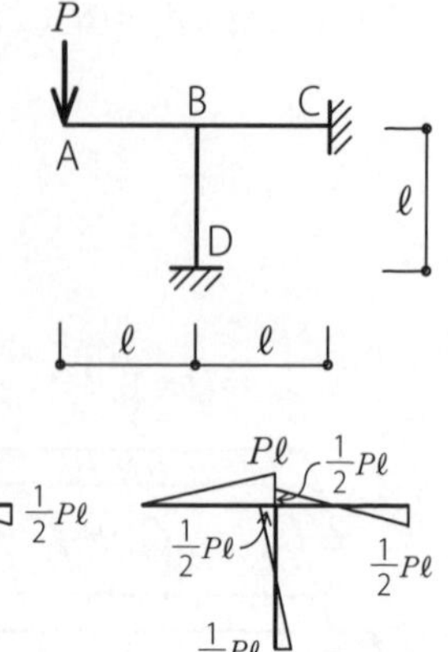

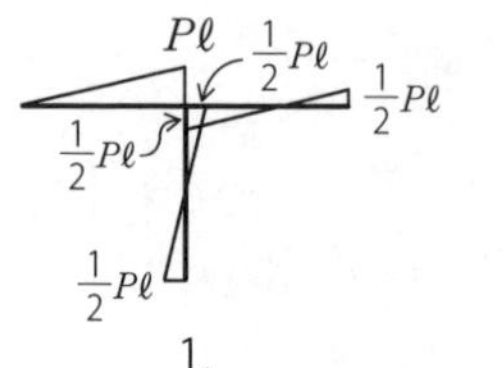

1.

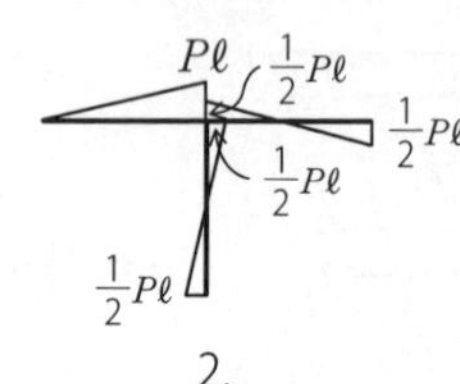

2.

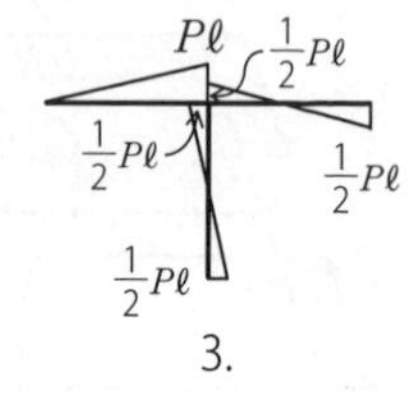

3.

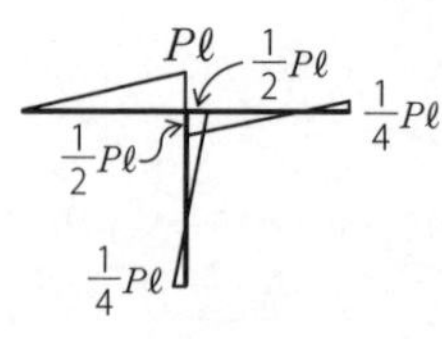

4.

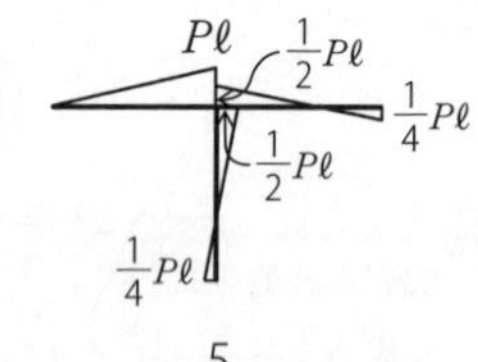

5.

A ①從距離A點x處切出骰子狀來考量，M為$P\times x$，B點為$P\times \ell$。變形是向上突出，M圖要畫在AB的上方。

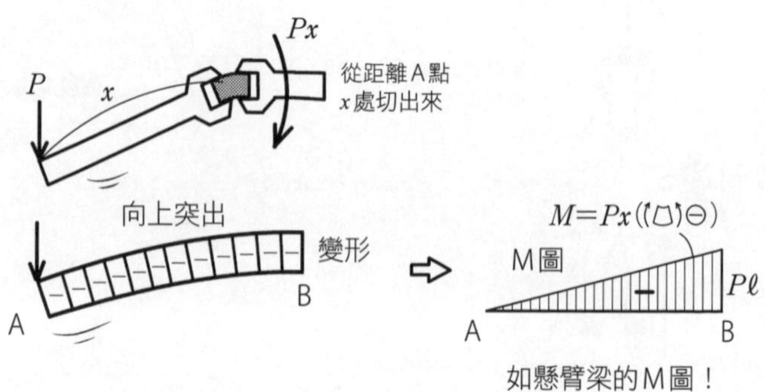

②B、C、D點為剛接，會維持直角。M圖描繪在拉力側、突出側，選擇範圍縮小至2和5。

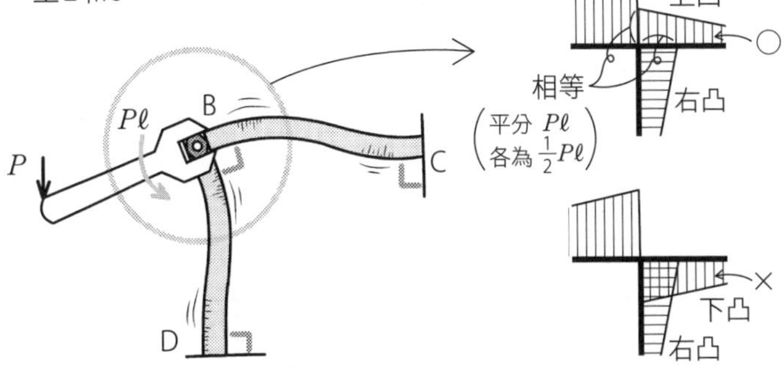

BC梁、BD柱的材質、斷面及長度都相等，彎曲困難度也相同。因此從B點給予的力矩$P\ell$，會平等的各自分擔$\frac{1}{2}P\ell$。

③BC梁、BD柱沒有構材角R（構材整體的斜率，$R=0$），考量各點的角度（撓角）θ_B、θ_C、θ_D，C、D為固定支承，故$\theta_C=\theta_D=0$，只有θ_B有角度。此時，B點受到的力矩，會傳遞一半到另一端。因此，5為正確答案。

④為什麼$M_{CB}=\frac{1}{2}M_{BC}$，可從傾角變位法的公式（參見P.137）推導。

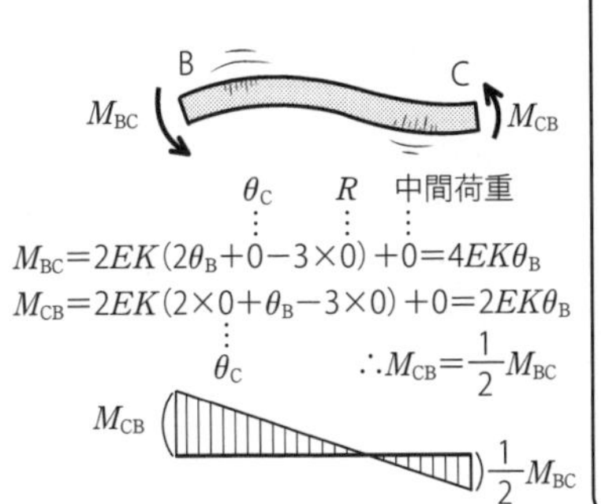

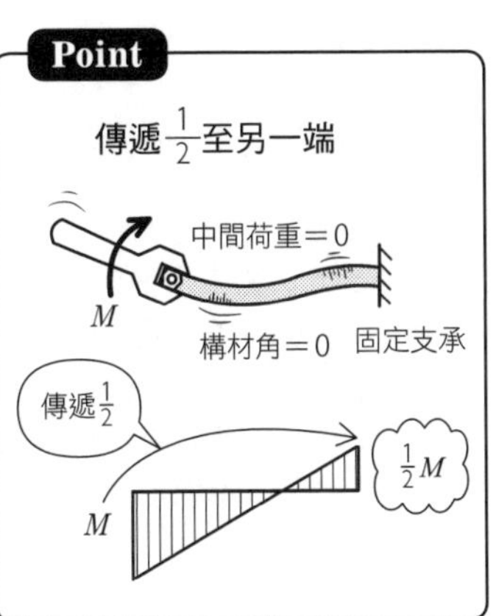

Q 如圖和剛體接合的構材A～D，在彈性變形的範圍內會產生相同變形（伸長），下方施加力P，請求出構材A～D產生的軸向應力σ_A、σ_B、σ_C、σ_D的大小關係。構材A～D的斷面積相同，彈性模數E和長度ℓ則如下表所示。忽略構材A～D和剛體本身的自重。

構材	彈性模數E（kN/mm^2）	構材長度ℓ（mm）
A	200	200
B	200	100
C	100	100
D	100	200

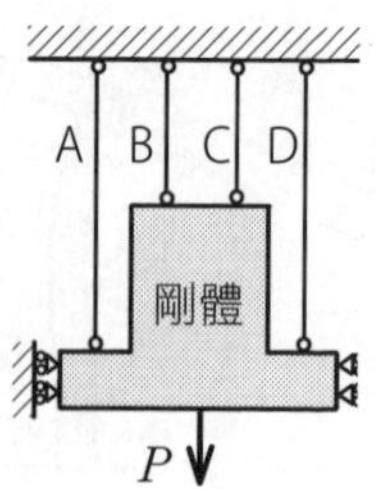

A 各自列出$\sigma = E\varepsilon = E\,\dfrac{\Delta\ell}{\ell}$的算式，再加以比較。剛體是指不會變形，不會伸長、縮短的物體。

①伸長以$\Delta\ell$表示。

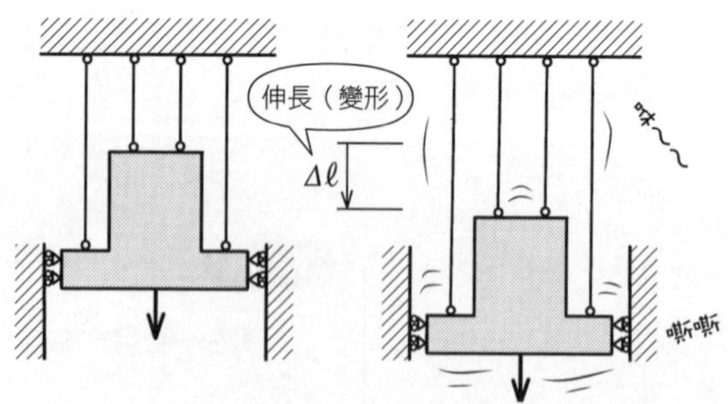

・Δ（delta）是表示變形的符號。x的變化量為Δx，y的變化量則為Δy。斜率為$\dfrac{\Delta y}{\Delta x}$。微小的變化量可用$dx$、$dy$表示，微小部分的斜率則為$\dfrac{dy}{dx}$，稱為微分。即曲線某部分的斜率，正確來說是切線的斜率。將變形曲線的某點，列出其切線的斜率算式時，就是在進行微分的動作。

簡單

②各自列出 $\sigma = E\varepsilon = E\dfrac{\Delta\ell}{\ell}$ 的算式。

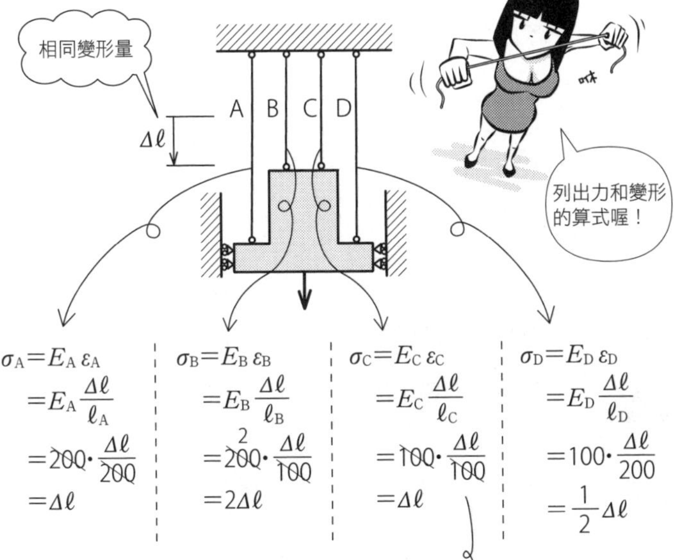

$$\sigma_A = E_A\,\varepsilon_A = E_A\frac{\Delta\ell}{\ell_A} = 200\cdot\frac{\Delta\ell}{200} = \Delta\ell$$

$$\sigma_B = E_B\,\varepsilon_B = E_B\frac{\Delta\ell}{\ell_B} = 200\cdot\frac{\Delta\ell}{100} = 2\Delta\ell$$

$$\sigma_C = E_C\,\varepsilon_C = E_C\frac{\Delta\ell}{\ell_C} = 100\cdot\frac{\Delta\ell}{100} = \Delta\ell$$

$$\sigma_D = E_D\,\varepsilon_D = E_D\frac{\Delta\ell}{\ell_D} = 100\cdot\frac{\Delta\ell}{200} = \frac{1}{2}\Delta\ell$$

因此，$\underline{\underline{\sigma_B > \sigma_A = \sigma_C > \sigma_D}}$

若加上單位，
$100\text{kN/mm}^2 \times \dfrac{\Delta\ell\,\text{mm}}{100\,\text{mm}}$
$= \Delta\ell(\text{kN/mm}^2)$

Point

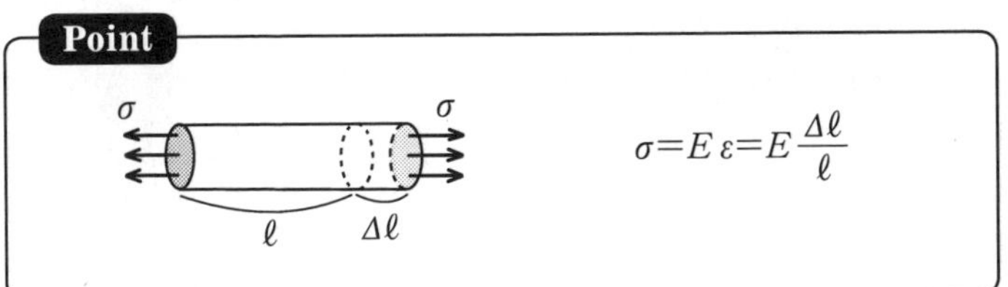

$$\sigma = E\,\varepsilon = E\frac{\Delta\ell}{\ell}$$

★ R055 check ▶□□□

Q 如圖，斷面積為一定、長度為3ℓ的棒子，軸力P、P、$2P$依箭頭方向作用。請求出此時棒子下端的軸向變位。棒子的斷面積為A，彈性模數為E，忽略自重。

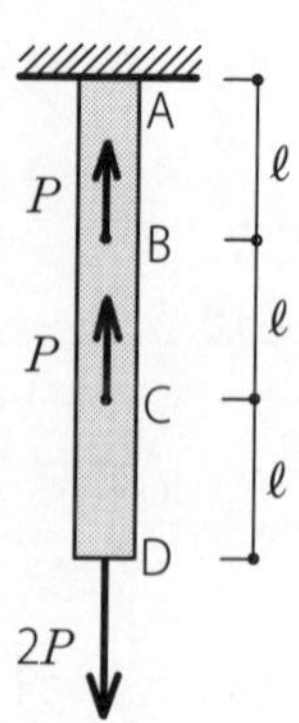

A ①支承A的反力V_A，可由棒子整體的平衡求得。

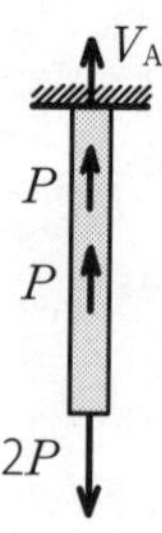

$$\Sigma Fy=0：V_A+P+P-2P=0（\uparrow \oplus）$$
$$\therefore V_A=0$$

外力P、P、$-2P$（向下）互相平衡，因此沒有支承反力。A點向上的力為0，因此AB之間沒有內力作用。水平切斷AB之間任一處，考量作用在構材上半部的力平衡，就可以知道切斷面沒有力在作用。

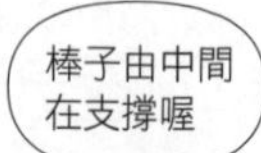

②AB之間的變形（伸長）$\Delta\ell_{AB}$，由於AB之間沒有力作用，故$\Delta\ell_{AB}=0$。

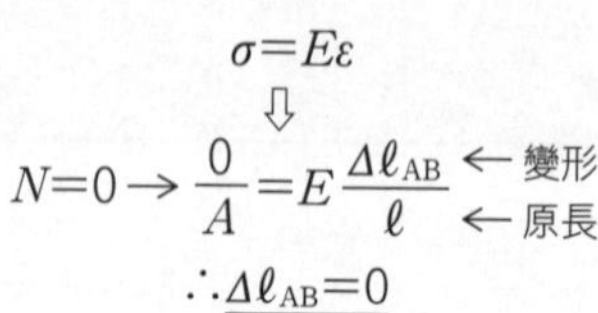

$$\sigma=E\varepsilon$$
$$\Downarrow$$
$$N=0 \rightarrow \frac{0}{A}=E\frac{\Delta\ell_{AB}}{\ell}$$
← 變形
← 原長

$$\therefore \underline{\Delta\ell_{AB}=0}$$

普通

③在BC之間，求出作用在切斷面的軸力N_{BC}。

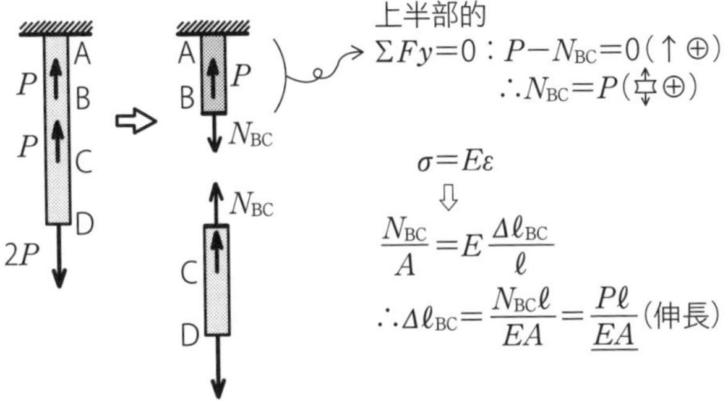

上半部的

$$\Sigma Fy = 0：P - N_{BC} = 0\ (\uparrow \oplus)$$
$$\therefore N_{BC} = P\ (\updownarrow \oplus)$$

$$\sigma = E\varepsilon$$
$$\Downarrow$$
$$\frac{N_{BC}}{A} = E\frac{\Delta \ell_{BC}}{\ell}$$
$$\therefore \Delta \ell_{BC} = \frac{N_{BC}\ell}{EA} = \frac{P\ell}{EA}\text{（伸長）}$$

④在CD之間，求出作用在切斷面的軸力N_{CD}。

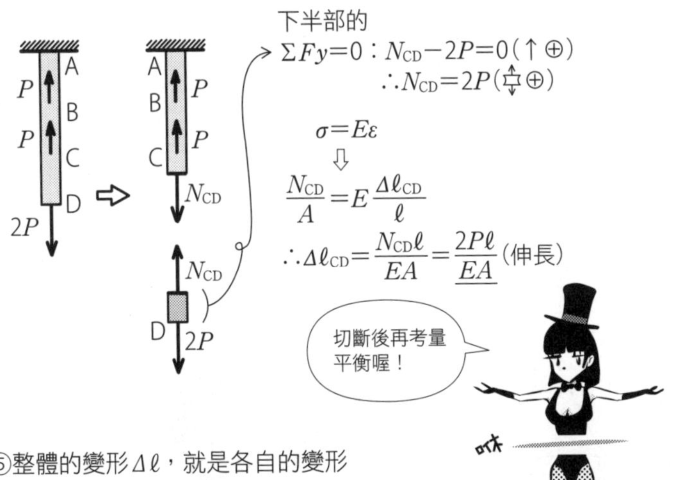

下半部的

$$\Sigma Fy = 0：N_{CD} - 2P = 0\ (\uparrow \oplus)$$
$$\therefore N_{CD} = 2P\ (\updownarrow \oplus)$$

$$\sigma = E\varepsilon$$
$$\Downarrow$$
$$\frac{N_{CD}}{A} = E\frac{\Delta \ell_{CD}}{\ell}$$
$$\therefore \Delta \ell_{CD} = \frac{N_{CD}\ell}{EA} = \frac{2P\ell}{EA}\text{（伸長）}$$

⑤整體的變形$\Delta \ell$，就是各自的變形$\Delta \ell_{AB}$、$\Delta \ell_{BC}$、$\Delta \ell_{CD}$之和，因此

$$\Delta \ell = \Delta \ell_{AB} + \Delta \ell_{BC} + \Delta \ell_{CD}$$
$$= 0 + \frac{P\ell}{EA} + \frac{2P\ell}{EA}$$
$$= \frac{3P\ell}{EA}\text{（伸長）}$$

8 力與變形

Q 如圖承受垂直荷重P的桁架A、B、C，請求出各自於滾支承的水平變位δ_A、δ_B、δ_C的大小關係。各構材為相同材質，斜撐材的斷面積分別為a、$2a$、$3a$，水平構材的斷面積都是a。

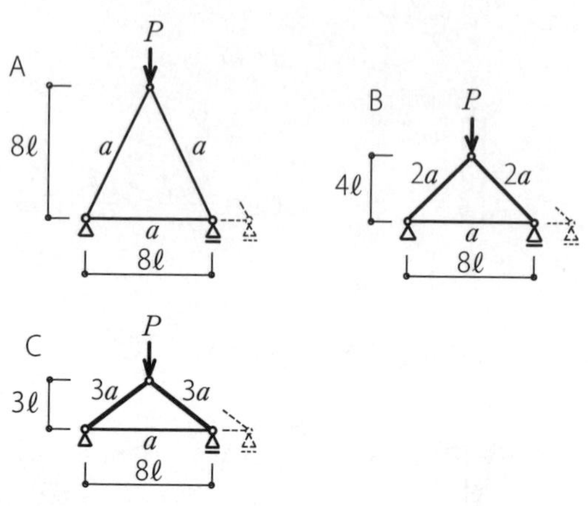

A ①在三角形左右的斜邊材，因受壓而縮短。因此頂點會向下移動，但與右下的滾支承移動沒有關係。

②考量底邊材（下弦材）的伸縮。下弦材的左右受拉，因力作用而伸長。假設力為N，不管是哪個桁架的下弦材，其斷面積都是a，因此拉應力$\sigma=\frac{N}{a}$。由於是相同材質，其E相同，長度也同樣是8ℓ。

應變ε為整體長度與變形量的比，即$\frac{\delta}{\ell}$。在$\sigma = E\varepsilon$的算式中，將$\sigma = \frac{N}{a}$、$\varepsilon = \frac{\delta}{\ell}$代入解出$\delta$，可得$\delta = \frac{N\ell}{aE}$。由於$a$、$E$、$\ell$相同，可知$\delta$的大小是由$N$的大小來決定。

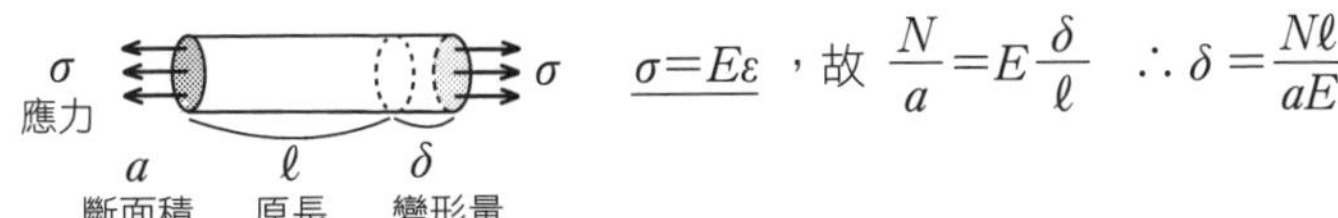

③三角形桁架的下弦材，一般都是作為防止「左右開裂」的拉力材。

④桁架A、B、C的下弦材的軸力N_A、N_B、N_C，可由左下方鉸支承（○）的力平衡求得。由於左右對稱，支承反力為$\frac{P}{2}$。

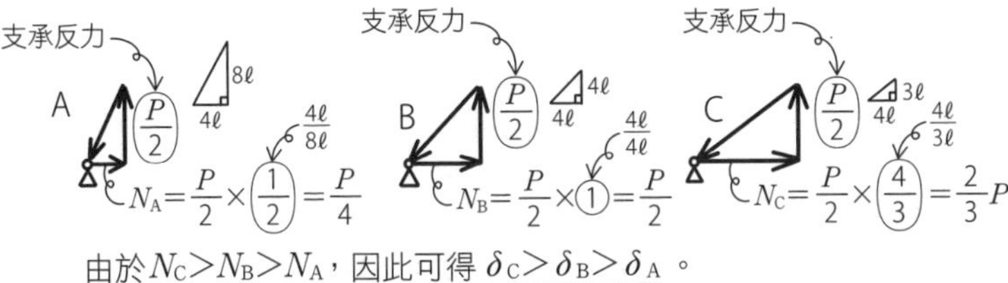

由於$N_C > N_B > N_A$，因此可得 $\delta_C > \delta_B > \delta_A$ 。

⑤就算不用上方的計算，也可以從張開的角度越大，其斜撐材在水平向的壓力，即向外擴張的力量（thrust：推力）越大，了解這一點。由角度的大小順序亦可得$N_C > N_B > N_A$。拱或圓頂的推力也是越扁平就越大。推力部分請參見拙作《圖解建築結構入門》。

★ R057 check ▶□□□

Q 如圖的斷面，請求出形心的座標 (x_0, y_0)。

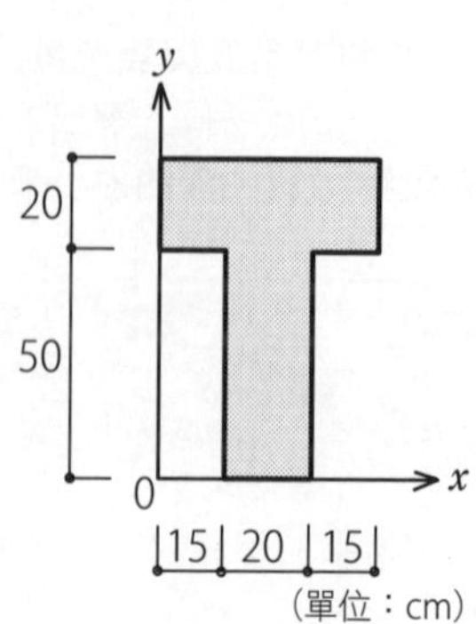

A 此T字型若為厚度一定（密度一定）的板，形心就是重心。在形心的位置穿線，使之自然垂落，T字型的板會保持水平平衡。

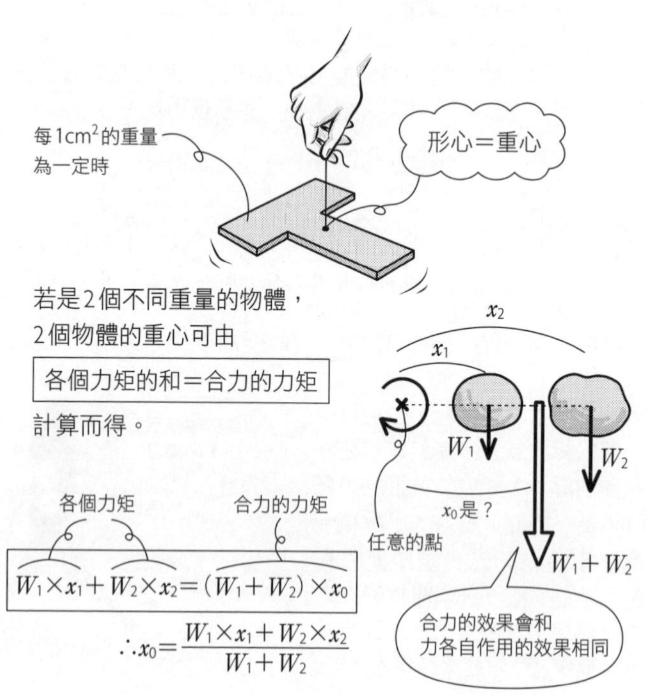

普通

①考量x方向的重量平衡。x方向為左右對稱，重心（形心）應該會在T字型的中心軸上。

因此，

$$x_0=\frac{15+20+15}{2}=\underline{\underline{25\text{cm}}}$$

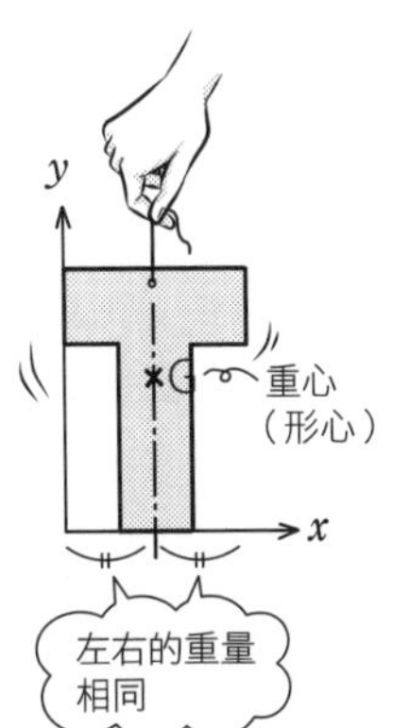

②考量y方向的重量平衡。分成2個長方形，對原點列出力矩的算式。

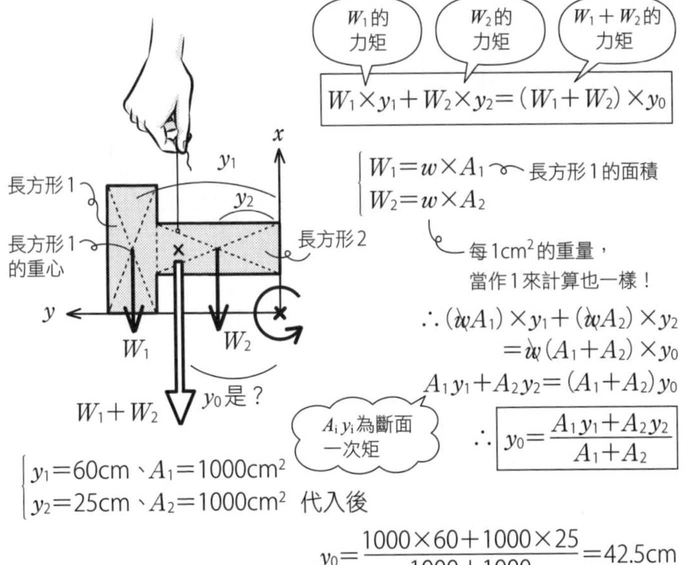

$$W_1\times y_1+W_2\times y_2=(W_1+W_2)\times y_0$$

$$\begin{cases}W_1=w\times A_1 \\ W_2=w\times A_2\end{cases}$$

長方形1的面積

每1cm²的重量，當作1來計算也一樣！

$$\therefore (wA_1)\times y_1+(wA_2)\times y_2=w(A_1+A_2)\times y_0$$

$$A_1y_1+A_2y_2=(A_1+A_2)y_0$$

$$\therefore \boxed{y_0=\frac{A_1y_1+A_2y_2}{A_1+A_2}}$$

$$\begin{cases}y_1=60\text{cm}、A_1=1000\text{cm}^2 \\ y_2=25\text{cm}、A_2=1000\text{cm}^2\end{cases}$$ 代入後

$$y_0=\frac{1000\times60+1000\times25}{1000+1000}=\underline{\underline{42.5\text{cm}}}$$

由上可知，形心的座標為（$\underline{\underline{25, 42.5}}$）。

Point

各力的力矩之和＝合力的力矩

Q 如圖的斷面A、B，斷面A對x軸、y軸的斷面二次矩分別是I_{xA}、I_{yA}，斷面B對x軸、y軸的斷面二次矩分別是I_{xB}、I_{yB}，請求出其大小關係。其中$h>b$。

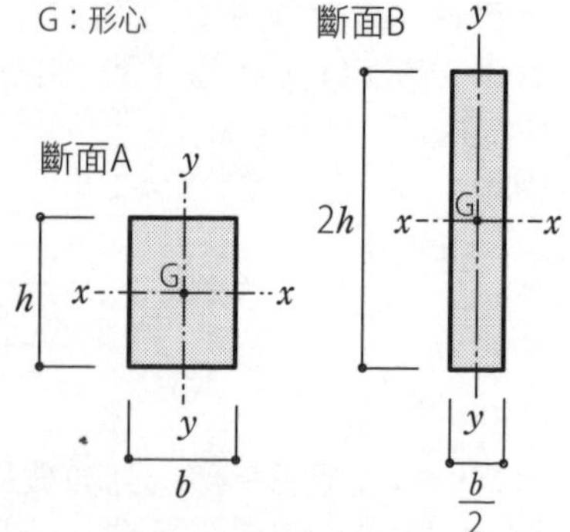

A 使用斷面二次矩的公式$I=\frac{bh^3}{12}$的時候，要注意<u>h是與形心主軸直交方向的長度（高度）</u>。直交方向的長度（高度）為3次方，與寬度只有1次方相比，其重要性完全不同。

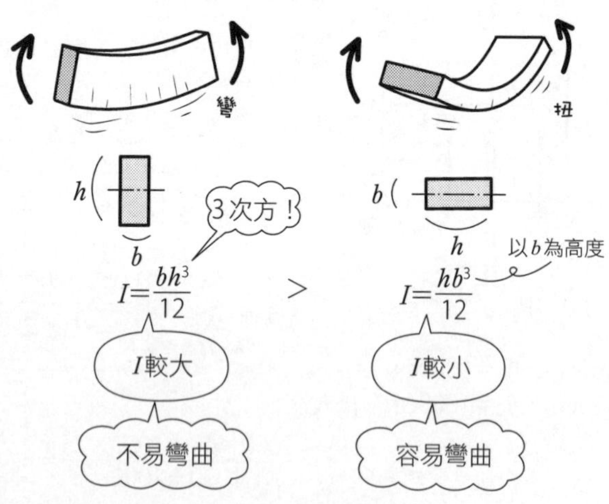

I為<u>彎曲困難度的指標</u>。就算是相同斷面的梁材，使用縱長的梁，I會較大，較難彎曲。

簡單

①求出斷面A對 x 軸的斷面二次矩 I_{xA}。

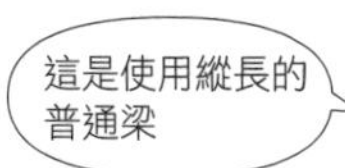

斷面A

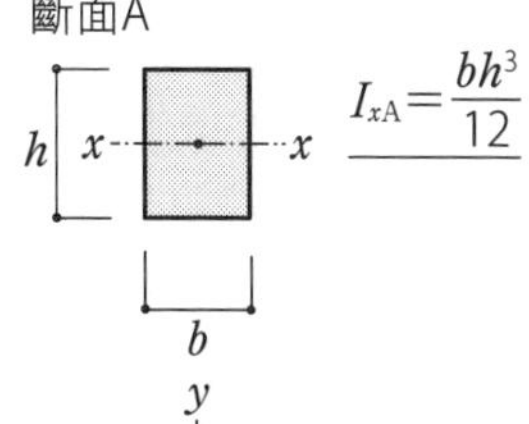

$$I_{xA}=\frac{bh^3}{12}$$

②求出斷面A對 y 軸的斷面二次矩 I_{yA}。

$$I_{yA}=\frac{hb^3}{12}$$

將 $y-y$ 軸橫放，就變成橫長的梁

斷面B

③求出斷面B對 x 軸的斷面二次矩 I_{xB}。

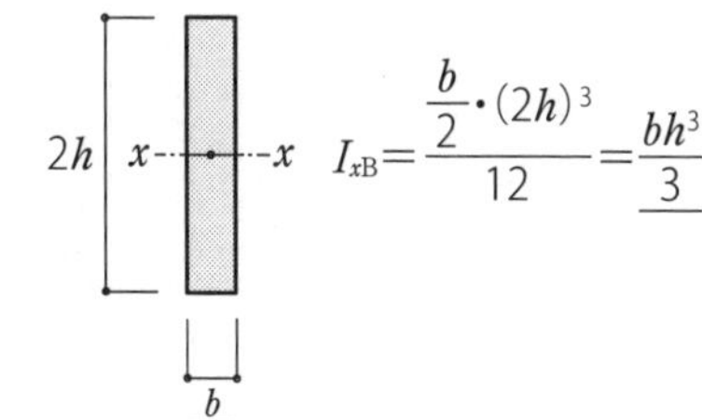

$$I_{xB}=\frac{\frac{b}{2}\cdot(2h)^3}{12}=\frac{bh^3}{3}$$

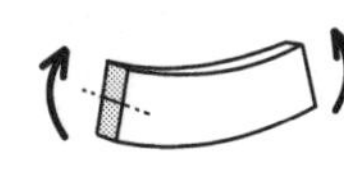

④求出斷面B對 y 軸的斷面二次矩 I_{yB}。

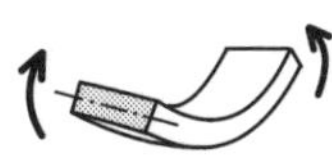

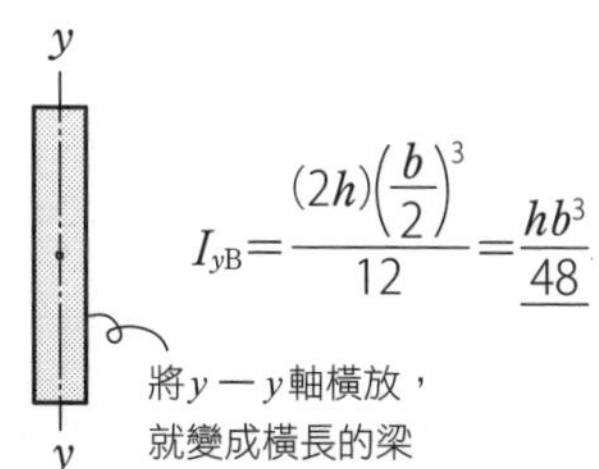

$$I_{yB}=\frac{(2h)\left(\frac{b}{2}\right)^3}{12}=\frac{hb^3}{48}$$

將 $y-y$ 軸橫放，就變成橫長的梁

⑤統一分母，比較 I 值。

$$I_{xA}=\frac{bh}{48}(4h^2)、I_{yA}=\frac{bh}{48}(4b^2)、I_{xB}=\frac{bh}{48}(16h^2)、I_{yB}=\frac{bh}{48}(b^2)$$

由於 $h>b$，$16h^2>4h^2>4b^2>b^2$ $\therefore \underline{\underline{I_{xB}>I_{xA}>I_{yA}>I_{yB}}}$

9 斷面

Q 如圖的斷面，請求出對x軸的斷面二次矩。

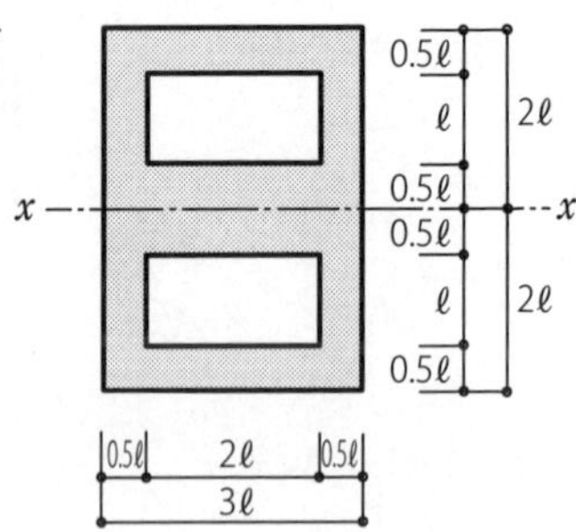

A ①$I=\frac{bh^3}{12}$的公式，只能用在彎曲時，其長方形形心在形心主軸的時候。

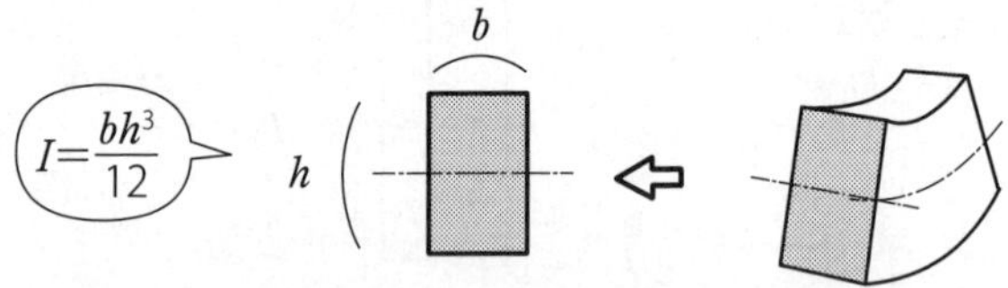

長方形的形心與參考軸偏離y時，就變成$I=\frac{bh^3}{12}+Ay^2$的公式。加上面積A和y^2的乘積，是從斷面二次矩的定義式$I=\int y^2dA$而來，就記下這個形式吧。

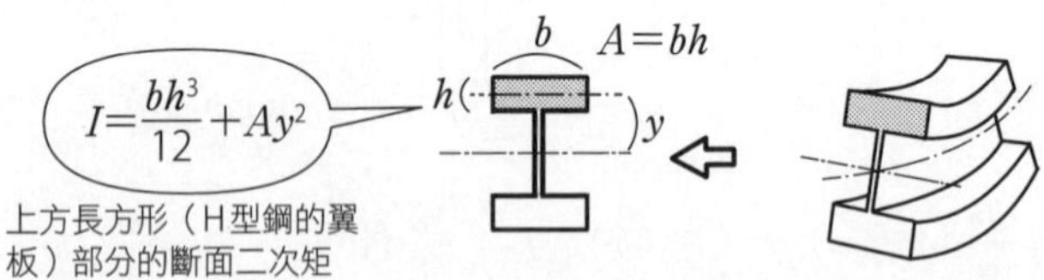

相同面積$A=bh$下，距離軸越遠，I就越大。這也是梁使用H型鋼的原因。將H橫置就會得到I的形狀，距離上下軸的斷面積也很大。距離軸越遠，要造成相同彎曲，需要越大的變形（伸縮），因此會很難彎曲。

②分割長方形時，若出現形心偏離軸的長方形，就不能使用 $I=\frac{bh^3}{12}$ 的公式。

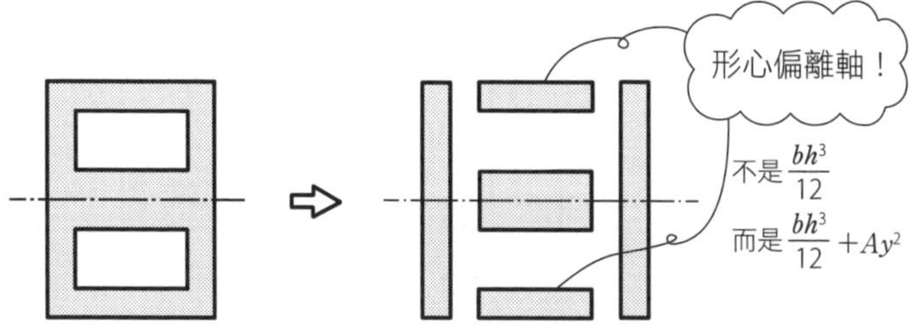

③若是使用形心在軸上的長方形進行加減，I的計算就輕鬆多了。

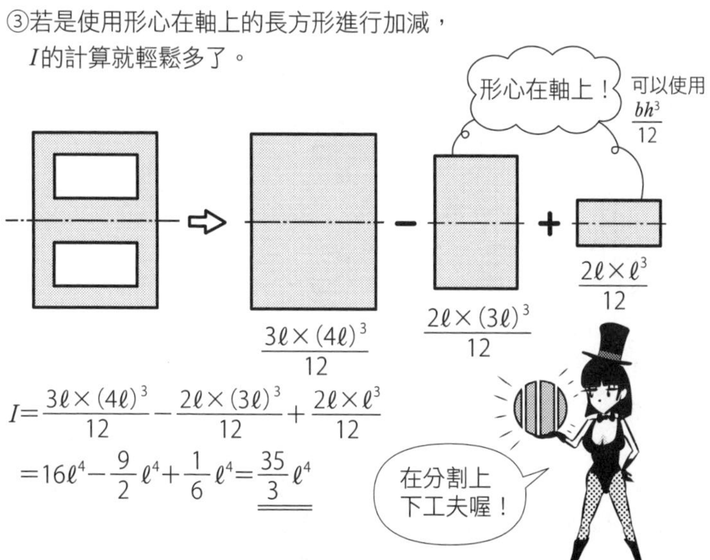

$$I=\frac{3\ell\times(4\ell)^3}{12}-\frac{2\ell\times(3\ell)^3}{12}+\frac{2\ell\times\ell^3}{12}$$

$$=16\ell^4-\frac{9}{2}\ell^4+\frac{1}{6}\ell^4=\underline{\underline{\frac{35}{3}\ell^4}}$$

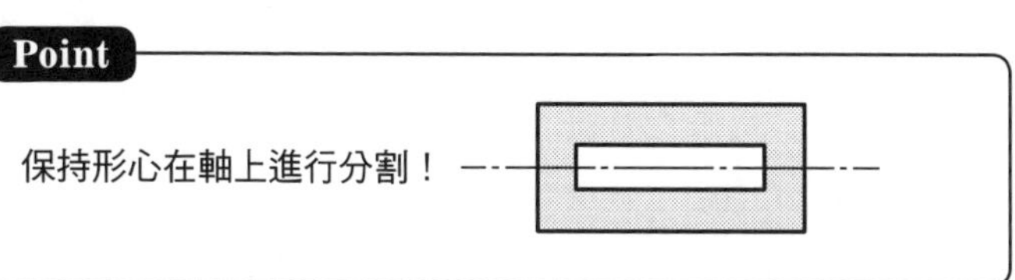

Q 如圖的斷面A與斷面B，請求出對 x 軸的斷面二次矩 I_A 和 I_B 的差值。

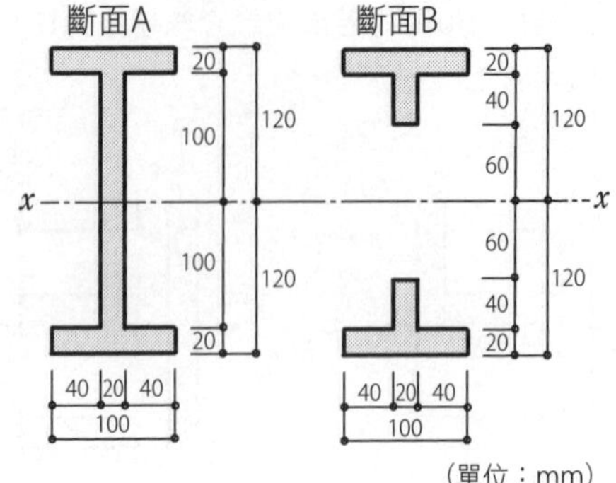

（單位：mm）

A ①將斷面A中央的長方形C除去後，就成為斷面B。

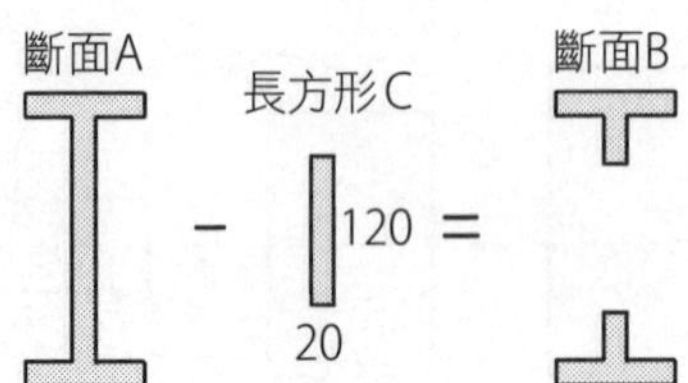

②斷面A、B、長方形C的中性軸都相同。
將 I_A 減去長方形C的斷面二次矩 I_C 所得到的值，就是 I_B。

$$I_A - I_C = I_B$$
$$\therefore I_A - I_B = I_C$$

因此，I_A 與 I_B 的差值就是 I_C。

③ I_C 的形心在形心主軸上，可以使用 $\frac{bh^3}{12}$ 的公式。

$$I_C = \frac{20\times(120)^3}{12} = \frac{20\times\overset{10}{\cancel{120}}\times120\times120}{\cancel{12}}$$
$$= 2880000$$
$$= \underline{288\times10^4 \text{mm}^4}$$

簡單

$\frac{bh^3}{12}$只能使用在高度h的中心在軸上的情況。若是形心距離軸為y、面積為A的長方形，要使用

$$I=\frac{bh^3}{12}+Ay^2$$

計算會比較麻煩。

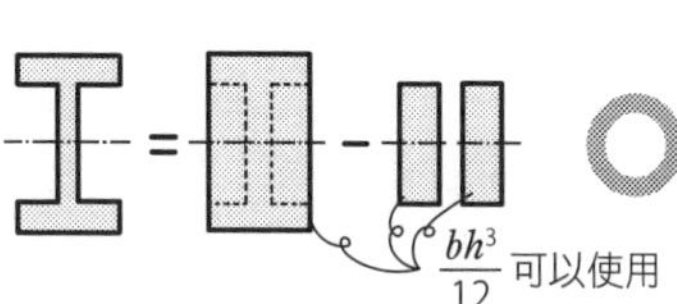

❶～❺是使用公式$\frac{bh^3}{12}$的減法進行計算的例子。

❶ $I=\frac{BH^3}{12}-\frac{Bh^3}{12}$

❷ $I=\frac{BH^3}{12}-\frac{bh^3}{12}$

❸ $I=\frac{BH^3}{12}-\left(\frac{\left(\frac{b}{2}\right)h^3}{12}+\frac{\left(\frac{b}{2}\right)h^3}{12}\right)$

$=\frac{BH^3}{12}-\frac{bh^3}{12}$

❹ $I=\frac{BH^3}{12}-\frac{bh^3}{12}$

❺ $I=\frac{BH^3}{12}-\frac{bh^3}{12}$

讓形心保持在軸上，再決定使用減法的四角形啊

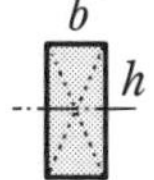

Point

$I=\frac{bh^3}{12}$ 只能用在形心主軸的時候！

Q 如圖承受荷重的簡支梁，斷面使用60mm × 100mm的構材，請求出此構材產生的最大彎曲應力。

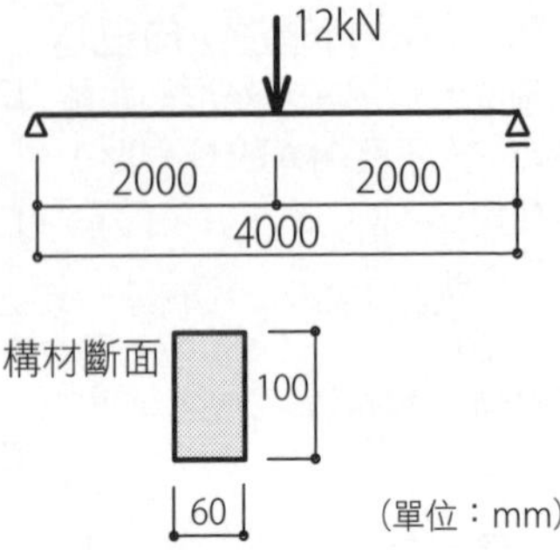

A 荷重的反作用力稱為反力。荷重和反力都是從結構物外部施加的力，可稱為外力。施加外力後，結構物內部會產生力量，使各部分發生變形。內力是內部產生的力，也可說是因應外力而產生。作用在斷面上每單位面積的內力，就是內力的密度，稱為應力。

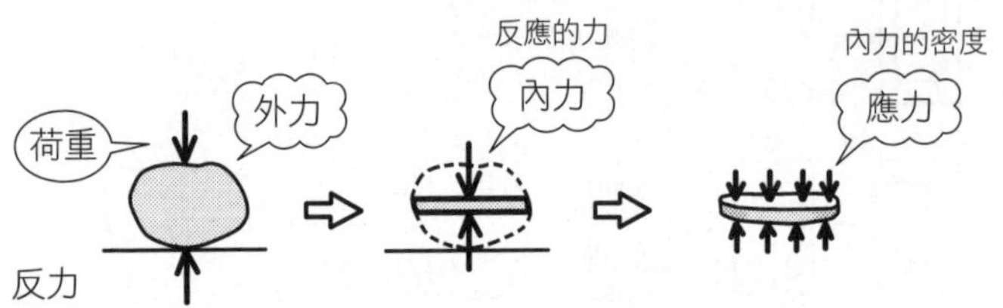

應力分成垂直斷面的正向應力σ（sigma）及平行斷面的剪應力τ（tau）。彎矩可以產生正向的應力，為了明白表示出彎曲（bending）的意思，常以σ_b來表示。

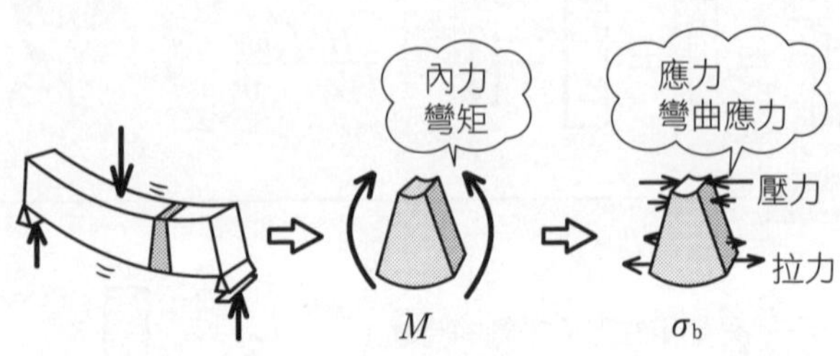

越往邊緣，σ_b 就越大，在邊緣有最大值，關係式為 $\sigma_b = \frac{My}{I}$。

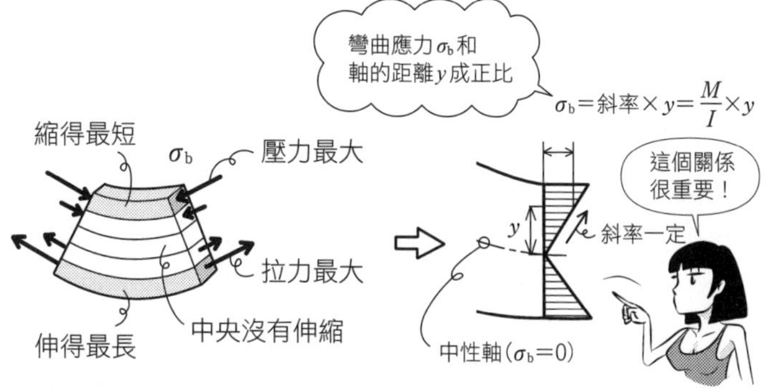

①反力發生時，彎矩 M 隨之產生，先求出 M 的最大值。

使用 **中央荷重的 $M_{max} = \frac{P\ell}{4}$** 的公式會比較快。

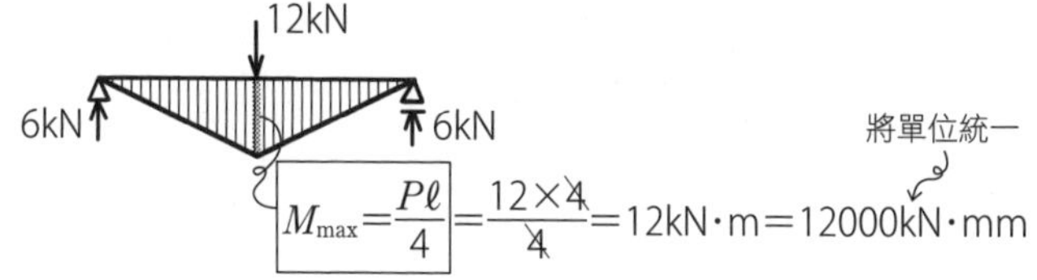

$$\boxed{M_{max} = \frac{P\ell}{4}} = \frac{12 \times 4}{4} = 12\text{kN}\cdot\text{m} = 12000\text{kN}\cdot\text{mm}$$

② M_{max} 邊緣的 σ_b，就是 σ_b 的最大值。斷面二次矩 I 可由 $I = \frac{bh^3}{12}$ 求得。

$$\boxed{\sigma_{bmax} = \frac{M_{max} \times y_{max}}{I}} = \frac{12000 \times 50}{\frac{60 \times 100^3}{12}} = 0.12\text{kN/mm}^2 = \underline{\underline{120\text{N/mm}^2}}$$

$\sigma_b = \frac{My}{I}$ 中，$\frac{I}{y} = Z$（斷面模數），就形成 $\boxed{\sigma_b = \frac{M}{Z}}$（參見R065）。

〔審訂者注：在台灣，斷面模數是寫為 S〕

Q 如圖承受荷重的簡支梁，斷面使用60mm × 100mm的構材時，請求出此構材產生的最大剪應力。

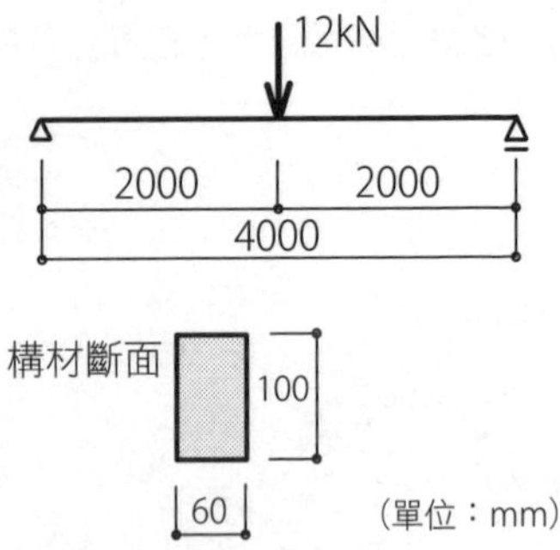

A 使結構變形成平行四邊形的力＝剪力Q，剪應力τ並非均等作用在斷面上，而是在中央部位有最大值。

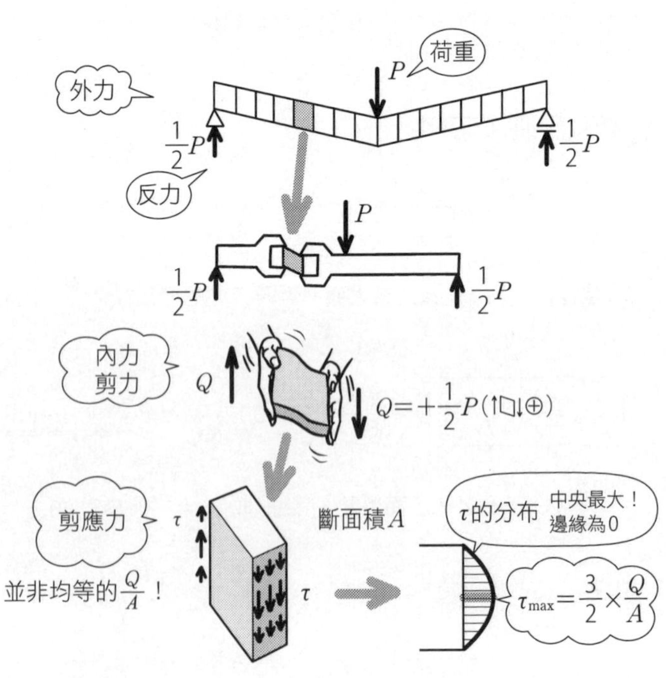

①先求得反力再求Q。

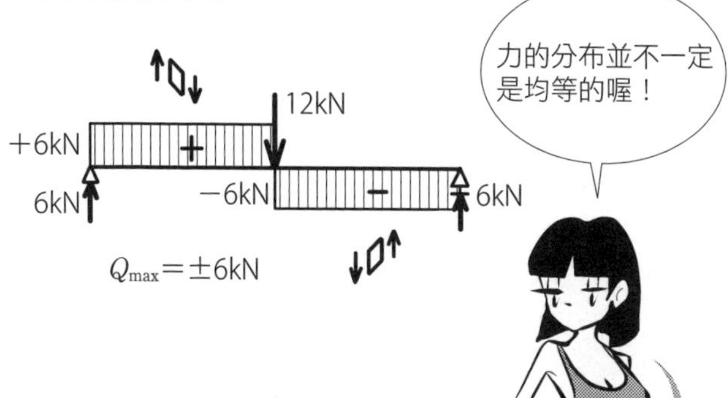

②求出斷面中央部位的τ_{max}。

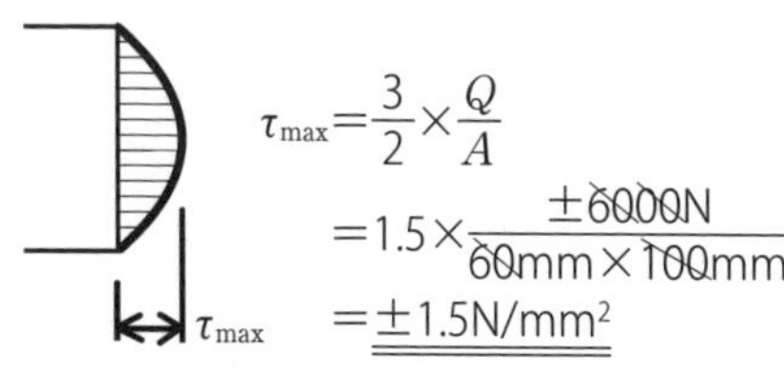

$$\tau_{max}=\frac{3}{2}\times\frac{Q}{A}$$
$$=1.5\times\frac{\pm 6000\text{N}}{60\text{mm}\times 100\text{mm}}$$
$$=\pm 1.5\text{N/mm}^2$$

Point

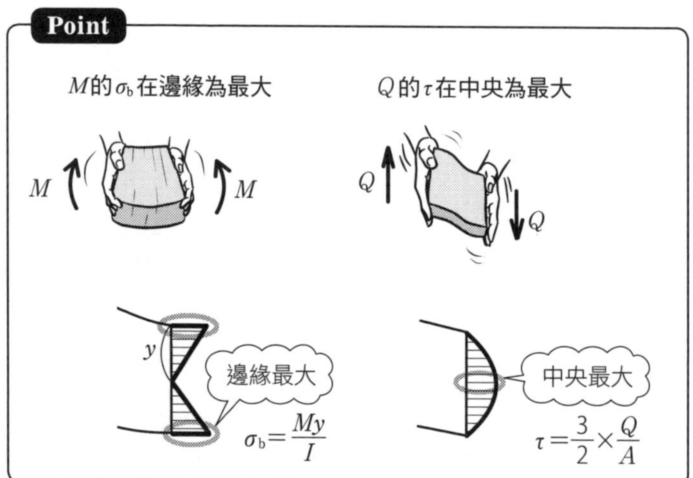

Q 如圖承受荷重的簡支梁，斷面使用100mm×200mm的構材時，請求出此構材達到容許彎曲應力時的荷重P。此構材的容許彎曲應力為20N/mm²，並忽略自重。

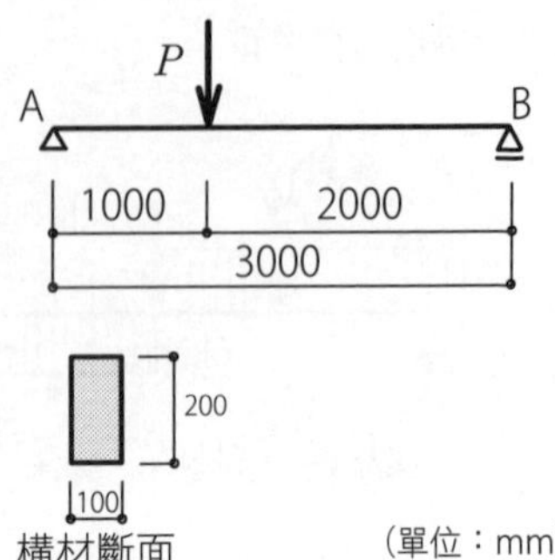

A 因荷重、反力等的外力，構材內部會產生內力。將內力以1mm²等的每單位斷面積表示，就是應力。以外力→內力→應力的順序計算，最後將得到的應力，檢驗看看是否仍維持在不得超越的容許應力以下。

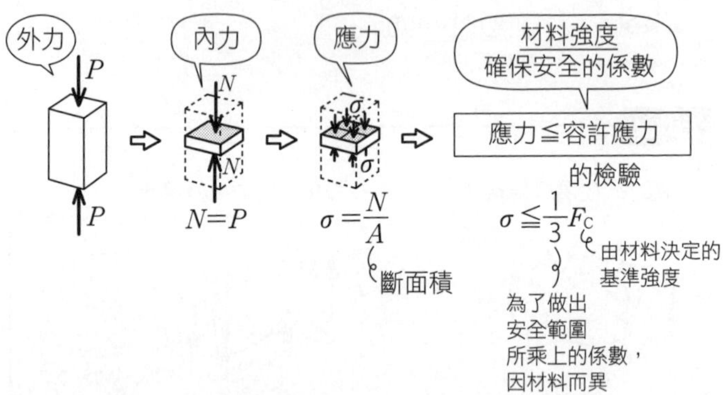

①由支承反力的平衡來計算。

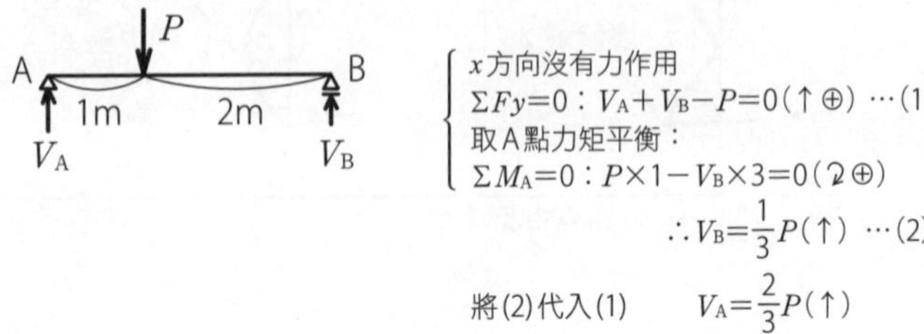

x方向沒有力作用

$\Sigma Fy=0$：$V_A+V_B-P=0$（↑⊕）…(1)

取A點力矩平衡：

$\Sigma M_A=0$：$P\times1-V_B\times3=0$（↻⊕）

$\therefore V_B=\frac{1}{3}P$（↑）…(2)

將(2)代入(1)　$V_A=\frac{2}{3}P$（↑）

②由切斷部分的力矩平衡，可求得彎矩 M。使用公式 $M_{max}=\frac{Pab}{\ell}$ 會比較快（參見R025）。

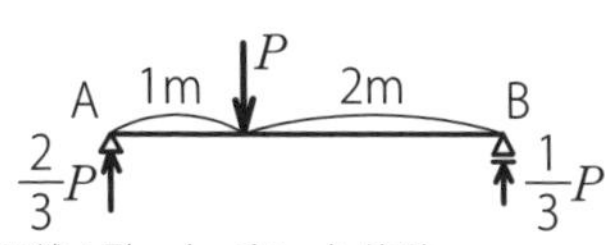

從距離A點 x（$x \leqq 1\text{m}$）的點，
考量力矩平衡。

得到 M_{max} 後，
就能求得 σ_{bmax} 囉！

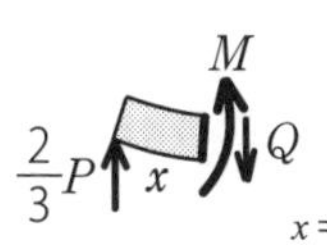

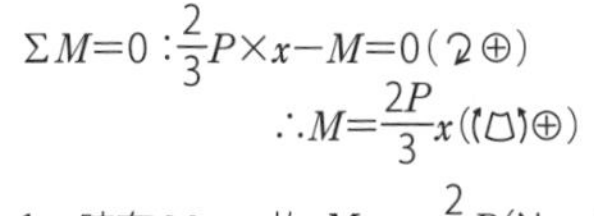

$x=1\text{m}$ 時有 M_{max}，故 $M_{max}=\frac{2}{3}P(\text{N}\cdot\text{m})$

$=\frac{2000}{3}P(\text{N}\cdot\text{mm})$

單位由m
換成mm

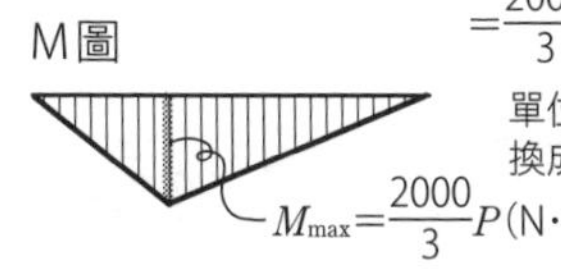

③由 M_{max} 的部分，求得彎曲應力 σ_b 的最大值。

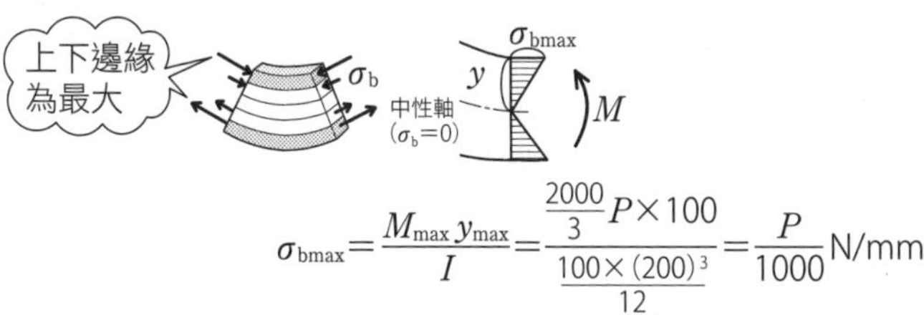

$$\sigma_{bmax}=\frac{M_{max}\,y_{max}}{I}=\frac{\frac{2000}{3}P\times 100}{\frac{100\times(200)^3}{12}}=\frac{P}{1000}\text{N/mm}^2$$

④將 σ_{bmax} 視為與容許彎曲應力 $=20\text{N/mm}^2$ 相等，就可以求得 P。

$$\sigma_{bmax}=\frac{P}{1000}=20\text{N/mm}^2$$

$$\therefore\ P=20\times 1000\text{N}=\underline{\underline{20\text{kN}}}$$

Point

彎矩的最大 M_{max} → 彎曲應力的最大 σ_{bmax} → $\sigma_{bmax}\leqq$ 容許彎曲應力

Q 如圖承受荷重的簡支梁，斷面使用120mm × 200mm的構材時，請求出此構材達到容許彎曲應力時的荷重P。此構材的容許彎曲應力為20N/mm²，並忽略自重。

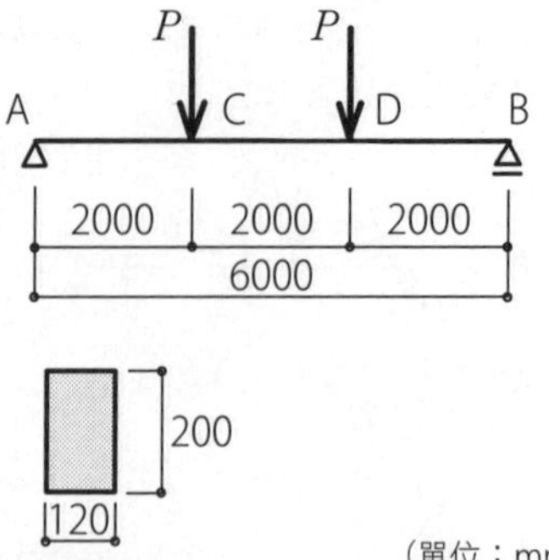

A ①求出支承反力。由於荷重是左右對稱，馬上可知是$(P+P)\times\frac{1}{2}=P$。

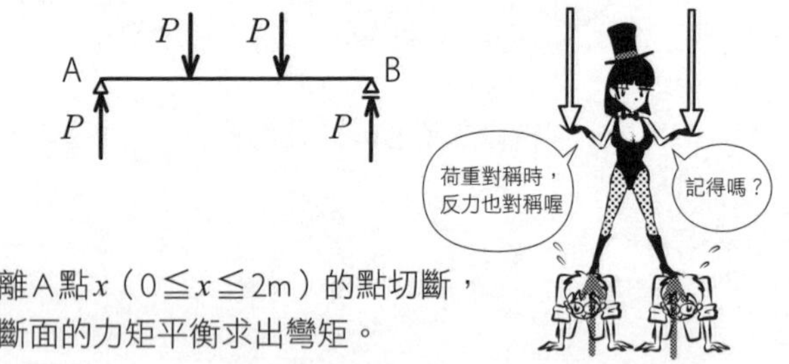

②從距離A點x（$0\leqq x\leqq 2$m）的點切斷，由切斷面的力矩平衡求出彎矩。

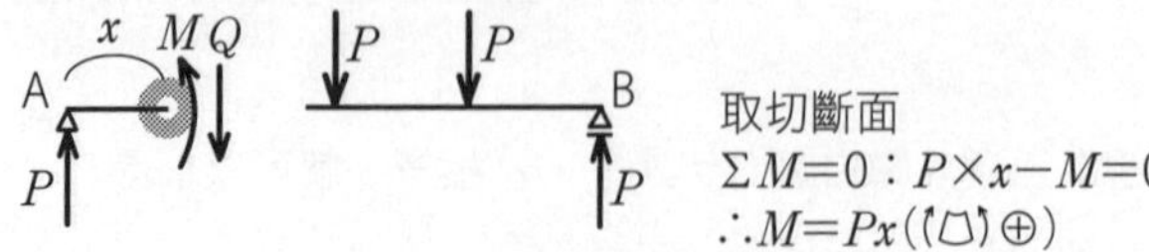

取切斷面

$\Sigma M=0$：$P\times x-M=0$（↻⊕）

$\therefore M=Px$（⌣⊕）

③從$2\text{m}<x\leqq 4\text{m}$的點切斷，同樣由力矩平衡求出彎矩。

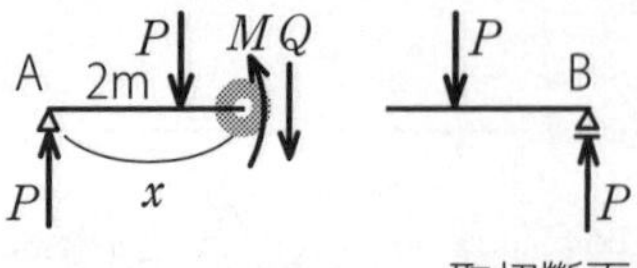

取切斷面

$\Sigma M=0$：$P\times x-P\times(x-2)-M=0$（↻⊕）

$\therefore M=2P$（⌣⊕）

簡單

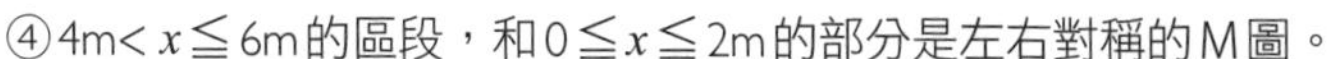

④4m< x ≦6m的區段，和0≦ x ≦2m的部分是左右對稱的M圖。

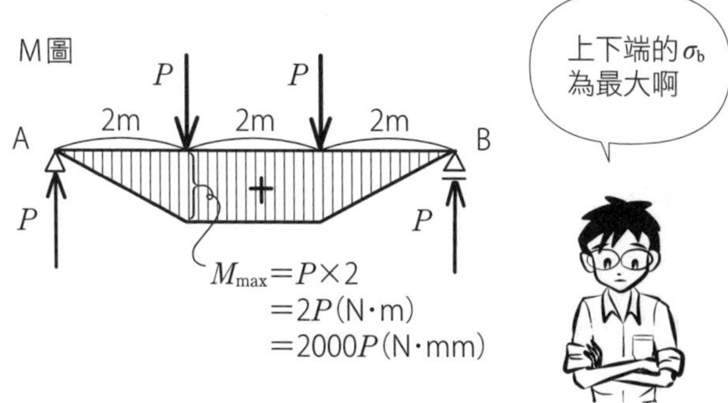

⑤由 M_{max} 的部分，求得彎曲應力 σ_b 的最大值。

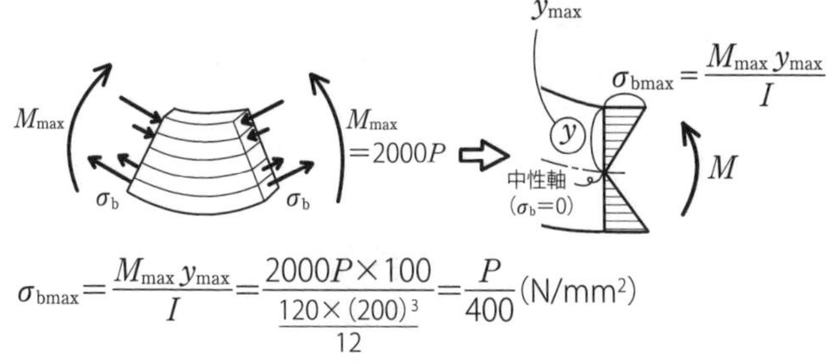

$$\sigma_{bmax}=\frac{M_{max}y_{max}}{I}=\frac{2000P\times100}{\frac{120\times(200)^3}{12}}=\frac{P}{400}\text{(N/mm}^2\text{)}$$

⑥將 σ_{bmax} 視為與容許彎曲應力＝20N/mm² 相等，就可以求得 P。

$$\frac{P}{400}=20\text{N/mm}^2$$

$$\therefore P=8000\text{N}=\underline{\underline{8\text{kN}}}$$

Point

$$\sigma_{bmax}=\frac{M_{max}y_{max}}{I}$$

10 應力

★ R065 check ▶□□□

Q 以下和結構力學相關的用語中，單位和斷面一次矩S相同的是哪一個？

1. 正向應力σ
2. 斷面模數Z
3. 斷面二次矩I
4. 應變ε
5. 彈性模數E

A ①考量斷面一次矩S、斷面二次矩I的單位。S和I是面積對於軸距的乘積，也可說是力矩的一種。面積×距離、面積×(距離)^{2}的合計，I的矩離是乘上2次，數值較大。

〔審訂者注：在台灣，斷面一次矩是寫為Q〕

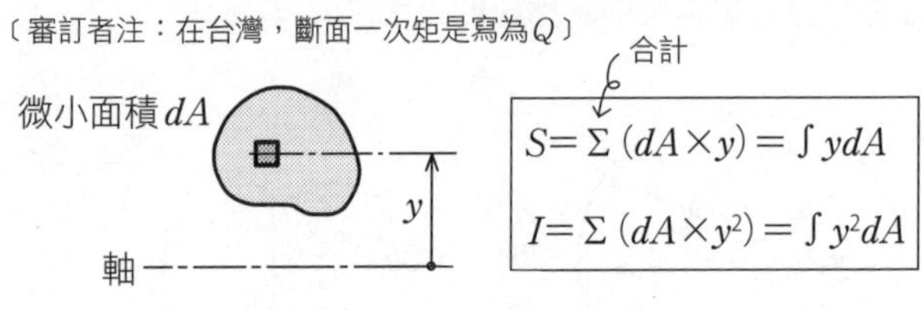

S是面積×距離，單位為(mm^2)×mm＝mm^3，是距離的3次方。
I是面積×(距離)^2，為(mm^2)×(mm)^2＝mm^4，是距離的4次方。
從長方形$I=\frac{bh^3}{12}$的mm^{4}來考量也OK。

$$\begin{cases} S: A\times y \cdots \text{mm}^3\text{(或是 cm}^3\text{)} \\ I: A\times y^2 \cdots \text{mm}^4\text{(或是 cm}^4\text{)} \end{cases}$$

②考量斷面模數的單位。

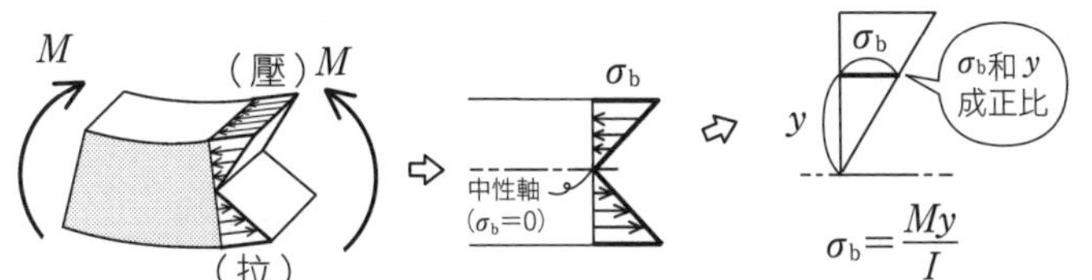

邊緣的部分，$y=y_{max}$，其σ_b為最大σ_{bmax}。

將此時的 $\sigma_{bmax}=\frac{My_{max}}{I}$ 變形成 $\boxed{\sigma_{bmax}=\frac{M}{\frac{I}{y_{max}}}}$ ，再由

$\boxed{\frac{I}{y_{max}}=Z\text{，就可以得到 }\sigma_{bmax}=\frac{M}{Z}}$ ，成為較簡潔的算式。

這個Z就是斷面模數。I的單位為mm^4、cm^4，因此Z的單位就是mm^3、cm^3等的距離3次方，和斷面一次矩S的單位相同（答案是2）。

③考量σ、E、ε的單位。

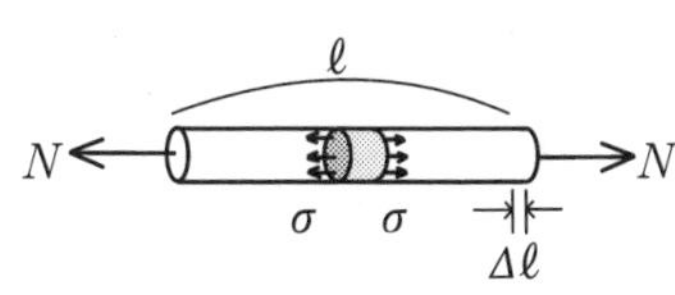

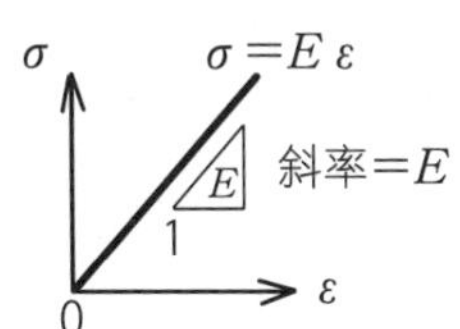

$\varepsilon=\frac{長度的變化量}{原長}=\frac{\Delta\ell}{\ell}$，故沒有單位。

$\boxed{\sigma=E\varepsilon}$ ，故σ和E的單位相同。

σ是應力＝$\frac{內力}{面積}$，單位為N/mm^2、kN/mm^2等。

要注意E和σ是相同單位喔。

〔審訂者注：在台灣，斷面模數是寫為S〕

Q 如圖，梁A、B、C是由不同斷面構成的製材（木材），請求出x軸四周的彎曲強度的大小關係。梁的材質全部相同，支承條件和跨距也一樣，構成梁B和C的構材，互相之間是沒有接合的狀態。

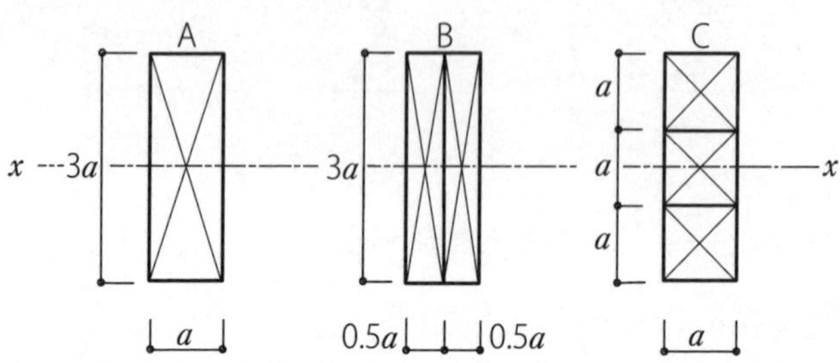

A ①在梁上施加使之向下彎曲突出的彎矩M，梁的上端縮得最短，下端伸得最長，中央則是沒有伸縮的變形模式。縮得最短的地方會有最大的壓力作用，伸得最長的地方會有最大的拉力作用。

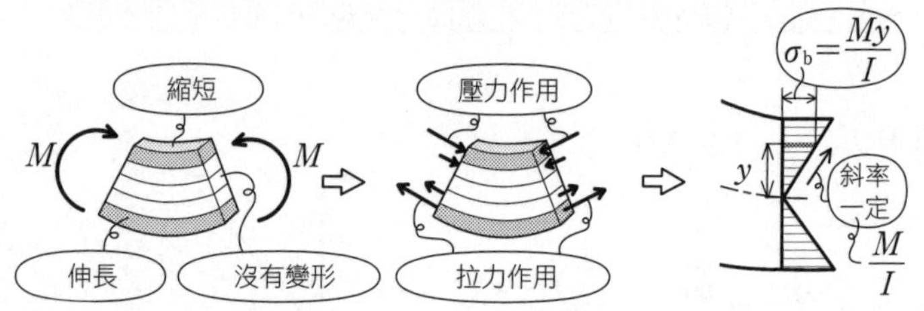

距離中性軸越遠，壓力、拉力的σ_b會和距離y成正比而越大。比例定數（斜率）為$\frac{M}{I}$，成為$\sigma_b=\frac{My}{I}$的關係式。最大的σ_b就會發生在y為最大的邊緣。將$\frac{I}{y_{max}}$換成Z，就成為$\sigma_{bmax}=\frac{M}{Z}$。

$$\sigma_{bmax}=\frac{My_{max}}{I}=\frac{M}{\frac{I}{y_{max}}}=\frac{M}{Z}$$

$$\frac{M}{Z_{大}}<\frac{M}{Z_{中}}<\frac{M}{Z_{小}}$$ ← M相同時的比較

在相同M下，σ_{bmax}越小時，材料越不容易降伏，抗彎效果越好。Z越大時，$\frac{M}{Z}=\sigma_{bmax}$就會越小，抗彎越強。因此彎曲強度的大小關係可由$Z$的比較而得。

困難

②梁A的情況，使用普通的公式，I_A為$\frac{1}{12}$×(寬度)×(深度)^3。

A　$3a$　y_{max}　a

$$I_A=\frac{a(3a)^3}{12}$$

$$Z_A=\frac{I}{y_{max}}=\frac{\frac{a(3a)^3}{12}}{\frac{3a}{2}}=\frac{a(3a)^2}{6}=\underline{\frac{3a^3}{2}}$$

③梁B的情況，左右的材料雖然會各自彎曲，中性軸還是相同，I只要加總即可。2個相同材料橫向並排時，I為2倍，$\frac{I}{y_{max}}=Z$也是2倍，抗彎的強度亦變為2倍。

B　$3a$　$0.5a$　$0.5a$　I_1　I_2

$$I_B=I_1+I_2=2\times I_1=2\times\frac{(0.5a)(3a)^3}{12}$$

$$Z_B=\frac{I_1}{\frac{3a}{2}}+\frac{I_2}{\frac{3a}{2}}=2\times\frac{I_1}{\frac{3a}{2}}=2\times\frac{(0.5a)(3a)^3}{12}\times\frac{2}{3a}=\underline{\frac{3a^3}{2}}$$

④梁C的情況，3個梁深為a的梁會各自彎曲。不像B有$3a$的深度，梁上下端邊緣的伸長和壓縮會變小。因此較小的力就會造成伸長或縮短，較小的M也會造成和A、B相同的彎曲效果。考量到這些現象，就算不比較Z，也可以知道彎曲強度為A＝B＞C。C若是要和A、B有相同的彎曲強度，就要讓上下個別的材料不會錯開，保持一體化，這樣上下端在彎曲時，邊緣才可以產生大幅度的伸縮。

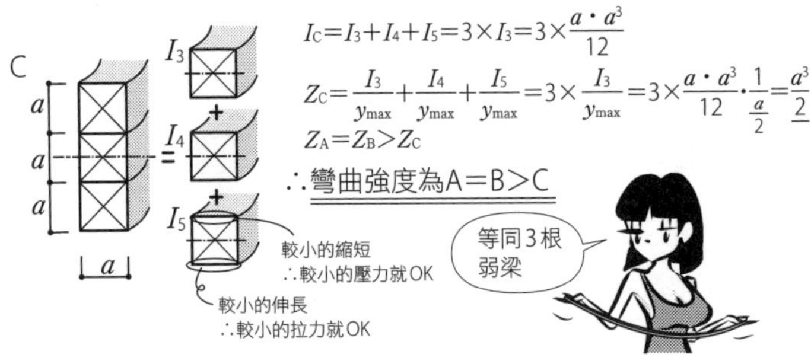

$$I_C=I_3+I_4+I_5=3\times I_3=3\times\frac{a\cdot a^3}{12}$$

$$Z_C=\frac{I_3}{y_{max}}+\frac{I_4}{y_{max}}+\frac{I_5}{y_{max}}=3\times\frac{I_3}{y_{max}}=3\times\frac{a\cdot a^3}{12}\cdot\frac{1}{\frac{a}{2}}=\underline{\frac{a^3}{2}}$$

$$Z_A=Z_B>Z_C$$

∴彎曲強度為A＝B＞C

10
應力

Q 如圖1底部為固定的矩形斷面材，在頂部的形心G有荷重P、Q作用，底部a－a斷面的正向應力分布如圖2所示。請將P和Q以B、D、σ的式子表示。

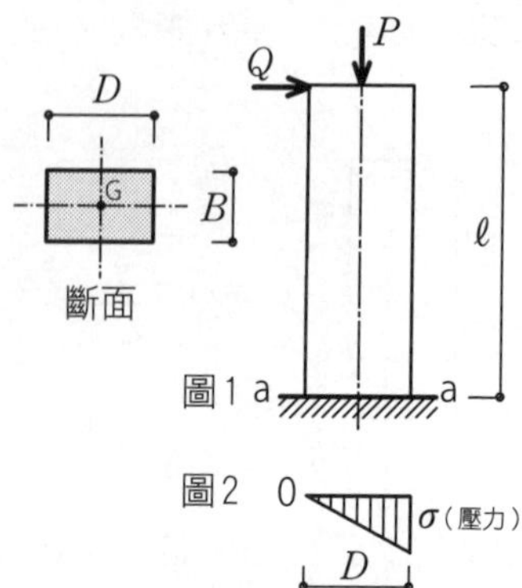

A ①對於a－a斷面來說，垂直施加在形心的壓力P，會均勻的分散在矩形（長方形）面積上。力÷面積就可以得到P產生的壓應力σ_C。P若不是施加在形心，而是有些偏心的位置，就會產生彎矩。

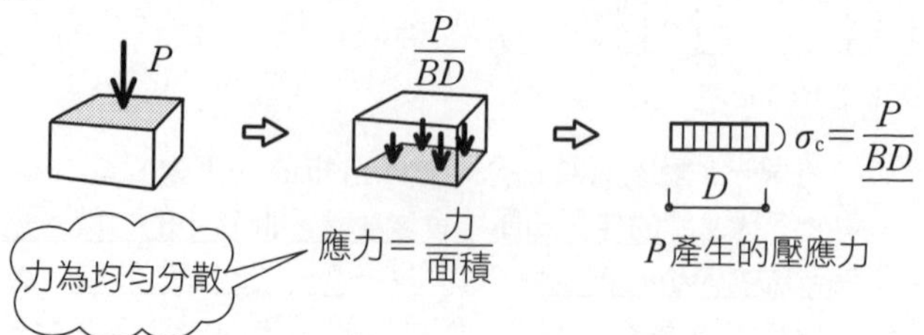

②Q對a－a斷面會產生彎矩M，力×距離＝$Q\times\ell$。

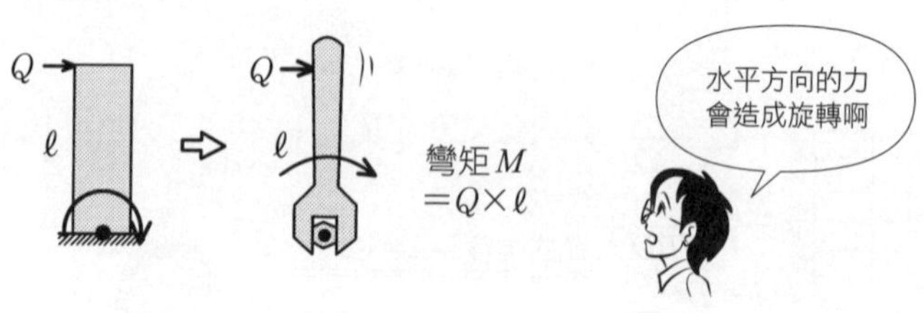

③Q造成彎矩$M=Q\ell$，在a－a斷面會產生彎曲應力σ_b。σ_b和σ_C不一樣，在中性軸為0，邊緣的部分為最大。σ_b會和中性軸的距離y成正比而越大，$\sigma_b=\frac{My}{I}$，因此邊緣有最大的$\sigma_{bmax}=\frac{My_{max}}{I}$。將$\frac{I}{y_{max}}=Z$（斷面模數）代入，$\sigma_{bmax}=\frac{My_{max}}{I}=\frac{M}{Z}$，使用$Z$也可以得到$\sigma_{bmax}$。

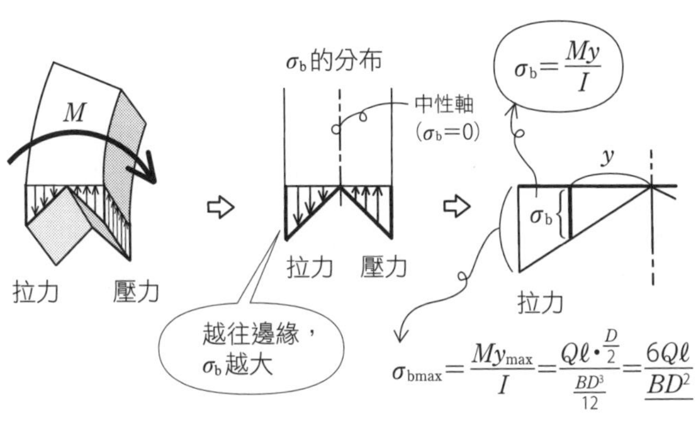

④P造成的應力σ_C和M造成的應力σ_b，相加的和為$\sigma_C+\sigma_b$，其產生的圖解和問題的圖解一致時，就可以求出P、Q。描繪圖解時，以拉力為上、壓力為下為原則。

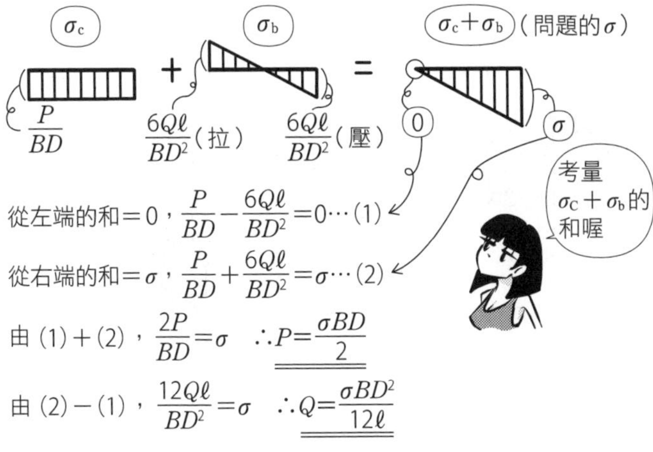

從左端的和＝0，$\frac{P}{BD}-\frac{6Q\ell}{BD^2}=0\cdots(1)$

從右端的和＝σ，$\frac{P}{BD}+\frac{6Q\ell}{BD^2}=\sigma\cdots(2)$

由(1)＋(2)，$\frac{2P}{BD}=\sigma\quad\therefore P=\frac{\sigma BD}{2}$

由(2)－(1)，$\frac{12Q\ell}{BD^2}=\sigma\quad\therefore Q=\frac{\sigma BD^2}{12\ell}$

Q 如圖的長方形斷面材，在A點和B點有荷重P作用，平分AB線後產生垂直的斷面A，請求出「拉應力的最大值」和「壓應力的最大值」。此長方形斷面材為相同材質・斷面，和平分AB線得到的斷面尺寸相比，是相當長的物體。

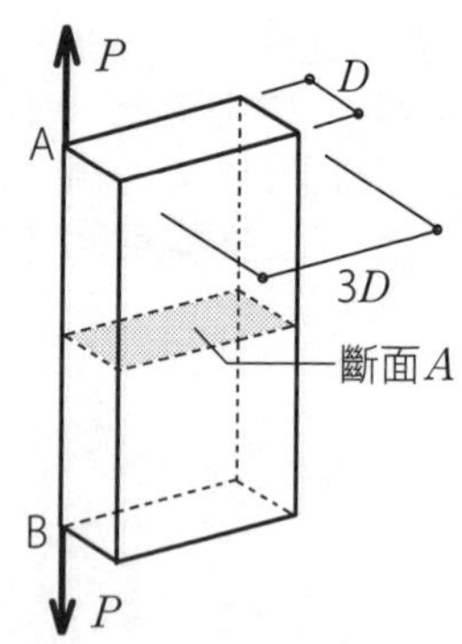

A ①P可產生軸力N和彎矩M，引致應力分別以σ_t和σ_b表示。所得到的結果，即$\sigma_t + \sigma_b$的應力，就是斷面上的正向應力。

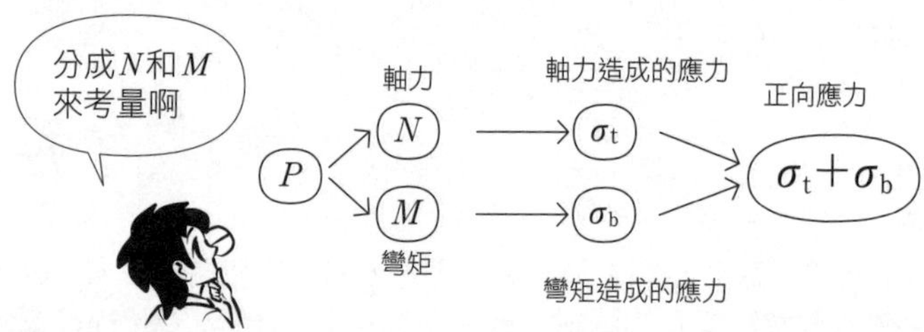

t：tension（拉力）　b：bending（彎曲）

②P雖然是作用在偏心位置的拉力，考量軸力N時，效果跟作用在重心（形心）時一樣。

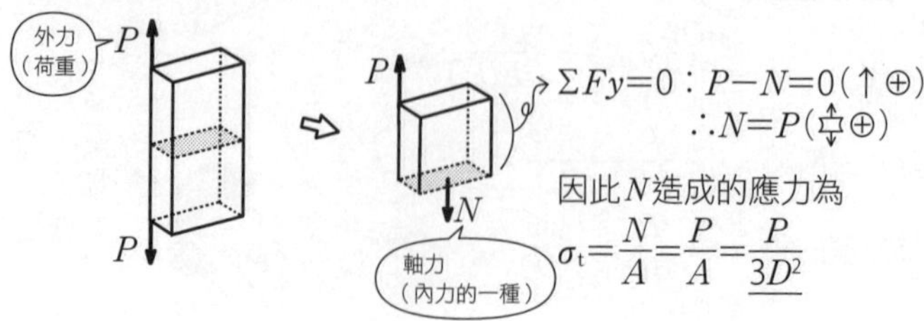

$\Sigma Fy=0$：$P-N=0$（↑⊕）

$\therefore N=P$（⊕）

因此N造成的應力為

$$\sigma_t=\frac{N}{A}=\frac{P}{A}=\underline{\frac{P}{3D^2}}$$

③ P作用在偏心的位置，對形心中心會有旋轉的彎矩效果。從形心對角線方向的距離有力矩作用，若分解成x、y方向來考量，計算會比較簡單。

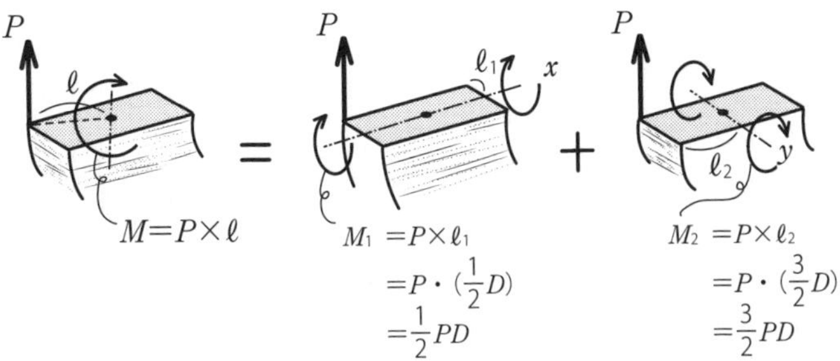

④ M_1、M_2造成的彎曲應力σ_{b1}、σ_{b2}，可從$\sigma_b=\frac{My}{I}=\frac{M}{Z}$的公式求得。

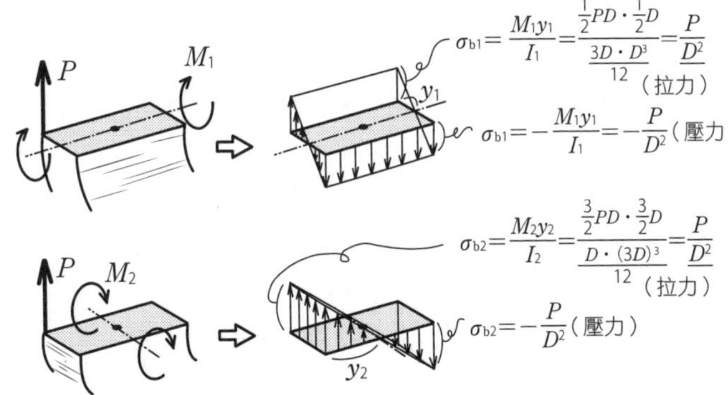

⑤最大拉應力在左上角

$$\sigma_{max}=\sigma_t+\sigma_{b1}+\sigma_{b2}=\frac{P}{3D^2}+\frac{P}{D^2}+\frac{P}{D^2}=\underline{\underline{\frac{7P}{3D^2}}}$$（⊕拉力）

最大壓應力在右下角

$$\sigma_{min}=\sigma_t+\sigma_{b1}+\sigma_{b2}=\frac{P}{3D^2}-\frac{P}{D^2}-\frac{P}{D^2}=-\underline{\underline{\frac{5P}{3D^2}}}$$（⊖壓力）

10
應力

Q 如圖1承受荷重的門型構架鋼骨結構，其彎矩和柱腳的反力如圖2所示。透過彎矩和軸力的組合，請求出柱的斷面A－A所產生的最大壓應力。其他條件如(1)～(4)所示。

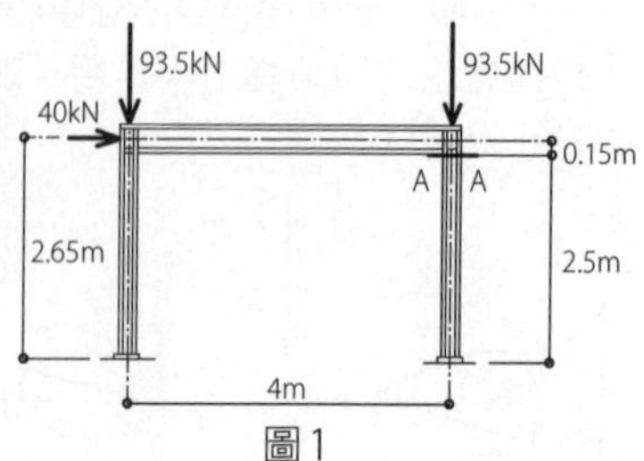

圖1

(1) 斷面A－A在梁的翼板下端，距離柱腳的高度為2.5m。
(2) 柱的斷面積為6.0×10^3mm^2，斷面模數為5.0×10^5mm^3。
(3) 柱腳放在基礎板的位置，以鉸接支承。
(4) 忽略柱、梁質量的影響。

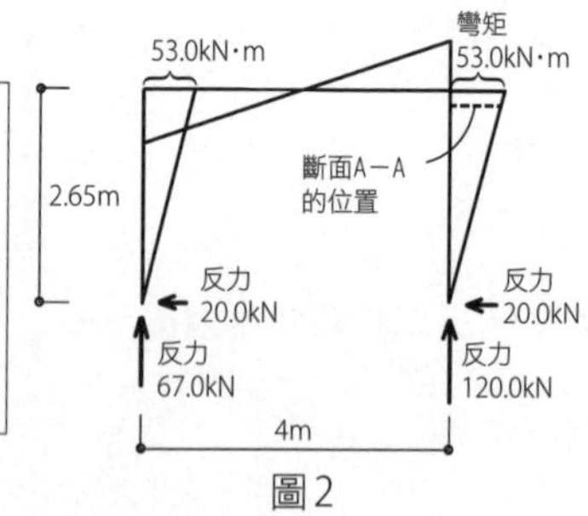

圖2

A ①求出斷面A－A的彎矩大小M。可從已知的M圖求得。

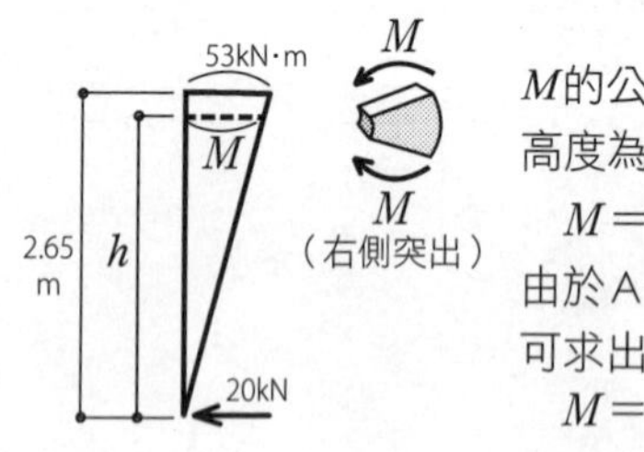

M的公式，由斜率$\frac{53}{2.65}=20$，高度為h，可知

$M=20h$(kN·m)

由於A－A在$h=2.5$m的位置，可求出

$M=20\times2.5=50$kN·m (↻)

因為反力為已知，亦可從斷面A－A的力矩平衡求出M。

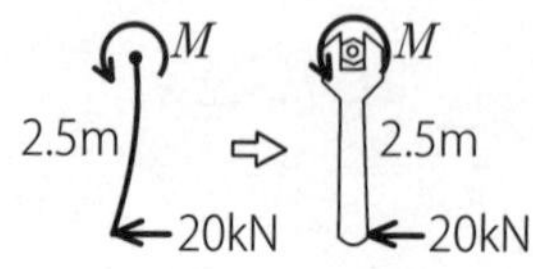

取A－A的力矩平衡：

$\Sigma M=0：-M+20\times2.5=0$ (↻⊕)

$\therefore M=50$kN·m (↻)

②斷面A－A的軸力N，可從切斷部分的平衡求得。

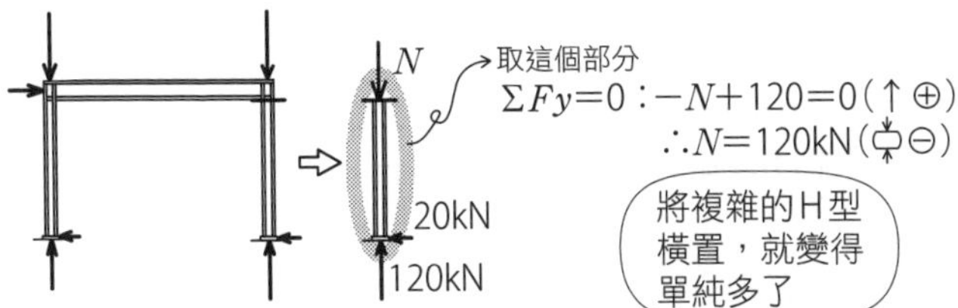

③M造成的σ_b最大值σ_{bmax}，可從$\frac{My_{max}}{I}=\frac{M}{Z}$求得。

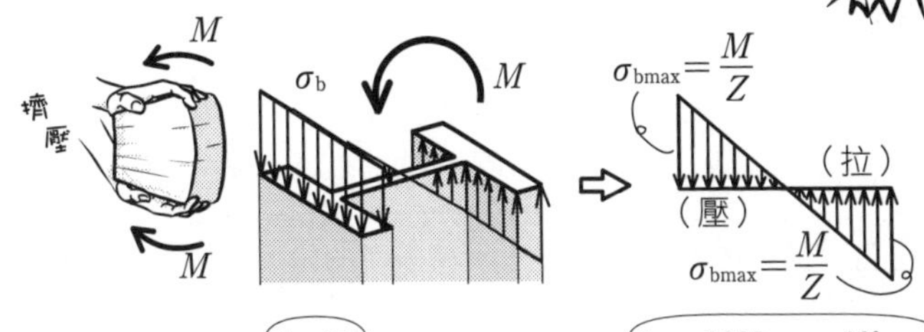

1k＝10³　　1m＝1000mm＝10³mm

$$\sigma_{bmax}=\frac{M}{Z}=\frac{50\text{kN}\cdot\text{m}}{5\times10^5\text{mm}^3}=\frac{50\times(10^3\text{N})\times(10^3\text{mm})}{5\times10^5\text{mm}^3}=\underline{100\text{N/mm}^2}$$

④N造成的σ_c，可由N除以斷面積A求得。

橫看σ_b時
是斜線喔！

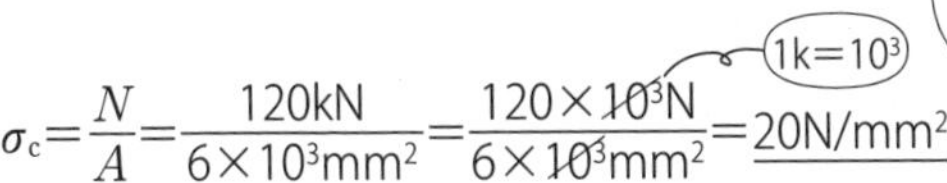

1k＝10³

$$\sigma_c=\frac{N}{A}=\frac{120\text{kN}}{6\times10^3\text{mm}^2}=\frac{120\times10^3\text{N}}{6\times10^3\text{mm}^2}=\underline{20\text{N/mm}^2}$$

⑤由$\sigma_{bmax}+\sigma_c$，就可以求得A－A的最大壓應力。

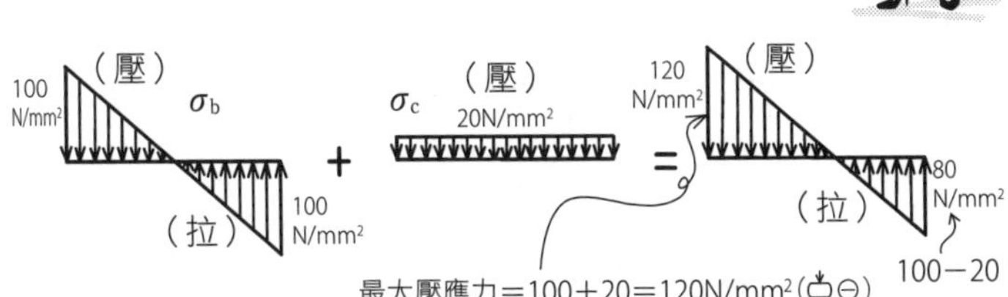

Q 如圖1的鋼骨門型構架，圖2為承受垂直荷重時的彎矩和柱腳反力，圖3為地震時承受水平荷重的彎矩和柱腳反力。請求出地震時產生的短期「壓應力σ_C和壓彎曲應力σ_b的和」的最大值。此柱的斷面積$A = 1.0 \times 10^4 mm^2$，斷面模數$Z = 2.0 \times 10^6 mm^3$，檢討斷面用的內力可以使用在節點的內力上。

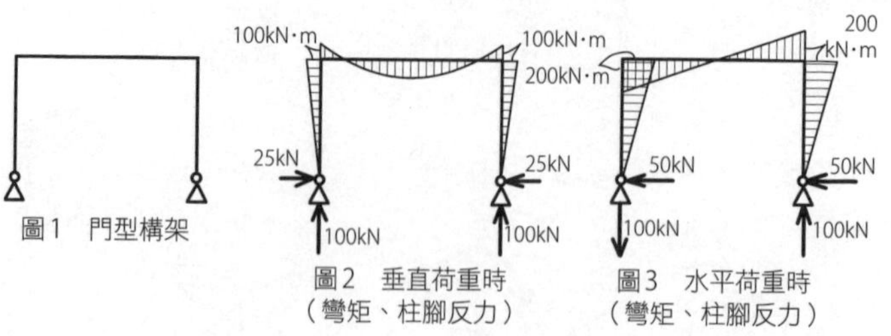

圖1　門型構架

圖2　垂直荷重時（彎矩、柱腳反力）

圖3　水平荷重時（彎矩、柱腳反力）

A ①垂直荷重時的M和反力，水平荷重時的M和反力，兩者相加所得的值會在地震時短暫作用。

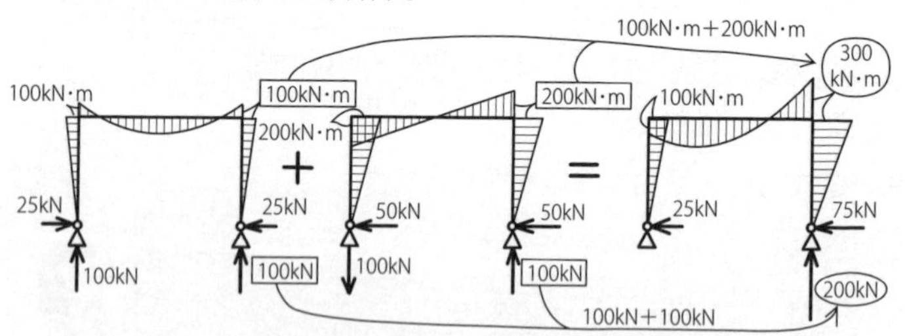

各自加總起來，就可得到$M_{max} = 300kN \cdot m$，$N_{max} = 200kN$。這兩個內力同時作用在柱頂部的節點，成為負擔最大的部分。

Point

短期產生的內力＝垂直荷重產生的內力＋地震等產生的內力

［（長期產生的內力）固定荷重的內力 ＋ 承載荷重的內力］　［地震時的內力 暴風時的內力 積雪時的內力］

②作用在柱頂部的彎矩 M＝300kN·m。M產生的彎曲應力 σ_b 的分布，在左緣的壓縮最大 $\frac{M}{Z}$，右緣的拉伸最大 $\frac{M}{Z}$。右柱承受壓縮的軸力，為壓縮側的最大 σ_b。

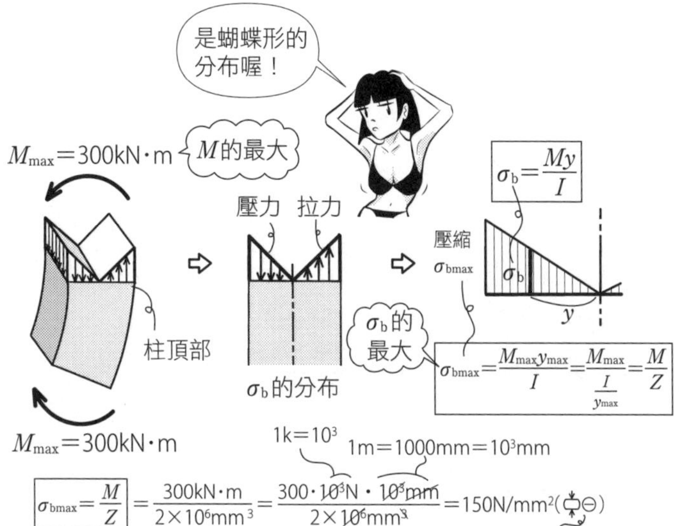

1k＝10^3　1m＝1000mm＝10^3mm

$$\boxed{\sigma_{bmax}=\frac{M}{Z}}=\frac{300\text{kN·m}}{2\times10^6\text{mm}^3}=\frac{300\cdot10^3\text{N}\cdot10^3\text{mm}}{2\times10^6\text{mm}^3}=150\text{N/mm}^2(\ominus)$$

（右緣的拉力也相同）

③壓縮內力 N 造成的壓應力 σ_C，由 N 除以斷面積 A 來求得。垂直荷重時的柱反力為 100kN，故 N＝100kN，水平荷重時也是 N＝100kN，合起來就是 N＝200kN。

$$\boxed{\sigma_c=\frac{N}{A}}=\frac{200\text{kN}}{1\times10^4\text{mm}^2}=\frac{200\times10^3\text{N}}{10^4\text{mm}^2}=20\text{N/mm}^2$$

④由 $\sigma_{bmax}+\sigma_C$，求出柱頂部的最大壓應力。以壓力為上、拉力為下，畫出的圖解如下所示。

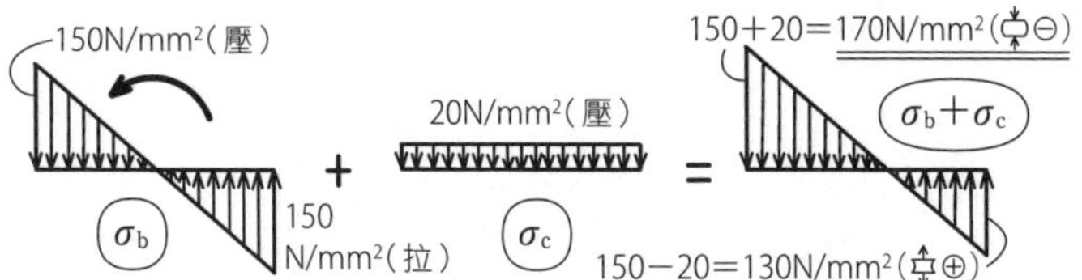

10
應力

Q 如圖為矩形斷面的構材，施加荷重120kN時，請求出作用在a－a斷面的A、B、C點的剪應力大小。此矩形斷面為相同材質．斷面，底部完全固定的結構。

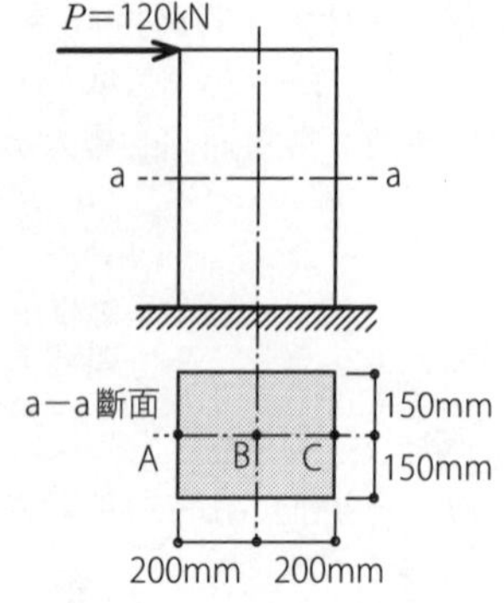

A ①考量a－a斷面上半部的$\Sigma Fx=0$，可知有與斷面平行的剪力$Q=$120kN在作用。

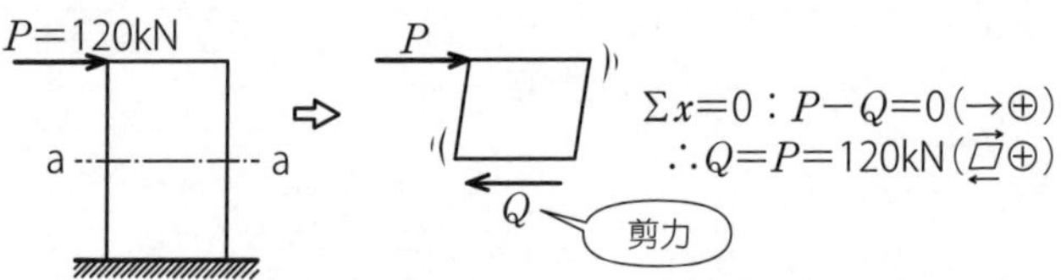

②剪力Q不會均等分散在矩形面積A上，而是以中心最大，越往邊緣就越小，邊緣則為0的不均勻分布。剪力Q為不均勻分散，形成平行斷面的應力，稱為剪應力τ。

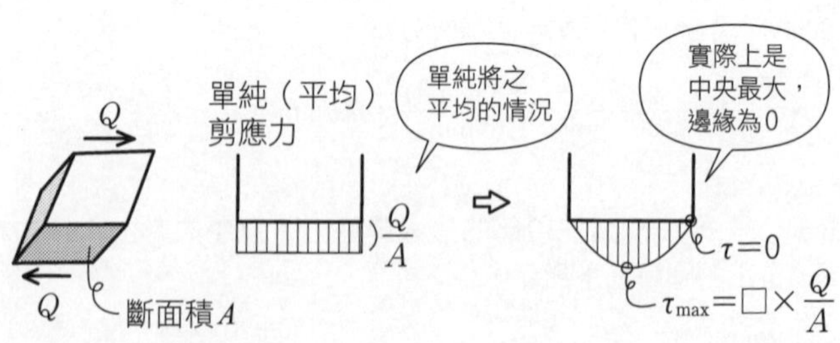

③相對於平均分布在斷面積A的單純剪應力（平均剪應力）$\frac{Q}{A}$，中心部位的τ_{max}為長方形斷面的$\frac{3}{2}$倍，圓形斷面則為$\frac{4}{3}$倍，即平均的1.5倍、1.33倍。

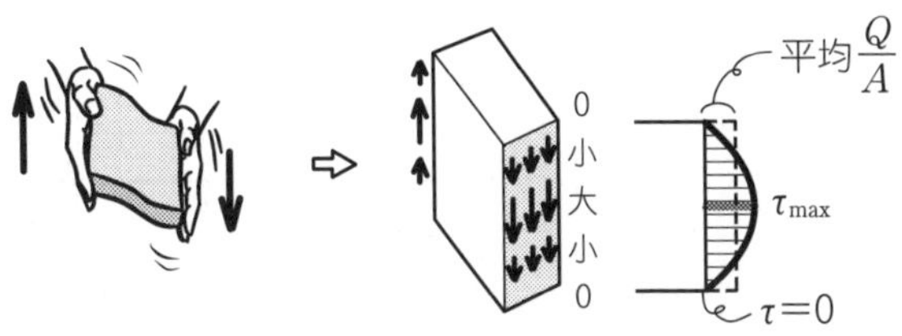

長方形斷面

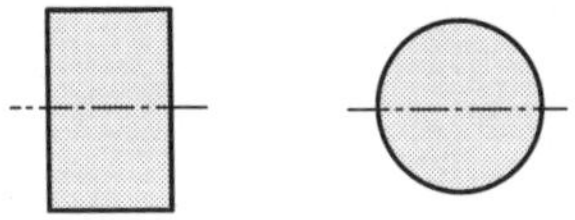

$$\tau_{max}=\frac{3}{2}\times\frac{Q}{A}$$

圓形斷面

$$\tau_{max}=\frac{4}{3}\times\frac{Q}{A}$$

④問題圖解的A、B、C點中，邊緣的A、C點為$\tau=0$。中央B點的τ則為最大。

$$\begin{aligned}\tau_{max}&=\frac{3}{2}\,\frac{Q}{A}\\&=\frac{3}{2}\,\frac{120\,000\text{N}}{400\times300\text{mm}^2}\\&=\frac{3}{2}\,\frac{\cancel{120\,000}\text{N}}{\cancel{120\,000}\text{mm}^2}\\&=\underline{\underline{1.5\text{N/mm}^2}}\end{aligned}$$

中央為
最大喔！

Q 如圖在跨距中央承受荷重P的簡支梁，在斷面Y－Y的中性軸位置A所產生的剪應力為τ，最外端B產生的拉應力為σ_b，請求出使$\frac{\sigma_b}{\tau}$的值為4的x值。梁為相同材質・斷面。

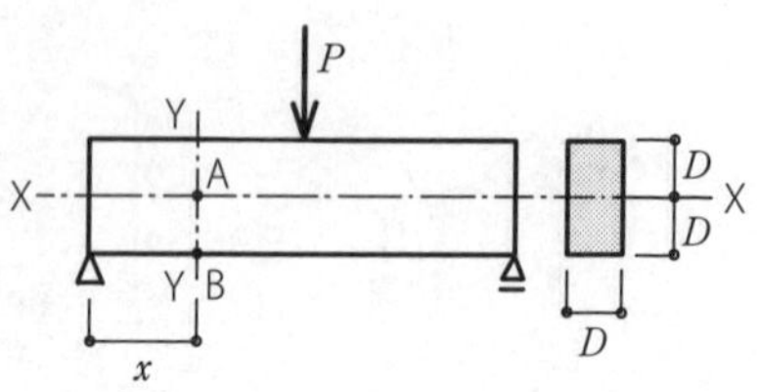

A ①由梁整體的平衡可求出反力，單邊切斷的平衡可求出作用在斷面的彎矩M、剪力Q，再由M、Q求得彎曲應力σ_b和剪應力τ。

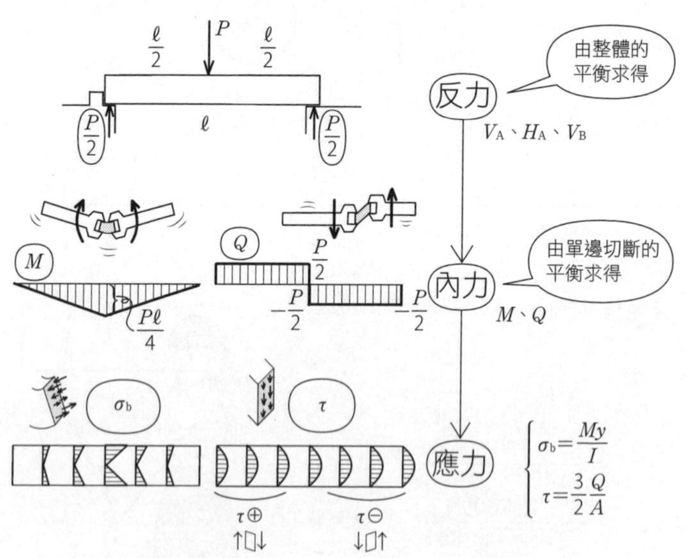

②因為左右對稱，反力各為$\frac{P}{2}$。切斷Y－Y，考量左側的平衡，可得Q和M。

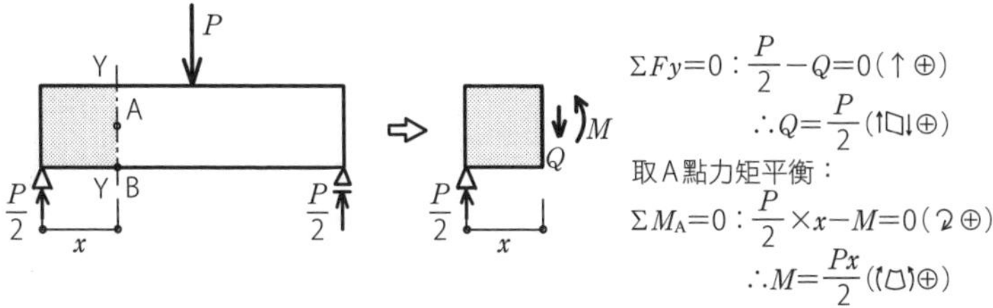

③Q不是均等的分散，而是中央部分最大，邊緣則為0的非均勻分布。

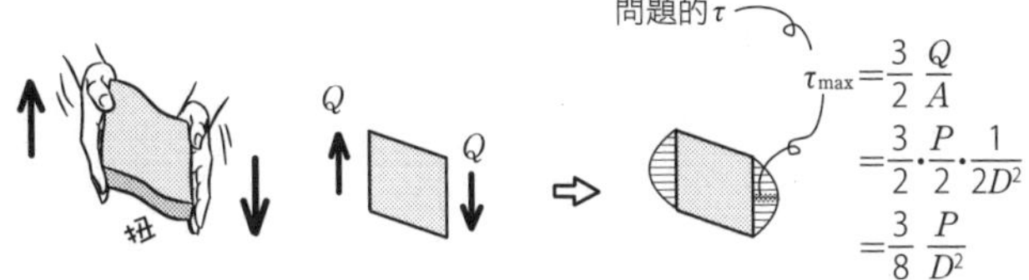

④M造成的正向應力σ_b的分布形狀，是在中性軸為0，越往邊緣就越大的傾斜直線。

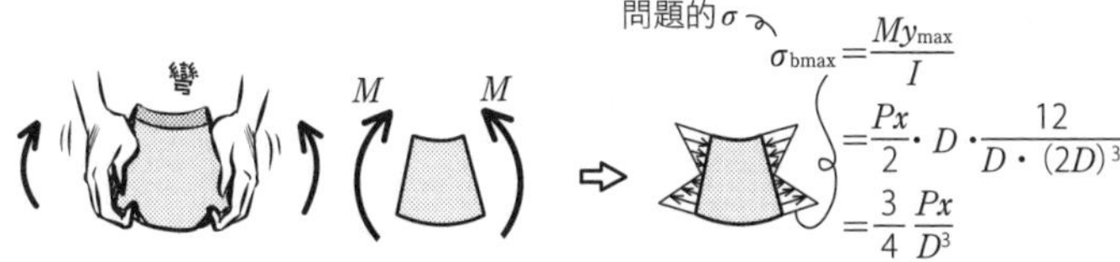

⑤由$\frac{\sigma_b}{\tau}=4$來求出x值。

故$\sigma_b=4\tau$，$\frac{3}{4}\frac{Px}{D^3}=4\cdot\frac{3}{8}\frac{P}{D^2}$

$\therefore\ x=2D$

Q作用的平行四邊形，和M作用的扇形組合起來，就變成歪扭的扇形。

Q 如圖1的簡支梁，圖2為均布荷重 w（kN/m）不變，跨距 ℓ（m）增加為2倍的情況，請求出兩者B點的撓度 δ（mm）、A點的撓角 θ（rad）之間分別是多少倍。

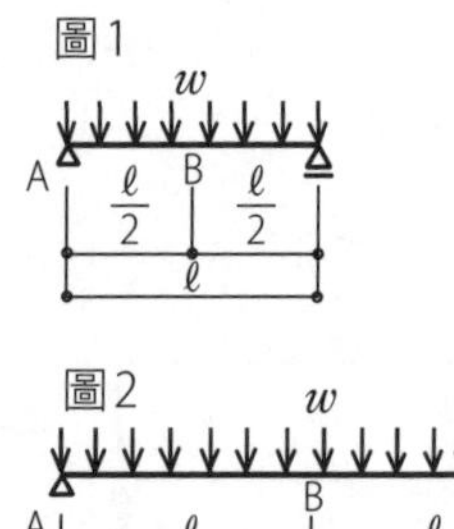

A ①如果不記得 δ 和 θ 的公式，就無法回答問題。首先把中央集中荷重 P 和均布荷重 w（$W=w\ell$）的公式背下來吧。為了讓 ℓ 的次數和 P 的公式相同，以 $W=w\ell$ 取代 w 的 δ、θ 公式，即以 W 的形式來記公式會比較輕鬆。

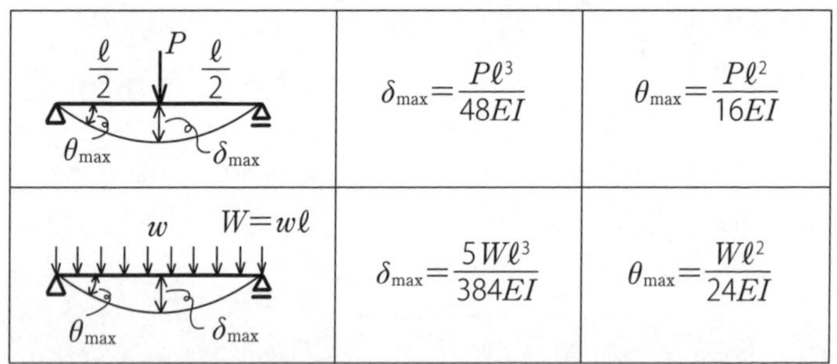

荷重	δ_{max}	θ_{max}
中央集中荷重 P（$\frac{\ell}{2}$、$\frac{\ell}{2}$）	$\delta_{max}=\frac{P\ell^3}{48EI}$	$\theta_{max}=\frac{P\ell^2}{16EI}$
均布荷重 w，$W=w\ell$	$\delta_{max}=\frac{5W\ell^3}{384EI}$	$\theta_{max}=\frac{W\ell^2}{24EI}$

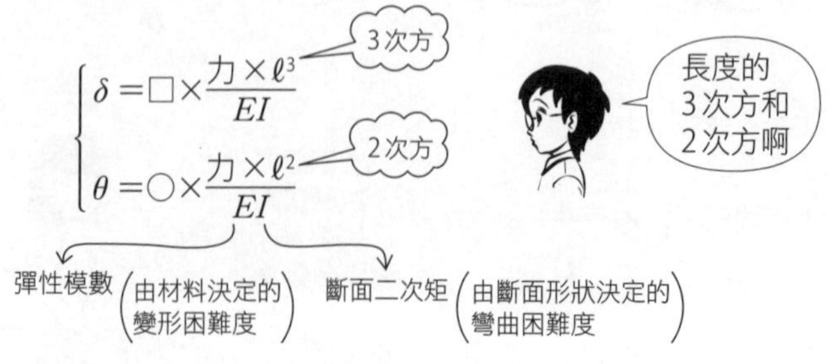

②求出圖1和圖2在B點的撓度 δ_1、δ_2。

$$\delta_1=\frac{5W\ell^3}{384EI}=\frac{5(w\ell)\ell^3}{384EI}=\frac{5w\ell^4}{384EI}\times 1$$

$w\times\ell$為力的單位

$$\delta_2=\frac{5W(2\ell)^3}{384EI}=\frac{5(w\cdot 2\ell)(2\ell)^3}{384EI}=\frac{5w\ell^4}{384EI}\times 16$$

$\therefore \underline{\underline{\delta_2=16\times\delta_1}}$（16倍）

③求出圖1和圖2在A點的撓角 θ_1、θ_2。

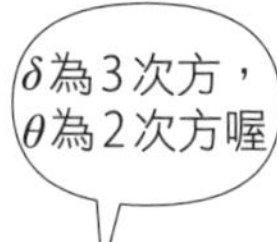

$$\theta_1=\frac{W\ell^2}{24EI}=\frac{(w\ell)\ell^2}{24EI}=\frac{w\ell^3}{24EI}\times 1$$

$$\theta_2=\frac{W(2\ell)^2}{24EI}=\frac{(w\cdot 2\ell)(2\ell)^2}{24EI}=\frac{w\ell^3}{24EI}\times 8$$

三角形Δ

角度

$\therefore \underline{\underline{\theta_2=8\times\theta_1}}$（8倍）

$\delta\rightarrow\Delta\rightarrow\dot{3}$角形$\rightarrow\dot{3}$次方$\rightarrow\delta=\square\times\frac{力\times(長度)^{③}}{EI}$

$\theta\rightarrow\angle\rightarrow\dot{2}$邊的角$\rightarrow\dot{2}$次方$\rightarrow\theta=\bigcirc\times\frac{力\times(長度)^{②}}{EI}$

★ R074 check ▶□□□

Q 如圖承受均布荷重w作用的簡支梁1和懸臂梁2，請求出彎曲時產生的最大撓度δ_1和δ_2的比。

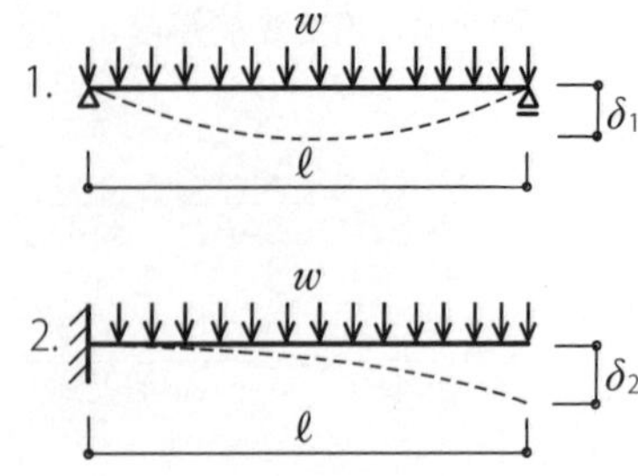

A ①要確實記住懸臂梁δ和θ的公式喔。

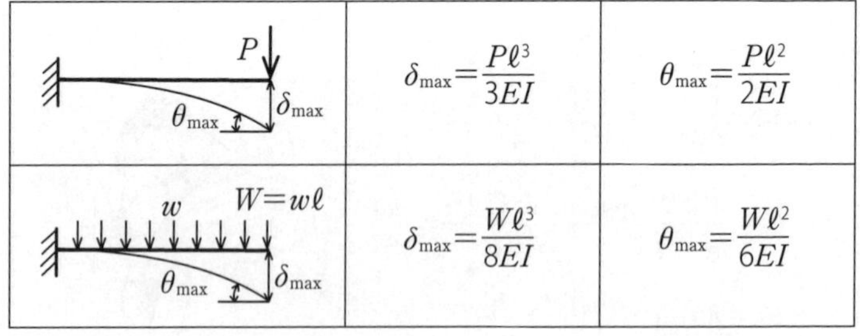

圖	δ_{max}	θ_{max}
P, θ_{max}, δ_{max}	$\delta_{max}=\dfrac{P\ell^3}{3EI}$	$\theta_{max}=\dfrac{P\ell^2}{2EI}$
w, $W=w\ell$, θ_{max}, δ_{max}	$\delta_{max}=\dfrac{W\ell^3}{8EI}$	$\theta_{max}=\dfrac{W\ell^2}{6EI}$

和簡支梁一樣，為了讓ℓ的次數和P的公式相同，將w以力$W=w\ell$取代，會比較輕鬆。

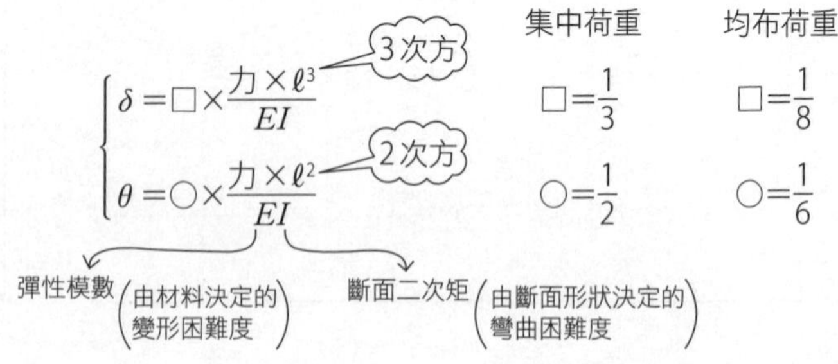

普通

②由公式求得 δ_1、δ_2。

$$\begin{cases} \delta_1 = \dfrac{5W\ell^3}{384EI} \left(= \dfrac{5w\ell^4}{384EI} \right) \\ \delta_2 = \dfrac{W\ell^3}{8EI} \left(= \dfrac{w\ell^4}{8EI} \right) \end{cases}$$

③求出 $\delta_1 : \delta_2$。

$$\delta_1 : \delta_2 = \frac{5W\ell^3}{384EI} : \frac{W\ell^3}{8EI}$$ ←使用 W 來比較就OK

$$= \frac{5}{384} : \frac{1}{8}$$ （∵ W、ℓ、E、I 為共通）

$$= \frac{5}{384} \times 384 : \frac{1}{8} \times 384$$

$$= \underline{\underline{5 : 48}}$$

④δ、θ 的公式可由共軛梁法推導而得。要求出各點的彎矩 M，要先假設有虛擬分布荷重 $\frac{M}{EI}$ 作用。虛擬分布荷重造成的彎矩是各點的撓度 δ，虛擬分布荷重造成的剪力就是各點的撓角 θ。

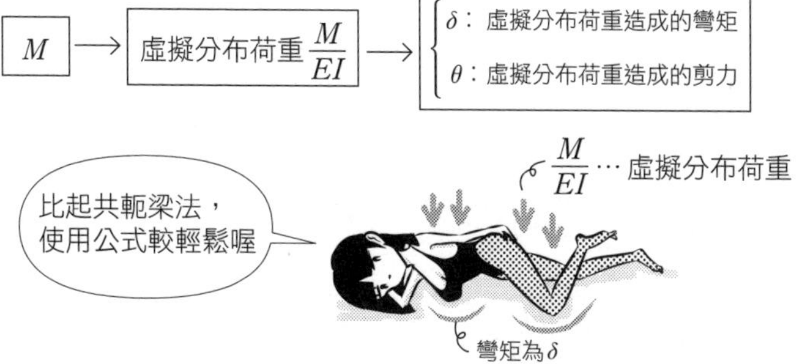

11
撓度與撓角

Q 如圖承受荷重P的梁1、2，在荷重點產生的彈性變形分別為δ_1、δ_2，請求出δ_1：δ_2的比。

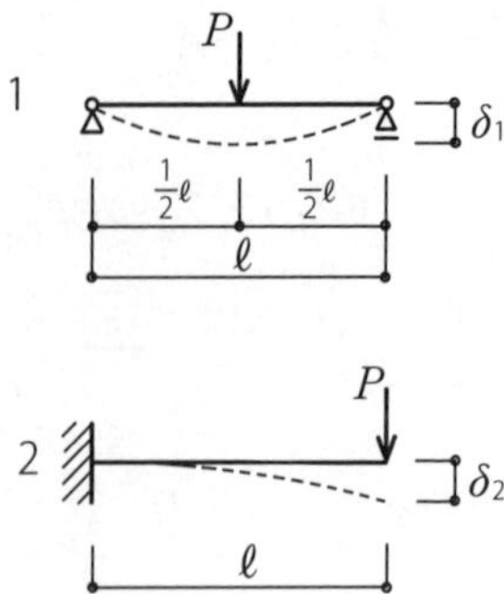

A ①只要記住集中荷重的δ、θ公式，就可以簡單解決問題。這些δ、θ都是很微小的變形，力和變形成正比，在除去力後，δ、θ都會恢復原狀的彈性狀態。

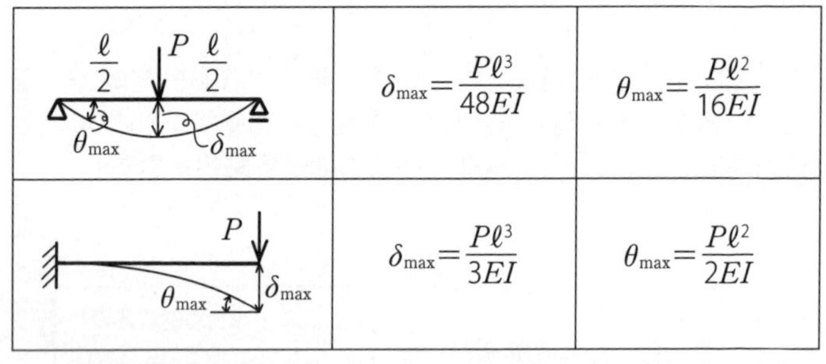

$\frac{\ell}{2}$ P $\frac{\ell}{2}$ θ_{max} δ_{max}	$\delta_{max}=\frac{P\ell^3}{48EI}$	$\theta_{max}=\frac{P\ell^2}{16EI}$
P δ_{max} θ_{max}	$\delta_{max}=\frac{P\ell^3}{3EI}$	$\theta_{max}=\frac{P\ell^2}{2EI}$

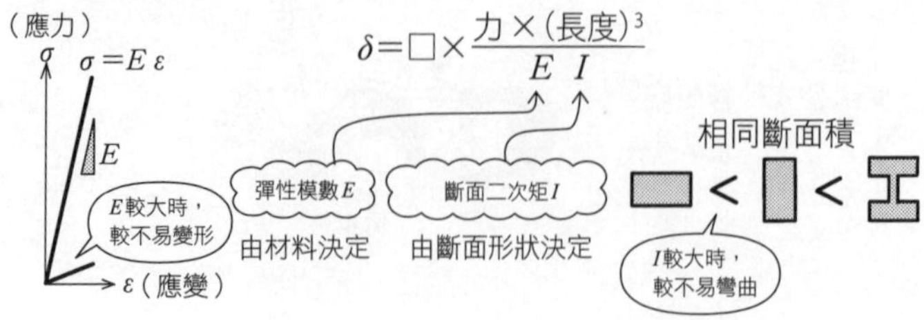

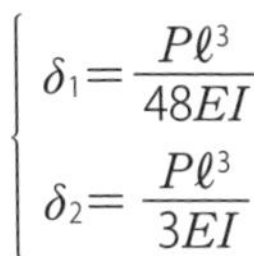

②由公式求得 δ_1、δ_2。

$$\begin{cases} \delta_1 = \dfrac{P\ell^3}{48EI} \\ \delta_2 = \dfrac{P\ell^3}{3EI} \end{cases}$$

③求出 $\delta_1:\delta_2$。

$$\begin{aligned} \delta_1:\delta_2 &= \frac{P\ell^3}{48EI} : \frac{P\ell^3}{3EI} \\ &= \frac{1}{48} : \frac{1}{3} \quad (\because P、\ell、E、I \text{為共通}) \\ &= \frac{1}{48}\times 48 : \frac{1}{3}\times 48 \\ &= \underline{\underline{1:16}} \end{aligned}$$

（E：等質；I：等斷面）

承受相同荷重下，在懸臂梁前端形成的撓度，比起簡支梁中央大上16倍。因此懸臂的設計必須相當確實，否則會很危險。

落水山莊（1936，萊特）

這個部分的懸臂曾掉落，施作修補工程

Point

懸臂梁的變形較大！

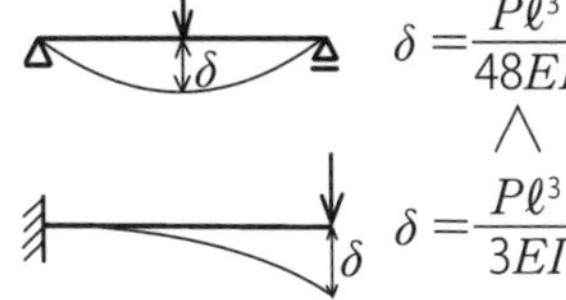

$$\delta = \frac{P\ell^3}{48EI} \wedge \delta = \frac{P\ell^3}{3EI}$$

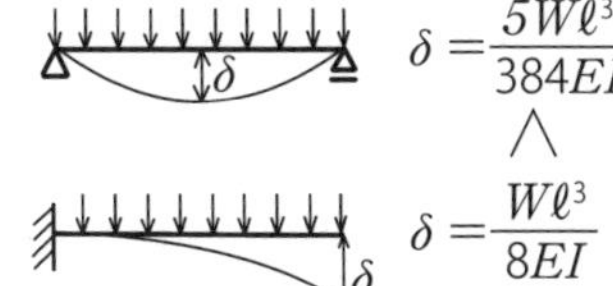

$$\delta = \frac{5W\ell^3}{384EI} \wedge \delta = \frac{W\ell^3}{8EI}$$

Q 如圖承受集中荷重P的梁1、2，在荷重點產生的彈性撓度分別為δ_1、δ_2，請求出δ_1：δ_2的比。梁1、2為相同材質・斷面。

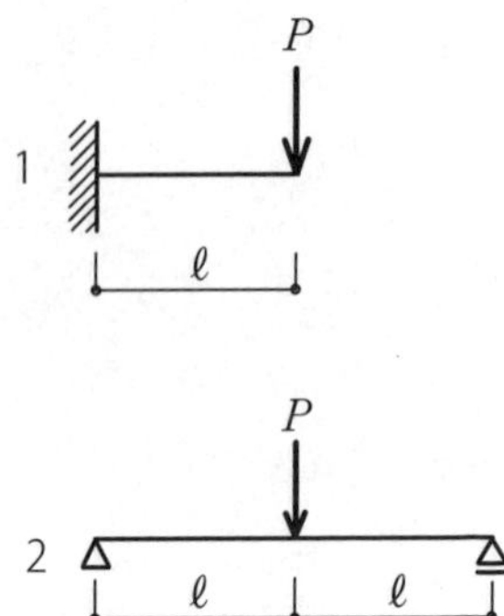

A ①再複習一次梁承受集中荷重的δ公式吧。以相同長度比較時，為$\frac{1}{48}$和$\frac{1}{3}$的差別，即懸臂梁的撓度是簡支梁的16倍，差距非常大。

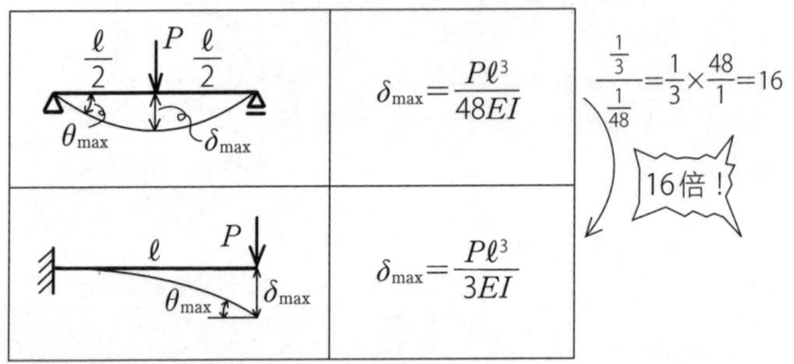

除了$\frac{1}{48}$、$\frac{1}{3}$的數字之外，還必須確實記住ℓ^3等的ℓ次方數喔。

$$\delta = \square \times \frac{力 \times (長度)^{③}}{EI}$$

〔$\delta \rightarrow \Delta \rightarrow$ 3角形 $\rightarrow$ 3次方〕

若為均布荷重w，力$= w \times$(長度)，因此長度的次方數會變成4次方。

問題所述之相同材質・斷面，是指相同材料下彈性模數E會相等，而相同斷面形狀則是斷面二次矩I會相等的意思。兩者的乘積$E\times I$稱為斷面彎曲剛度。

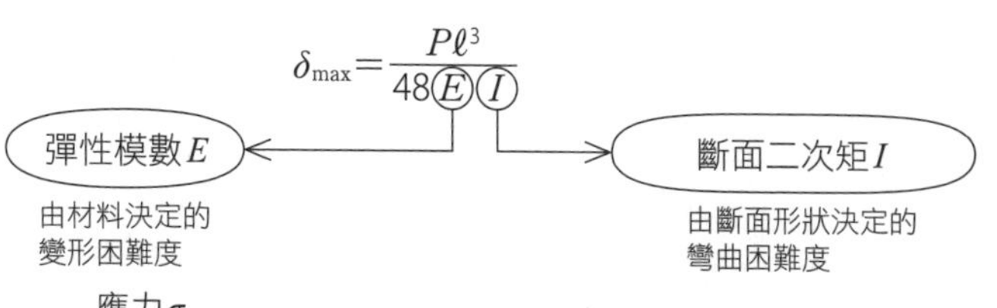

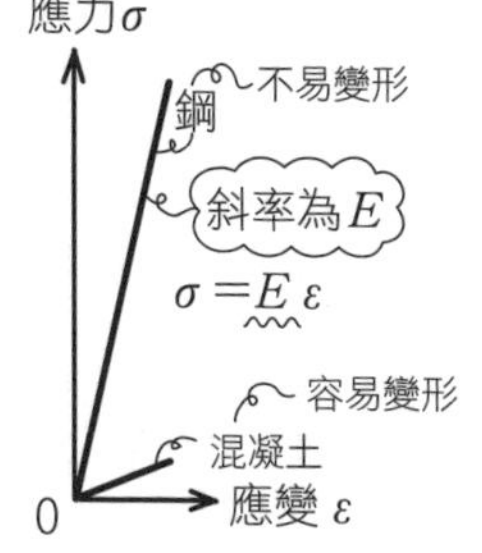

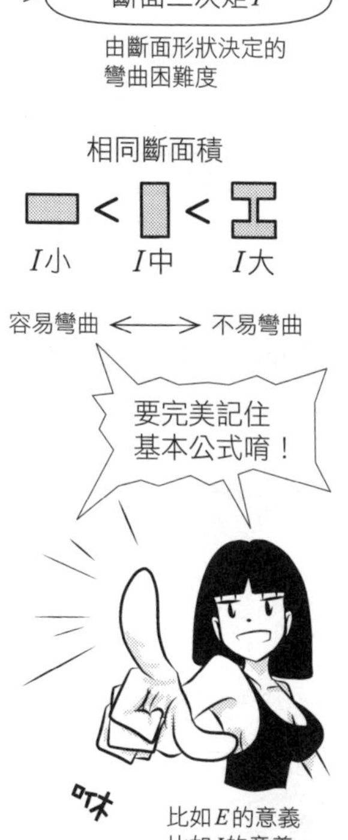

②列出δ_1、δ_2的公式。

$$\begin{cases}\delta_1=\dfrac{P\ell^3}{3EI}\\[2ex]\delta_2=\dfrac{P(2\ell)^3}{48EI}=\dfrac{P\ell^3}{6EI}\end{cases}$$

③求出δ_1和δ_2的比。

$$\begin{aligned}\delta_1:\delta_2&=\frac{1}{3}:\frac{1}{6}\\&=\frac{1}{3}\times6:\frac{1}{6}\times6\\&=\underline{\underline{2:1}}\end{aligned}$$

★ R077 check ▶□□□

Q 斷面如下圖的懸臂梁1、2，前端承受荷重P作用，請求出彎曲造成的最大撓度δ_1、δ_2的比值$\frac{\delta_1}{\delta_2}$。懸臂梁1、2為相同材料。

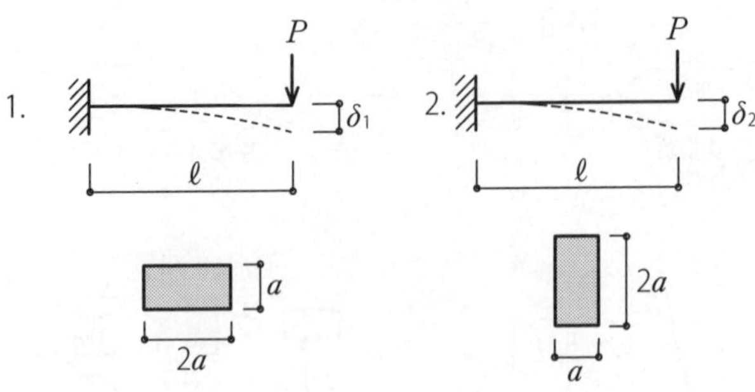

A ①使用集中荷重P作用在懸臂梁的δ公式。

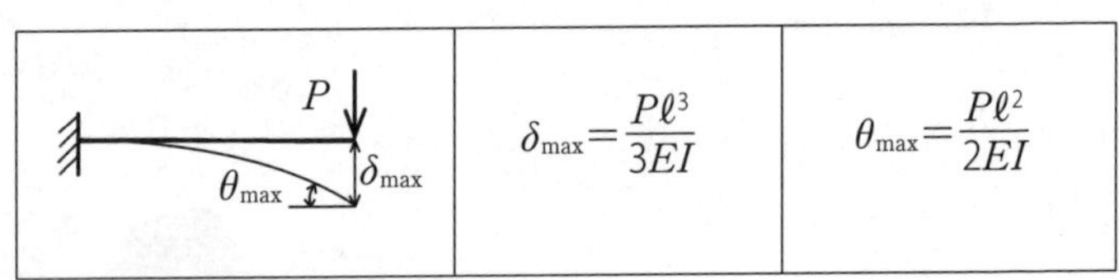

P, θ_{max}, δ_{max}	$\delta_{max}=\frac{P\ell^3}{3EI}$	$\theta_{max}=\frac{P\ell^2}{2EI}$

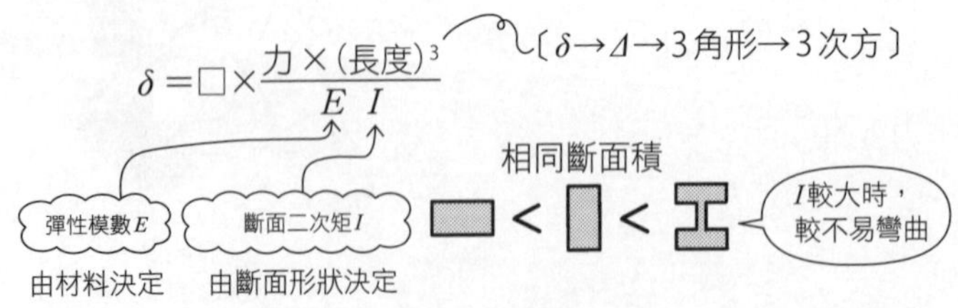

EI稱為<u>斷面彎曲剛度</u>，是決定彎曲困難度的係數。E是由材料，如混凝土或鋼等，所決定的變形困難度係數。至於I，則是由斷面形狀，如相對於彎曲方向是橫長或縱長等，所決定的彎曲困難度係數。兩者相乘結合後，就成為由材料和斷面形狀兩者來決定彎曲困難度的係數，即斷面彎曲剛度。

②計算懸臂梁1、2的斷面二次矩 I_1、I_2。

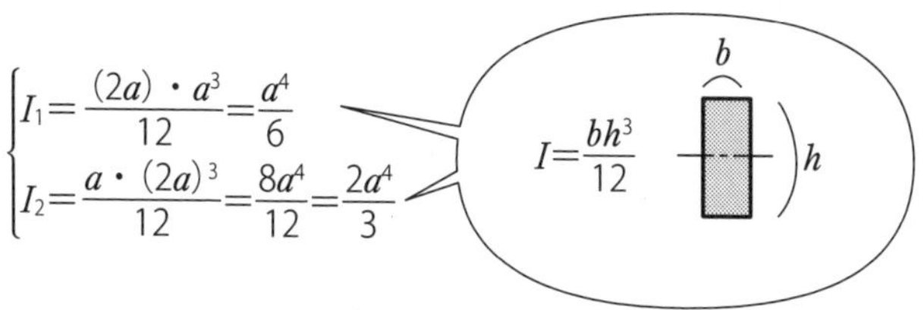

$$\begin{cases} I_1 = \dfrac{(2a)\cdot a^3}{12} = \dfrac{a^4}{6} \\ I_2 = \dfrac{a\cdot(2a)^3}{12} = \dfrac{8a^4}{12} = \dfrac{2a^4}{3} \end{cases}$$

$$I = \frac{bh^3}{12}$$

b

h

③代入 δ 的公式。

$$\begin{cases} \delta_1 = \dfrac{P\ell^3}{3EI_1} = \dfrac{P\ell^3}{3E} \cdot \dfrac{1}{\frac{a^4}{6}} = 6 \cdot \dfrac{P\ell^3}{3Ea^4} \\ \delta_2 = \dfrac{P\ell^3}{3EI_2} = \dfrac{P\ell^3}{3E} \cdot \dfrac{1}{\frac{2a^4}{3}} = \dfrac{3}{2} \cdot \dfrac{P\ell^3}{3Ea^4} \end{cases}$$

④求出 δ_1 和 δ_2 的比。

$$\delta_1 : \delta_2 = 6 \cdot \frac{P\ell^3}{3Ea^4} : \frac{3}{2} \cdot \frac{P\ell^3}{3Ea^4} = 6 : \frac{3}{2} = 12 : 3 = 4 : 1$$

$$\therefore \ \frac{\delta_1}{\delta_2} = \frac{4}{1} = \underline{\underline{4}}$$

由此可知，躺著擺會有較大的彎曲。不妨試著彎折直尺，就能實際感受了。

Q 如圖在懸臂梁的自由端B承受力矩 M 作用時，以下哪一個是梁的彎矩圖和自由端撓度 δ 的正確組合？

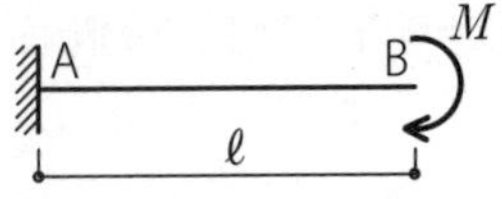

	彎矩圖	自由端的撓度 δ
1.	(1)	0
2.	(1)	$\frac{M\ell^2}{2EI}$
3.	(1)	$\frac{M\ell^2}{3EI}$
4.	(2)	0
5.	(2)	$\frac{M\ell^2}{2EI}$

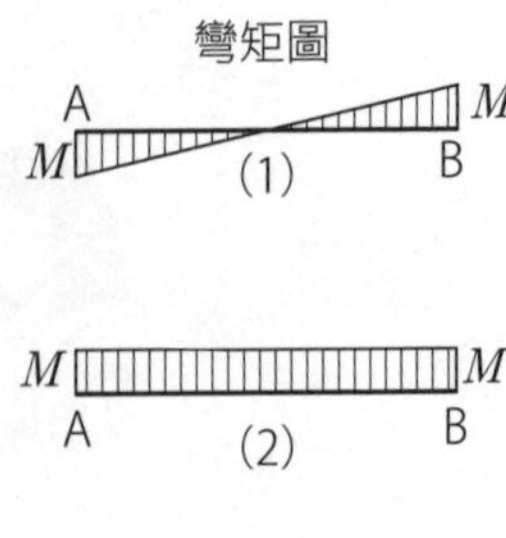

A ①使用懸臂梁承受力矩荷重作用時的公式。

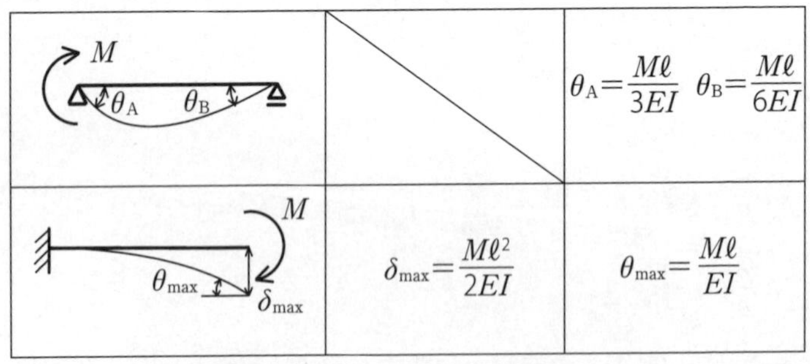

(簡支梁，端部力矩 M，θ_A、θ_B)		$\theta_A=\frac{M\ell}{3EI}$ $\theta_B=\frac{M\ell}{6EI}$
(懸臂梁，自由端力矩 M，θ_{max}、δ_{max})	$\delta_{max}=\frac{M\ell^2}{2EI}$	$\theta_{max}=\frac{M\ell}{EI}$

$M\ell^2$ 是(力×距離)×(距離)^2＝力×(距離)^3，距離為3次方。而 $M\ell$ 則是(力×距離)×(距離)＝力×(距離)^2，距離為2次方。如此讓 δ 變成 ℓ^3、θ 變成 ℓ^2，次方數就會和其他公式相同了。由 $\delta=$ □×$\frac{M\ell^2}{EI}$，可排除1、4。而係數為 $\frac{1}{2}$，也可排除3。

普通

②求出支承反力。

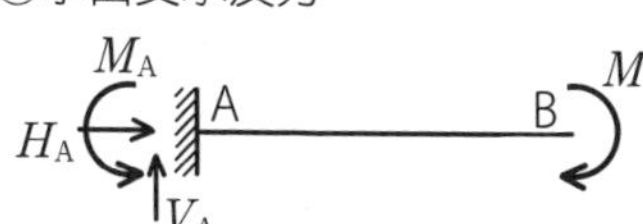

$$\begin{cases} \Sigma Fx=0：H_A=0(\rightarrow\oplus) \\ \Sigma Fy=0：V_A=0(\uparrow\oplus) \\ \text{取A點力矩平衡：} \\ \Sigma M_A=0：-M_A+M=0(\circlearrowright\oplus) \\ \qquad\qquad \therefore M_A=M \end{cases}$$

反力只剩下 $M_A=M$。

③切斷一任意點C，求出內力。

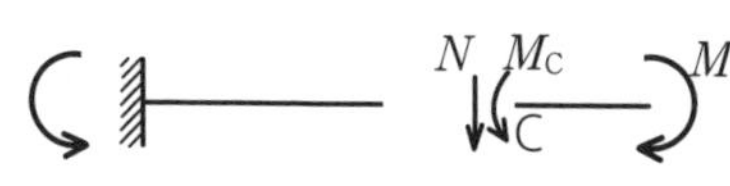

$$\begin{cases} \Sigma Fy=0：-N=0(\uparrow\oplus) \\ \qquad \therefore N=0 \\ \text{取C點力矩平衡：} \\ \Sigma M_C=0：-M_C+M=0(\circlearrowright\oplus) \\ \qquad \therefore M_C=M \end{cases}$$

不管C點在哪裡，$M_C=M$ 為定值。
由於(◡)，向上突出的彎矩為負值，
故 $M_C=-M$

④考量變形描繪出M圖
（5為正確答案）。

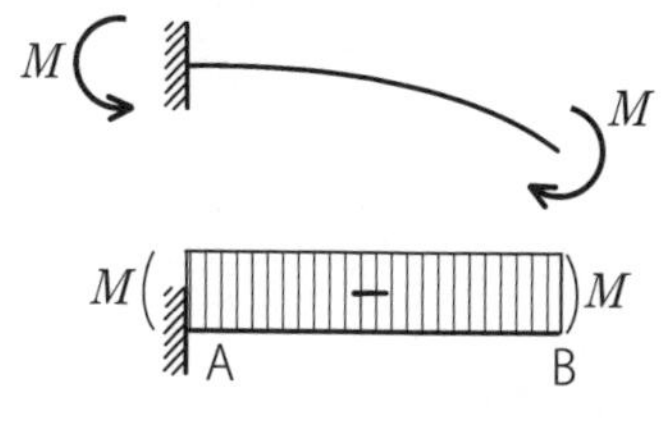

⑤接下來使用共軛梁法試試看。施加虛擬分布荷重 $\frac{M}{EI}$，固定支承的位置為相反。虛擬分布荷重造成的彎矩就是 δ。

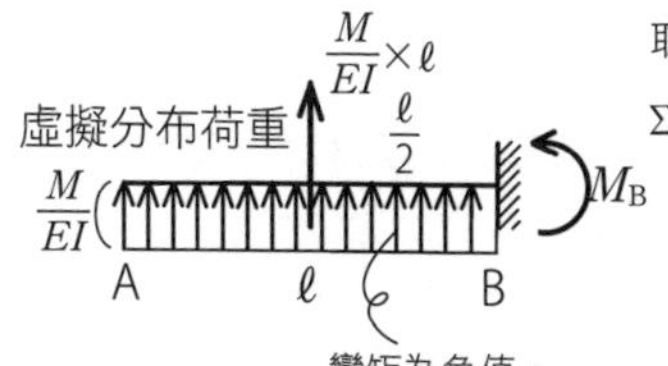

彎矩為負值，
因此虛擬分布荷重也是負值，
由下往上施加。

取B點力矩平衡：

$$\Sigma M_B=0：\left(\frac{M}{EI}\times\ell\right)\times\frac{\ell}{2}-M_B=0(\circlearrowright\oplus)$$

$$\therefore M_B=\frac{M\ell^2}{2EI}$$

這就是B點產生的 δ。

★ R079 check ▶□□□

Q 如圖為相同材質・斷面，斷面彎曲剛度為EI的懸臂梁，在A點、B點有方向相反、大小為M的力矩作用時，請求出自由端C點的撓角大小。

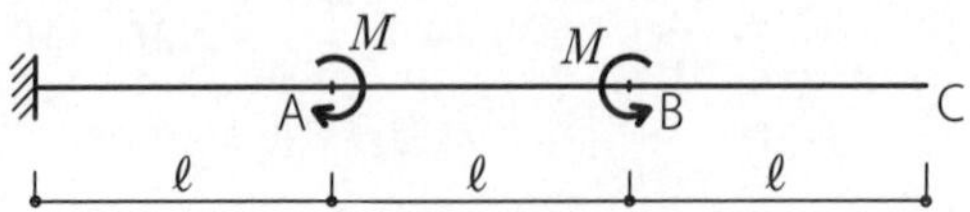

A ①使用懸臂梁承受力矩荷重時的θ公式。

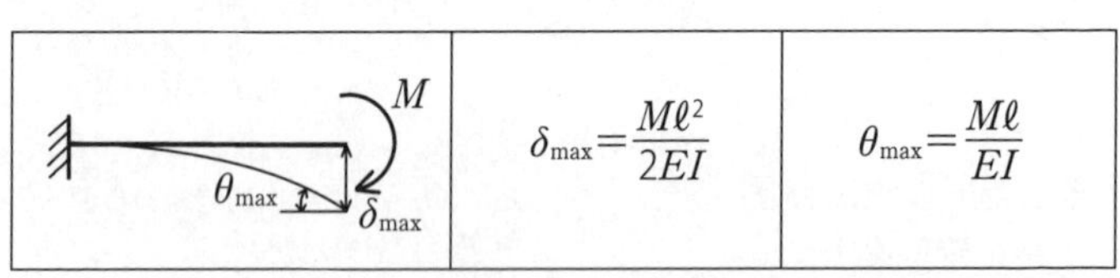

	$\delta_{max}=\dfrac{M\ell^2}{2EI}$	$\theta_{max}=\dfrac{M\ell}{EI}$

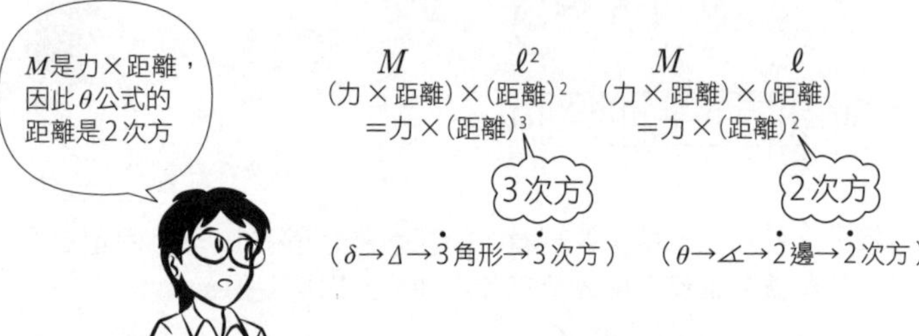

由M＝力×距離，δ變成力×(距離)^3，θ則是力×(距離)^2。ℓ的次方數和$\frac{1}{2}$、$\frac{1}{1}$的係數相同，同樣必須確實記下喔。

Point

力矩荷重　δ＝□×$M\ell$②　θ＝○×$M\ell$

②個別求得力矩荷重造成的 θ，將之組合（累加）起來。首先是作用在A點的 M，求出A點的撓角 θ_A 和C點的撓角 θ_{C1}。

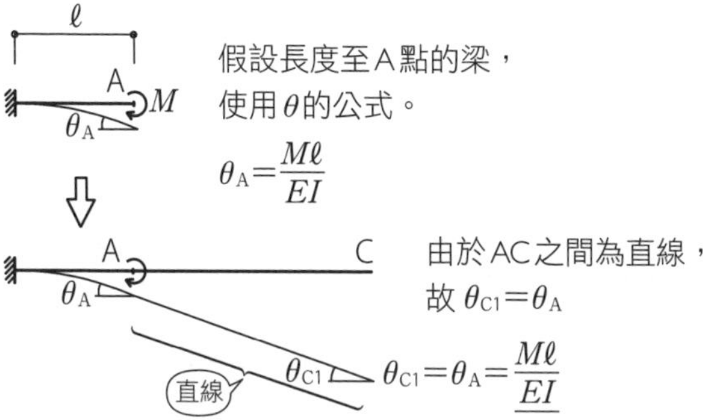

③接著是作用在B點的 M，求出B點的撓角 θ_B 和C點的撓角 θ_{C2}。

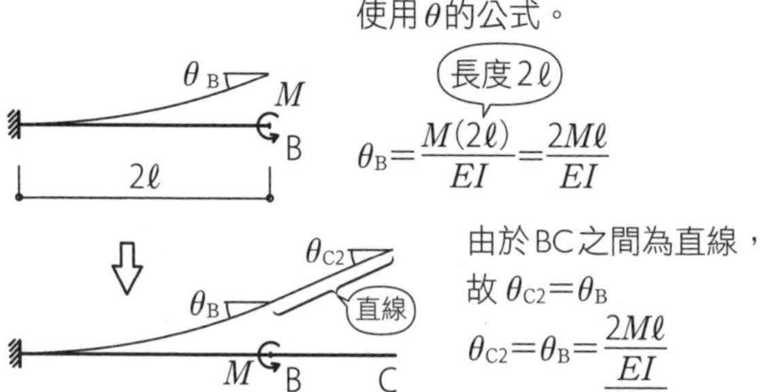

④ θ_{C1} 和 θ_{C2} 相加就可求出 θ_C。θ_{C2} 的數值比 θ_{C1} 大，又是反向，因此

$$\theta_C = \theta_{C2} - \theta_{C1} = \frac{2M\ell}{EI} - \frac{M\ell}{EI} = \frac{M\ell}{EI}$$

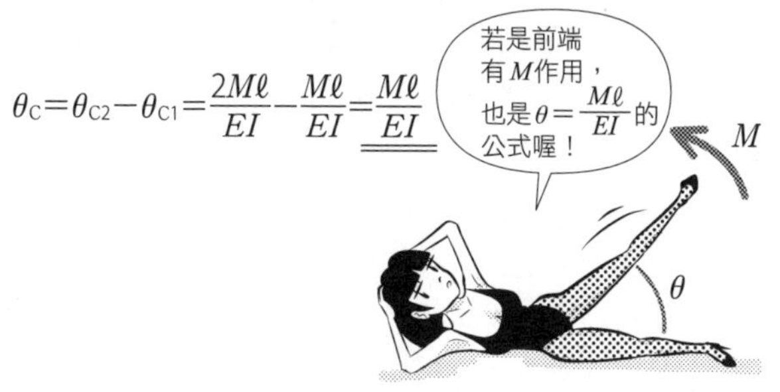

Q 如圖承受荷重P的構架，請求出荷重P在A點的垂直方向（縱向）造成的變位δ。構材AB為剛體，構材BC的彈性模數為E、斷面二次矩為I，並且忽略構材軸方向的變形。

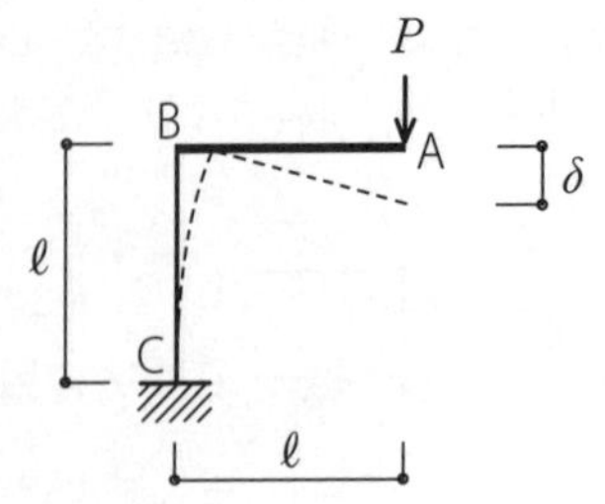

A ①將B點視為承受彎矩$M=P\times\ell$的單柱來求解。

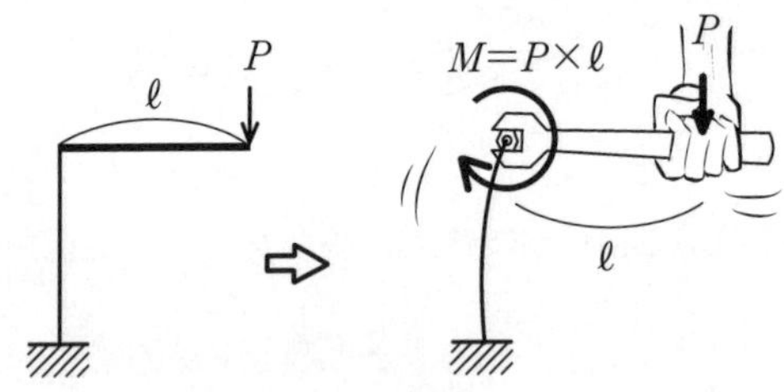

②使用懸臂梁承受力矩荷重時的θ公式。至於δ的公式，只能求出B點的橫向撓度，無法求得問題的δ。

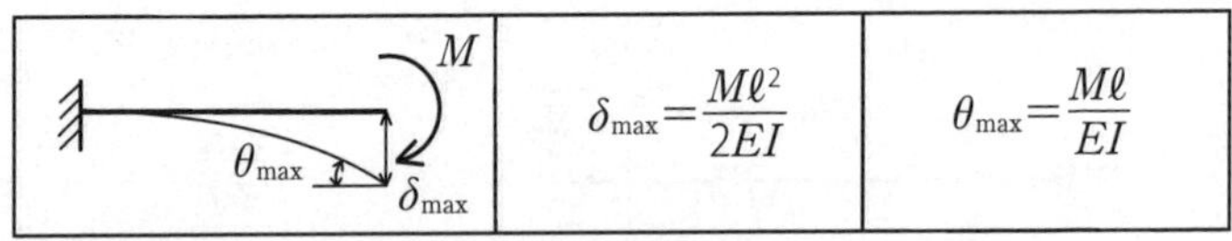	$\delta_{max}=\dfrac{M\ell^2}{2EI}$	$\theta_{max}=\dfrac{M\ell}{EI}$

在δ、θ公式中，分母一定有斷面彎曲剛度EI，δ的分子為力×(距離)^3，θ的分子則是力×(距離)^2。由於$M=$力×(距離)，因此力×(距離)$^3=M\ell^2$，力×(距離)$^2=M\ell$。

③將單柱（獨立柱）橫放就變成懸臂梁，使用 θ 公式求得B點的撓角。

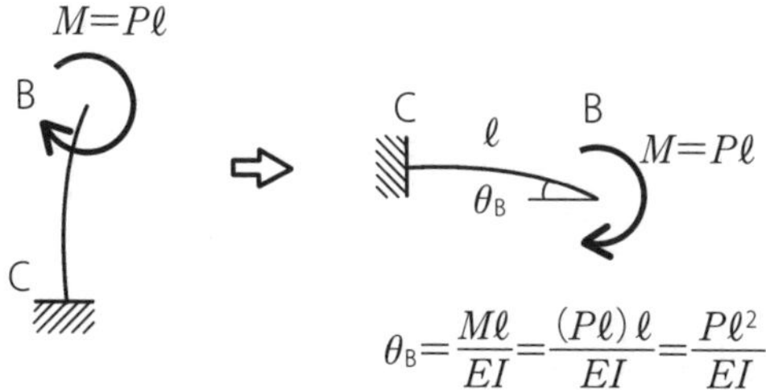

$$\theta_B=\frac{M\ell}{EI}=\frac{(P\ell)\ell}{EI}=\frac{P\ell^2}{EI}$$

④由 θ_B 和AB的長度 ℓ 求出 δ。

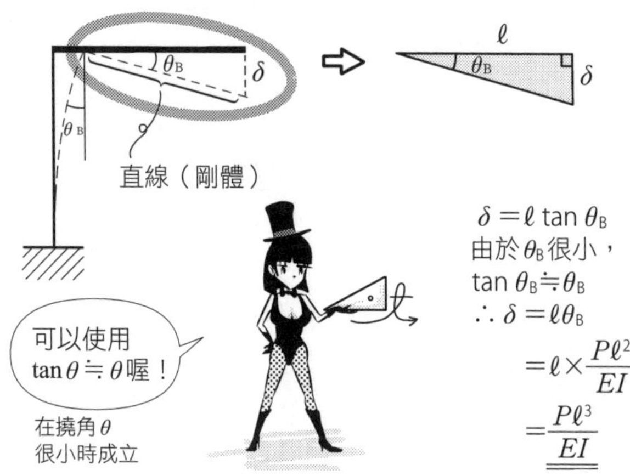

$\delta=\ell\tan\theta_B$

由於 θ_B 很小，

$\tan\theta_B\fallingdotseq\theta_B$

$$\therefore \delta=\ell\theta_B=\ell\times\frac{P\ell^2}{EI}=\frac{P\ell^3}{EI}$$

$\tan\theta=\dfrac{y}{x}$ $\quad y=x\tan\theta$

★ R081 check ▶□□□

Q 如圖承受均布荷重w的梁A、B，梁A的最大彎矩的絕對值、中央部分產生的彈性變形分別為M_A、δ_A，和梁B產生的最大彎矩的絕對值M_B、中央部分產生的彈性變形δ_B相比的結果，以下哪一個是正確的？梁A、B為相同材質・斷面，且w中已包含梁的自重。

	M_B	δ_B
1.	$\frac{1}{4}M_A$	$\frac{1}{2}\delta_A$
2.	$\frac{1}{3}M_A$	$\frac{1}{3}\delta_A$
3.	$\frac{1}{2}M_A$	$\frac{1}{4}\delta_A$
4.	$\frac{2}{3}M_A$	$\frac{1}{5}\delta_A$
5.	$\frac{3}{4}M_A$	$\frac{1}{6}\delta_A$

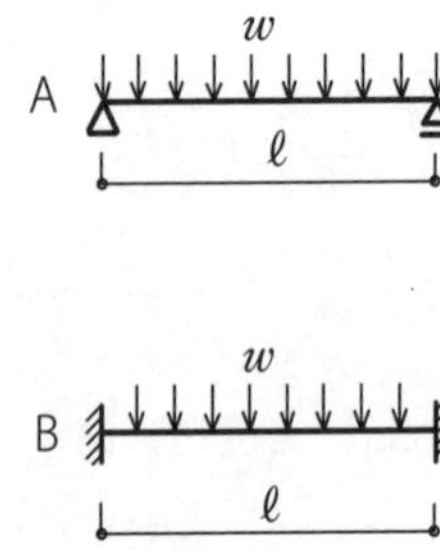

A ①兩端為固定支承的彎矩，要用到靜不定的解法，在這裡就先和δ的公式一起，連同M圖的形狀都記下來吧。

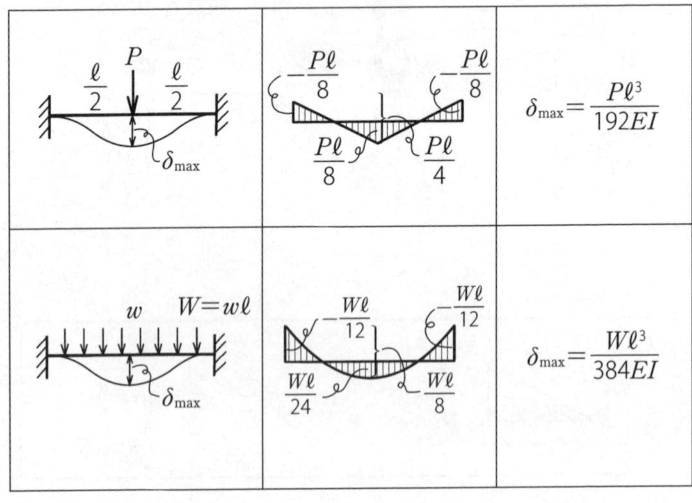

②再複習一次簡支梁的M圖和δ吧。

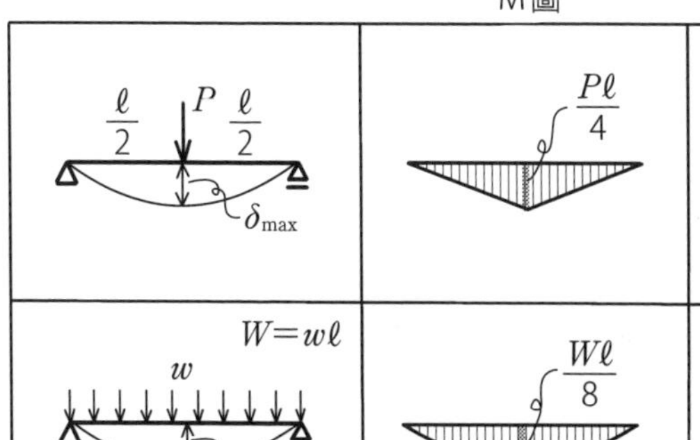

③列出M_A、M_B的公式來比較。

$$\begin{cases} M_A=\dfrac{W\ell}{8}=\dfrac{w\ell^2}{8}\text{（中央部分）} \\ M_B=\dfrac{W\ell}{12}=\dfrac{w\ell^2}{12}\text{（端部）} \end{cases}$$

←比大小以⊕表示

$$M_A : M_B=\frac{w\ell^2}{8}:\frac{w\ell^2}{12}=\frac{1}{8}:\frac{1}{12}=\frac{1}{2}:\frac{1}{3}=3:2$$

$$3M_B=2M_A$$

$$\therefore M_B=\frac{2}{3}M_A$$

④列出δ_A、δ_B的公式來比較。

$$\begin{cases} \delta_A=\dfrac{5W\ell^3}{384EI} \\ \delta_B=\dfrac{W\ell^3}{384EI} \end{cases}$$

$$\delta_A:\delta_B=5:1$$

$$5\delta_B=\delta_A$$

$$\therefore \delta_B=\frac{1}{5}\delta_A$$

因此答案是4

Q 如圖為相同材質・斷面的連續梁，請求出A點、B點的垂直反力V_A、V_B的大小的比。

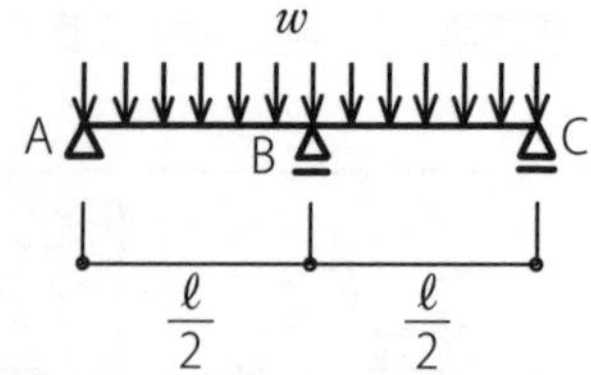

A ①中間的支承使梁材為連續，而不是連結簡支梁的支承。棒子為連續，會傳遞彎矩。右側若有承載人，左側會向上彎曲。

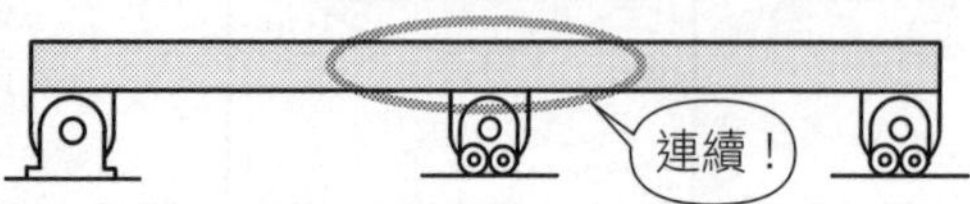

②相對於反力有4個，方程式有$\Sigma Fx=0$、$\Sigma Fy=0$、$\Sigma M=0$等3個，是無法單以平衡式求解的靜不定結構。要再使用中央的支承B，其撓度$\delta=0$的條件來求解。

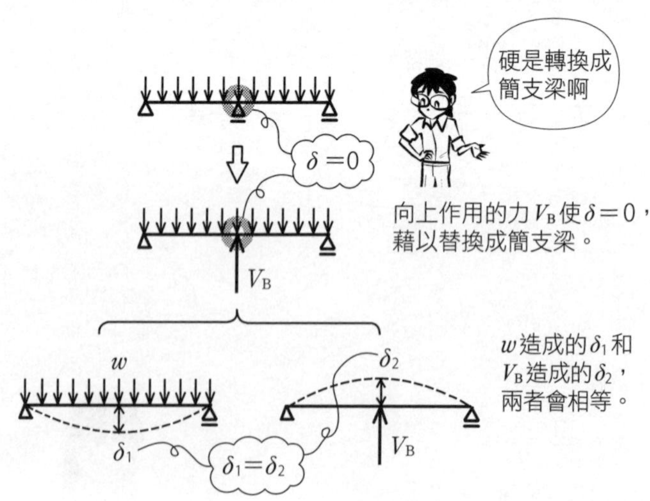

③由撓度δ的公式求出δ_1、δ_2。

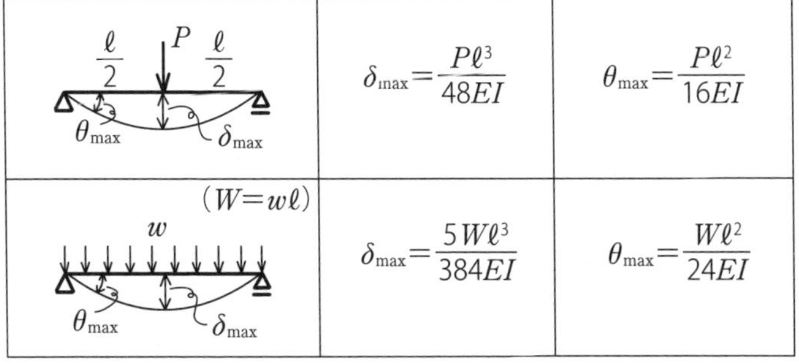

$\frac{\ell}{2}$ P $\frac{\ell}{2}$ θ_{max} δ_{max}	$\delta_{max}=\dfrac{P\ell^3}{48EI}$	$\theta_{max}=\dfrac{P\ell^2}{16EI}$
$(W=w\ell)$ w θ_{max} δ_{max}	$\delta_{max}=\dfrac{5W\ell^3}{384EI}$	$\theta_{max}=\dfrac{W\ell^2}{24EI}$

由此可知 $\delta_1=\dfrac{5w\ell^4}{384EI}$　$\delta_2=\dfrac{V_B\ell^3}{48EI}$

④由$\delta_2=\delta_1$求出V_B。$\dfrac{V_B\ell^3}{48EI}=\dfrac{5w\ell^4}{384EI}$

$$\therefore V_B=\frac{5\times 48}{384}w\ell=\frac{5}{8}w\ell$$

⑤由$\Sigma Fy=0$可求出V_A，再求得比。由於左右對稱，故C的反力$V_C=V_A$。

$$\Sigma Fy=0：V_A+V_B+V_A-w\ell=0(\uparrow\oplus)$$

$$2V_A=w\ell-V_B=\frac{3}{8}w\ell\quad\therefore V_A=\frac{3}{16}w\ell$$

$$V_A：V_B=\frac{3}{16}：\frac{5}{8}=\underline{\underline{3：10}}$$

⑥M圖為簡支梁的M圖重疊（累加）而成，描繪如下。

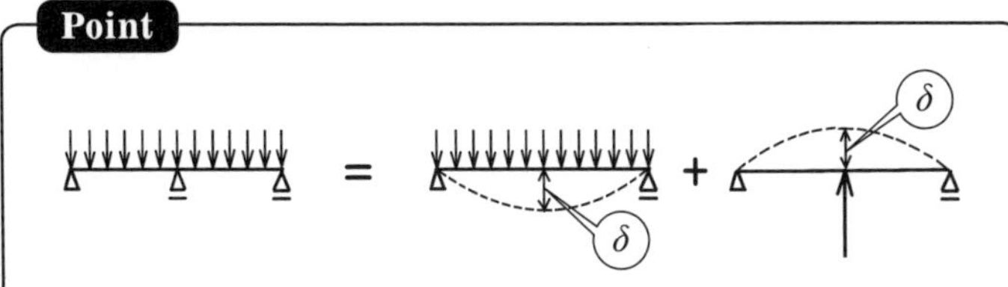

Point

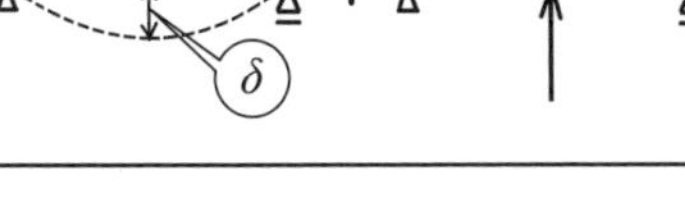

Q 如圖為相同材質・斷面的懸臂梁，全長承受均布荷重w的作用下，請求出B點的垂直反力V。

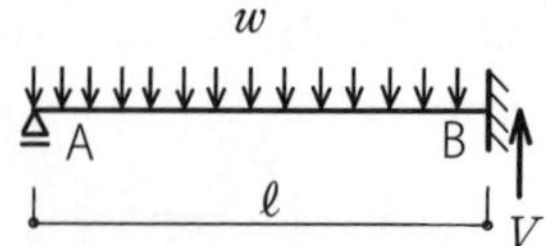

A ①懸臂梁的自由端以滾支承（移動端）支承的梁，是無法單以平衡求出反力的靜不定結構物。反力數是4個，方程式卻只有$\Sigma Fx=0$、$\Sigma Fy=0$、$\Sigma M=0$等3個，無法求解。有4個未知數就必須有4個方程式。

但這個梁的變形會像下圖一樣，因此可以想見固定支承會支撐較多的荷重。

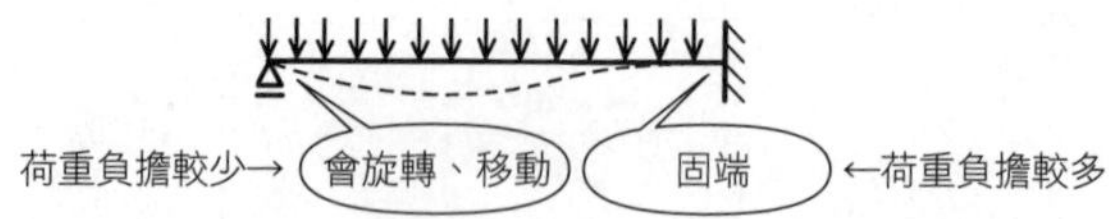

②一般來說，靜不定結構物無法單以平衡求解，還必須考量變形等條件。這個問題只要使用懸臂梁δ的公式，就可以得解了。

P, θ_{max}, δ_{max}	$\delta_{max}=\dfrac{P\ell^3}{3EI}$	$\theta_{max}=\dfrac{P\ell^2}{2EI}$
$(W=w\ell)$ w, θ_{max}, δ_{max}	$\delta_{max}=\dfrac{W\ell^3}{8EI}$	$\theta_{max}=\dfrac{W\ell^2}{6EI}$

③先假設A點為自由端，求出A點的撓度δ_1。

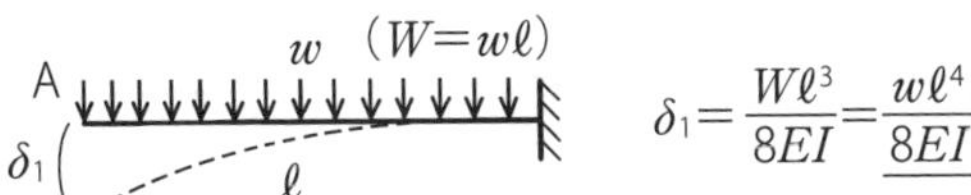

$$\delta_1=\frac{W\ell^3}{8EI}=\underline{\frac{w\ell^4}{8EI}}$$

④假設A點為自由端，並承受一向上力P的作用，求出撓度δ_2。

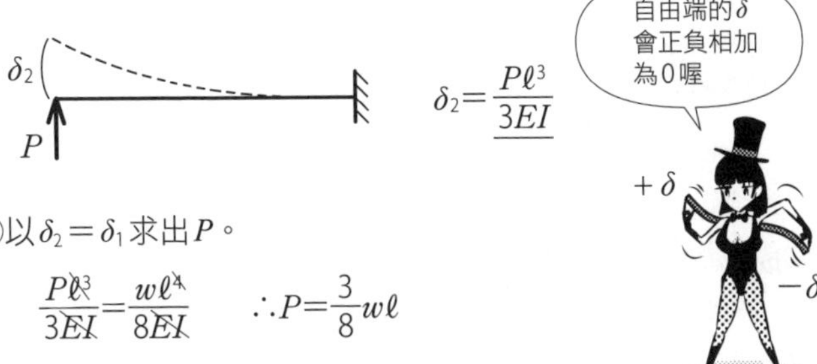

$$\delta_2=\underline{\frac{P\ell^3}{3EI}}$$

⑤以$\delta_2=\delta_1$求出P。

$$\frac{P\ell^3}{3EI}=\frac{w\ell^4}{8EI} \qquad \therefore P=\frac{3}{8}w\ell$$

⑥有w和P同時作用的A點，其撓度為0，
A點為滾支承，P即為其反力。

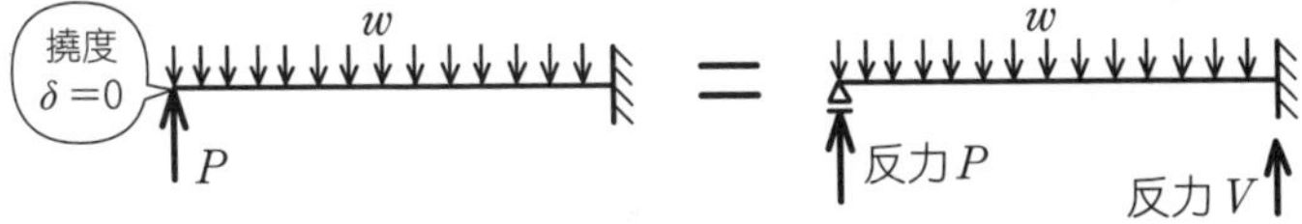

⑦由$\Sigma Fy=0$求出V。

$$\Sigma Fy=0：P+V-w\ell=0\ (\uparrow\oplus)$$

$$V=w\ell-P=w\ell-\frac{3}{8}w\ell=\underline{\underline{\frac{5}{8}w\ell}}$$

Point

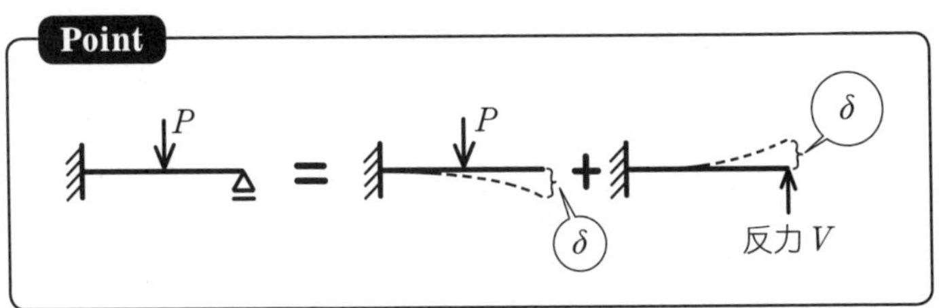

Q 如圖的梁，在B點的鉸接承受集中荷重P的作用，請求出A點、C點的垂直反力V_A、V_C大小的比。梁為相同材質・斷面。

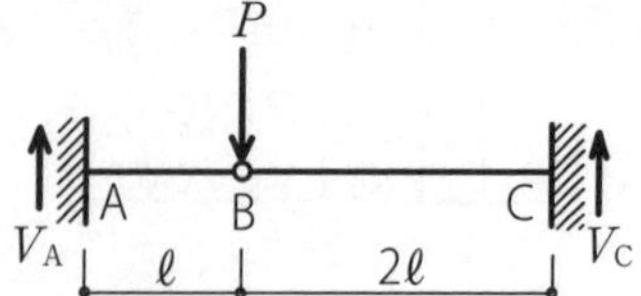

A ①這是中間有可旋轉的鉸接的特殊梁。右側承載人時，左側會跟著向下彎曲。

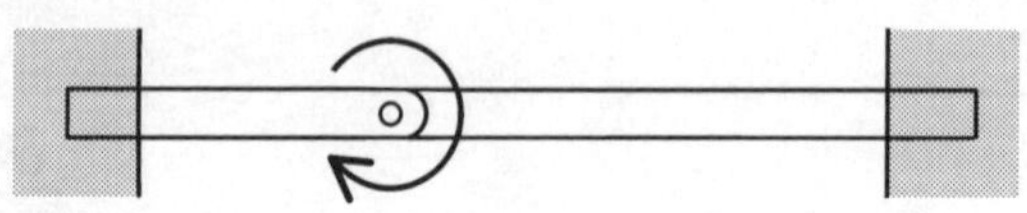

②分解成2個懸臂梁，以撓度δ相等來求解。

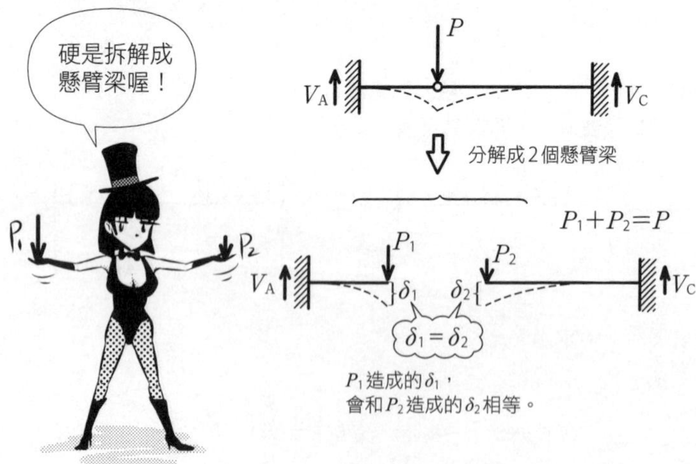

左側的懸臂梁較短，因此若要產生相同的撓度，會花費較多的力量。可由$P_1>P_2$、$V_A>V_C$來考量。

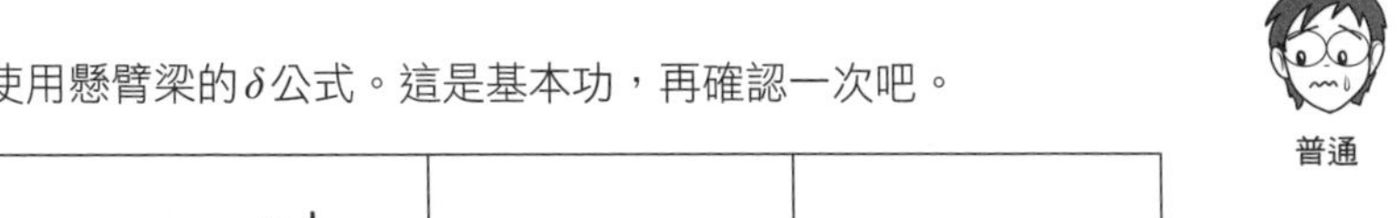

③使用懸臂梁的 δ 公式。這是基本功，再確認一次吧。

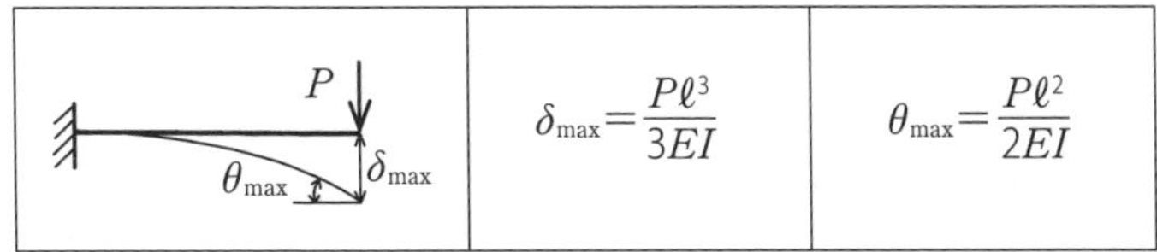	$\delta_{max}=\dfrac{P\ell^3}{3EI}$	$\theta_{max}=\dfrac{P\ell^2}{2EI}$

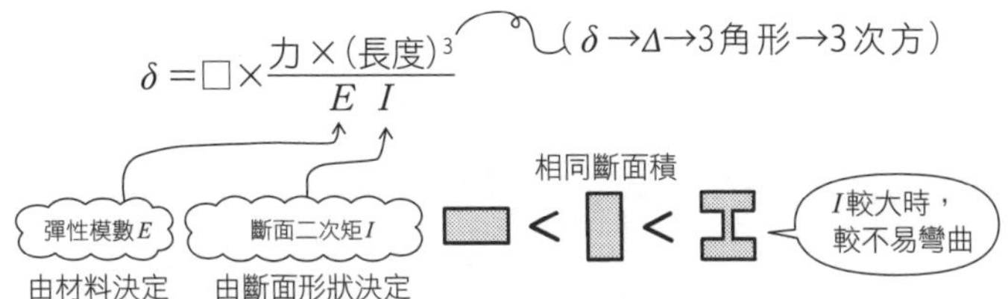

EI 稱為斷面彎曲剛度，是表示彎曲困難度的係數。
在 δ、θ 的公式中，一定會出現在分母。

④將 δ_1、δ_2 以 P_1、P_2 表示，且 $\delta_1=\delta_2$。

$$\begin{cases}\delta_1=\dfrac{P_1\ell^3}{3EI}\\[2ex]\delta_2=\dfrac{P_2(2\ell)^3}{3EI}=\dfrac{8P_2\ell^3}{3EI}\end{cases}$$

由 $\delta_1=\delta_2$，$\dfrac{P_1\ell^3}{3EI}=\dfrac{8P_2\ell^3}{3EI}$　　$\therefore P_1=8P_2$

這個公式
好常用喔…

⑤各個懸臂梁的 $\Sigma Fy=0$，因此 $V_A=P_1$、$V_C=P_2$。

$V_A : V_C=P_1 : P_2=8P_2 : P_2=\underline{\underline{8 : 1}}$

Point

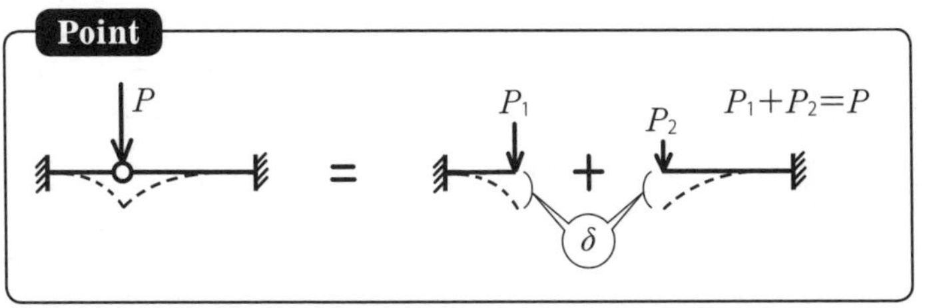

Q 如圖承受水平力P的柱A、B，其頂部的撓度為δ_A、δ_B，請求出P和δ_A、P和δ_B的關係式。此構材為相同材質・斷面，柱的彈性模數為E、斷面二次矩為I。

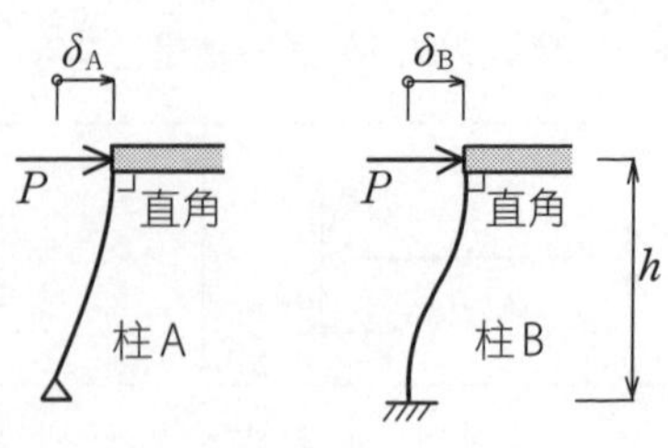

A ①將柱A置換成懸臂梁，使用懸臂梁的δ公式。

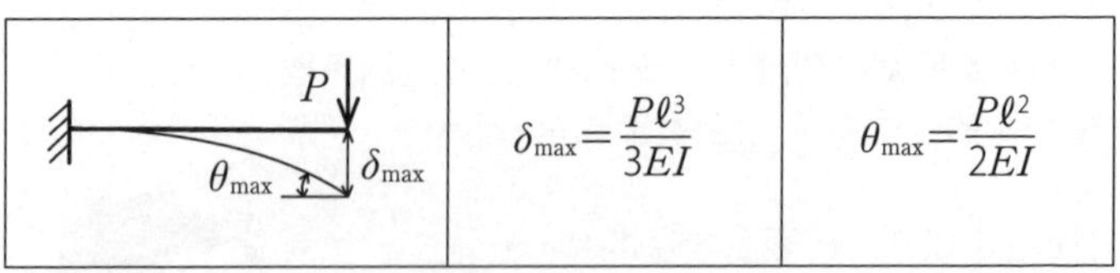

	$\delta_{max}=\dfrac{P\ell^3}{3EI}$	$\theta_{max}=\dfrac{P\ell^2}{2EI}$

如下圖，以縱向考量懸臂梁。柱腳的水平反力H，其方向和P相反，大小和P相等。

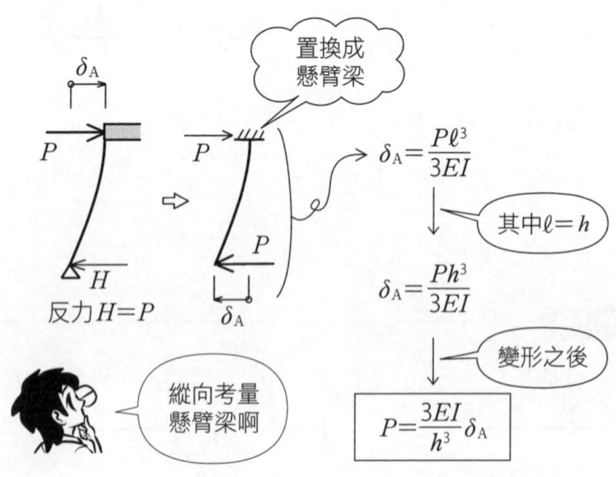

②將柱B分解成如下圖的2個懸臂梁來考量。從2等分的下方柱的x方向平衡，可知水平方向的剪力$Q=P$。力P在$\frac{1}{2}h$柱高所造成的撓度只有$\frac{1}{2}\delta_B$，列出算式。

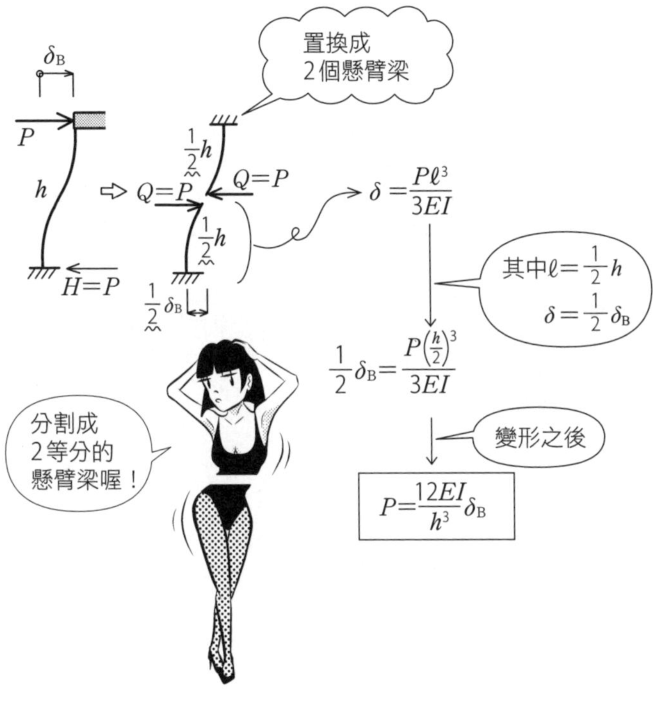

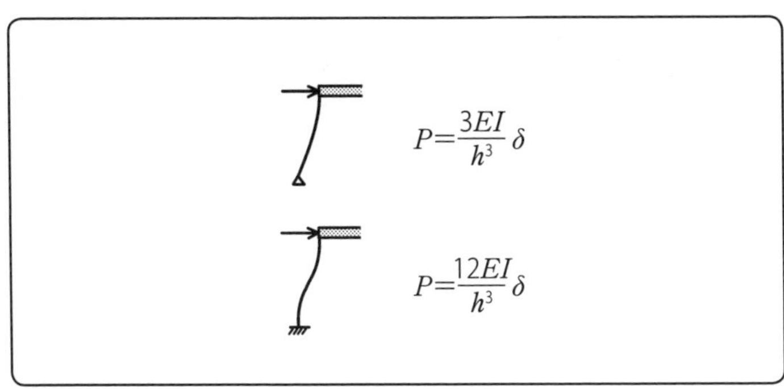

Q 如圖承受水平力P作用的門型構架1、2，請求出作用在A、B各柱柱頭的水平力P_A、P_B。梁為剛體，柱全為相同材質．斷面，柱頭的水平變位皆為δ。

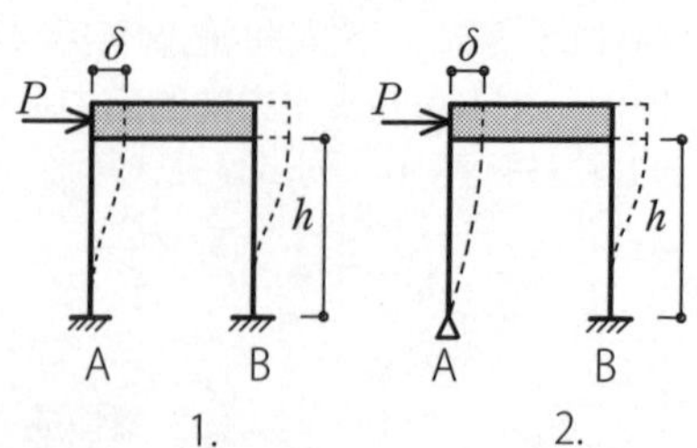

A ①構架是指柱梁的接合部位為剛接、不會旋轉的結構體。柱梁的直角在變形時也不會崩壞。剛體則是承受力作用也不會變形的物體。此時的梁既不會縮短也不會彎曲。

②1的門型構架，柱A、B的條件相同，作用在柱頭的水平力也相同，因此$P_A = P_B$。而造成變形的力就是P，即$P = P_A + P_B$。故$P_A = P_B = \frac{1}{2}P$。

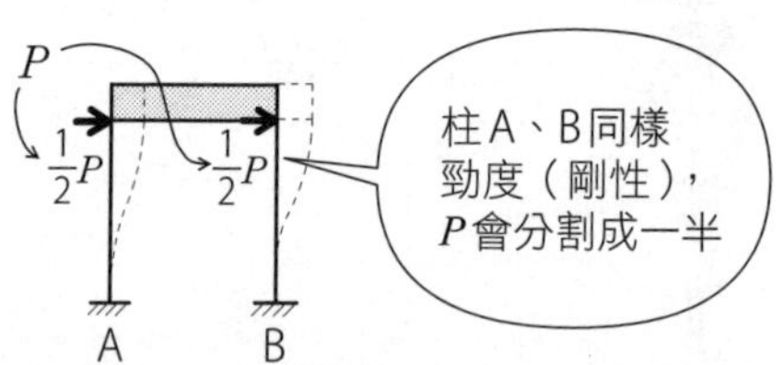

③試著以力＝勁度×變形（$P = k\delta$）的公式來考量。列出P_A＝□×δ、P_B＝○×δ的式子，就可知道P_A：P_B＝□：○。□、○的部分，就像是虎克定律裡的比例定數、彈簧常數，放在柱頭水平力的情況下，便稱為水平勁度。勁度是指堅固、不易彎曲的意思。彈性模數E、斷面二次矩I的乘積＝EI（斷面彎曲剛度），也包含在這個等式中。

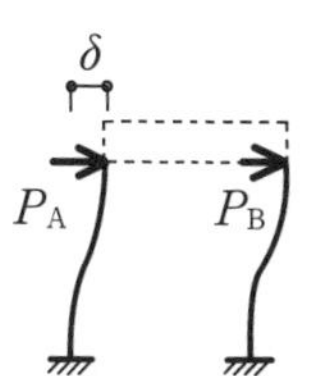

④將1的門型構架，列出$P=\square\delta$的算式。

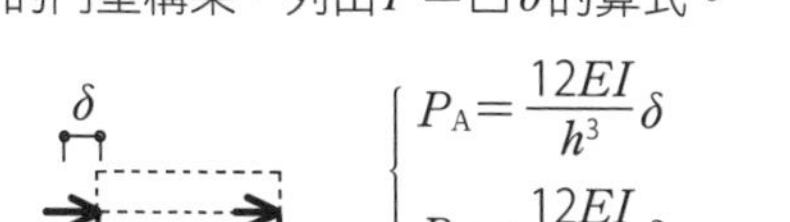

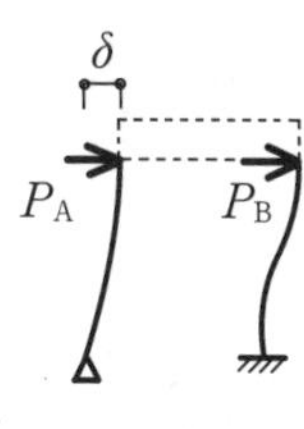

$$\begin{cases} P_A=\dfrac{12EI}{h^3}\delta \\ P_B=\dfrac{12EI}{h^3}\delta \end{cases}$$

$$\therefore P_A:P_B=1:1$$

$$\begin{cases} P_A=\dfrac{1}{1+1}P=\underline{\underline{\dfrac{1}{2}P}} \\ P_B=\dfrac{1}{1+1}P=\underline{\underline{\dfrac{1}{2}P}} \end{cases}$$

（由 $P=P_A+P_B=\dfrac{12EI}{h^3}\delta+\dfrac{12EI}{h^3}\delta=\dfrac{24EI}{h^3}\delta$
從 $\delta=\dfrac{h^3}{24EI}P$ 得知 δ，故$P_A=\dfrac{12EI}{h^3}\times\dfrac{h^3}{24EI}P=\dfrac{1}{2}P$
求出δ之後，就可以求得各柱的P_A、P_B了。）

⑤接著是2的門型構架，列出$P=\square\delta$的算式。

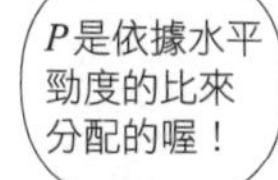

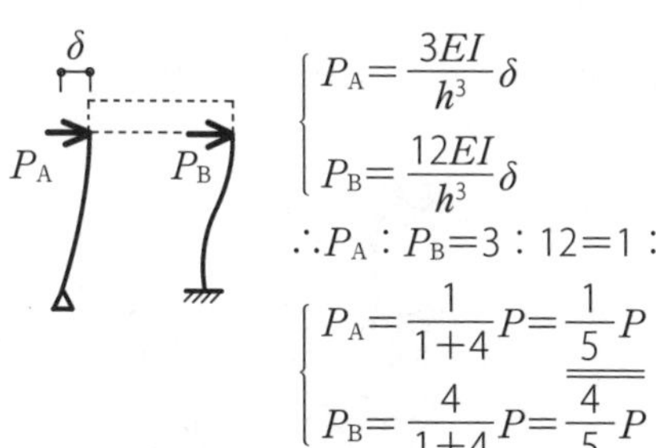

$$\begin{cases} P_A=\dfrac{3EI}{h^3}\delta \\ P_B=\dfrac{12EI}{h^3}\delta \end{cases}$$

$$\therefore P_A:P_B=3:12=1:4$$

$$\begin{cases} P_A=\dfrac{1}{1+4}P=\underline{\underline{\dfrac{1}{5}P}} \\ P_B=\dfrac{4}{1+4}P=\underline{\underline{\dfrac{4}{5}P}} \end{cases}$$

Point

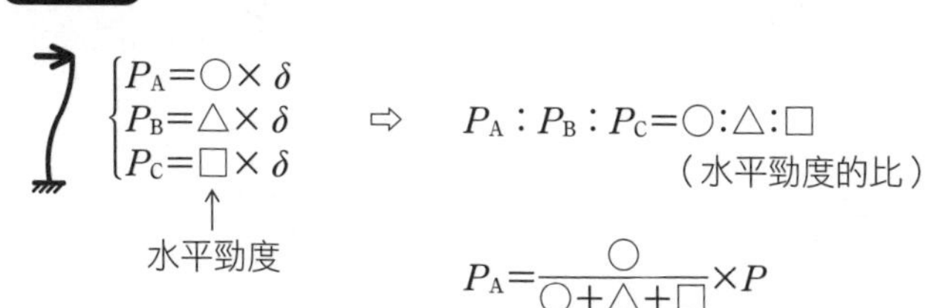

$$\begin{cases} P_A=\bigcirc\times\delta \\ P_B=\triangle\times\delta \\ P_C=\square\times\delta \end{cases} \Rightarrow P_A:P_B:P_C=\bigcirc:\triangle:\square$$

↑
水平勁度

（水平勁度的比）

$$P_A=\frac{\bigcirc}{\bigcirc+\triangle+\square}\times P$$

Q 如圖承受水平力P作用的構架，請求出作用在柱A、B的剪力Q_A、Q_B。各柱為相同材質・斷面，梁為剛體。

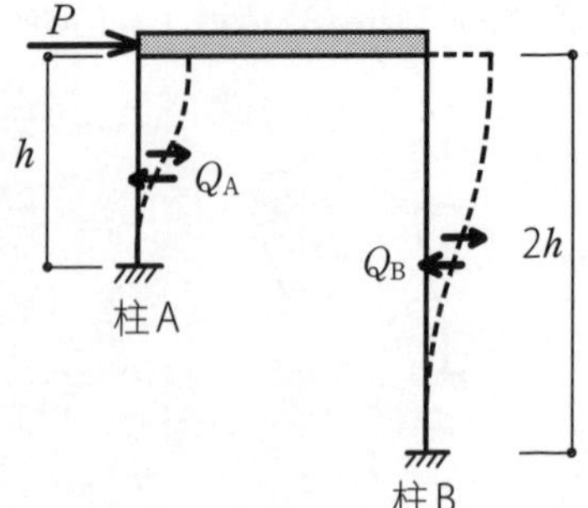

A ①作用在A柱頭的水平力若為P_A，剪力Q_A會與之平衡，即$Q_A = P_A$。就像這樣，外力P會依柱的型態分配成P_A、P_B，再傳遞到柱內部成為Q_A、Q_B。

②假設水平變位為δ，列出柱的$P=\square\times\delta$的算式。

$$\begin{cases} P_A=Q_A=\dfrac{12EI}{h^3}\delta \\ P_B=Q_B=\dfrac{12EI}{(2h)^3}\delta=\dfrac{1}{8}\cdot\dfrac{12EI}{h^3}\delta \end{cases}$$

$$\therefore P_A:P_B=1:\frac{1}{8}=8:1$$

$$\begin{cases} P_A=Q_A=\dfrac{8}{8+1}P=\underline{\dfrac{8}{9}P} \quad \cdots\cdots(1) \\ P_B=Q_B=\dfrac{1}{8+1}P=\underline{\dfrac{1}{9}P} \quad \cdots\cdots(2) \end{cases}$$

③求出δ後，就可以得到P_A、P_B。

$$P=P_A+P_B=\frac{12EI}{h^3}\delta+\frac{1}{8}\cdot\frac{12EI}{h^3}\delta=\frac{9}{8}\cdot\frac{12EI}{h^3}\delta=\frac{27}{2}\cdot\frac{EI}{h^3}\delta$$

因此，$\delta=\dfrac{2Ph^3}{27EI}$。將$\delta$代入(1)、(2)式中

$$\begin{cases} P_A=\dfrac{12EI}{h^3}\times\dfrac{2Ph^3}{27EI}=\underline{\dfrac{8}{9}P} \\ P_B=\dfrac{12EI}{8h^3}\times\dfrac{2Ph^3}{27EI}=\underline{\dfrac{1}{9}P} \end{cases}$$

故 $\underline{\underline{Q_A=\dfrac{8}{9}P}}$、$\underline{\underline{Q_B=\dfrac{1}{9}P}}$

④以P為縱軸、δ為橫軸畫圖，其斜率就是水平勁度。長度為一半的P_A，斜率比起P_B多8倍。因此若要獲得相同的變位δ，必須要8倍的力量。水平勁度較大的固定柱，和其他柱相比，會分擔較大的水平力。

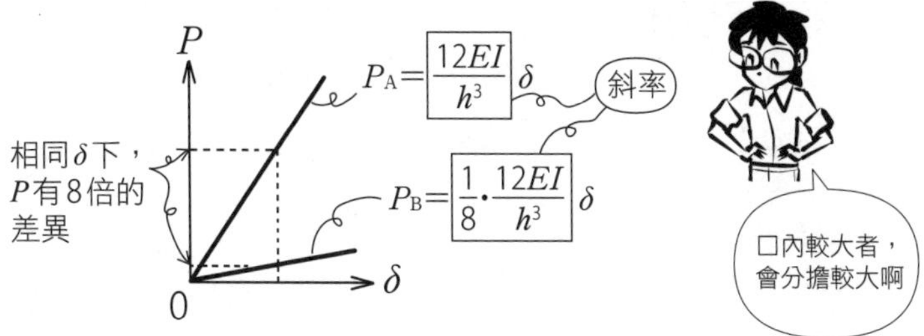

Q 如圖，梁為非剛體的構架，在柱A、B、C產生的剪力Q_A、Q_B、Q_C中，最大值是哪一個？柱梁為相同材質・斷面。

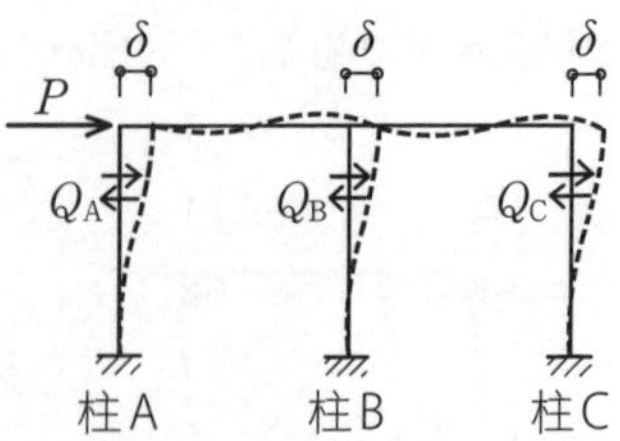

A ①至今的水平力問題，梁皆為剛體不會彎曲，柱梁的節點也不會旋轉。因此在柱頭的旋轉為完全拘束的情況下，就可以使用從懸臂梁承受荷重力矩的δ公式推導而得的公式。

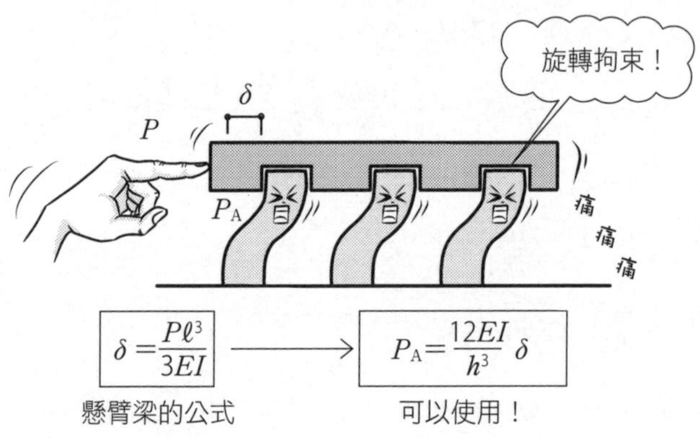

假設作用在各柱頭的力為P_1、P_2、P_3，變位為δ、柱腳的剪力為Q_1、Q_2、Q_3

$$\begin{cases} P_1=Q_1=\dfrac{12EI}{h^3}\delta \\ P_2=Q_2=\dfrac{12EI}{h^3}\delta \\ P_3=Q_3=\dfrac{12EI}{h^3}\delta \end{cases}$$

$$Q_1:Q_2:Q_3=1:1:1$$

$$\therefore Q_1=Q_2=Q_3=\frac{1}{3}P$$

②如本題，若柱頭的旋轉並非完全拘束的話，負擔的力會隨著拘束的情況而改變。受到越多拘束，就要承受越多的力。P 分配成 P_A、P_B、P_C 時，柱頭不能旋轉、越難以彎曲的柱會承受越大的力。作用在柱頭的水平力會傳遞至柱內部，成為剪力 Q_A、Q_B、Q_C。

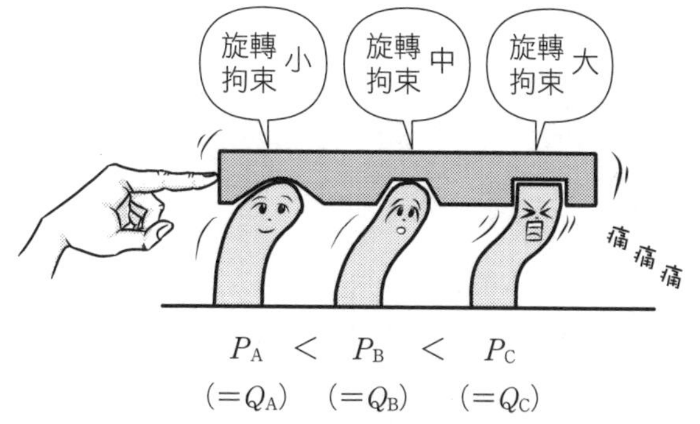

③題目的情況是中柱B的兩側有梁，角柱A、C只有單側有梁。由於各梁的彎曲困難度都相同，中柱B的柱頭會是最難旋轉的地方。因此可知 $P_B=Q_B$ 為最大。正確的數值必須用傾角變位法來求得。

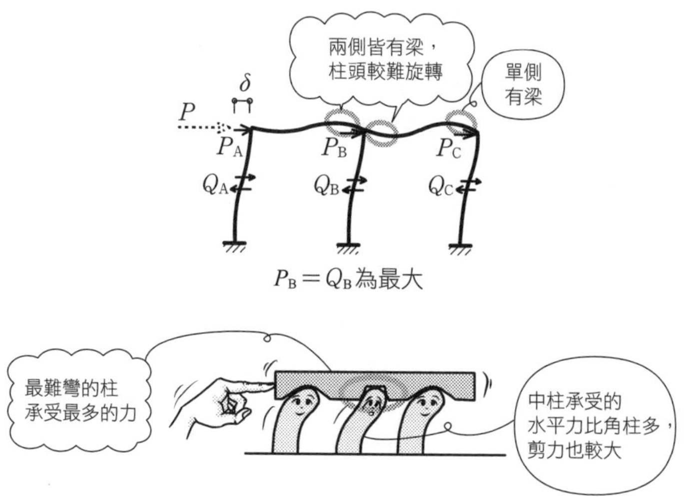

Q 如圖承受水平力P作用的構架，請求出柱A、B、C產生的剪力Q_A、Q_B、Q_C的比。柱全為相同材質・斷面的彈性構材，斷面彎曲剛度為EI或$2EI$，梁為剛體。

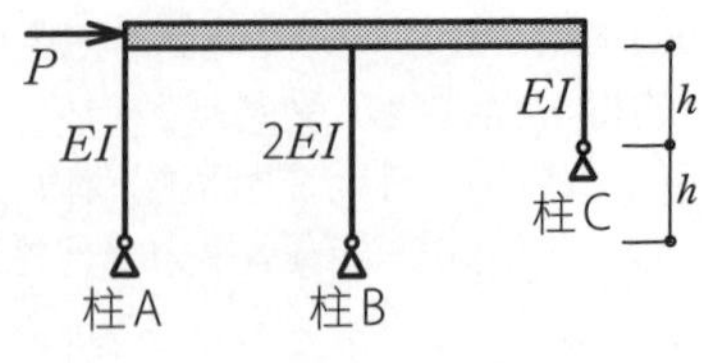

A ①柱腳的♀記號跟△的記號一樣，代表鉸接（鉸支承）。為了強調可旋轉就不傳遞彎矩，而附上○的記號。

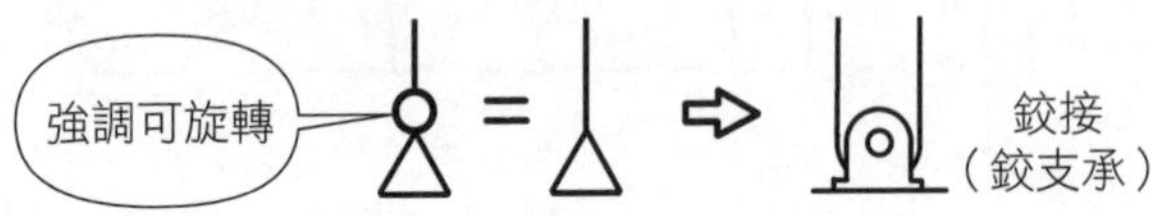

②斷面彎曲剛度就是彈性模數×斷面二次矩（$E \times I$），為表示構材彎曲困難度的係數。彈性模數E是由材料決定變形困難度的係數，斷面二次矩I則是由斷面形狀決定彎曲困難度的係數。EI一定會出現在δ、θ的公式中。那是從共軛梁法的虛擬分布荷重$\frac{M}{EI}$推導而來的公式。

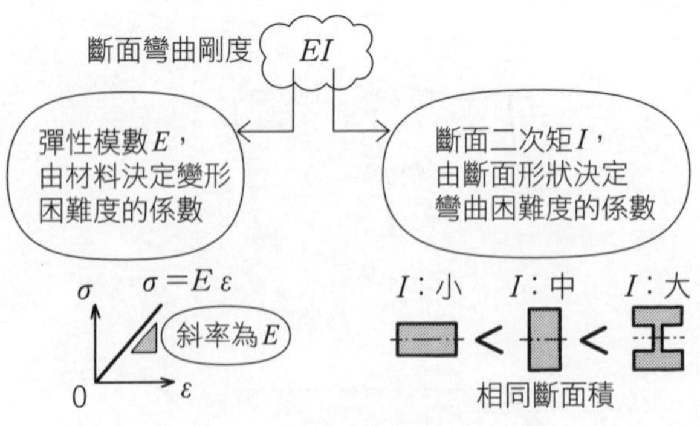

③做出各柱的 $P=\square\times\delta$ 的公式。柱腳為鉸接，分子使用3的公式。好好記下這兩個公式吧。

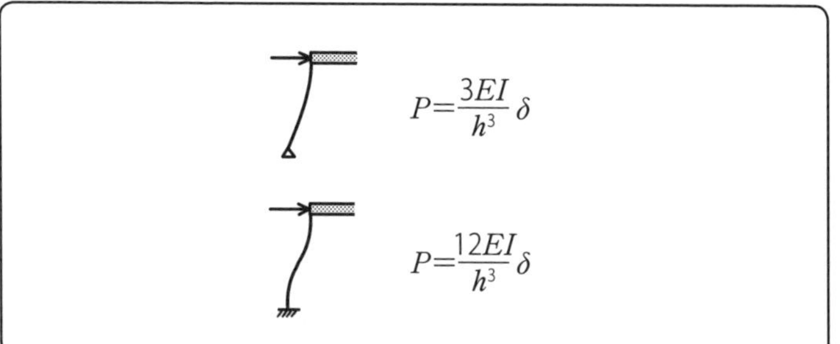

$$P=\frac{3EI}{h^3}\delta$$

$$P=\frac{12EI}{h^3}\delta$$

作用在柱頭的水平力 P_A、P_B、P_C，會等於柱內部的剪力 Q_A、Q_B、Q_C。

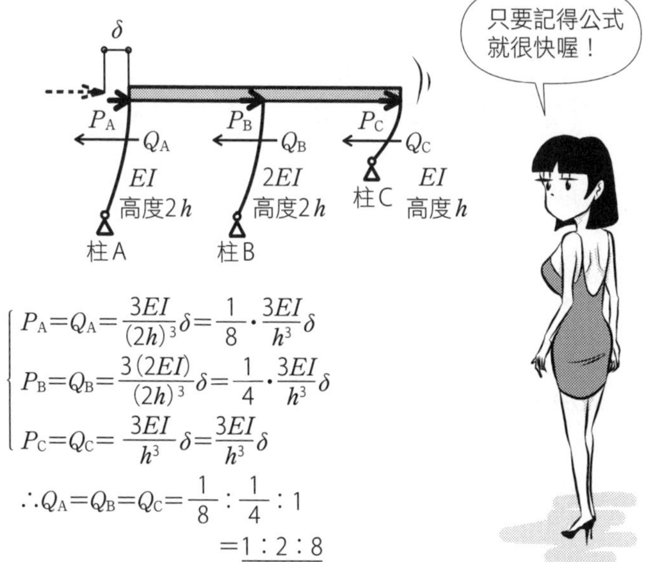

$$\begin{cases} P_A=Q_A=\dfrac{3EI}{(2h)^3}\delta=\dfrac{1}{8}\cdot\dfrac{3EI}{h^3}\delta \\ P_B=Q_B=\dfrac{3(2EI)}{(2h)^3}\delta=\dfrac{1}{4}\cdot\dfrac{3EI}{h^3}\delta \\ P_C=Q_C=\dfrac{3EI}{h^3}\delta=\dfrac{3EI}{h^3}\delta \end{cases}$$

$$\therefore Q_A=Q_B=Q_C=\frac{1}{8}:\frac{1}{4}:1$$

$$=\underline{\underline{1:2:8}}$$

★ R090 check ▶□□□

Q 如圖柱腳為固定的2根柱A、B，柱頭以鉸接和剛棒連結在一起。在剛棒承受水平荷重P作用時，請求出柱腳a、b點所產生的彎曲應力σ_A、σ_B的比。柱A、B的彈性模數相等，內力作用在彈性範圍內，忽略剛棒的厚度和鉸接的高度。

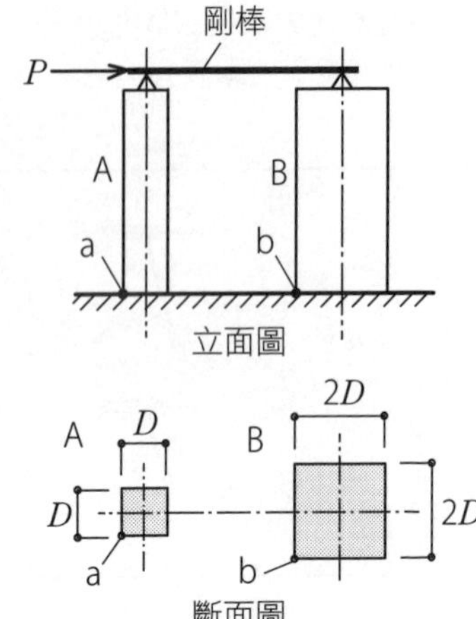

A ①求出作用在柱A、B柱頭的力P_A、P_B。由於A較細（斷面二次矩I較小），彎曲較容易，所以P_A會比較小。由力＝□×δ的□，進行P的比例分配。

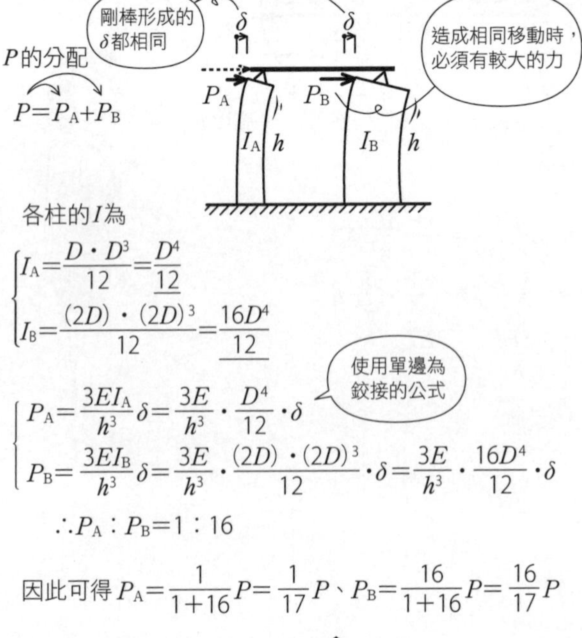

各柱的I為

$$\begin{cases} I_A=\dfrac{D\cdot D^3}{12}=\dfrac{D^4}{12} \\ I_B=\dfrac{(2D)\cdot(2D)^3}{12}=\dfrac{16D^4}{12} \end{cases}$$

$$\begin{cases} P_A=\dfrac{3EI_A}{h^3}\delta=\dfrac{3E}{h^3}\cdot\dfrac{D^4}{12}\cdot\delta \\ P_B=\dfrac{3EI_B}{h^3}\delta=\dfrac{3E}{h^3}\cdot\dfrac{(2D)\cdot(2D)^3}{12}\cdot\delta=\dfrac{3E}{h^3}\cdot\dfrac{16D^4}{12}\cdot\delta \end{cases}$$

$$\therefore P_A : P_B = 1 : 16$$

因此可得$P_A=\dfrac{1}{1+16}P=\dfrac{1}{17}P$、$P_B=\dfrac{16}{1+16}P=\dfrac{16}{17}P$

②求出作用在柱 A、B的柱腳彎矩 M_A、M_B。

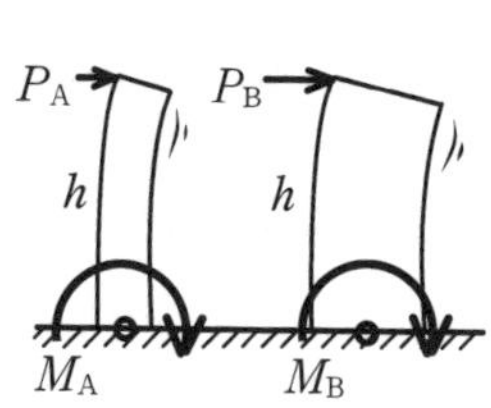

彎矩＝力×長度

$$\begin{cases} M_A = P_A \times h = \dfrac{1}{17}Ph \\ M_B = P_B \times h = \dfrac{16}{17}Ph \end{cases}$$

13

③從作用在柱腳的彎矩 M_A、M_B，可求出彎曲應力 σ_A、σ_B。a點、b點雖然是在偏離軸的偏心位置，σ_A、σ_B 的大小還是和中性軸上的彎曲應力相同。

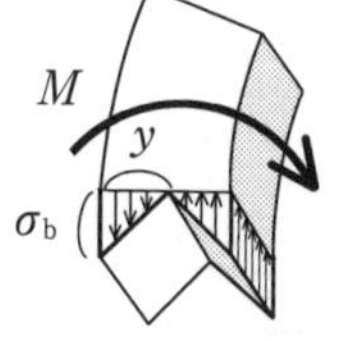

$$\sigma_b = \frac{My}{I}$$

$$\begin{cases} \sigma_A = \dfrac{M_A \cdot \frac{1}{2}D}{I_A} = \dfrac{Ph}{17} \cdot \dfrac{D}{2} \cdot \dfrac{12}{D^4} = \dfrac{6}{17}\dfrac{Ph}{D^3} \\ \sigma_B = \dfrac{M_B \cdot D}{I_B} = \dfrac{16Ph}{17} \cdot D \cdot \dfrac{12}{16D^4} = \dfrac{12}{17}\dfrac{Ph}{D^3} \end{cases}$$

$\therefore \sigma_A : \sigma_B = 6 : 12 = \underline{\underline{1 : 2}}$

Point

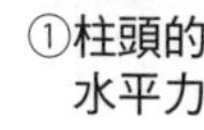

①柱頭的水平力

$$\begin{cases} P_A = \bigcirc \times \delta \\ P_B = \square \times \delta \end{cases}$$

⇩

$$\begin{cases} P_A = \dfrac{\bigcirc}{\bigcirc + \square}P \\ P_B = \dfrac{\square}{\bigcirc + \square}P \end{cases}$$

②柱腳的彎矩

$$\begin{cases} M_A = P_A \times h \\ M_B = P_B \times h \end{cases}$$

⇩

彎曲應力

$$\begin{cases} \sigma_A = \dfrac{M_A y_A}{I_A} \\ \sigma_B = \dfrac{M_B y_B}{I_B} \end{cases}$$

Q 如圖承受水平力作用的3層結構物，各層的層間變位相等，請求出各層水平勁度K_1：K_2：K_3的比。梁為剛體，柱沒有伸縮，各柱為相同材質・斷面。

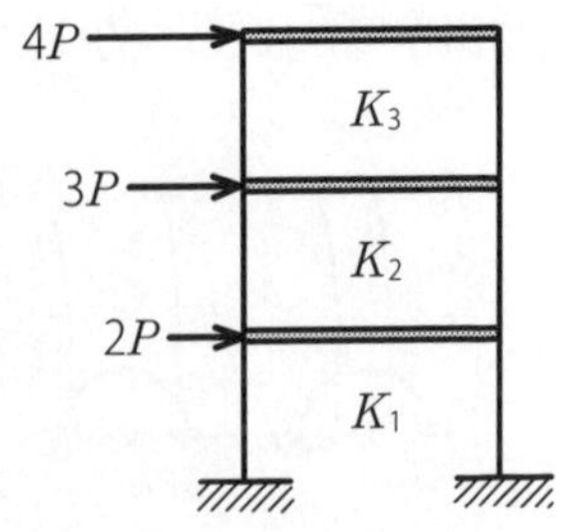

A ①建物地板是大部分的重量、質量集中的地方，因此常以地板為中心，考量地震等的水平力。由柱、牆壁的中央切斷，將上下的地板分開。以各層地板為中心的質量固體稱為層。各層各自承受水平力作用，進行內力的計算。

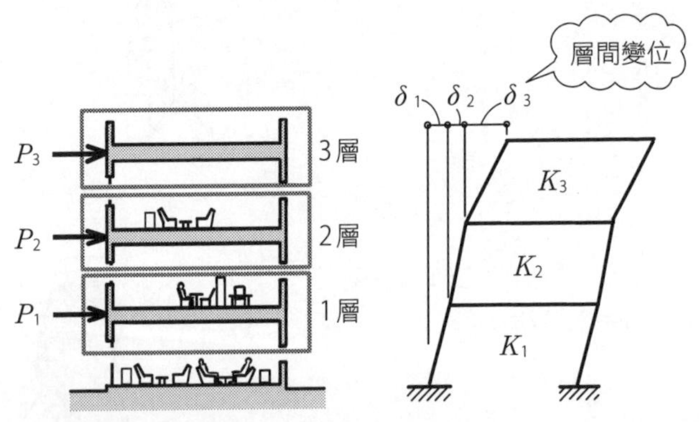

②如字面所述，層間變位是層和層之間的相對變位、水平移動的數值。作用在各個柱頭的力，其$P=\square\times\delta$的關係式會成立；若是整層柱的合計，即作用在該層的力，其$P=\square\times\delta$的關係式也一樣成立。此時的□是該層的水平勁度，而P就是柱的剪力合計，即層剪力。

③作用在各層柱頭的力，以切斷柱的水平方向平衡來考量時，第3層為 P_3，第2層為 P_3+P_2，第1層為 $P_3+P_2+P_1$，用加法計算就可得到。這就是各層的層剪力。

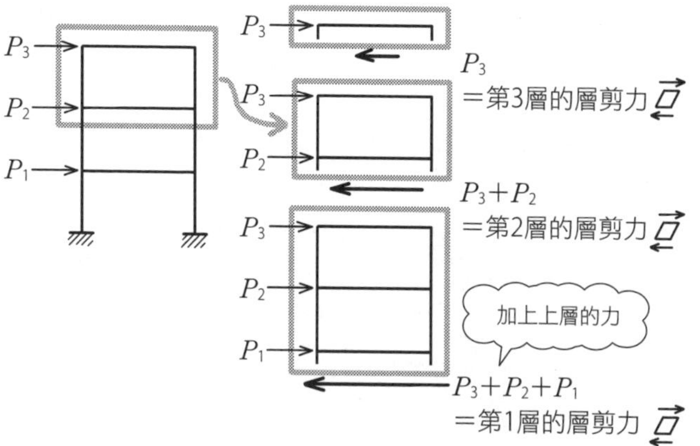

④問題的各層水平力=層剪力，列出 $P=\square\times\delta$ 的算式。

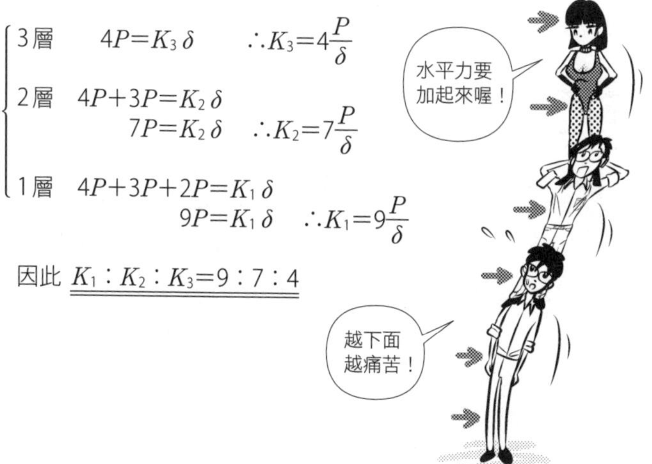

3層　$4P=K_3\delta$　$\therefore K_3=4\dfrac{P}{\delta}$

2層　$4P+3P=K_2\delta$
$7P=K_2\delta$　$\therefore K_2=7\dfrac{P}{\delta}$

1層　$4P+3P+2P=K_1\delta$
$9P=K_1\delta$　$\therefore K_1=9\dfrac{P}{\delta}$

因此 $K_1:K_2:K_3=9:7:4$

Q 如圖承受水平力作用的2層結構物，1層的層間變位δ_1，2層的層間變位δ_2，請求出2層整體的變位δ。1層的水平勁度為$2K$，2層的水平勁度為K，梁為剛體，柱沒有伸縮的情形。

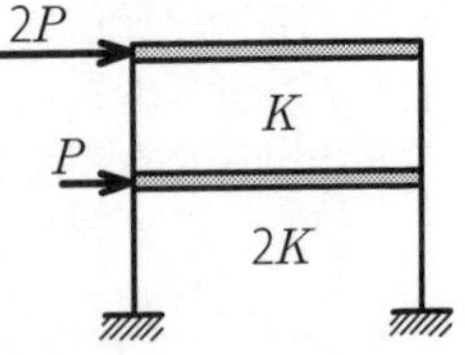

A ①<u>層間變位</u>是層和層之間的相對變位，而<u>變位</u>則是指從原來的位置水平移動多少的長度。

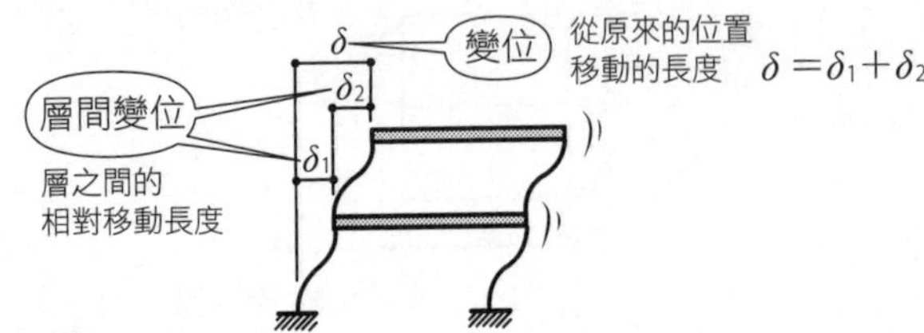

②<u>某層承受的水平力，是該層以上所受的水平力合計</u>。這個水平力會成為各柱的剪力。也就是說，各柱剪力合計所得之該層整體的剪力（<u>層剪力</u>），與該層以上的水平力合計相同。

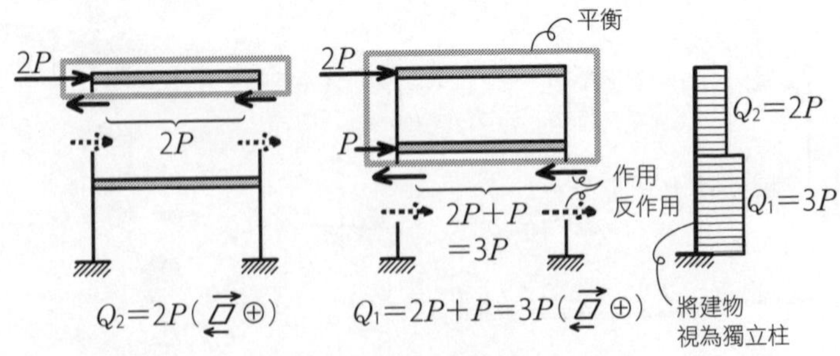

層所受的水平力（＝層剪力）是越往下就越大。將建物視為一根獨立柱來看時，比較容易感受到變化。

③列出問題各層 $P=□\times\delta$ 的算式，求出各自的 δ。

$$2P=K\cdot\delta_2 \quad \therefore \delta_2=\frac{2P}{K}$$

$$3P=2K\cdot\delta_1 \quad \therefore \delta_1=\frac{3P}{2K}$$

$$\delta=\delta_1+\delta_2=\frac{2P}{K}+\frac{3P}{2K}=\frac{4P+3P}{2K}=\frac{7P}{2K}$$

Point

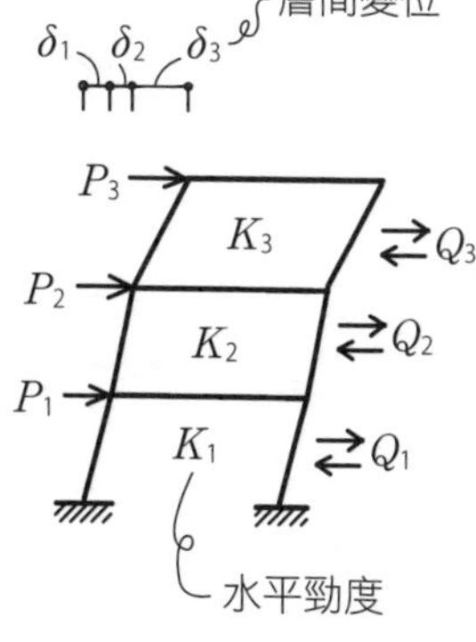

①合計上半部的水平力，
求出層剪力

$$\begin{cases} Q_3=P_3 \\ Q_2=P_2+P_3 \\ Q_1=P_1+P_2+P_3 \end{cases}$$

②列出 $P=□\times\delta$ 的算式

$$\begin{cases} P_3=K_3\delta_3 \\ P_2+P_3=K_2\delta_2 \\ P_1+P_2+P_3=K_1\delta_1 \end{cases}$$

③合計層間變位，
求出整體的變位

$$\delta=\delta_1+\delta_2+\delta_3$$

Q 如圖承受水平力作用的3層結構物A、B、C，頂部的變位為δ_A、δ_B、δ_C時，請求出變位之間的大小關係。1層、2層、3層的水平勁度分別是$4K$、$2K$、$2K$，梁為剛體，柱沒有伸縮的情形。

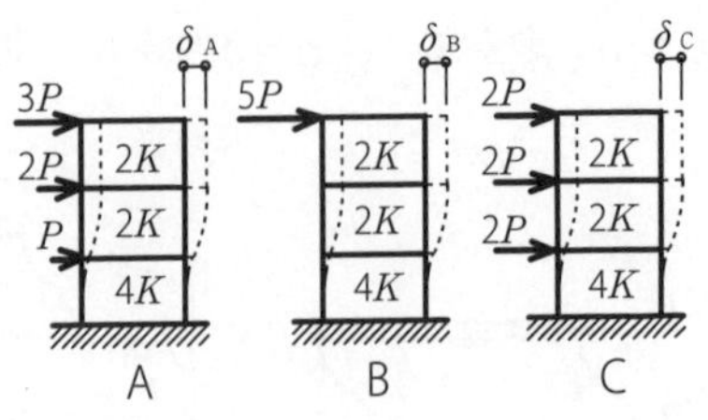

A ①水平力是從上累加計算而來，可求出作用在各層的水平力（層剪力）。

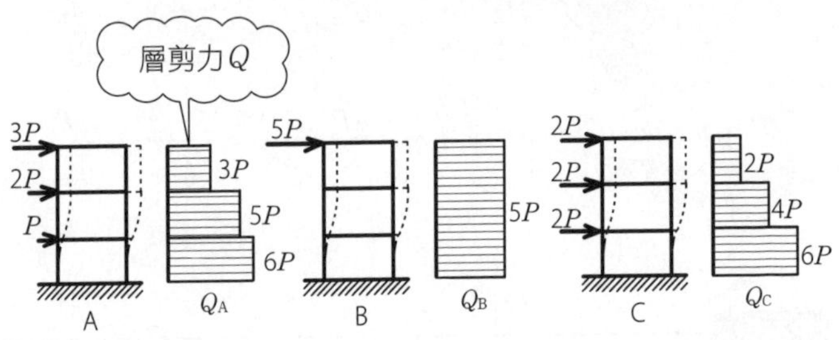

②列出A各層$P=\square\times\delta$的算式。

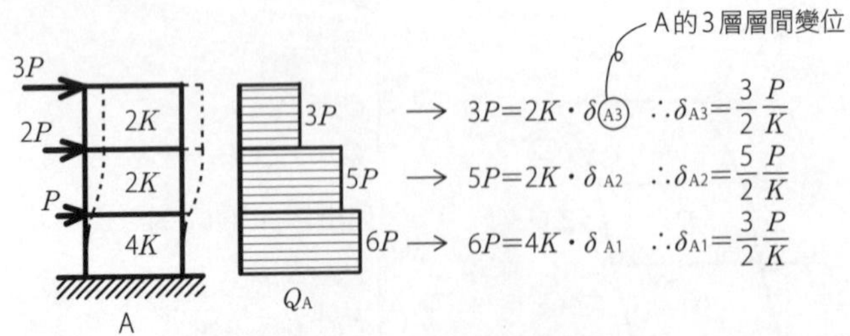

$3P=2K\cdot\delta_{A3}$　$\therefore\delta_{A3}=\frac{3}{2}\frac{P}{K}$

$5P=2K\cdot\delta_{A2}$　$\therefore\delta_{A2}=\frac{5}{2}\frac{P}{K}$

$6P=4K\cdot\delta_{A1}$　$\therefore\delta_{A1}=\frac{3}{2}\frac{P}{K}$

將各層的層間變位加起來，就可以得到整體的變位（頂部的變位）δ_A。

$$\delta_A=\delta_{A1}+\delta_{A2}+\delta_{A3}=\frac{3}{2}\frac{P}{K}+\frac{5}{2}\frac{P}{K}+\frac{3}{2}\frac{P}{K}=\underline{\frac{11}{2}\frac{P}{K}}$$

③列出B各層 $P=\square\times\delta$ 的算式。

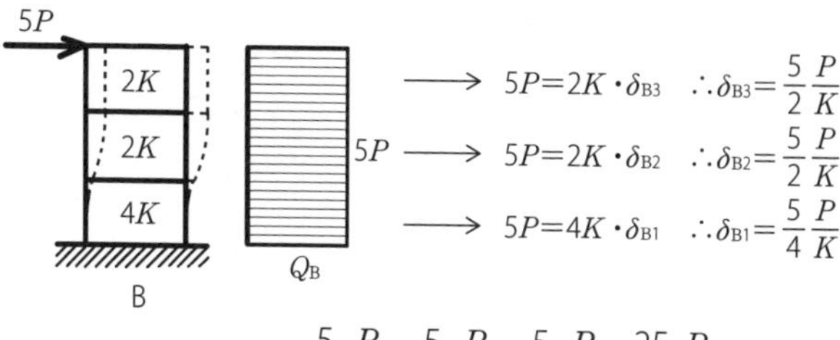

$$5P=2K\cdot\delta_{B3}\quad\therefore\delta_{B3}=\frac{5}{2}\frac{P}{K}$$

$$5P=2K\cdot\delta_{B2}\quad\therefore\delta_{B2}=\frac{5}{2}\frac{P}{K}$$

$$5P=4K\cdot\delta_{B1}\quad\therefore\delta_{B1}=\frac{5}{4}\frac{P}{K}$$

$$\delta_B=\delta_{B1}+\delta_{B2}+\delta_{B3}=\frac{5}{2}\frac{P}{K}+\frac{5}{2}\frac{P}{K}+\frac{5}{4}\frac{P}{K}=\underline{\frac{25}{4}\frac{P}{K}}$$

④列出C各層 $P=\square\times\delta$ 的算式。

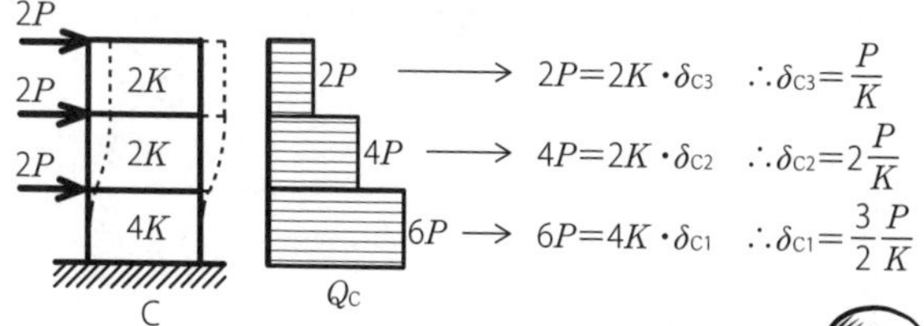

$$2P=2K\cdot\delta_{C3}\quad\therefore\delta_{C3}=\frac{P}{K}$$

$$4P=2K\cdot\delta_{C2}\quad\therefore\delta_{C2}=2\frac{P}{K}$$

$$6P=4K\cdot\delta_{C1}\quad\therefore\delta_{C1}=\frac{3}{2}\frac{P}{K}$$

$$\delta_C=\delta_{C1}+\delta_{C2}+\delta_{C3}=\frac{P}{K}+2\frac{P}{K}+\frac{3}{2}\frac{P}{K}=\underline{\frac{9}{2}\frac{P}{K}}$$

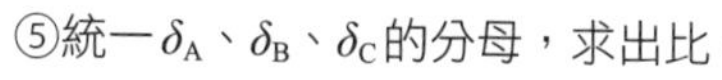

⑤統一 δ_A、δ_B、δ_C 的分母，求出比。

$$\delta_A:\delta_B:\delta_C=\frac{11}{2}:\frac{25}{4}:\frac{9}{2}=22:25:18$$

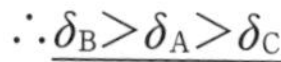

$$\therefore\underline{\underline{\delta_B>\delta_A>\delta_C}}$$

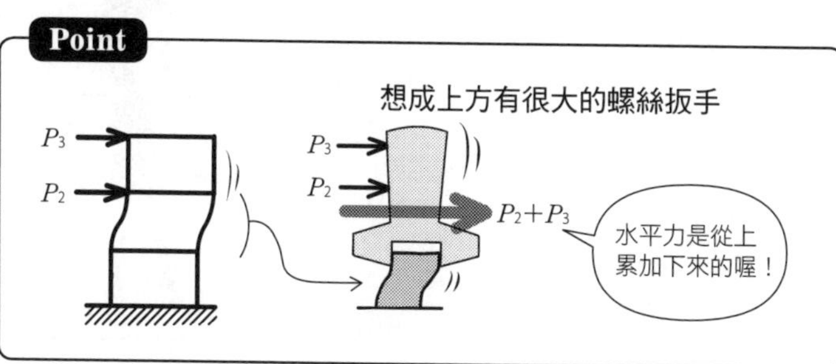

Q 如圖頂部有集中質量的圓棒A、B、C，請求出基本週期 T_A、T_B、T_C 的大小關係。3根棒子為相同材質，並忽略棒子的質量。

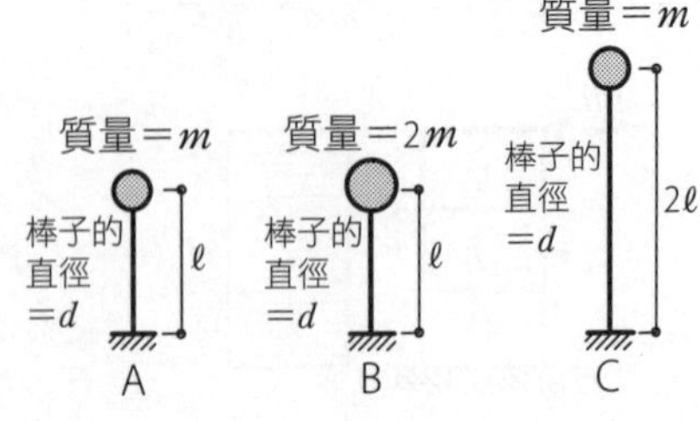

A ①有 $P=k\delta$（力＝彈簧常數×變位）的關係，質量為 m 的物體振動時，其基本週期 T 為 $2\pi\sqrt{\frac{m}{k}}$（秒）。

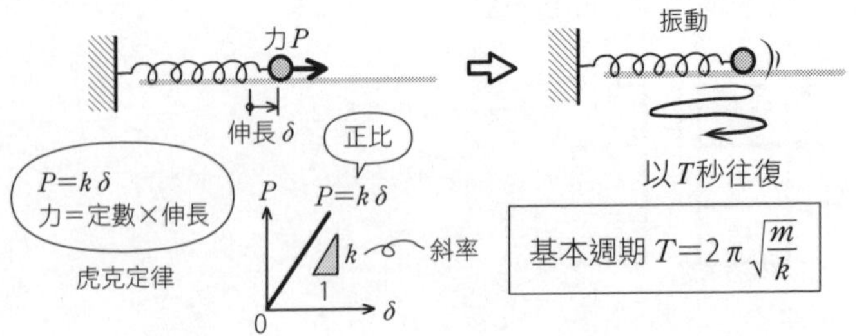

基本週期的「基本」，是指該結構體本來、固有的週期，不受力或搖晃（振幅）的影響，為一定的週期。

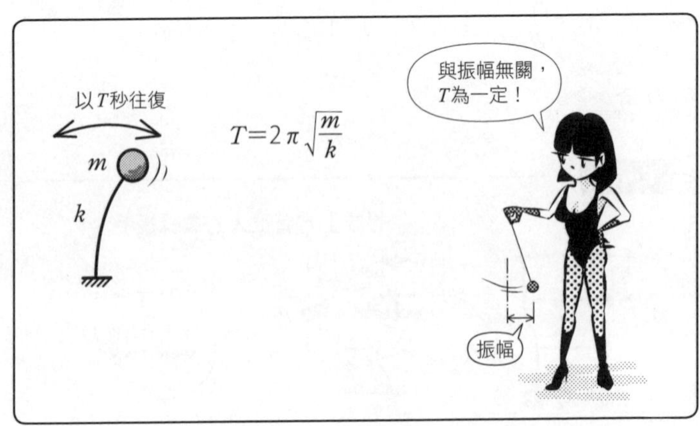

②由公式求出各柱的斷面二次矩I。

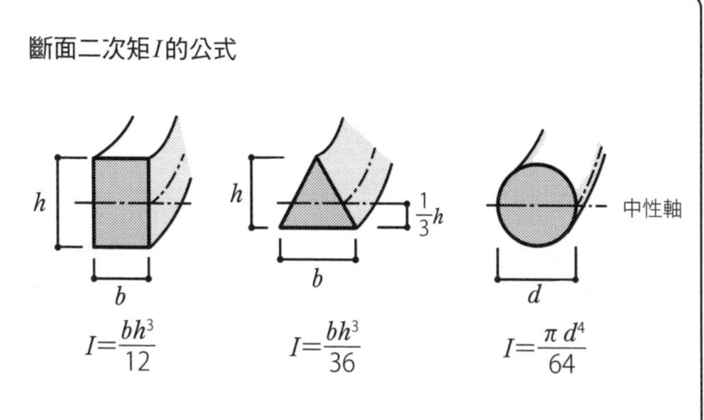

bh^3、d^4都是距離的4次方。斷面二次矩I的單位為cm^4、mm^4等距離的4次方。係數方面，長方形是$\frac{1}{12}$、三角形是$\frac{1}{36}$、圓形是$\frac{1}{64}$，就在這裡記下來吧。問題中每根棒子的柱直徑都是d，因此I為相同數值。而材料相同，故彈性模數E也相同。

③列出各柱的$P=\square\times\delta$的算式，由$T=2\pi\sqrt{\frac{m}{\square}}$求出週期。

$$
\begin{cases}
A: P=\frac{3EI}{\ell^3}\delta \quad \therefore T_A=2\pi\sqrt{\frac{m}{\frac{3EI}{\ell^3}}}=2\pi\sqrt{\frac{m\ell^3}{3EI}} \\
B: P=\frac{3EI}{\ell^3}\delta \quad \therefore T_B=2\pi\sqrt{\frac{2m}{\frac{3EI}{\ell^3}}}=2\pi\sqrt{\frac{2m\ell^3}{3EI}} \\
C: P=\frac{3EI}{(2\ell)^3}\delta \quad \therefore T_C=2\pi\sqrt{\frac{m}{\frac{3EI}{(2\ell)^3}}}=2\pi\sqrt{\frac{8m\ell^3}{3EI}}
\end{cases}
$$

因此 $T_C>T_B>T_A$

柱的長度ℓ為3次方，對公式頗有影響，因此在同樣是2倍的情況下，比起質量m，長度ℓ對於T的大小影響更大。

Q 如圖頂部有集中質量的圓棒A、B、C，請求出基本週期 T_A、T_B、T_C 的大小關係。3根棒子為相同材質，並忽略棒子的質量。

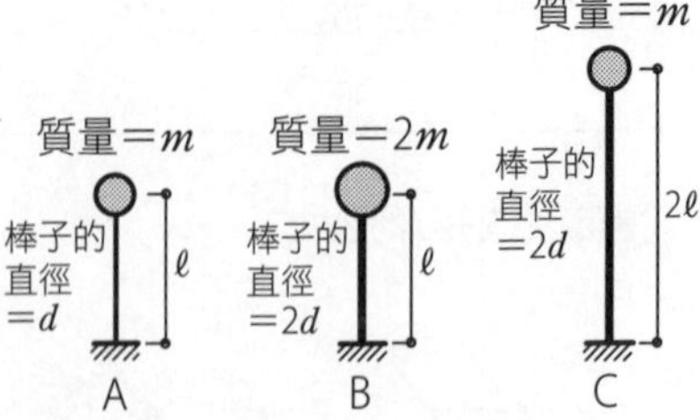

A ①柱的直徑 d 都不一樣，必須以 $I=\frac{\pi d^4}{64}$ 求出各柱的斷面二次矩。附帶一提，d 為diameter（直徑），半徑通常是用 r（radius）。要注意 I 是用直徑 d 來計算。

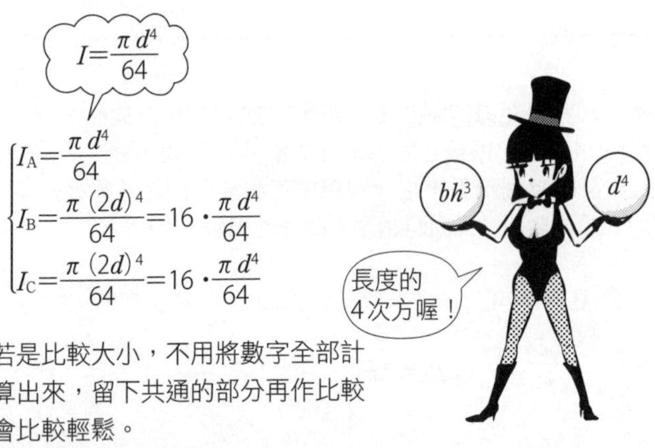

若是比較大小，不用將數字全部計算出來，留下共通的部分再作比較會比較輕鬆。

Point

斷面二次矩的單位為(長度)^4…mm^4、cm^4

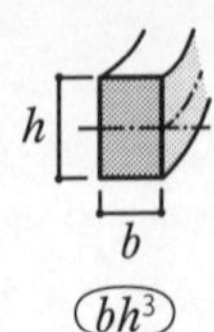

$\frac{bh^3}{12}$

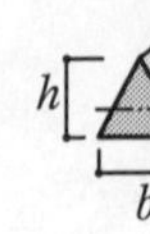

$\frac{1}{3}h$

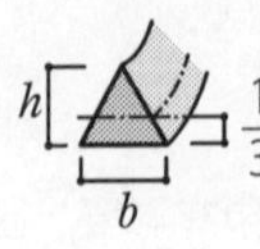

$\frac{bh^3}{36}$

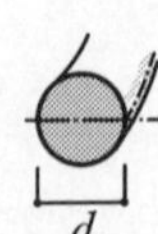

$\frac{\pi d^4}{64}$

②斷面二次矩I是由斷面形狀決定，如果d不同，各柱數值就會不同。另一方面，彈性模數E是由材料決定，相同材料製成的柱，其E值都相同。

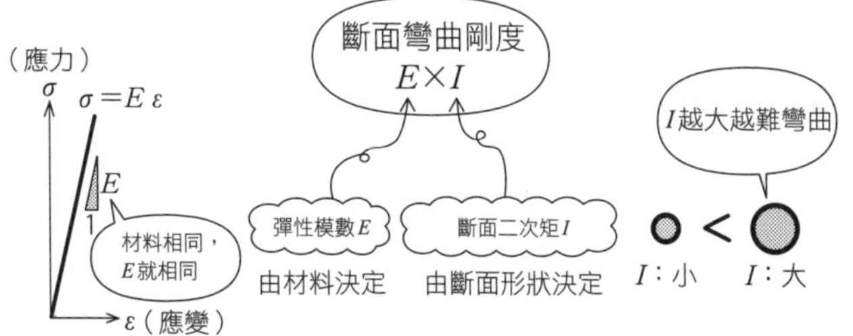

③列出各柱的$P=\square\times\delta$的算式，求出基本週期$T=2\pi\sqrt{\dfrac{m}{\square}}$。

・柱A　$P=\dfrac{3EI_A}{\ell^3}\delta=\dfrac{3E}{\ell^3}\cdot\dfrac{\pi d^4}{64}\delta=\dfrac{3E\pi d^4}{64\ell^3}\delta$

$$T_A=2\pi\sqrt{\frac{m}{\frac{3E\pi d^4}{64\ell^3}}}=\underline{2\pi\sqrt{\frac{64m\ell^3}{3E\pi d^4}}}$$

・柱B　$P=\dfrac{3EI_B}{\ell^3}\delta=\dfrac{3E}{\ell^3}\cdot\dfrac{16\pi d^4}{64}\delta=16\cdot\dfrac{3E\pi d^4}{64\ell^3}\delta$

$$T_B=2\pi\sqrt{\frac{2m}{16\cdot\frac{3E\pi d^4}{64\ell^3}}}=\underline{2\pi\sqrt{\frac{1}{8}\cdot\frac{64m\ell^3}{3E\pi d^4}}}$$

・柱C　$P=\dfrac{3EI_C}{(2\ell)^3}\delta=\dfrac{3E}{8\ell^3}\cdot\dfrac{16\pi d^4}{64}\delta=2\cdot\dfrac{3E\pi d^4}{64\ell^3}\delta$

$$T_C=2\pi\sqrt{\frac{m}{2\cdot\frac{3E\pi d^4}{64\ell^3}}}=\underline{2\pi\sqrt{\frac{1}{2}\cdot\frac{64m\ell^3}{3E\pi d^4}}}$$

$\therefore \underline{\underline{T_A>T_C>T_B}}$

Q 如圖的門型構架1、2，請求出其基本週期T_1、T_2。梁為質量m的剛體，柱全部是相同材質・斷面，斷面彎曲剛度皆為EI，並忽略柱的質量。

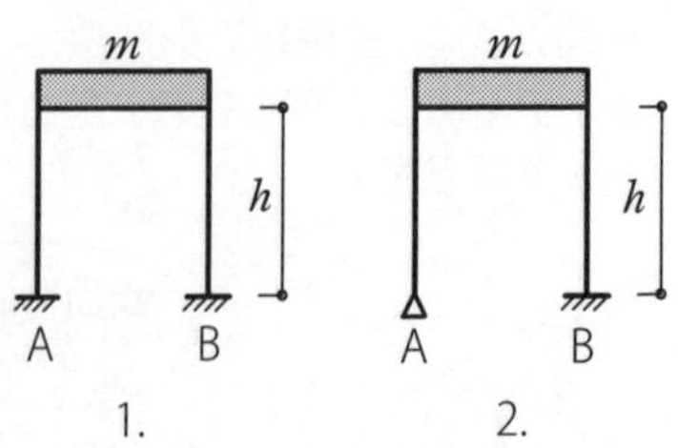

A ①構架承受水平力P作用，以包含水平變位δ的公式，即$P=\square\times\delta$求得後，再由基本週期$T=2\pi\sqrt{\frac{m}{\square}}$的公式就可以得解。

②若要求出構架整體的$P=\square\times\delta$，先個別列出柱的$P_A=\bigcirc\times\delta$、$P_B=\triangle\times\delta$的算式，由$P=P_A+P_B$求得。

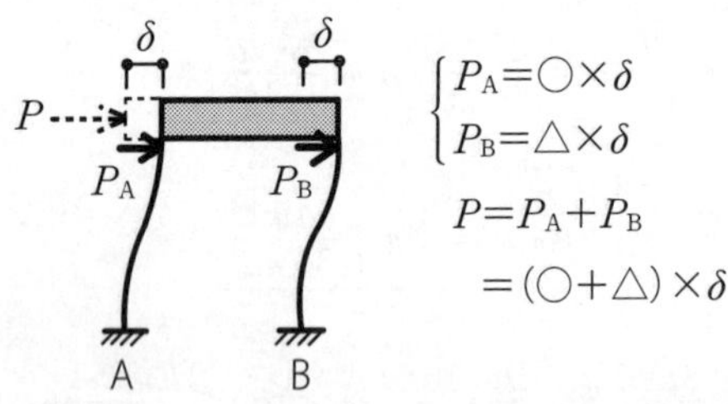

③要求出柱個別的$P_A=\bigcirc\times\delta$、$P_B=\triangle\times\delta$，需要用下面的公式。

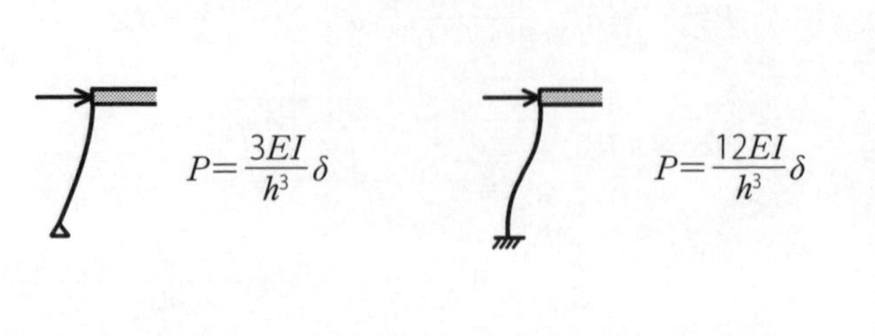

普通

④求出門型構架1的$P=\square\times\delta$。

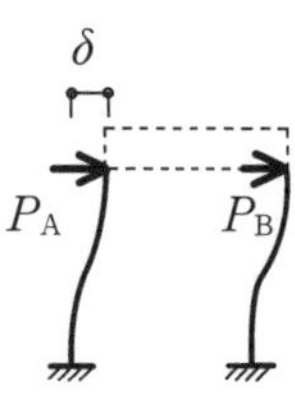

$$\begin{cases} P_A=\dfrac{12EI}{h^3}\delta \\ P_B=\dfrac{12EI}{h^3}\delta \end{cases}$$

先個別列出柱的公式啊

$$P=P_A+P_B=\frac{12EI}{h^3}\delta+\frac{12EI}{h^3}\delta=\frac{24EI}{h^3}\delta$$

$$\therefore T_1=2\pi\sqrt{\frac{m}{\dfrac{24EI}{h^3}}}=2\pi\sqrt{\frac{mh^3}{24EI}}=\pi\sqrt{\frac{mh^3}{6EI}}$$

⑤求出門型構架2的$P=\square\times\delta$的解。

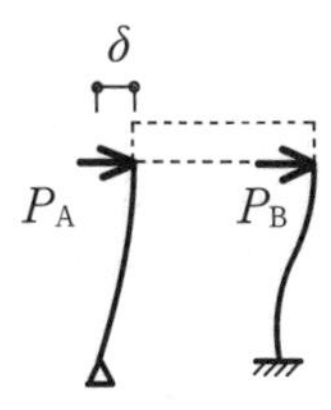

$$\begin{cases} P_A=\dfrac{3EI}{h^3}\delta \\ P_B=\dfrac{12EI}{h^3}\delta \end{cases}$$

$T_{\mathrm{I}}<T_{\mathrm{II}}$

$$P=P_A+P_B=\frac{3EI}{h^3}\delta+\frac{12EI}{h^3}\delta=\frac{15EI}{h^3}\delta$$

$$\therefore T_2=2\pi\sqrt{\frac{m}{\dfrac{15EI}{h^3}}}=2\pi\sqrt{\frac{mh^3}{15EI}}$$

Point

①各柱

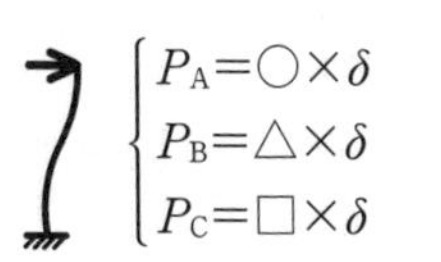

$$\begin{cases} P_A=\bigcirc\times\delta \\ P_B=\triangle\times\delta \\ P_C=\square\times\delta \end{cases}$$

②構架整體

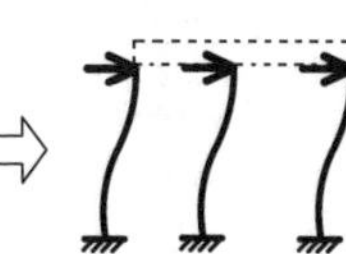

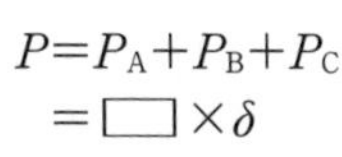

$P=P_A+P_B+P_C$
$=\square\times\delta$

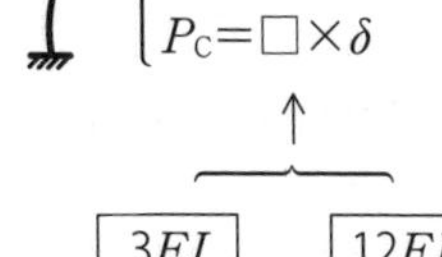

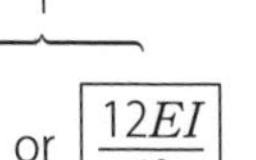

$\dfrac{3EI}{h^3}$ or $\dfrac{12EI}{h^3}$

③週期

$$T=2\pi\sqrt{\frac{m}{\square}}$$

★ R097 check ▶□□□

Q 如圖的構架A、B、C，基本週期分別為T_A、T_B、T_C，請求出其大小關係。梁為剛體，柱全為相同材質・斷面。

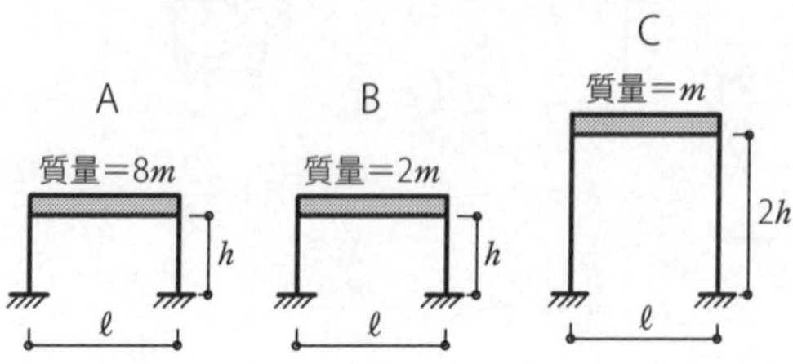

A ①全部的柱為相同材質，故彈性模數E相同；斷面相同，故斷面二次矩I也相同。

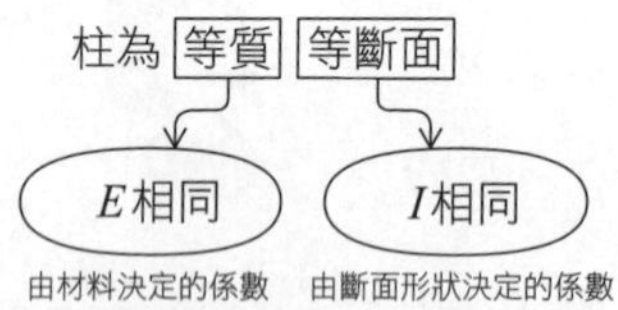

②梁為剛體，構架整體的水平方向變位δ，會和各柱頭水平方向的變位相同。

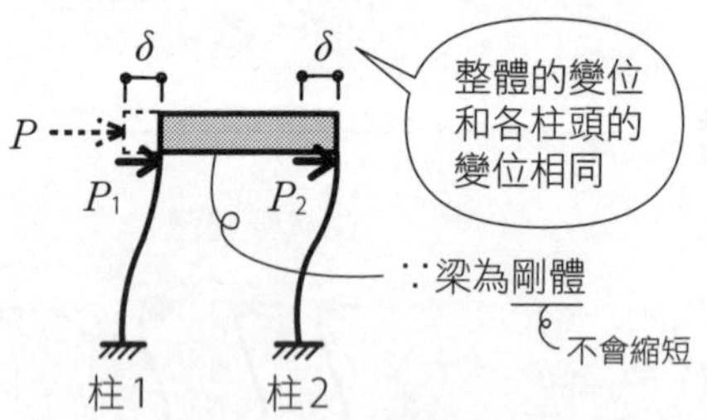

③列出各柱$P=\square\times\delta$的算式，再求出構架整體的$P=\square\times\delta$。

$$\begin{cases} P_1=\bigcirc\times\delta \\ P_2=\triangle\times\delta \end{cases} \longrightarrow P=P_1+P_2=(\bigcirc+\triangle)\times\delta$$

各柱的水平勁度

構架整體的水平勁度

④各構架可由各柱的算式，推導至構架整體，再代入$T=2\pi\sqrt{\frac{m}{\square}}$。
構架的橫長ℓ，對算式沒有影響。

❶構架A

$$\begin{cases} P_1=\dfrac{12EI}{h^3}\delta \\ P_2=\dfrac{12EI}{h^3}\delta \end{cases}$$

$$P=P_1+P_2=\frac{12EI}{h^3}\delta+\frac{12EI}{h^3}\delta=\frac{24EI}{h^3}\delta$$

$$\therefore T_A=2\pi\sqrt{\frac{8m}{\dfrac{24EI}{h^3}}}=\underline{2\pi\sqrt{\frac{mh^3}{3EI}}}$$

以虎克定律的公式
$P=\square\times\delta$
來計算喔！

❷構架B

$$\begin{cases} P_1=\dfrac{12EI}{h^3}\delta \\ P_2=\dfrac{12EI}{h^3}\delta \end{cases}$$

$$P=P_1+P_2=\frac{12EI}{h^3}\delta+\frac{12EI}{h^3}\delta=\frac{24EI}{h^3}\delta$$

$$\therefore T_B=2\pi\sqrt{\frac{2m}{\dfrac{24EI}{h^3}}}=\underline{2\pi\sqrt{\frac{mh^3}{12EI}}}$$

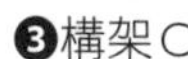
❸構架C

$$\begin{cases} P_1=\dfrac{12EI}{(2h)^3}\delta=\dfrac{3EI}{2h^3}\delta \\ P_2=\dfrac{12EI}{(2h)^3}\delta=\dfrac{3EI}{2h^3}\delta \end{cases}$$

$$P=P_1+P_2=\frac{3EI}{2h^3}\delta+\frac{3EI}{2h^3}\delta=\frac{3EI}{h^3}\delta$$

$$\therefore T_C=2\pi\sqrt{\frac{m}{\dfrac{3EI}{h^3}}}=\underline{2\pi\sqrt{\frac{mh^3}{3EI}}}$$

因此，$\underline{\underline{T_A=T_C>T_B}}$。

Q 如圖1頂部有集中質量的棒子A、B、C，基本週期分別為T_A、T_B、T_C，各自受到如圖2的加速度反應譜的地震力作用時，各自產生的剪力為Q_A、Q_B、Q_C。請求出Q_A、Q_B、Q_C的大小關係。T_A、T_B、T_C可個別對應到圖2的T_1、T_2、T_3，反應為水平方向，於彈性範圍內。

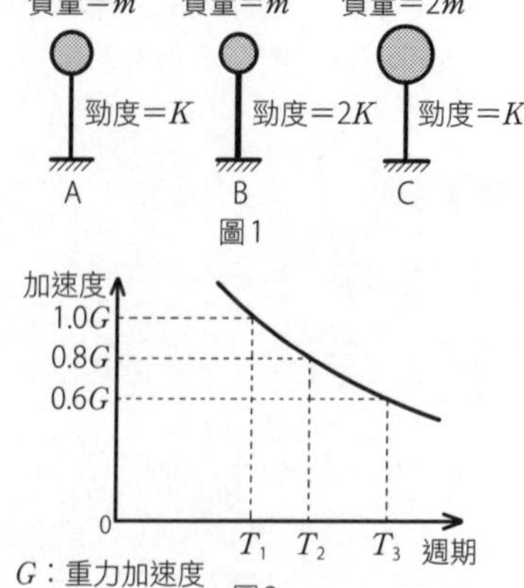

圖1
圖2

A ①譜（spectrum）是指以某成分分解排列的意思，最著名的是將光用三稜鏡以波長分解的光譜（彩虹）。振動的譜，則是以週期（頻率）來分解。一個地震的振動，就像是給了許多不同週期的棒子，要個別測量其加速度等。

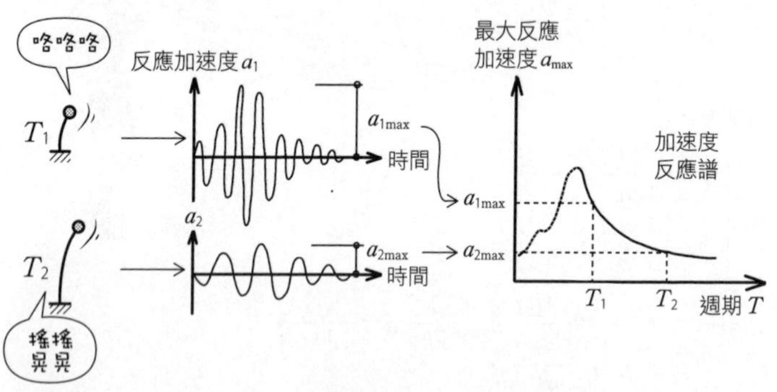

地震的加速度會分別由棒子的基本週期加以反應，以各自的加速度進行振動。將加速度最大值以圖解表示，就成為加速度反應譜；若是速度的最大值以圖解表示，就是速度反應譜；變位的最大值，則是變位反應譜。

②T越長，最大反應加速度就會減少，最大速度一定，最大變位會增加。

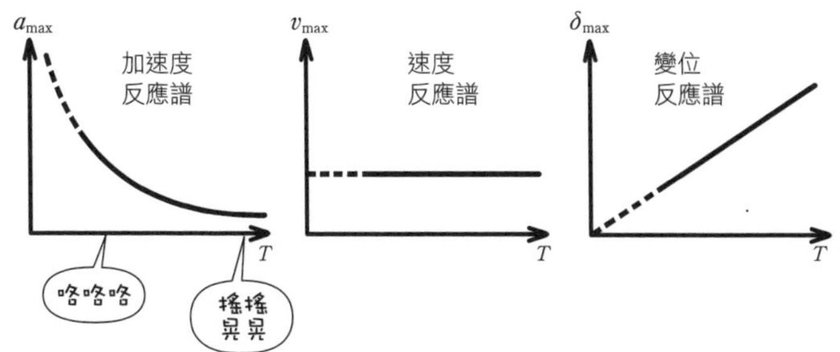

③求出棒子A、B、C的週期，對應至加速度反應譜的T_1、T_2、T_3。

$T_A=2\pi\sqrt{\dfrac{m}{K}}$、$T_B=2\pi\sqrt{\dfrac{m}{2K}}$、$T_C=2\pi\sqrt{\dfrac{2m}{K}}$

由於$T_C > T_A > T_B$，故$T_C = T_3$，加速度為0.6G，$T_A = T_2$為0.8G，$T_B = T_1$為1.0G。

④由力＝質量×加速度（$F = ma$），可求出作用在各質量重心的水平力。這個水平力的大小會和棒子的剪力相同。

$$\begin{cases} Q_A=m\times0.8G=0.8mG \\ Q_B=m\times1.0G=mG \\ Q_C=2m\times0.6G=1.2mG \end{cases}$$

$\therefore\quad \underline{Q_C>Q_B>Q_A}$

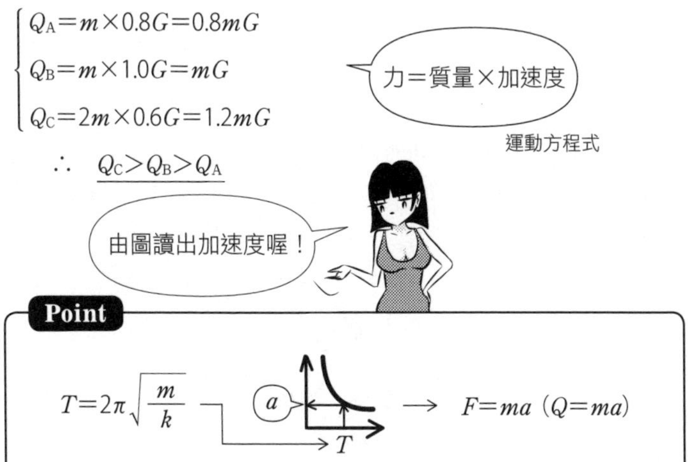

Point

$T=2\pi\sqrt{\dfrac{m}{k}}$ → T → a → $F=ma$ ($Q=ma$)

Q 如圖1頂部有集中質量的棒子A、B、C，基本週期分別為T_A、T_B、T_C。各自受到如圖2的加速度反應譜的地震力作用時，各自產生的剪力為Q_A、Q_B、Q_C。請求出T_A、T_B、T_C之間以及Q_A、Q_B、Q_C之間的大小關係。T_A、T_B、T_C的值位於圖2的T和T'之間，反應為水平方向，於彈性範圍內。

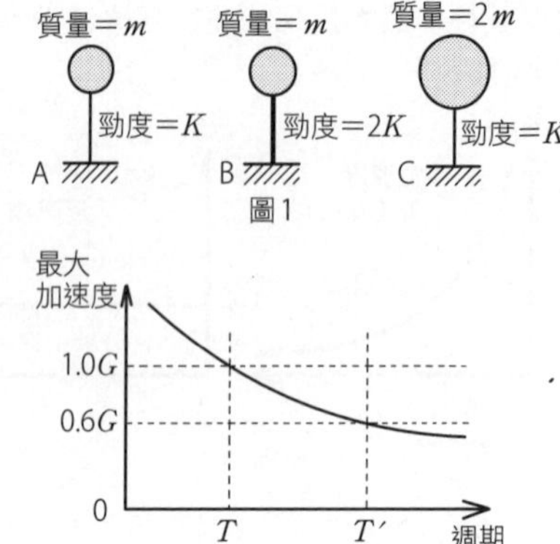

A ①T_A、T_B、T_C由公式$T=2\pi\sqrt{\frac{m}{k}}$求出，就可以得到大小關係。

$$\begin{cases} T_A=2\pi\sqrt{\dfrac{m}{K}} \\ T_B=2\pi\sqrt{\dfrac{m}{2K}} \\ T_C=2\pi\sqrt{\dfrac{2m}{K}} \end{cases}$$

$\therefore\ \underline{T_C>T_A>T_B}$

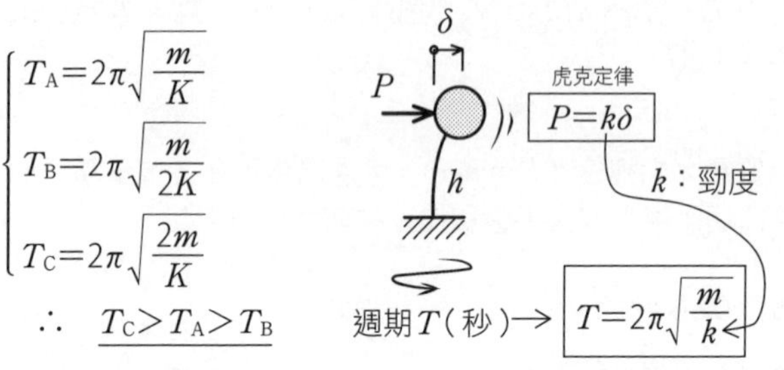

②使質量m產生加速度a的力F，可由$F=ma$的公式求得。力＝質量×加速度，稱為運動方程式。作用在棒子A、B、C的加速度若為a_A、a_B、a_C，Q_A、Q_B、Q_C分別如下所示。

$$\begin{cases} Q_A=ma_A \\ Q_B=ma_B \\ Q_C=(2m)a_C=2ma_C \end{cases}$$

困難

③將不同週期的數根棒子並排，給予相同的地震動時，每根棒子會有不同的反應。基本週期長的棒子會有最小的最大加速度，基本週期短的棒子會有最大的最大加速度。以圖解表示就是加速度反應譜。決定T後，也會決定一個a。

④將題目圖解（圖2）的T～T'之間，對應到T_A、T_B、T_C，由①可知$T_B<T_A<T_C$，如右圖所示。由此圖可知$0.6G<a_C<a_A<a_B<1.0G$。而$2a_C$會大於$1.2G$，故$a_A<a_B<2a_C$，再由$Q_A=ma_A$、$Q_B=ma_B$、$Q_C=2ma_C$，就可以求得$Q_A<Q_B<Q_C$。

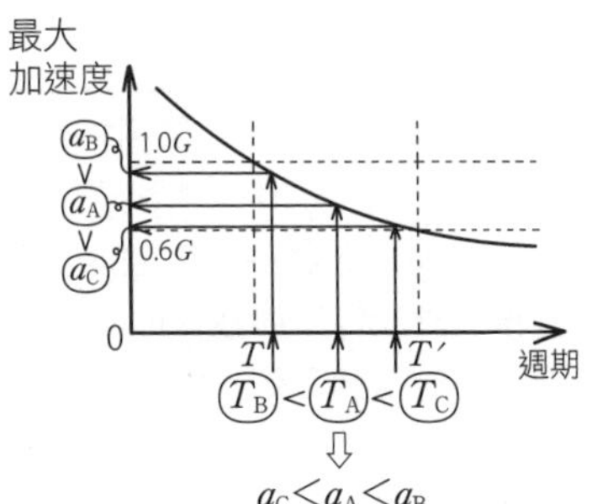

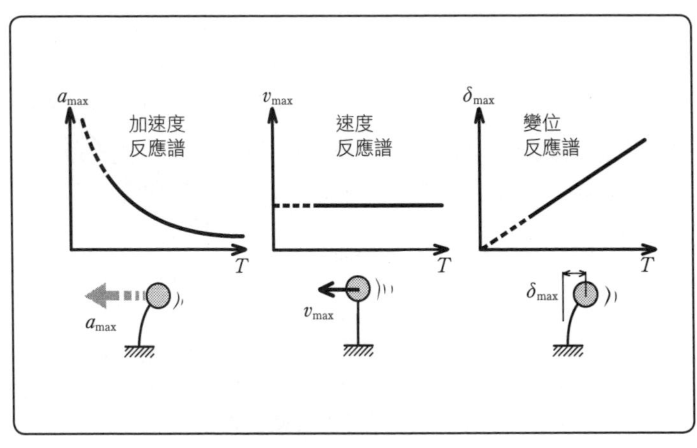

14
基本週期

Q 以下有關長柱的彈性挫屈荷重P_k的描述，哪一個是錯誤的？

1. 彈性挫屈荷重P_k，和材料的彈性模數E成反比。
2. 彈性挫屈荷重P_k，和柱的挫屈長度ℓ_k的2次方成反比。
3. 彈性挫屈荷重P_k，和柱的斷面二次矩I成正比。

A ①擠壓破壞，<u>因壓縮而破壞的柱為短柱</u>，<u>因彎曲之挫屈破壞者稱為長柱</u>。

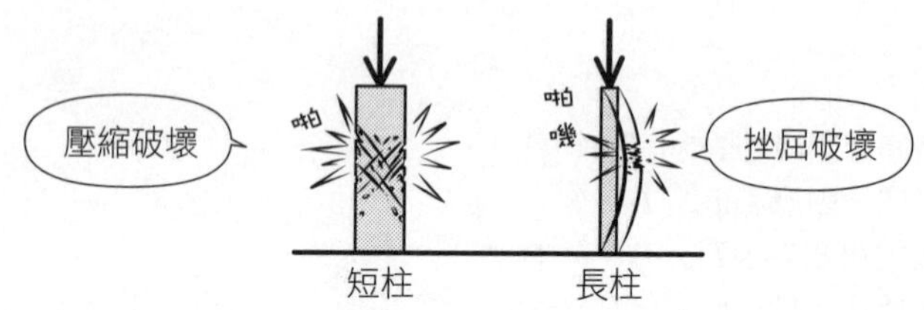

②力和變形之間有一定的關係，2倍的力造成2倍伸長，除去力後回復原來的性質稱為<u>彈性</u>。彈簧或橡皮的伸縮和力的關係，在變形量小的狀態下是彈性。以F為力，x為變位，k為定數，<u>$F=kx$</u>的關係成立，稱為<u>虎克定律</u>。建築的各部位以及結構整體，在變形量小的狀況下，虎克定律都成立。

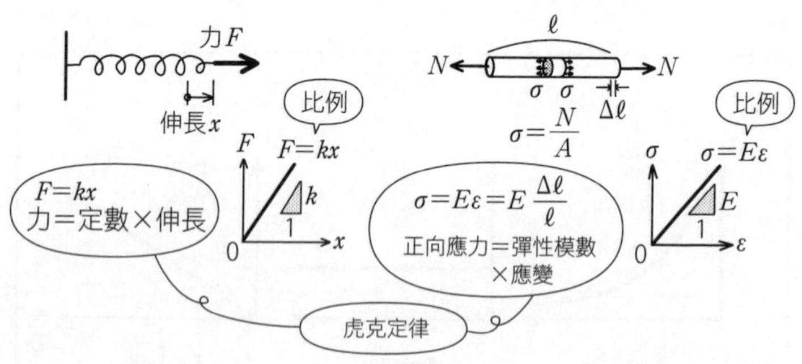

右側的公式中，力為「力／面積」，伸長為「伸長量／原長」。除以面積的密度單位，以及除以原長的比單位，組成最普遍的公式。不管是怎樣的斷面積或長度，這個公式都成立。

③彈性挫屈是指構材各部分保持在彈性狀態下，產生彎曲破壞。挫屈瞬間的荷重稱為（彈性）挫屈荷重。

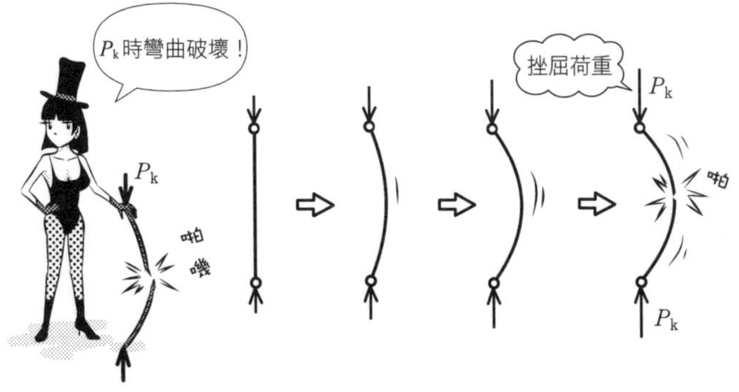

④P_k的公式如下所示。和彈性模數E、斷面二次矩I成正比，挫屈長度ℓ_k的2次方成反比。一般稱為尤拉公式（Euler Equation）。因此題目選項1的和E成反比是錯誤的。E越大，變形越困難，也越難挫屈，因此P_k就越大。

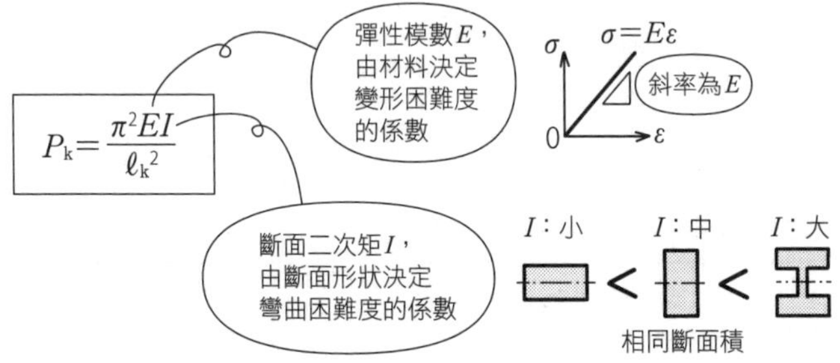

Q 如圖，長度和構材端支承條件各異的柱A、B、C，彈性挫屈荷重分別為P_A、P_B、P_C，請求出其大小關係。柱全為相同材質．斷面。

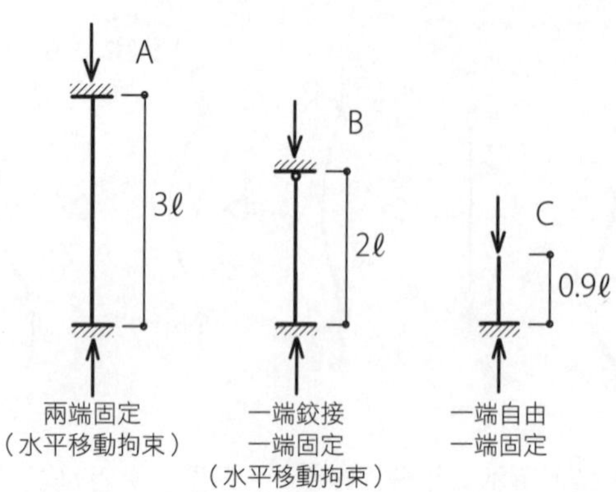

A ①作為挫屈荷重P_k分母的挫屈長度ℓ_k，和實際長度ℓ相比，依據支承條件的不同，會附有如下的係數：

$$挫屈荷重\ P_k=\frac{\pi^2 EI}{\ell_k^2}$$

挫屈長度

上端的水平移動	拘束			自由	
兩端的旋轉	兩端鉸接	兩端固定	一端固定 一端鉸接	兩端固定	一端固定 一端鉸接
挫屈形狀	ℓ				
挫屈長度ℓ_k	ℓ	0.5ℓ	0.7ℓ	ℓ	2ℓ

拘束大→ℓ_k小→P_k大→不易挫屈
拘束小→ℓ_k大→P_k小→容易挫屈

②挫屈長度ℓ_k是指從反曲點到反曲點的長度，即一個彎曲的長度。
將變形形狀和ℓ_k互相對應，確實地記憶下來吧。

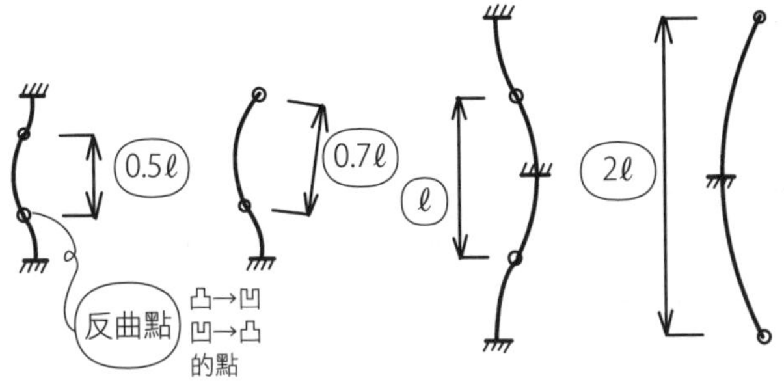

③求出柱A、B、C的挫屈長度ℓ_A、ℓ_B、ℓ_C。

$\ell_A = 0.5 \times 3\ell = 1.5\ell$

$\ell_B = 0.7 \times 2\ell = 1.4\ell$

$\ell_C = 2 \times 0.9\ell = 1.8\ell$

④P_k和ℓ_k的2次方成反比，故ℓ_k越小，P_k值就越大。

$\ell_B < \ell_A < \ell_C$

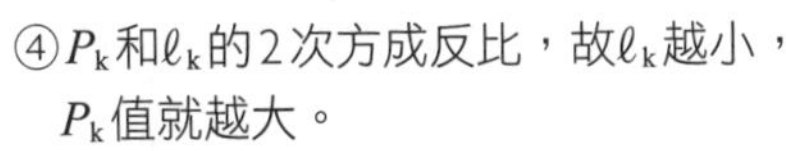

$\therefore \underline{\underline{P_B > P_A > P_C}}$

★ R102 check ▶□□□

Q 如圖，長度和構材端支承條件各異的柱A、B、C，彈性挫屈荷重分別為P_A、P_B、P_C，請求出其大小關係。柱全為相同材質・斷面。

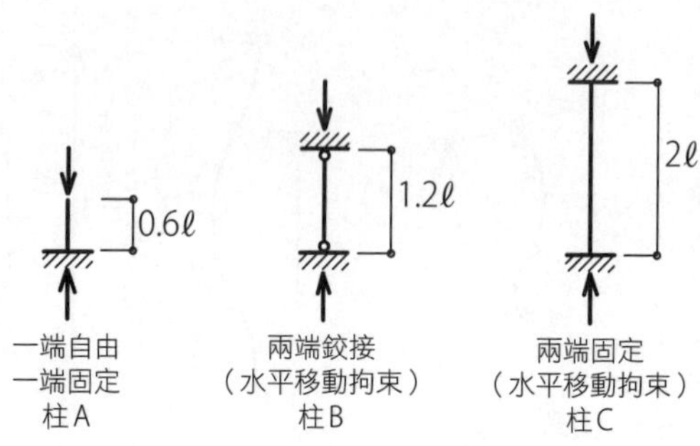

A ①只要知道挫屈長度，就可以馬上求得P_k的大小關係。若要以感覺來理解挫屈長度，可以試著按壓竹籤等的細棒或尺的兩側，觀察其彎曲情形來加深印象。

上端的水平移動	拘束			自由	
兩端的旋轉	兩端鉸接	兩端固定	一端固定 一端鉸接	兩端固定	一端固定 一端鉸接
挫屈形狀	ℓ				
挫屈長度ℓ_k	ℓ	0.5ℓ	0.7ℓ	ℓ	2ℓ

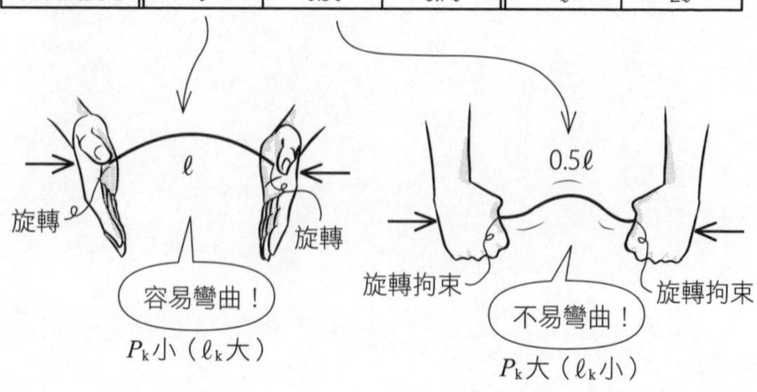

拿著兩端可旋轉的棒子最容易彎曲，接下來越來越難彎曲的情況依序是單邊旋轉拘束、兩邊旋轉拘束。

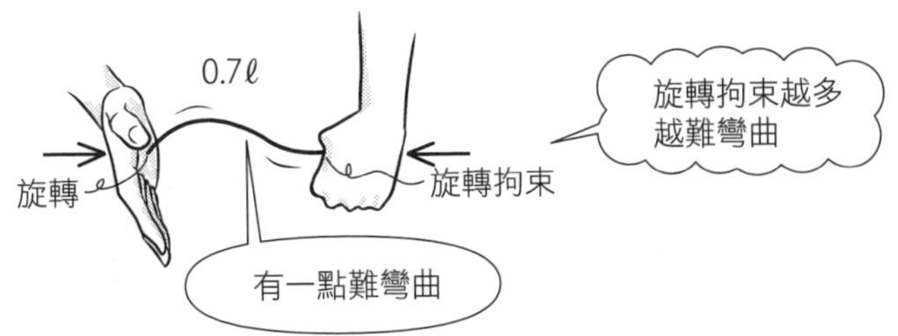

②求出柱A、B、C的挫屈長度。

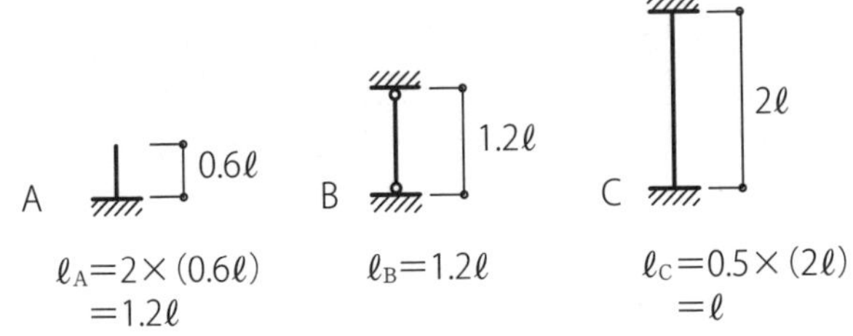

$\ell_A = 2 \times (0.6\ell) = 1.2\ell$　　$\ell_B = 1.2\ell$　　$\ell_C = 0.5 \times (2\ell) = \ell$

③P_k和ℓ_k^2成反比，和ℓ_k的大小相反。ℓ_k越小，P_k越大。

$\ell_A = \ell_B > \ell_C$

$\therefore \underline{\underline{P_C > P_A = P_B}}$

Point

支承的旋轉拘束越多，越難彎曲

Q 如圖長度ℓ（m）的柱（構材端條件為一端自由，一端固定），承受壓力P作用時，使其彈性挫屈荷重為最大時的ℓ和I，是以下哪一個組合？I為斷面二次矩的最小值，柱全為相同材質・斷面。

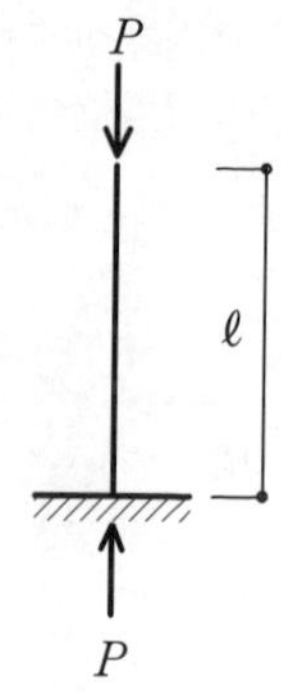

	ℓ(m)	I(m⁴)
1.	3.5	3×10^{-5}
2.	4.0	5×10^{-5}
3.	5.0	6×10^{-5}
4.	5.5	8×10^{-5}
5.	6.0	9×10^{-5}

A ①題目說明<u>斷面二次矩為最小值</u>，是因為柱會對應於I為<u>最小值的軸（弱軸）產生彎曲</u>。和弱軸直交的軸就是I最大的強軸。直交的弱軸、強軸，稱為主軸。<u>挫屈荷重以弱軸側的I進行計算</u>。

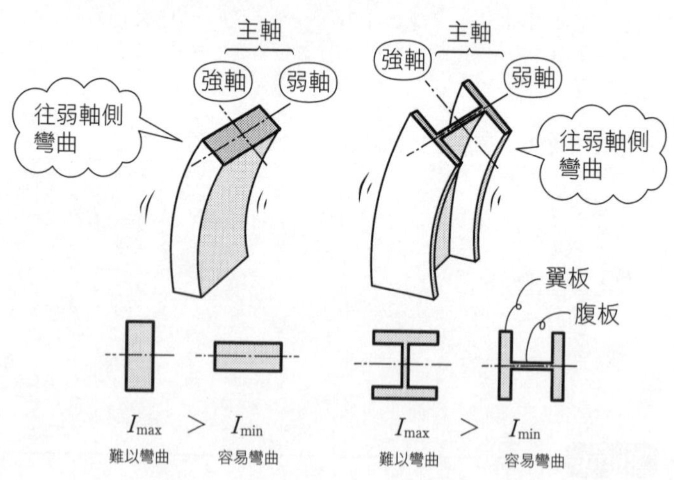

②考量挫屈長度ℓ_k。

題目的柱為固定端＋自由端，故$\ell_k = 2\ell$。

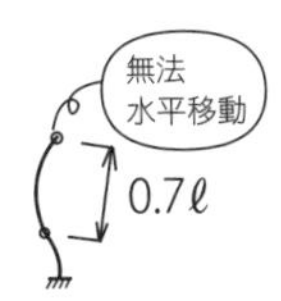

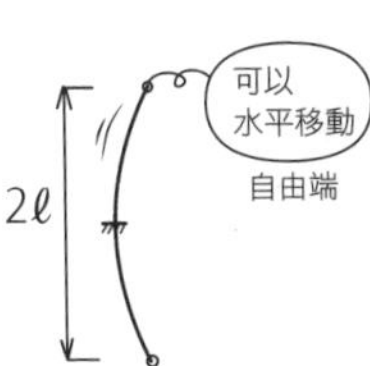

$$\begin{cases} 1. & \ell_k = 2\times3.5\text{m} \\ 2. & \ell_k = 2\times4\text{m} \\ 3. & \ell_k = 2\times5\text{m} \\ 4. & \ell_k = 2\times5.5\text{m} \\ 5. & \ell_k = 2\times6\text{m} \end{cases}$$

③求出挫屈荷重P_k。

由$P_k = \dfrac{\pi^2 EI}{\ell_k^2}$

置換成a

$$\begin{cases} 1. & P_k = \dfrac{\pi^2E\times(3\times10^{-5})}{(2\times3.5)^2} = \dfrac{\pi^2E\times10^{-5}}{2^2}\times\dfrac{3}{3.5^2} = a\times\dfrac{3}{12.25} = 0.245a \\ 2. & P_k = \dfrac{\pi^2E\times(5\times10^{-5})}{(2\times4)^2} = \dfrac{\pi^2E\times10^{-5}}{2^2}\times\dfrac{5}{4^2} = a\times\dfrac{5}{16} = 0.313a \\ 3. & P_k = \dfrac{\pi^2E\times(6\times10^{-5})}{(2\times5)^2} = \dfrac{\pi^2E\times10^{-5}}{2^2}\times\dfrac{6}{5^2} = a\times\dfrac{6}{25} = 0.24a \\ 4. & P_k = \dfrac{\pi^2E\times(8\times10^{-5})}{(2\times5.5)^2} = \dfrac{\pi^2E\times10^{-5}}{2^2}\times\dfrac{8}{5.5^2} = a\times\dfrac{8}{30.25} = 0.264a \\ 5. & P_k = \dfrac{\pi^2E\times(9\times10^{-5})}{(2\times6)^2} = \dfrac{\pi^2E\times10^{-5}}{2^2}\times\dfrac{9}{6^2} = a\times\dfrac{9}{36} = 0.25a \end{cases}$$

$(2\times\ell)^2 = 2^2\times\ell^2$ 的 2^2 為共通的，計算上可忽略

因此，正確答案為2

Point

拘束條件相同，只有ℓ和I不同時→比較$\dfrac{I}{\ell^2}$

Q 支承條件如圖所示，斷面皆為同一材質的柱A、B、C，請求出中心壓縮的彈性挫屈荷重的理論值P_A、P_B、P_C之間的大小關係。圖中的尺寸單位為cm。

	柱A	柱B	柱C
支承條件	P_A ↓, ℓ, P_A ↑ 兩端鉸接 （水平移動拘束）	P_B ↓, ℓ, P_B ↑ 兩端鉸接 （水平移動拘束）	P_C ↓, ℓ, P_C ↑ 兩端鉸接 （水平移動拘束）
斷面	10 / 15 / 10 10 10 10	10 / 35 / 10 5 10 5	37.5 20

A ①在挫屈荷重的公式$P_k=\dfrac{\pi^2 EI}{\ell_k{}^2}$中，挫屈長度同樣為$\ell_k=\ell$，由於是同一材質，故彈性模數$E$也相同，$P_k$的大小就由斷面二次矩$I$的大小來決定。

②P_k公式中的I，要注意是弱軸側的I。強軸側不會彎曲。

③求出柱A弱軸的I。

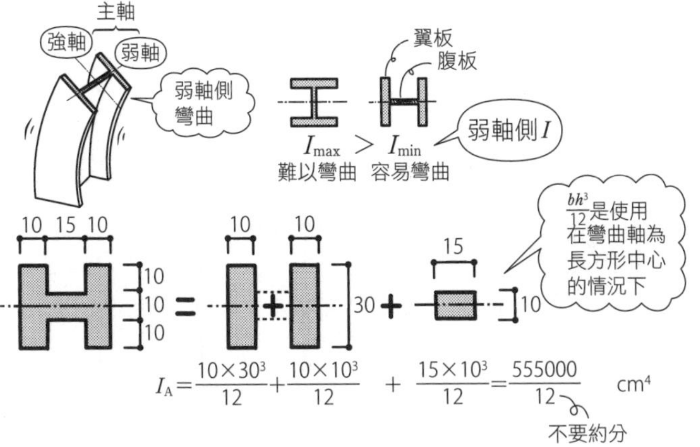

$$I_A = \frac{10\times 30^3}{12} + \frac{10\times 10^3}{12} + \frac{15\times 10^3}{12} = \frac{555000}{12} \text{ cm}^4$$

不要約分

④求出柱B弱軸的I。

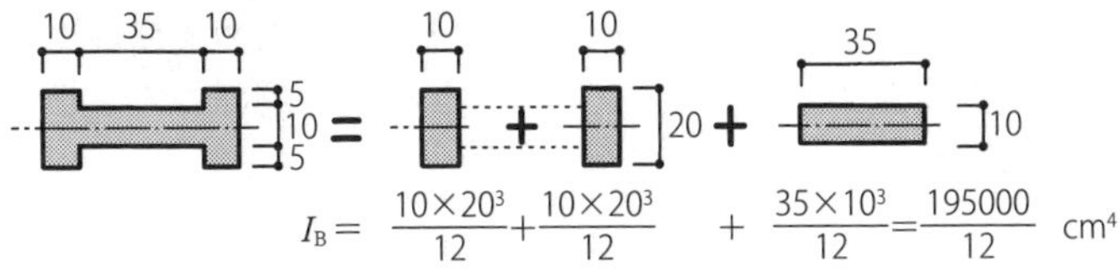

$$I_B = \frac{10\times 20^3}{12} + \frac{10\times 20^3}{12} + \frac{35\times 10^3}{12} = \frac{195000}{12} \text{ cm}^4$$

⑤求出柱C弱軸的I。

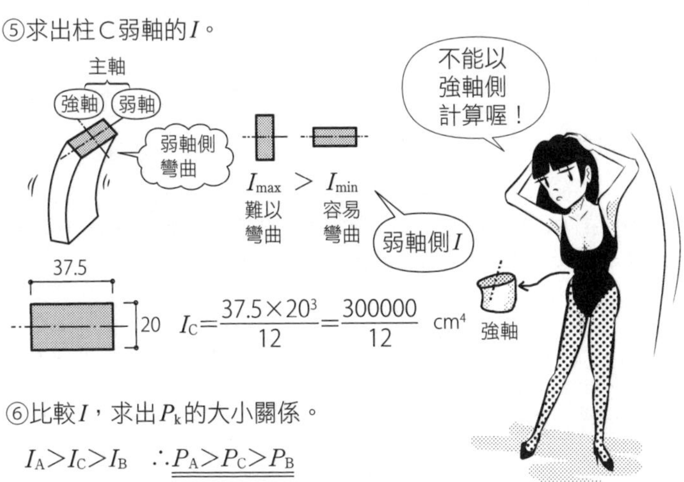

$$I_C = \frac{37.5\times 20^3}{12} = \frac{300000}{12} \text{ cm}^4$$

⑥比較I，求出P_k的大小關係。

$I_A > I_C > I_B \quad \therefore \underline{\underline{P_A > P_C > P_B}}$

Q 如圖1的正方形斷面長柱，在中心有壓力作用，請求出其彈性挫屈荷重P_A、P_B、P_C、P_D的大小關係。柱全長皆為相同材質・斷面，柱的長度和構材端條件如圖2的A到D所示。

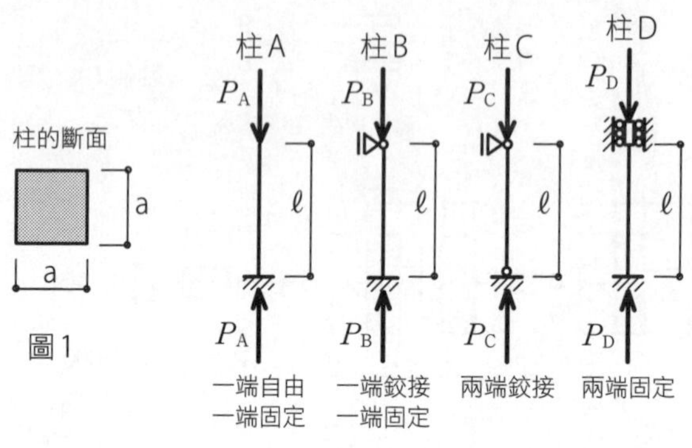

圖2

A ①長柱是會因挫屈而破壞的柱，和因壓縮而破壞的短柱有所區別。力和變形成正比關係，除去力之後，變形就會解除的彈性狀態下所產生的挫屈，$P_k=\frac{\pi^2 EI}{\ell_k^2}$的公式都成立。

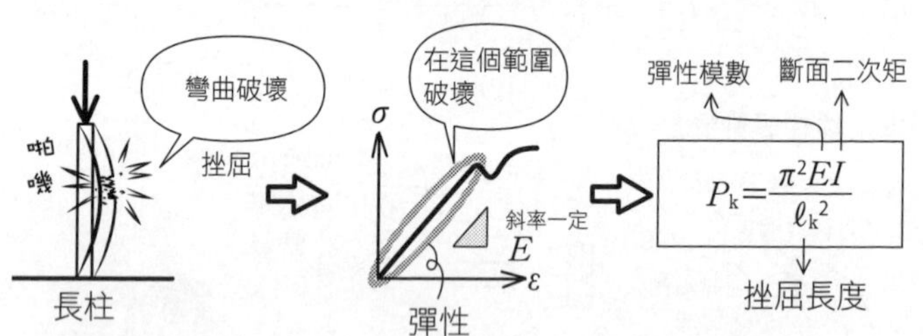

只有在柱的中心承受壓力的情況下，P_k的公式成立。壓力發生偏心時，就會產生「壓力×偏心距離」的彎矩。

②題目的柱全部是一邊為a的正方形斷面，斷面二次矩皆為$I=\frac{a\times a^3}{12}=\frac{a^4}{12}$。由於是相同材質，故彈性模數$E$都相同。因此只要求出挫屈長度$\ell_k$的大小關係，就可以知道$P_k$的大小關係。

普通

③求出柱A的挫屈長度。

④求出柱B的挫屈長度。

⑤求出柱C的挫屈長度。

⑥求出柱D的挫屈長度。

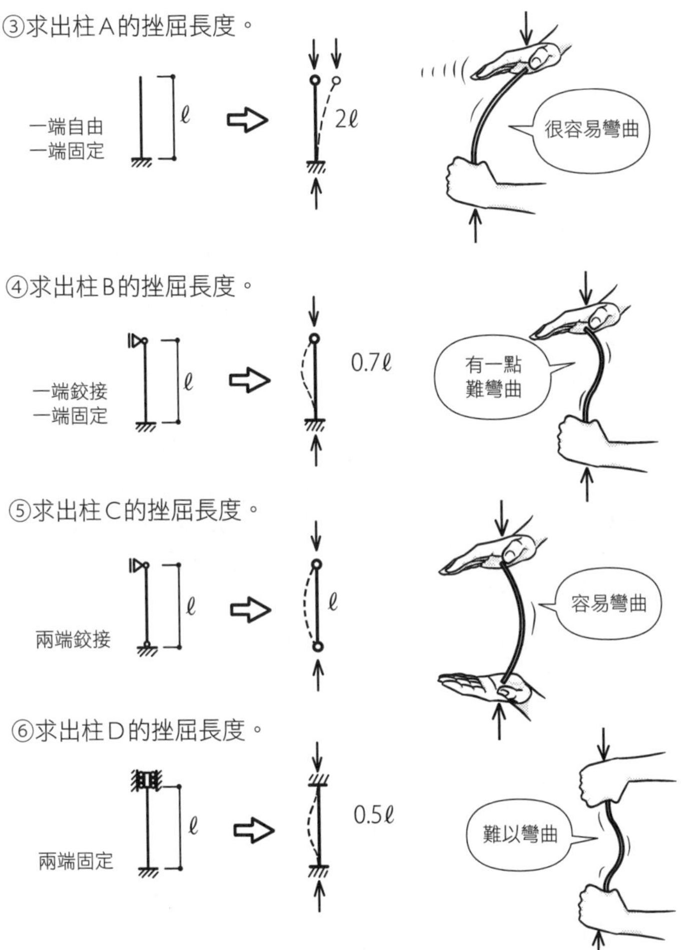

⑦比較柱A、B、C、D的ℓ_k，求出P_k的大小關係。

$$\ell_A > \ell_C > \ell_B > \ell_D$$

由於P_k和ℓ_k^2成反比（分母為ℓ_k^2）

$$\therefore \underline{\underline{P_D > P_B > P_C > P_A}}$$

Q 如圖的結構物A、B、C，彈性挫屈荷重分別為P_A、P_B、P_C，請求出其大小關係。柱全為相同材質·斷面，梁為剛體，並且忽略柱和梁的重量。

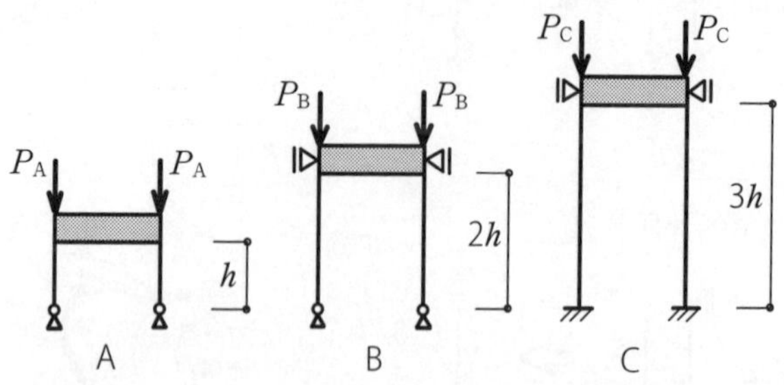

A ①結構物A、B、C皆為左右對稱，因此左右的柱都承受相同重量。結構物A整體的挫屈荷重為$2P_A$，可以利用左右任一柱列出挫屈荷重的公式。柱為相同材質，故彈性模數E相同，而斷面相同，斷面二次矩I也相同。因此，挫屈荷重的大小就由各柱的挫屈長度來決定。

②求出A的單邊柱的挫屈長度。梁為剛體不會變形，柱頭的旋轉受到拘束。但可以水平移動。

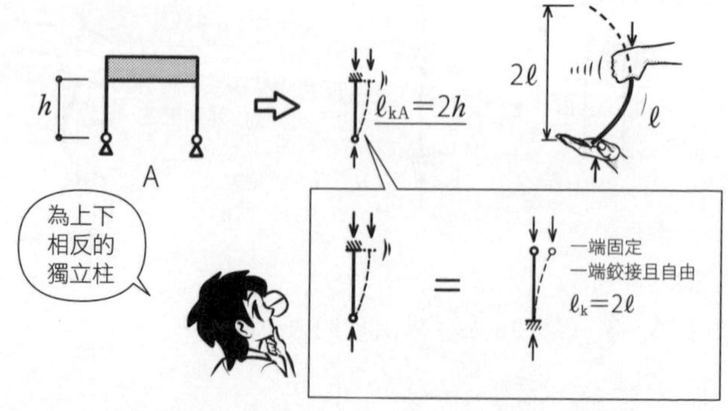

旋轉拘束的柱頭可以水平移動，跟柱腳固定、柱頭自由的形式是相同的變形。

③求出B的單邊柱的挫屈長度。梁為剛體不會變形，柱頭的旋轉受到拘束。而水平也無法移動。可以視為一端固定、一端鉸接。

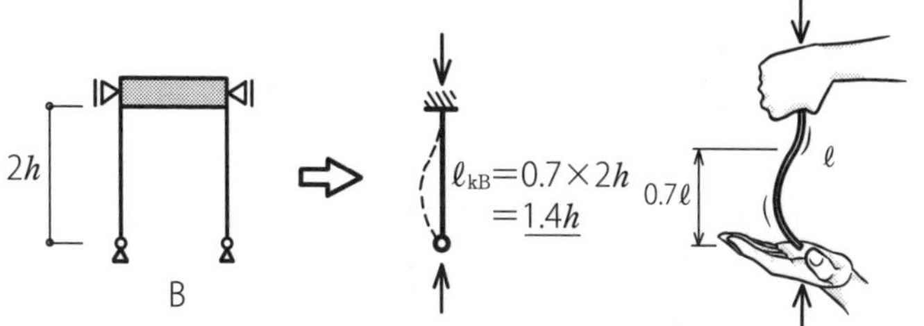

④求出C的單邊柱的挫屈長度。梁為剛體不會變形，柱頭和柱腳的旋轉受到拘束。而水平也無法移動。可以視為兩端固定。

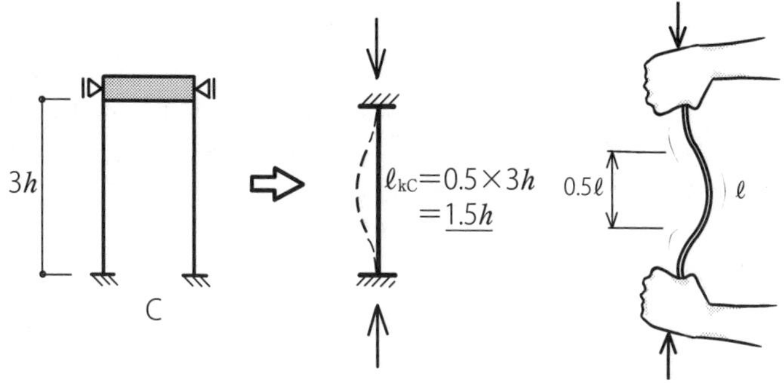

⑤比較ℓ_k的大小

$\ell_{kA} > \ell_{kC} > \ell_{kB}$

P_k和ℓ_k^2成反比（分母為ℓ_k^2）

$\underline{\underline{P_B > P_C > P_A}}$

Q 如圖的結構物A、B、C、D，柱的彈性挫屈荷重分別為P_A、P_B、P_C、P_D，請求出其大小關係。柱和梁全部是相同材質・斷面，忽略柱和梁的重量，以及柱的面外方向的挫屈和梁的挫屈。

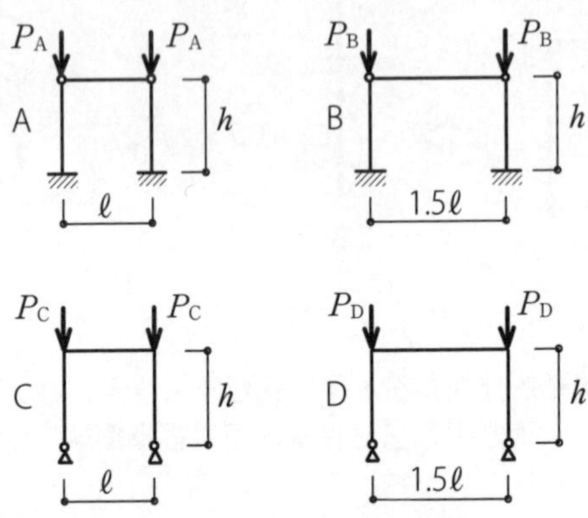

A ①材質相同，故彈性模數E相同；斷面相同，故斷面二次矩I也相同。忽略柱的面外方向的挫屈，是指柱的彎曲只發生在包含門型構架在內的平面上，其他與之不同的方向都沒有彎曲，因此柱頭的旋轉，包含柱梁，都只發生在平面內。由於E、I相同，要比較挫屈長度ℓ_k的情況。

$$\text{彈性挫屈荷重 } P_k=\frac{\pi^2 EI}{\ell_k^2}$$

（EI ← 相同；ℓ_k ← 比較這個）

②梁不是剛體，因此會彎曲，故C、D的柱頭會旋轉。A、B的柱頭為鉸接，可說是完全沒有旋轉拘束，但C、D的柱頭會因為梁的關係，而有些許的旋轉拘束。

③考量A、B的挫屈長度。柱頭和梁無關，會旋轉，也可水平移動，就跟自由端的獨立柱相同。梁的長度和變形無關，因此$\ell_{kA}=\ell_{kB}=2h$。

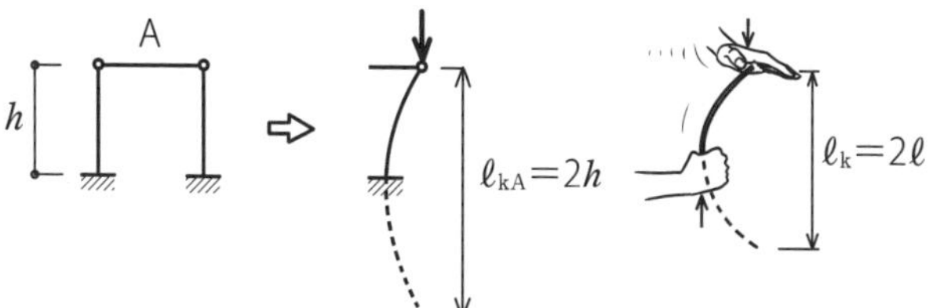

④考量C的挫屈長度。梁若為剛體就是$2h$，但梁會彎曲，柱頭會稍微旋轉。所以會比$2h$再長一點。

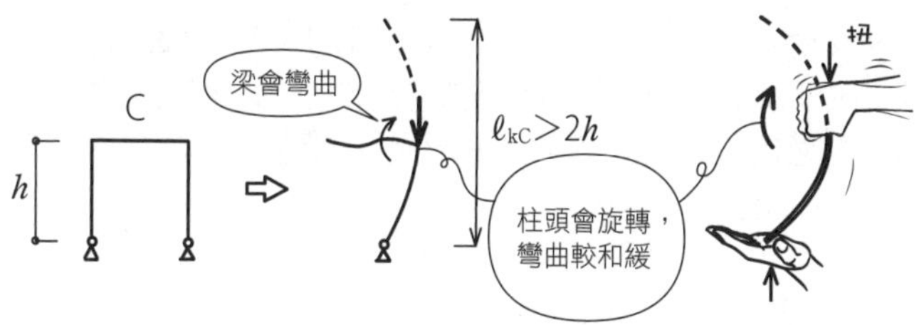

⑤D的梁比C長，因此比C容易產生彎曲，旋轉的拘束會更小。柱頭容易旋轉，柱的曲線就更加和緩，故$\ell_{kD}>\ell_{kC}$。

⑥比較挫屈長度

$\ell_{kD}>\ell_{kC}>\ell_{kB}=\ell_{kA}$

挫屈荷重和ℓ_k^2成反比

$\underline{\underline{P_A=P_B>P_C>P_D}}$

Q 如圖為同一材質，支承條件各異的柱A、B、C，請求出彈性挫屈荷重P_A、P_B、P_C的大小關係。柱A、B、C的兩端水平移動受到拘束，斷面二次矩分別為I、$2I$、$3I$，忽略面外挫屈的影響。

柱A	柱B	柱C
P_A $\frac{1}{2}\ell$ ℓ I 水平移動拘束，旋轉自由的支承 P_A 兩端鉸接	P_B ℓ $2I$ P_B 兩端鉸接	P_C ℓ $3I$ P_C 上端鉸接 下端固定

A ①柱中間的水平移動受到拘束時，如下圖右所示，彎曲幅度較大。曲線由凸變凹，反曲點至反曲點之間的長度，即一個彎曲的長度，就是挫屈長度ℓ_k。中間有拘束時ℓ_k會變短，挫屈荷重變大。

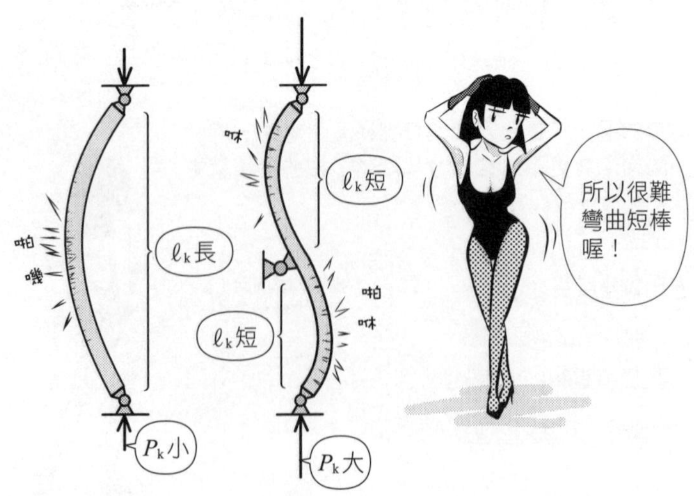

②得到各柱的ℓ_k，求出P_k。

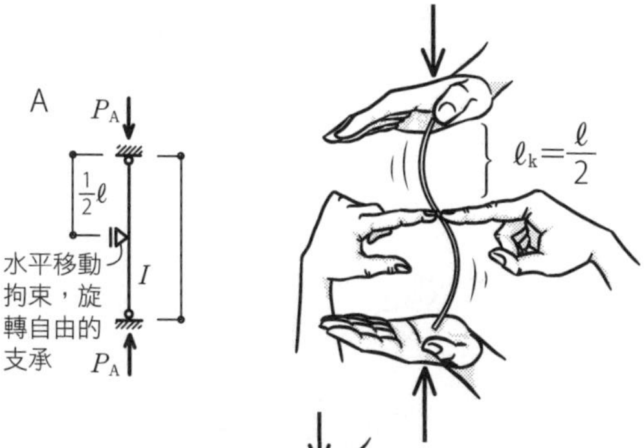

A

$$P_A=\frac{\pi^2EI}{\left(\frac{\ell}{2}\right)^2}=4\frac{\pi^2EI}{\ell^2}$$

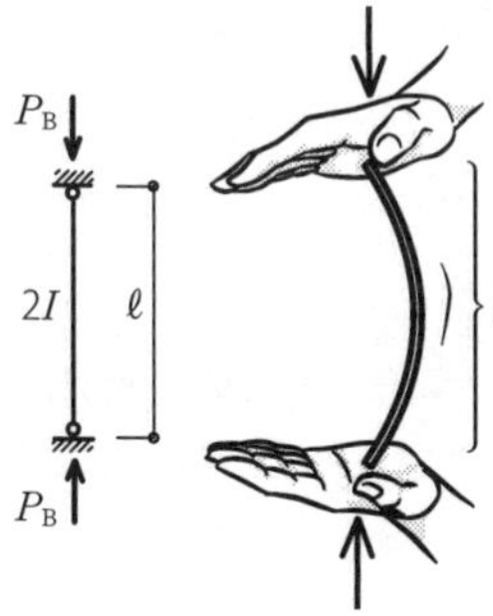

B

$$P_B=\frac{\pi^2E(2I)}{\ell^2}=2\frac{\pi^2EI}{\ell^2}$$

C

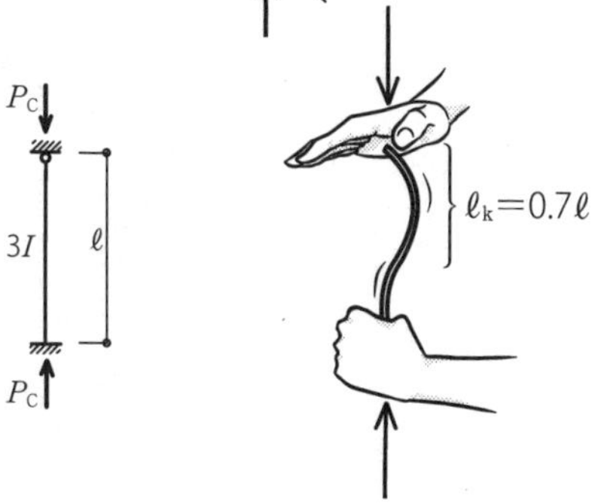

$$P_C=\frac{\pi^2E(3I)}{(0.7\ell)^2}=\frac{3}{0.49}\frac{\pi^2EI}{\ell^2}=6.12\frac{\pi^2EI}{\ell^2}$$

$0.49\fallingdotseq0.5=\frac{1}{2}$
概算 $\frac{3}{0.49}\fallingdotseq6$
會比較快

因此，$P_C>P_A>P_B$

Q 如圖1為長方形斷面、材質相同的梁，在點虛線的中性軸上只有彎矩作用。這個斷面開始降伏的彎矩為M_y，塑性彎矩為M_P，斷面內的應力分布如圖2所示。請求出M_P和M_y的比$\frac{M_P}{M_y}$。降伏應力為σ_y。

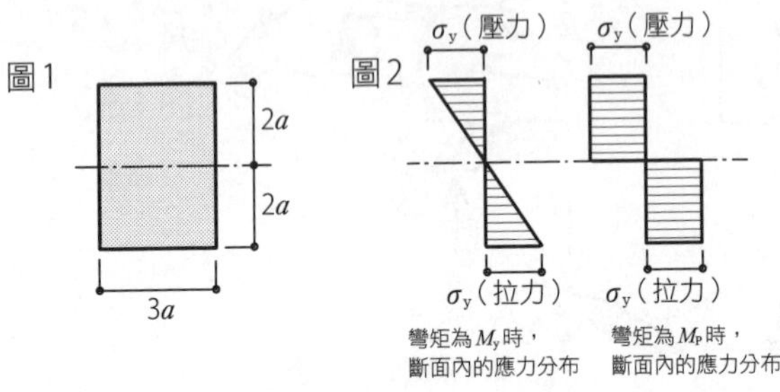

A ①材料的拉力（壓力）逐漸增加時，一開始的力和變形會成正比，某點之後在相同的力下，變形會突然增加，且無法恢復原狀。該點就是降伏點，這之後的狀態稱為塑性。

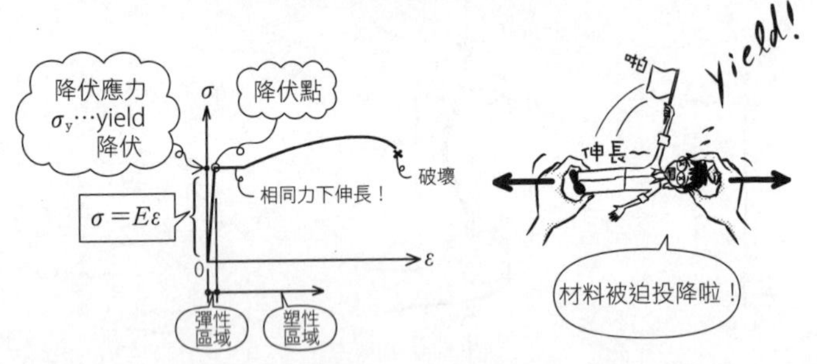

②只有彎矩M作用的彎曲構材，M越大，會從邊緣開始到達σ_y，σ_y的範圍會慢慢地往中性軸擴大，最後全斷面都變成σ_y。

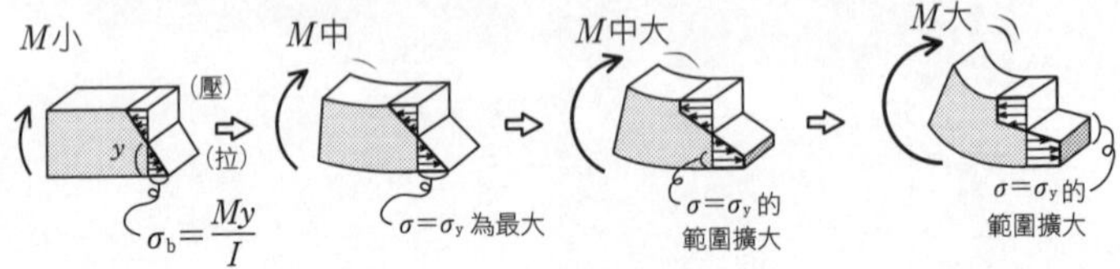

③將 M_y 以 σ_y 的式子表示。在彈性區域內，有 $\frac{My}{I}$ 的關係，當上下邊緣達到 σ_y 的瞬間，幾乎在全斷面上此公式都成立。

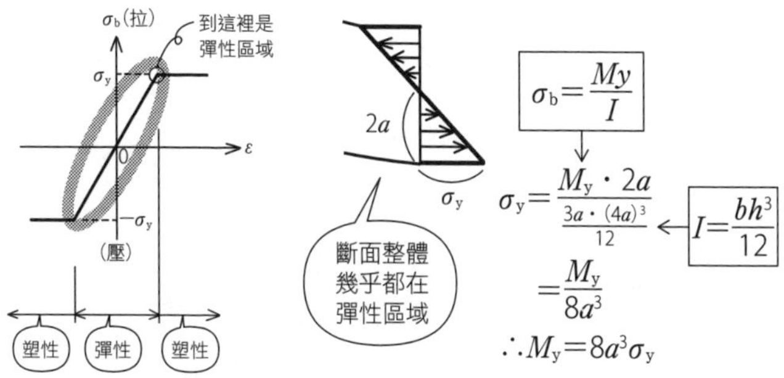

④ M_P 的P是plasticity（塑性）的意思，為全斷面處於塑性狀態時的彎矩。由於是全斷面，故 $\sigma_b=\sigma_y$ 為定值，σ_y 造成的合力可由 σ_y ×斷面積求得。壓力 C（compression）、拉力 T（tension）會形成大小相等、方向相反的力偶。力偶的力矩大小＝(單邊力的大小)×(2力之間的距離)，將 M_P 以 σ_y 表示。

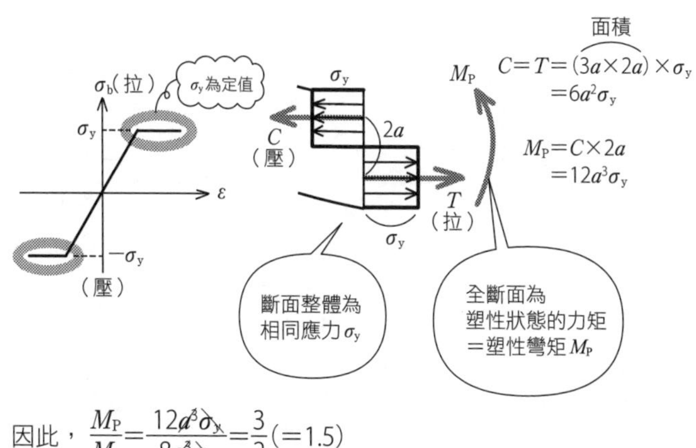

因此，$\frac{M_P}{M_y}=\frac{12a^3\sigma_y}{8a^3\sigma_y}=\frac{3}{2}(=1.5)$

Q 如圖1為長方形斷面、材質相同的梁，在點虛線的中性軸上只有彎矩作用。這個斷面開始降伏的彎矩為M_y，塑性彎矩為M_P，斷面內的應力分布如圖2所示。請求出M_P和M_y的比$\frac{M_P}{M_y}$。降伏應力為σ_y。

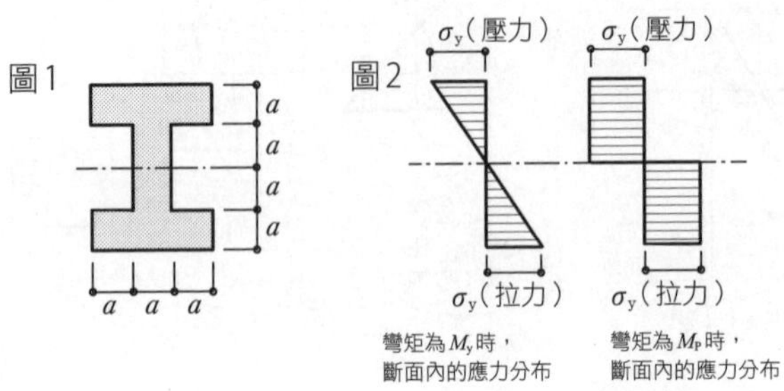

A ①斷面上正向應力σ，因彎矩產生者為彎曲應力σ_b（b：bending），因軸力產生的應力則有σ_c（C：compression）、σ_t（t：tension）。描繪σ_b圖時，有壓力、拉力畫在同側的蝴蝶型，或是畫在反對側的斜線型。不管是哪一種，都是以斷面為軸，在軸上以長度（高度）作為σ_b的大小。

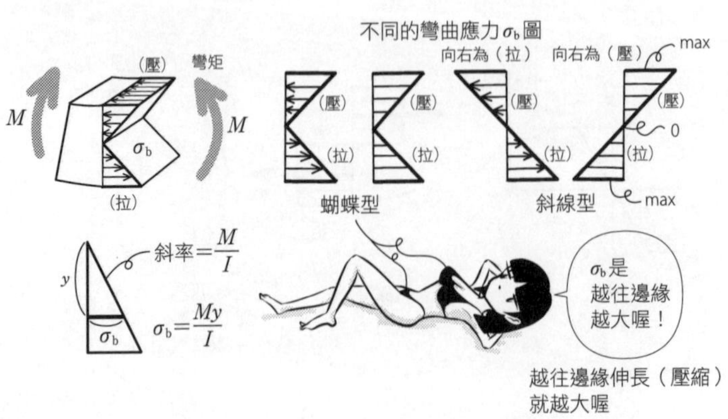

②求出斷面二次矩I，使用$\sigma_b = \frac{My}{I}$的公式，列出M_y和σ_y的關係式。使用$I = \frac{bh^3}{12}$的公式時，要以梁深h的中心為中性軸來切割長方形，將各個I進行加減的計算。

（斷面圖：寬 a a a，高 a a a a）＝（長方形）－（兩個長方形）○　（（腹板）＋（翼板））×

長方形的軸
不在中性軸上！

$$I = \frac{(3a)\cdot(4a)^3}{12} - 2\cdot\frac{a(2a)^3}{12} = \frac{44a^4}{3}$$

σ_y（壓）　M_y　σ_y（拉）

$$\sigma_y = \frac{M_y \cdot 2a}{I} = M_y \cdot 2a \cdot \frac{3}{44a^4} \quad \therefore M_y = \frac{22}{3}a^3\sigma_y$$

以σ_b×斷面積求出各位置的壓力C、拉力T，再乘上合力至中心的距離，也可以得到M_y。此時不像塑性彎矩是$\sigma_b = \sigma_y$為定值，而且H的形狀也會讓計算更麻煩。

③斷面整體達到σ_b的最大值σ_y時，將此狀態下的彎矩M_p以σ_y的式子表示。壓力C、拉力T（大小相同）所形成的力偶力矩，可由C×(C、T間的距離)來求得。若以H型上半部的T型來計算，相當難求出合力位置，故以長方形的力偶＋正方形的力偶來求得。

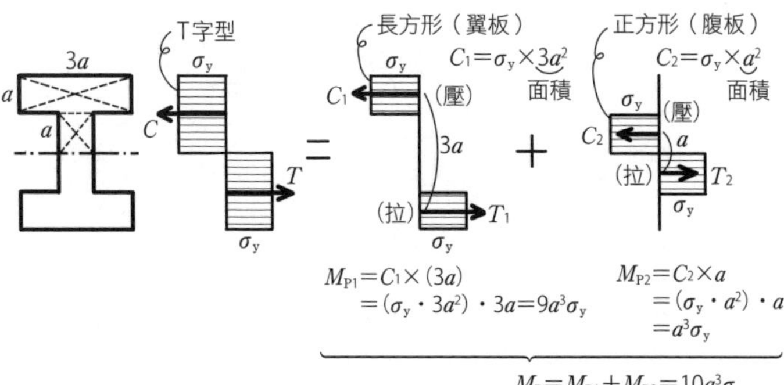

$$M_P = M_{P1} + M_{P2} = 10a^3\sigma_y$$

因此，$\frac{M_P}{M_y} = \frac{10a^3\sigma_y}{\frac{22}{3}a^3\sigma_y} = \frac{15}{11}$（≒1.36）

★ R111 check ▶□□□

Q 如圖的斷面，請求出對X軸的塑性彎矩M_P。壓力、拉力的降伏應力皆為σ_y，作用在斷面的軸力為0。

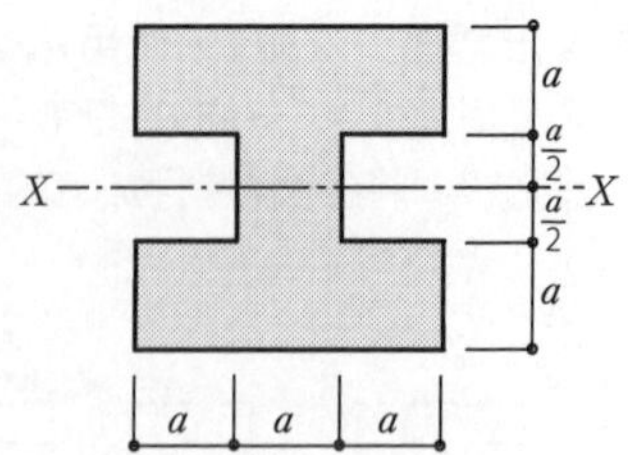

A ①彎矩M增加時，在邊緣（上下端）的σ_b會達到最大的σ_y。若是M再增加，上下端的σ_y範圍會變大，直到斷面整體成為σ_y。斷面全部為塑性狀態的彎矩就稱為塑性彎矩M_P（P：plasticity，塑性）。

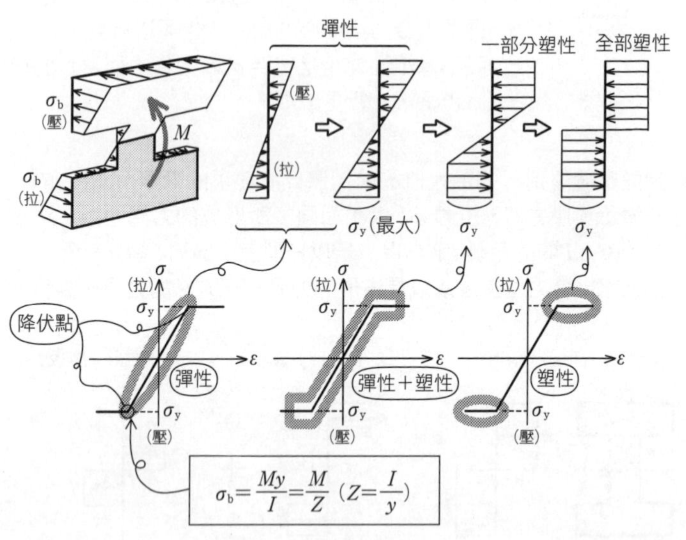

②列出M_P和σ_y的關係式。彈性區域內，$\sigma_b=\dfrac{My}{I}=\dfrac{M}{Z}$，但在塑性區域內，此關係就不成立了。

困難

壓力側σ_y的合計C和拉力側σ_y的合計T，是大小相等、方向相反的力偶。此力偶造成的彎矩$C \times j$就是M_P。由於要求出T字型面積的形心相當麻煩，故將長方形分割後再進行計算。

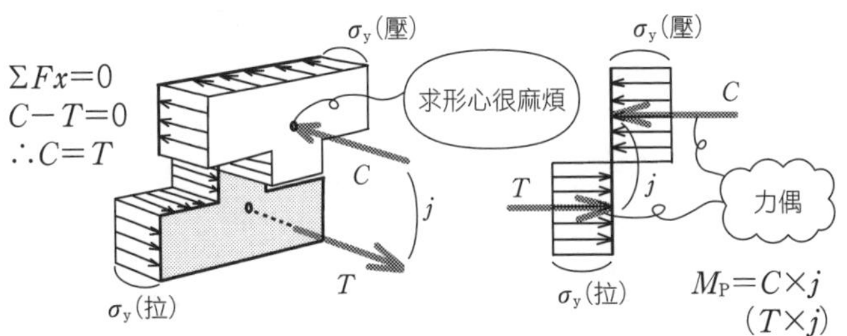

③將中性軸上的T字型分割成2個長方形，分成壓力C_1、C_2，個別求出力偶的和以得到M_P。

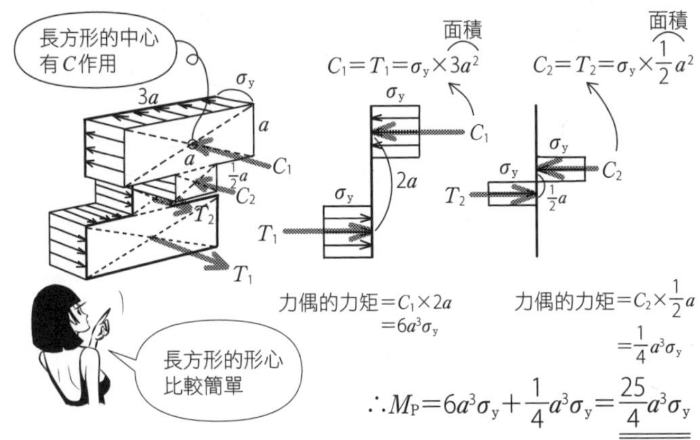

$$\therefore M_P=6a^3\sigma_y+\frac{1}{4}a^3\sigma_y=\frac{25}{4}a^3\sigma_y$$

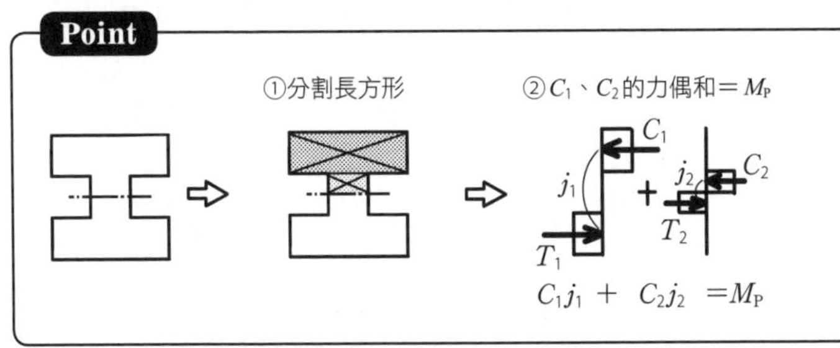

16 塑性彎矩

Q 如圖的斷面，請求出對Y軸的塑性彎矩M_P。壓力、拉力的降伏應力皆為σ_y，作用在斷面的軸力為0。

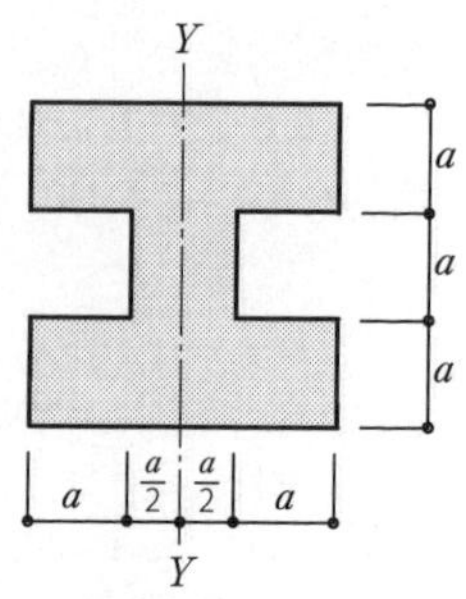

A ①與前一個題目相比，軸的位置改變了。以橫向來看σ_b的形狀，就跟H橫倒的情況相同，只是面積不一樣。

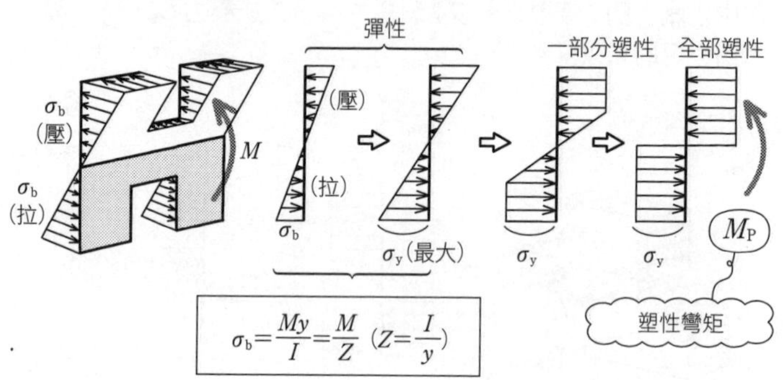

彈性區域內是$\sigma_b = \frac{My}{I} = \frac{M}{Z}$，塑性區域則是$C = \sigma_y \times$面積、$T = \sigma_y \times$面積（$C$：compression，壓力；$T$：tension，拉力），求出的$\sigma_y$合力，$C$和$T$的距離$j$再乘上$C$（或是$T$）就可以得到$M_P$。

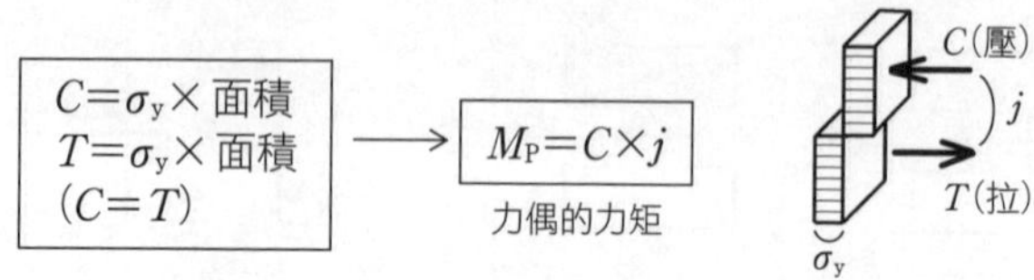

②計算中性軸$Y-Y$上方凹型的$C=\sigma_y\times$面積時，要求出C作用的位置＝形心的計算會很麻煩。可如下圖分成3個長方形，分別計算C_1、C_2作用在長方形中心的力偶力矩。

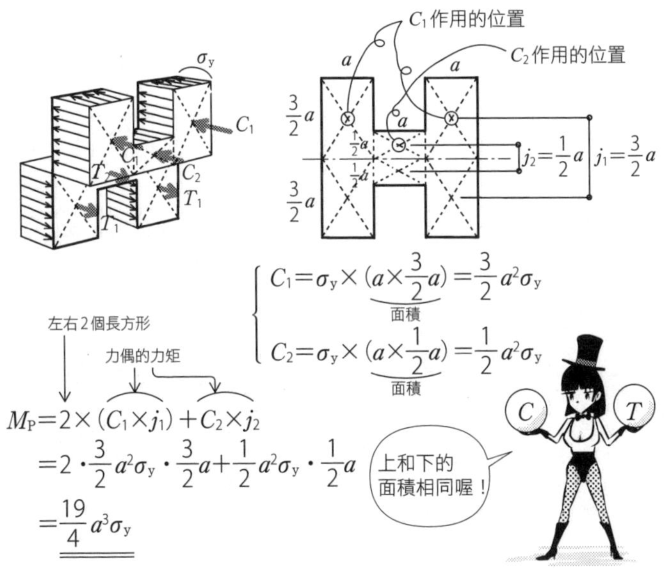

$$\begin{cases} C_1=\sigma_y\times\underbrace{\left(a\times\frac{3}{2}a\right)}_{\text{面積}}=\frac{3}{2}a^2\sigma_y \\ C_2=\sigma_y\times\underbrace{\left(a\times\frac{1}{2}a\right)}_{\text{面積}}=\frac{1}{2}a^2\sigma_y \end{cases}$$

$$M_P=2\times(C_1\times j_1)+C_2\times j_2$$
$$=2\cdot\frac{3}{2}a^2\sigma_y\cdot\frac{3}{2}a+\frac{1}{2}a^2\sigma_y\cdot\frac{1}{2}a$$
$$=\frac{19}{4}a^3\sigma_y$$

<u>中性軸的上和下，面積一定是相等的</u>。在沒有軸力N、只有彎矩M作用的情況下，若是$C=T$不成立，水平方向就無法保持平衡。由於$\Sigma Fx=0$，故$C=T$，而$C=\sigma_y\times$(上方的面積)、$T=\sigma_y\times$(下方的面積)，因此(上方的面積)＝(下方的面積)。

Point

$C=\sigma_y\times$(上方的面積)

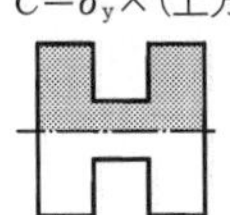

$T=\sigma_y\times$(下方的面積)

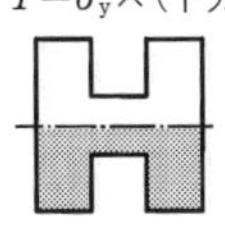

$\Sigma Fx=0$，故$C=T$

$\therefore$(上方的面積)＝(下方的面積)

★ R113 check ▶□□□

Q 如圖的斷面，對X軸的塑性彎矩為M_{PX}，對Y軸的塑性彎矩為M_{PY}，請求出塑性彎矩M_{PX}和M_{PY}的比$\frac{M_{PX}}{M_{Py}}$。作用在斷面的軸力為0。

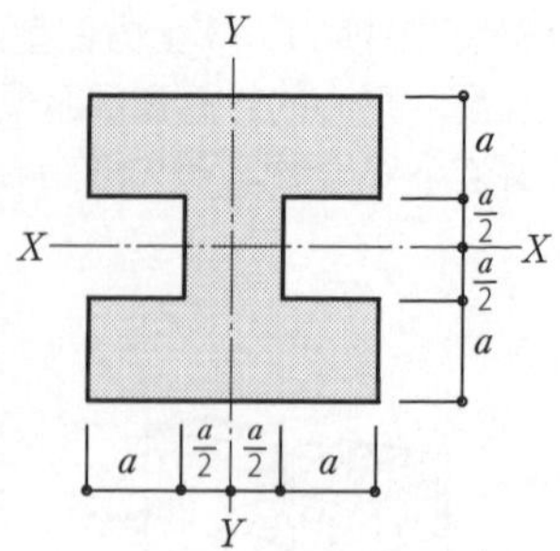

A ①這是結合前述兩題的題目，為了穩固基礎，再做一次解題吧。

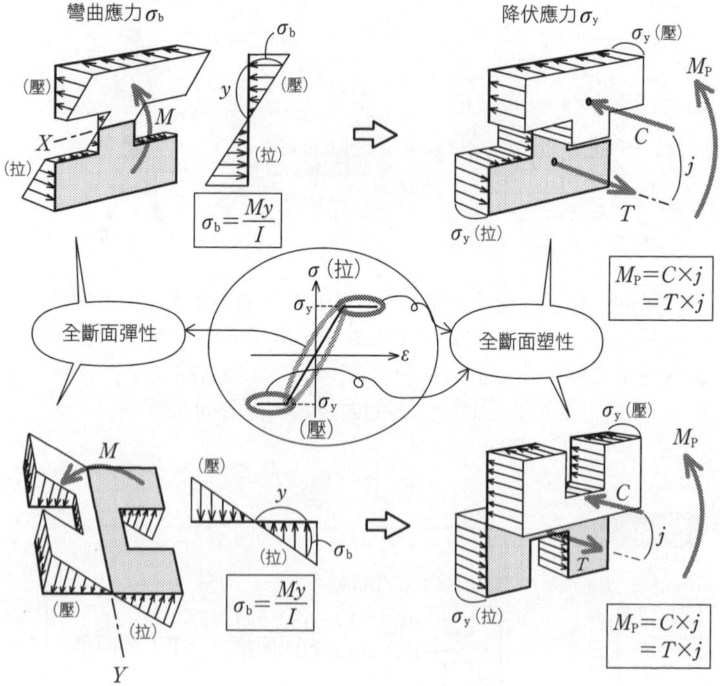

困難

②全塑性狀態下，中性軸上下（左右）的斷面積會相同。將斷面積2等分的線就是中性軸。

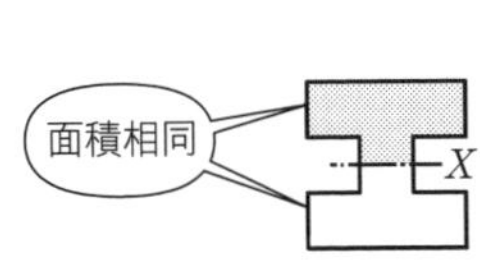

$$\begin{cases} C=\sigma_y\times(\text{上方的面積}) \\ T=\sigma_y\times(\text{下方的面積}) \end{cases}$$

由於 $C=T$

上方的面積＝下方的面積 （左）　　　　　（右）

③將中性軸上方（左方）的形狀分割成2個長方形，分成壓力 C_1、C_2，以各力偶的和來求得 M_P。直接以T字型、凹型來計算 C，必須計算 C 的作用位置（形心）。如果是長方形，形心在中心。

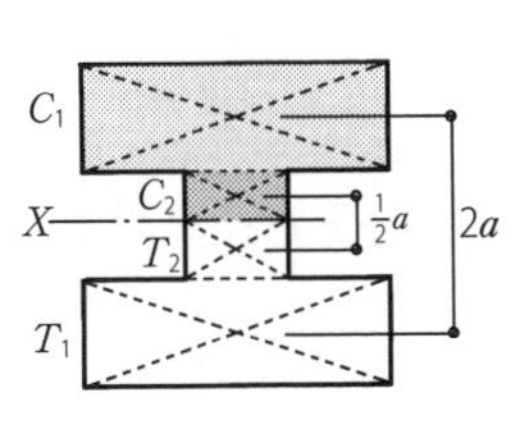

$$\begin{cases} C_1=T_1=\sigma_y\times\overset{\text{面積}}{\overbrace{3a^2}} \\ C_2=T_2=\sigma_y\times\frac{1}{2}a^2 \end{cases}$$

$$\begin{cases} C_1\text{、}T_1\text{造成的力偶力矩} \\ =C_1\times\overset{\text{距離}}{\overbrace{2a}}=6a^3\sigma_y \\ C_2\text{、}T_2\text{造成的力偶力矩} \\ =C_2\times\frac{1}{2}a=\frac{1}{4}a^3\sigma_y \end{cases}$$

$$\therefore M_{PX}=6a^3\sigma_y+\frac{1}{4}a^3\sigma_y=\underline{\frac{25}{4}a^3\sigma_y}$$

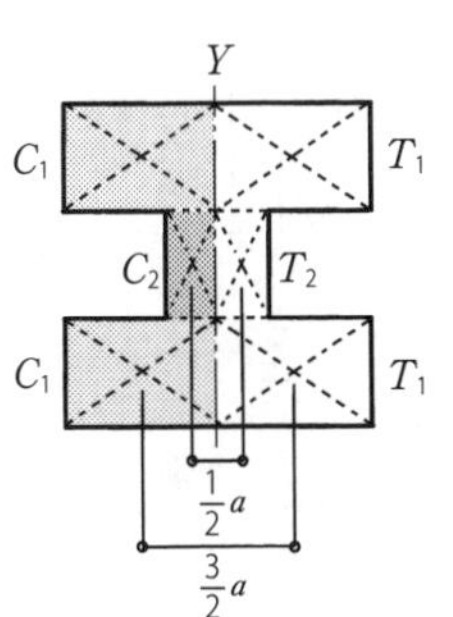

$$\begin{cases} C_1=T_1=\sigma_y\times\overset{\text{面積}}{\overbrace{\frac{3}{2}a^2}} \\ C_2=T_2=\sigma_y\times\frac{1}{2}a^2 \end{cases}$$

$$\begin{cases} C_1\text{、}T_1\text{造成的力偶力矩} \\ =C_1\times\overset{\text{距離}}{\overbrace{\frac{3}{2}a}}=\frac{9}{4}a^3\sigma_y \\ C_2\text{、}T_2\text{造成的力偶力矩} \\ =C_2\times\frac{1}{2}a=\frac{1}{4}a^3\sigma_y \end{cases}$$

$$\therefore M_{PY}=2\times\left(\frac{9}{4}a^3\sigma_y\right)+\frac{1}{4}a^3\sigma_y=\underline{\frac{19}{4}a^3\sigma_y}$$

因此，$M_{PX}：M_{PY}=\frac{25}{4}：\frac{19}{4}=\underline{\underline{25：19}}$

Q 如圖1相同材質．斷面的構材，斷面上只有如圖2的彎矩M在作用。這個斷面開始降伏的彎矩為M_y，塑性彎矩為M_P，請求出$M \leqq M_y$和$M = M_P$的情況下，其中性軸的位置。中性軸的位置是從斷面下緣開始測量。

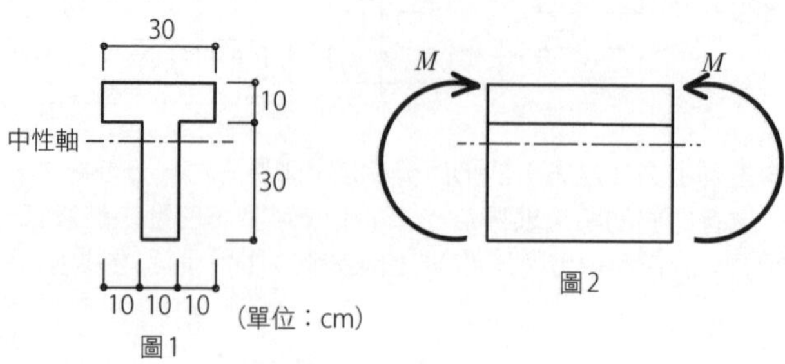

圖1　圖2

A ①中性軸是彎曲材的斷面中，壓力區域和拉力區域的境界線。壓力側σ_b和拉力側σ_b的境界，是既沒有縮短也沒有伸長的部分。$M \leqq M_y$時，離中性軸越遠σ_b就越大，$M_y<M<M_P$時，距離中性軸某程度的位置，其$\sigma_b = \sigma_y$（降伏應力）為定值，當$M_P = M$時，就表示全斷面的$\sigma = \sigma_y$。

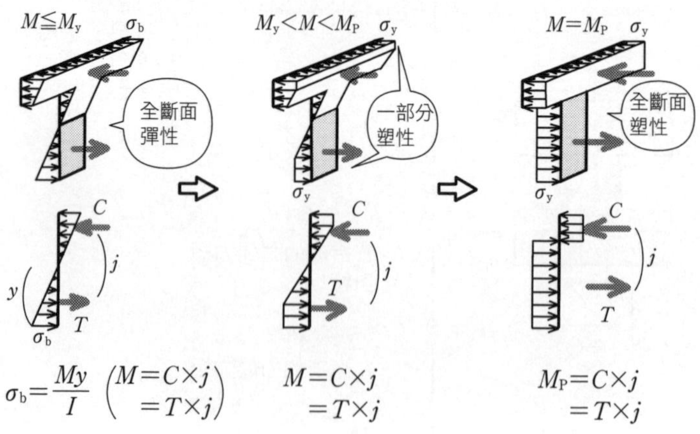

$\sigma_b = \dfrac{My}{I}$ $\left(\begin{aligned} M &= C \times j \\ &= T \times j \end{aligned}\right)$　$\begin{aligned} M &= C \times j \\ &= T \times j \end{aligned}$　$\begin{aligned} M_P &= C \times j \\ &= T \times j \end{aligned}$

困難

②在彈性範圍內，中性軸通過T字型的形心（重心）。形心的位置是從斷面下緣（下端）開始計算的距離×面積，就是面積的力矩。面積×距離稱為斷面一次矩S（參見R057）。

(T字型的面積)×(至T字型形心的距離)＝{(長方形的面積)×(至長方形形心的距離)} 的合計

假設T字型有一定的厚度、重量，可用下面的方式計算：

整體重量的力矩＝各部分重量的力矩合計

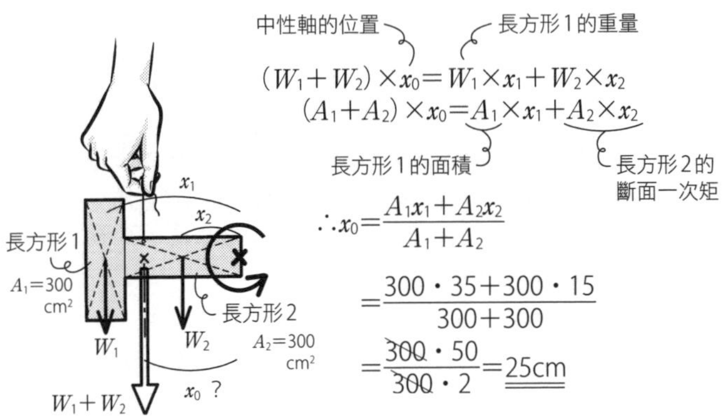

$$(W_1+W_2)\times x_0=W_1\times x_1+W_2\times x_2$$

$$(A_1+A_2)\times x_0=A_1\times x_1+A_2\times x_2$$

$$\therefore x_0=\frac{A_1x_1+A_2x_2}{A_1+A_2}$$

$$=\frac{300\cdot 35+300\cdot 15}{300+300}$$

$$=\frac{300\cdot 50}{300\cdot 2}=25\text{cm}$$

③全斷面塑性的情況下，中性軸上下的面積相同。由於全部是相同數值$\sigma_b=\sigma_y$，故$C=T$，C側、T側的面積一定會相等。

$\sigma_y\times$(壓力側面積)$=\sigma_y\times$(拉力側面積) ∴壓力側面積＝拉力側面積

由於T型上下的長方形面積相等，在$M=M_P$時的中性軸，就是從下緣起算30cm的地方。

Q 如圖1相同材質・斷面的構材，斷面上只有如圖2的彎矩M在作用。這個斷面開始降伏的彎矩為M_y，塑性彎矩為M_P，請求出$M \leqq M_y$和$M = M_P$的情況下，其中性軸的位置y_0。中性軸的位置是從斷面下緣（x軸）開始測量。

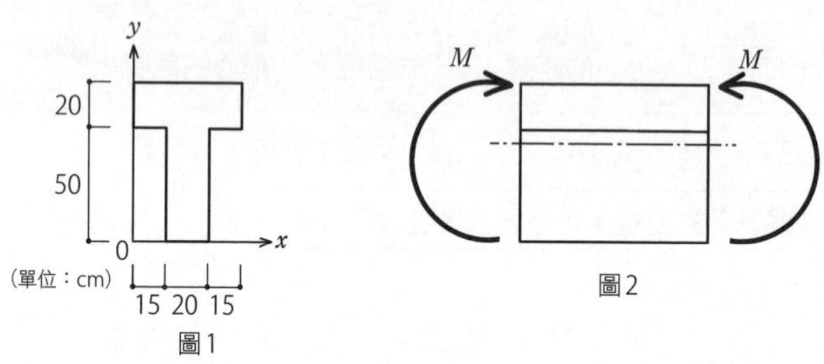

圖1　圖2

A ①與前題不同尺寸的T字型，讓我們再一次練習求出中性軸的方法吧。降伏開始的瞬間，全斷面為彈性。全斷面為彈性時，σ_b和中性軸的距離y成正比。該比例定數（斜率）就是$\frac{M}{I}$。<u>中性軸會通過斷面的形心（重心）</u>。

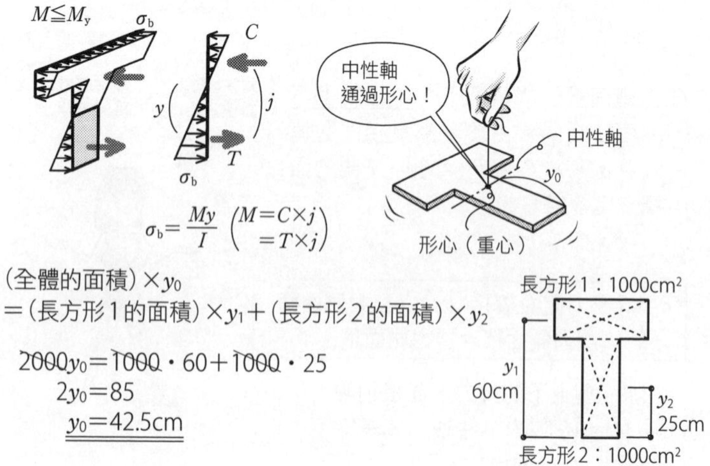

$$\sigma_b = \frac{My}{I} \quad \begin{pmatrix} M = C \times j \\ = T \times j \end{pmatrix}$$

(全體的面積)×y_0
＝(長方形1的面積)×y_1＋(長方形2的面積)×y_2

$$2000 y_0 = 1000 \cdot 60 + 1000 \cdot 25$$
$$2 y_0 = 85$$
$$\underline{\underline{y_0 = 42.5\text{cm}}}$$

彈性時，距離中性軸越遠 σ_b 就越大。因此離中性軸越遠處的面積，其 $(\sigma_b \times$ 面積$)$ 的影響越大。T字型上方的橫長部分離中性軸越遠，σ_b 就越大，$(\sigma_b \times$ 面積$)$ 也越大。

②全斷面為塑性時，σ_b 全部成為降伏應力 σ_y，全部的斷面都相等。σ_y 的合力 C 和 T，在水平方向互相平衡。若不平衡，就會產生移動。

$$\begin{cases} C = (\text{中性軸上方的面積}) \times \sigma_y \\ T = (\text{中性軸下方的面積}) \times \sigma_y \end{cases}$$

由於 $C = T$

$(\text{中性軸上方的面積}) \times \sigma_y = (\text{中性軸下方的面積}) \times \sigma_y$

$\therefore (\text{中性軸上方的面積}) = (\text{中性軸下方的面積})$

中性軸　C　T

因此全塑性時的中性軸，會是2個面積相等的長方形的境界線，即從下緣起算50cm的位置。

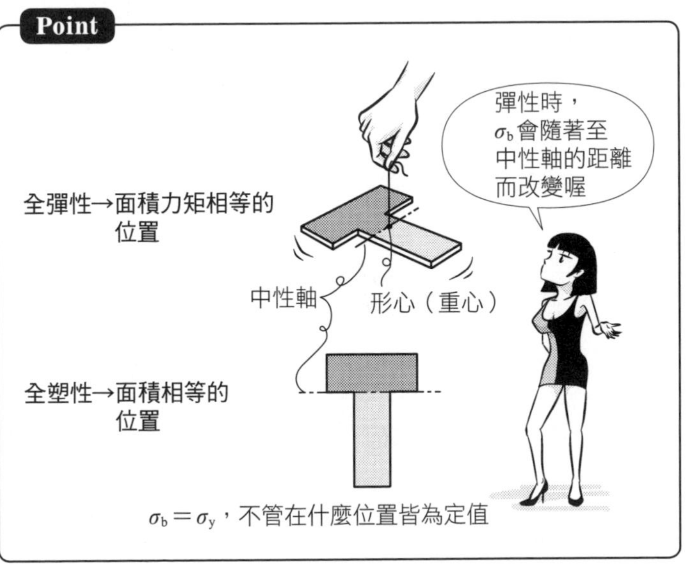

★ R116 check ▶□□□

Q 如圖的Ｈ型斷面，請求出對x軸的斷面模數Z和塑性斷面模數Z_P的值。寬度b、高度h的長方形斷面，其塑性斷面模數為$Z_P=\frac{bh^2}{4}$。

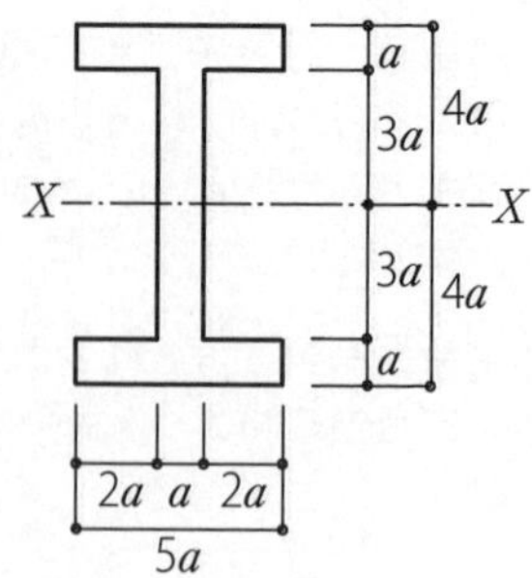

A ①在彈性狀態下，$\sigma_b=\frac{My}{I}=\frac{M}{Z}(Z=\frac{I}{y})$成立。$Z=\frac{I}{y}$，只要將斷面二次矩$I$除以至中性軸的距離$y$，就可以得到斷面模數$Z$。一般來說，計算$Z$時都是使用到邊緣的距離$y_{max}$。

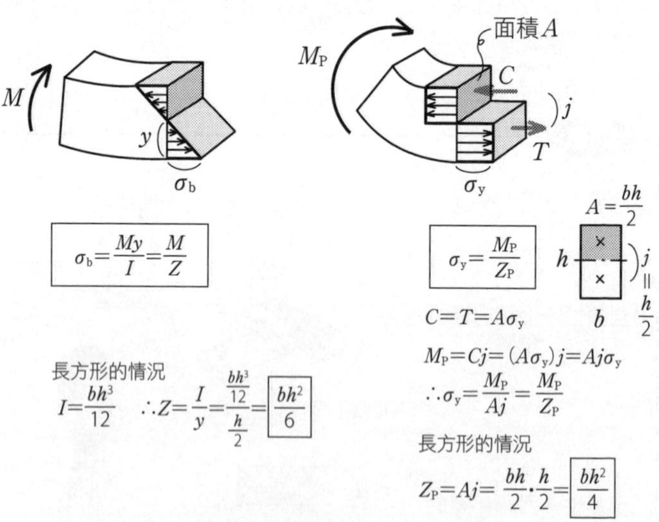

$$\sigma_b=\frac{My}{I}=\frac{M}{Z}$$

長方形的情況

$$I=\frac{bh^3}{12} \quad \therefore Z=\frac{I}{y}=\frac{\frac{bh^3}{12}}{\frac{h}{2}}=\boxed{\frac{bh^2}{6}}$$

$$\sigma_y=\frac{M_P}{Z_P}$$

$$C=T=A\sigma_y$$

$$M_P=Cj=(A\sigma_y)j=Aj\sigma_y$$

$$\therefore \sigma_y=\frac{M_P}{Aj}=\frac{M_P}{Z_P}$$

長方形的情況

$$Z_P=Aj=\frac{bh}{2}\cdot\frac{h}{2}=\boxed{\frac{bh^2}{4}}$$

當塑性狀態的公式也和彈性的$\frac{M}{Z}$相同形式，為$\frac{M_P}{Z_P}$時，長方形的$Z_P=\frac{bh^2}{4}$。

〔審訂者注：在台灣，本書中的斷面模數Z一般是寫為S，Z_P一般寫為Z〕

$$Z=\frac{bh^2}{6} \qquad Z_P=\frac{bh^2}{4}$$

②長方形斷面的公式$I=\frac{bh^3}{12}$、$Z=\frac{bh^2}{6}$，都是以中心為中性軸的情況。因此將H型分割成長方形時，注意長方形的中心要保持在中性軸。先求I，再由$\frac{I}{y}$求得Z。使用Z的公式時，各長方形的y值都不一樣，很可能得到錯誤的數值。

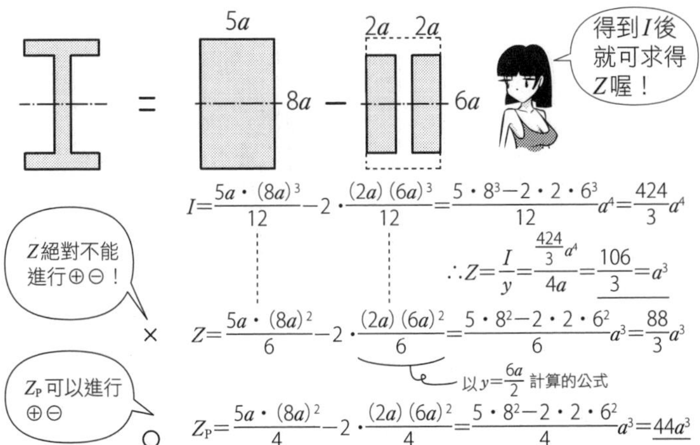

$$I=\frac{5a\cdot(8a)^3}{12}-2\cdot\frac{(2a)(6a)^3}{12}=\frac{5\cdot8^3-2\cdot2\cdot6^3}{12}a^4=\frac{424}{3}a^4$$

$$\therefore Z=\frac{I}{y}=\frac{\frac{424}{3}a^4}{4a}=\frac{106}{3}=a^3$$

$$Z=\frac{5a\cdot(8a)^2}{6}-2\cdot\frac{(2a)(6a)^2}{6}=\frac{5\cdot8^2-2\cdot2\cdot6^2}{6}a^3=\frac{88}{3}a^3$$

$$Z_P=\frac{5a\cdot(8a)^2}{4}-2\cdot\frac{(2a)(6a)^2}{4}=\frac{5\cdot8^2-2\cdot2\cdot6^2}{4}a^3=44a^3$$

只有在計算Z_P時，可以進行$Z_P=\frac{bh^2}{4}$的加減。全部斷面的σ_b皆為相同數值σ_y，$C=T=\sigma_y\times$面積A。如前頁所述，$Z_P=Aj$，y對Z_P沒有影響。

Point

①利用加減求出I

$I = I_1 - 2\times I_2$

②$Z=\frac{I}{y}$

③利用加減求出Z_P

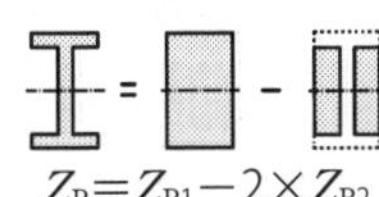

$Z_P=Z_{P1}-2\times Z_{P2}$

Q 如圖1，作用在長方形斷面材的水平荷重F增加，構材底部的a－a斷面，其最外端的應力達到降伏應力時，荷重為F_y；荷重持續增加，作用在a－a斷面的彎矩達到塑性彎矩時，其荷重為F_P。請求出F_y和F_P。

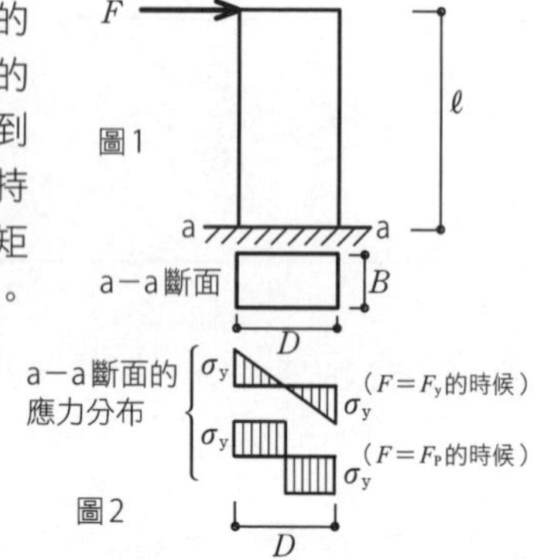

A ①作用在a－a斷面的彎矩M，可由力×距離＝$F\times\ell$求得。

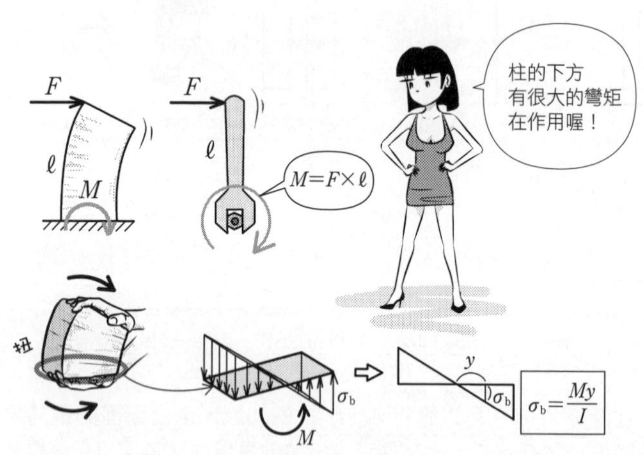

M分散在斷面上，但不是均等的分散，而是越往邊緣越大，跟中性軸的距離y成正比分布。

$\sigma_b=\dfrac{My}{I}$的公式中，M越大，σ_b會從邊緣處開始有最大的σ_y。

② M持續增加，邊緣的$\sigma_b=\sigma_y$。即邊緣開始降伏的瞬間，此時全斷面是在彈性的極限狀態。

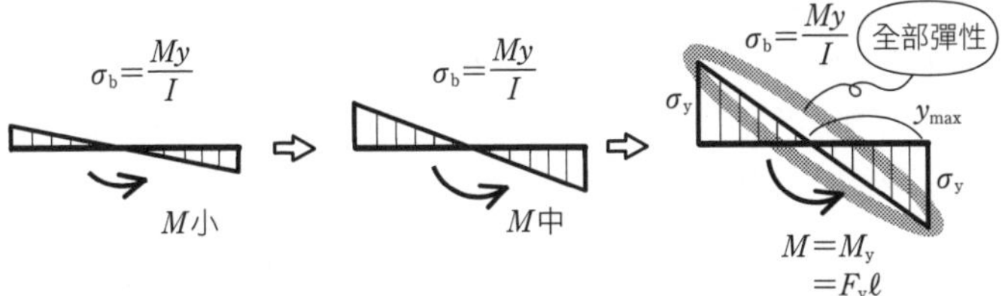

$M=M_y$時，邊緣$\sigma_b=\sigma_y$，$\sigma_b=\dfrac{My}{I}$的公式成立。因此

$$\sigma_y=\frac{M_y\cdot y_{max}}{I}=\frac{F_y\ell\cdot\dfrac{D}{2}}{\dfrac{BD^3}{12}}=\frac{6\ell}{BD^2}F_y\quad\therefore F_y=\frac{BD^2\sigma_y}{6\ell}$$

③從$M=M_y$持續增加的M，會使兩端開始降伏變成σ_y，$M=M_P=F_P\times\ell$時，全斷面降伏，全斷面都是σ_y的塑性狀態。

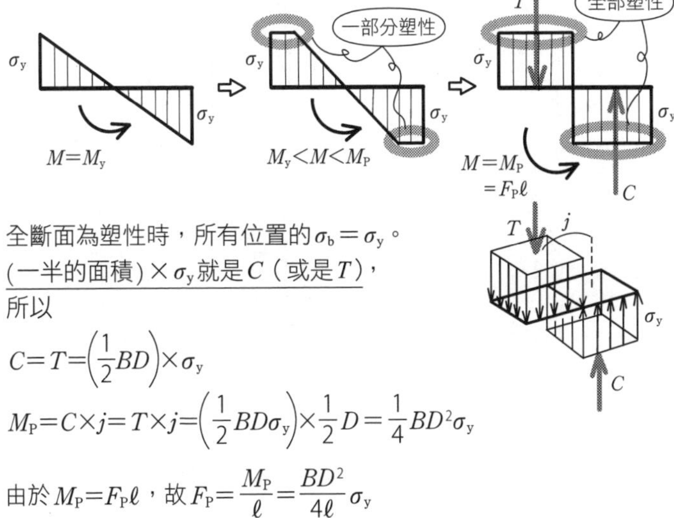

全斷面為塑性時，所有位置的$\sigma_b=\sigma_y$。
(一半的面積) ×σ_y就是C（或是T），
所以

$$C=T=\left(\frac{1}{2}BD\right)\times\sigma_y$$

$$M_P=C\times j=T\times j=\left(\frac{1}{2}BD\sigma_y\right)\times\frac{1}{2}D=\frac{1}{4}BD^2\sigma_y$$

由於$M_P=F_P\ell$，故$F_P=\dfrac{M_P}{\ell}=\dfrac{BD^2}{4\ell}\sigma_y$

Q 如圖1為相同材質、邊長為D的正方形斷面，正向應力分布是如圖2所示的全塑性狀態，請以D和降伏應力σ_y，表示作用在斷面形心的軸壓力N和彎矩M。

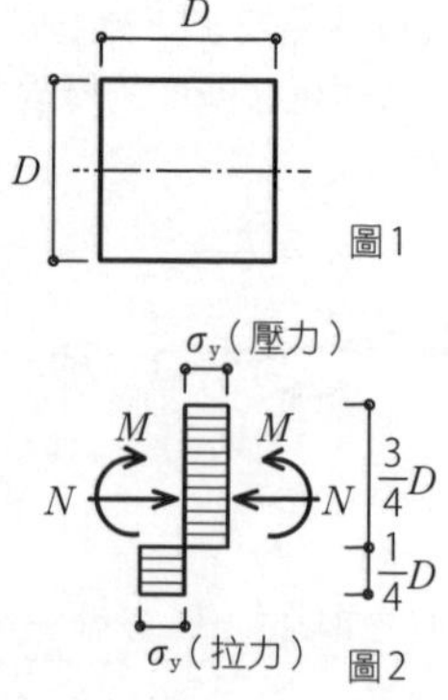

A ①只有M作用的情況下，由$\Sigma Fx=0$，可知$C=T$，壓力面積和拉力面積會相等。面積×σ_y的區塊，壓力側和拉力側會相等。題目是M和壓力N同時作用，C和T不相等，C側的面積會較大。

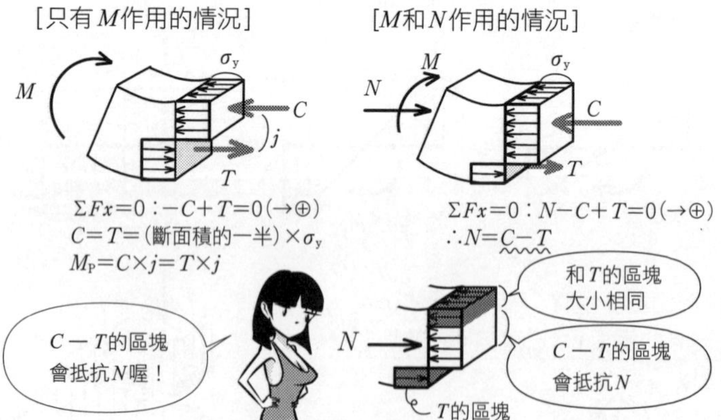

除了M還有軸力N作用時，由$\Sigma Fx=0$，可得$N-C+T=0$，$(C-T)$會和N相等。$N=C-T$是C的σ_y區塊減掉T的區塊所剩下的部分，會和N互相平衡。即$C-T$的σ_y區塊會抵抗軸力。也可以說$C-T$就是軸力N。

普通

②拉力側的σ_y區塊，其方向和壓力N相同，故無法與其抵抗。抵抗N的責任就落在壓力側區塊。形成壓力抵抗壓力的情況。至於T的作用就是抵抗M。由①可知$N=C-T$，剩下的壓應力會和T成對形成力偶，成為抵抗M的力矩。

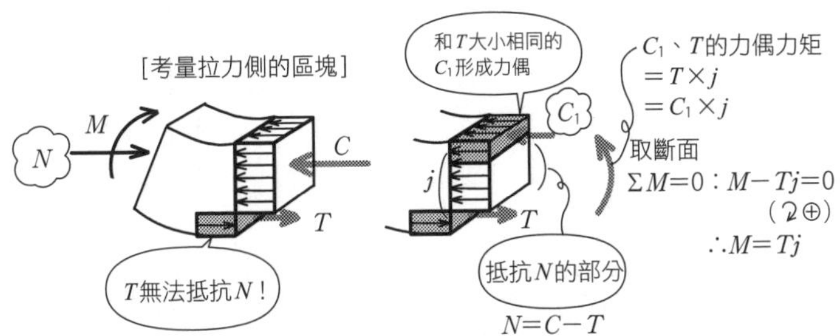

長方形斷面為相同材質，上下對稱，荷重也對稱，與拉力側和壓力側的力矩相對的σ_y區塊也是上下對稱。

③考量和N的平衡（①），和M的平衡（②），再次以圖解來表示。由$\Sigma Fx=0$、$\Sigma M=0$，以及上下對稱來求解。

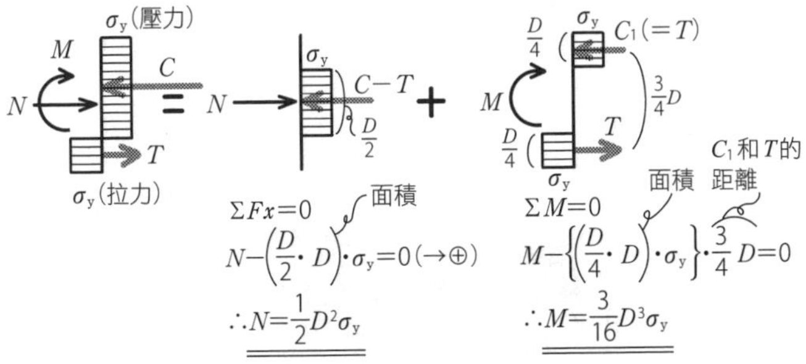

$$\Sigma Fx=0$$
$$N-\left(\frac{D}{2}\cdot D\right)\cdot\sigma_y=0\ (\rightarrow\oplus)$$
$$\therefore N=\frac{1}{2}D^2\sigma_y$$

$$\Sigma M=0$$
$$M-\left\{\left(\frac{D}{4}\cdot D\right)\cdot\sigma_y\right\}\cdot\frac{3}{4}D=0$$
$$\therefore M=\frac{3}{16}D^3\sigma_y$$

Point

①$\Sigma Fx=0$
$N=C-T$

②$\Sigma M=0$
$M=T\times j$

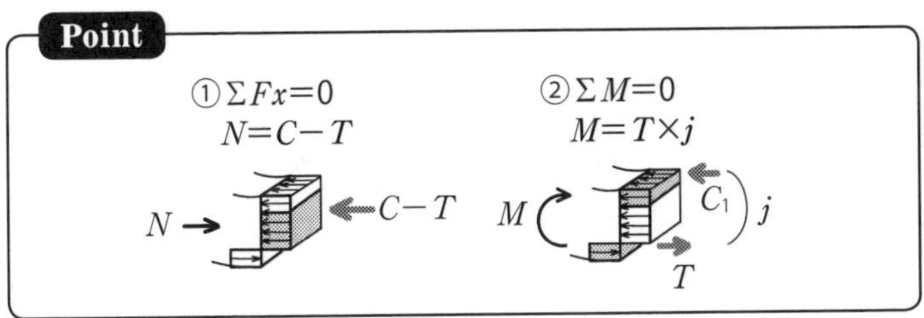

Q 如圖1為相同材質、邊長為D的正方形斷面，正向應力分布是如圖2所示的全塑性狀態，請以D和降伏應力σ_y，表示作用在斷面形心的軸拉力N和彎矩M。

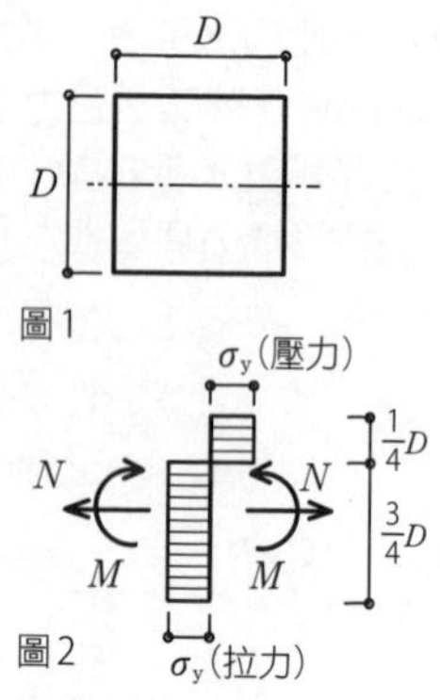

A ①題目是將前題的壓力改成拉力。只有M作用時，C和T的區塊大小相等。本題除了M，同時有拉力N作用的情況下，為了抵抗N和M兩者，T的區塊會變大。

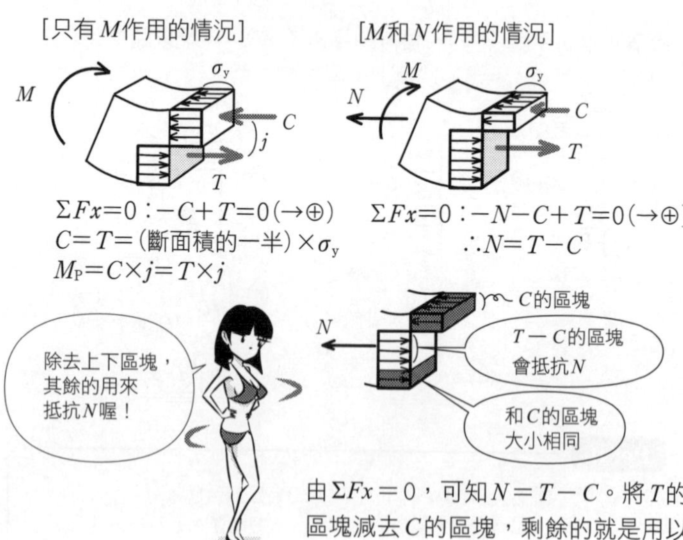

由$\Sigma Fx=0$，可知$N=T-C$。將T的區塊減去C的區塊，剩餘的就是用以抵抗拉力N的力。

②考量較小的壓力側 σ_y 區塊。N 為拉力，方向和 C 相同，因此 C 無法抵抗 N 的力。由①可知 $N = T - C$ 的大小。由上下對稱的斷面、荷重，用以抵抗 N 的力 $T - C$ 作用在中央，T 剩餘的 T_1 會和 C 形成力偶。

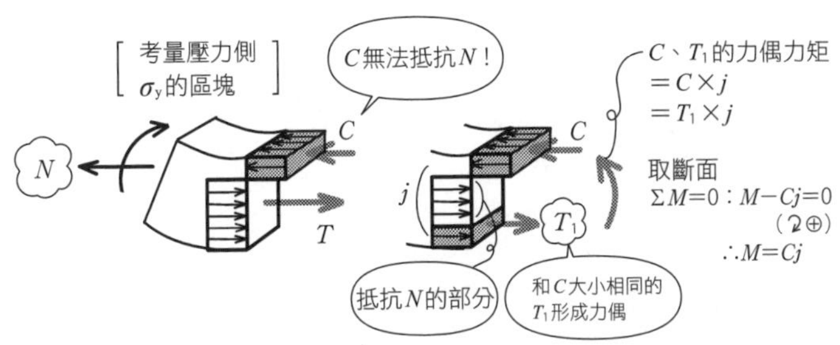

拉應力剩餘的 T_1 會和 C 成對形成力偶，成為抵抗 M 的力矩，和 M 互相平衡。

③考量和 N 的平衡（①），和 M 的平衡（②），以 σ_y 表示 N 和 M。

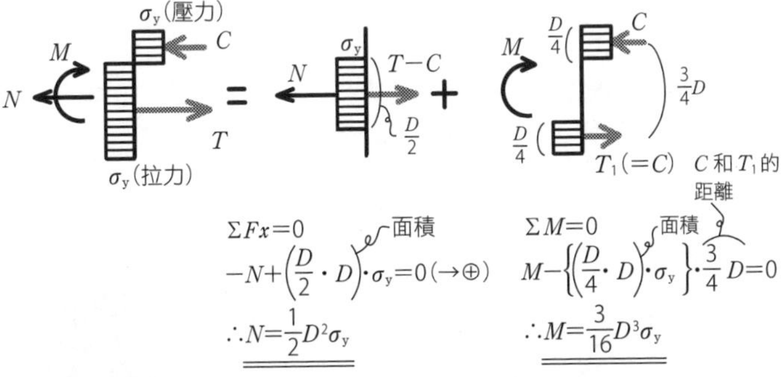

$$\Sigma Fx = 0$$
$$-N + \left(\frac{D}{2} \cdot D\right) \cdot \sigma_y = 0\ (\rightarrow \oplus)$$
$$\therefore N = \frac{1}{2} D^2 \sigma_y$$

$$\Sigma M = 0$$
$$M - \left\{\left(\frac{D}{4} \cdot D\right) \cdot \sigma_y\right\} \cdot \frac{3}{4} D = 0$$
$$\therefore M = \frac{3}{16} D^3 \sigma_y$$

Point

① $\Sigma Fx = 0$
$N = T - C$

② $\Sigma M = 0$
$M = C \times j$

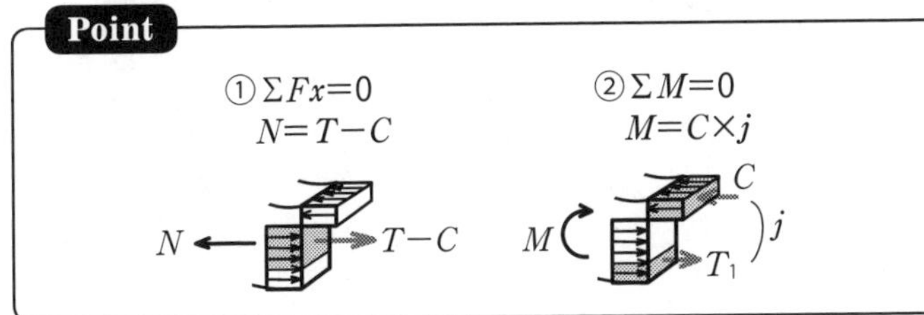

Q 如圖1，底部固定的矩形斷面材，頂部形心為O點，有垂直荷重$P=2B^2\sigma_y$（σ_y：降伏應力）以及水平荷重F作用。F逐漸增加，當底部a－a斷面的正向應力分布達到如圖2的全塑性狀態時，請求出F的值。矩形斷面材為相同材質・斷面，並且忽略自重。

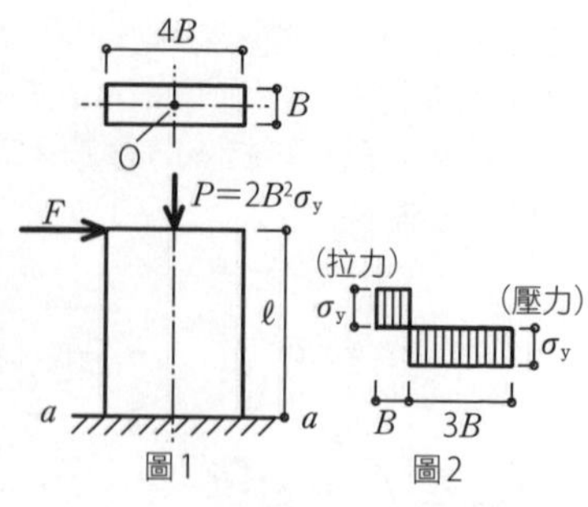

A ①從柱的整體平衡，求出a－a斷面作用的力（內力）。

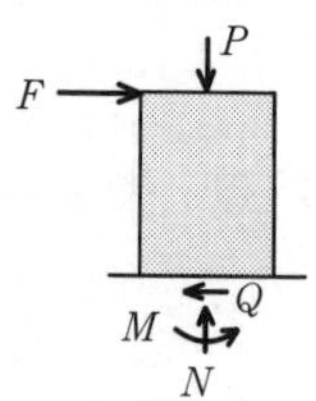

$\Sigma Fx=0$：$F-Q=0$（→⊕）

$\therefore Q=F$

$\Sigma Fy=0$：$N-P=0$（↑⊕）

$\therefore N=P$

$\Sigma M=0$：$F\ell-M=0$（↻⊕）

$\therefore M=F\ell$

②考量抵抗P的壓力σ_y區塊。荷重P作用在中央，用以抵抗的σ_y區塊和中心軸對稱，其大小如下圖所示，$P=C-T$。

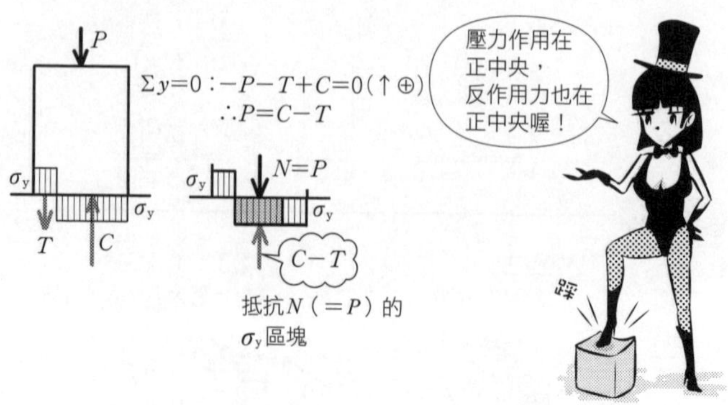

③考量拉力側的σ_y區塊。N為壓力，T無法抵抗N。由②可知是$C-T$的區塊在抵抗N。壓力側區塊剩餘的C_1部分，和T為大小相等、方向相反的力，C_1和T會形成力偶。C_1和T的力偶力矩可以抵抗M。

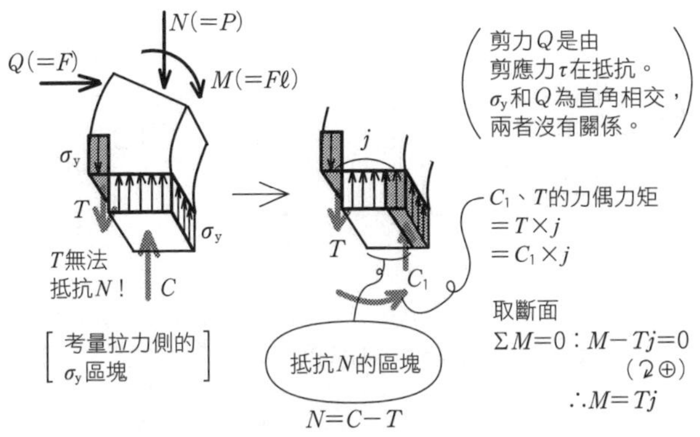

④考量和N的平衡（②），和M的平衡（③），求出P、F。

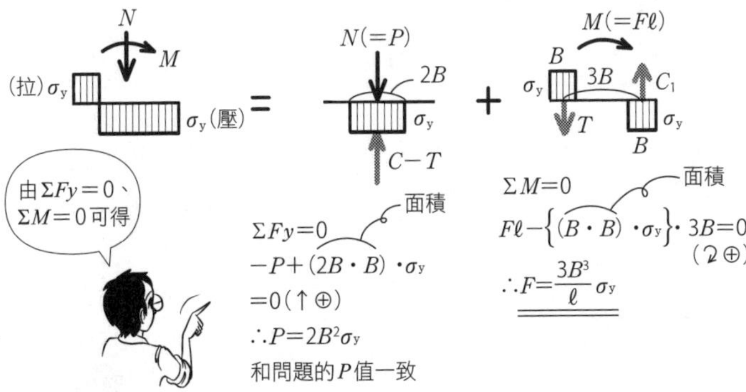

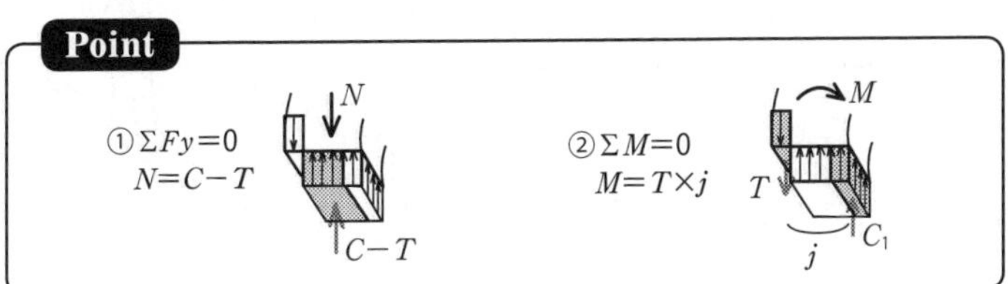

Q 如圖1，底部固定的H型斷面材，頂部形心為G點，有垂直荷重P以及水平荷重F作用。當底部a－a斷面的正向應力分布達到如圖2的全塑性狀態時，請以σ_y表示F和Q。

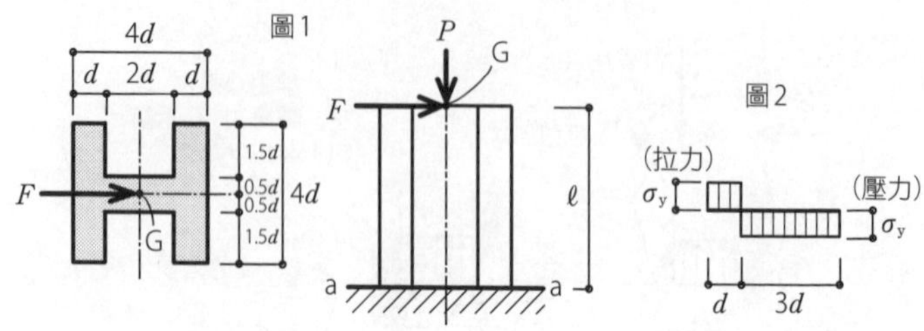

A ①從柱的整體平衡，求出a－a斷面作用的內力。

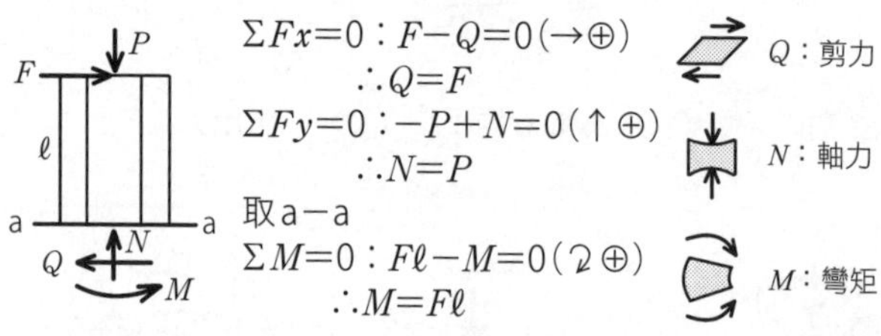

②考量抵抗P的壓力側σ_y區塊。荷重P作用在中央，用以抵抗的σ_y區塊也和中心軸對稱，其大小由$\Sigma Fy=0$可知為$C-T$。

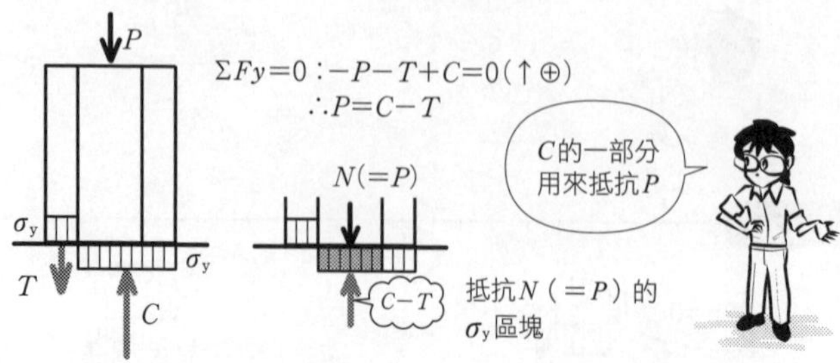

③考量拉力側的σ_y區塊，由於T的方向和N相同，故無法抵抗N。由②可知用以抵抗N，和N平衡的是$C-T$的區塊。剩餘的T、C_1（$=T$）形成力偶，抵抗彎矩M。

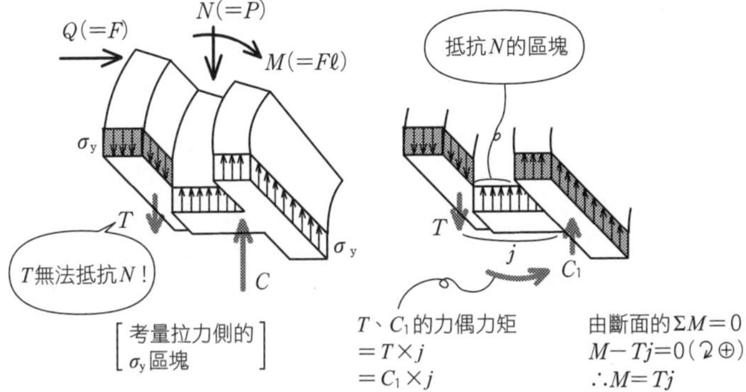

④考量和N的平衡（②），和M的平衡（③），求出P、F。

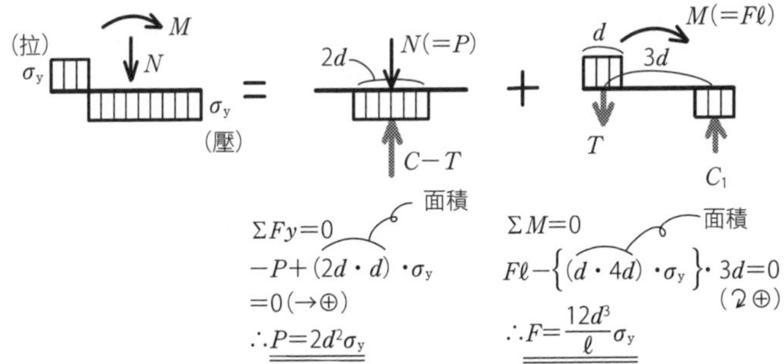

力偶是一對大小相等、方向相反，不在同一作用線上的力。力偶的力矩可用單邊的力大小×2力的距離來計算。

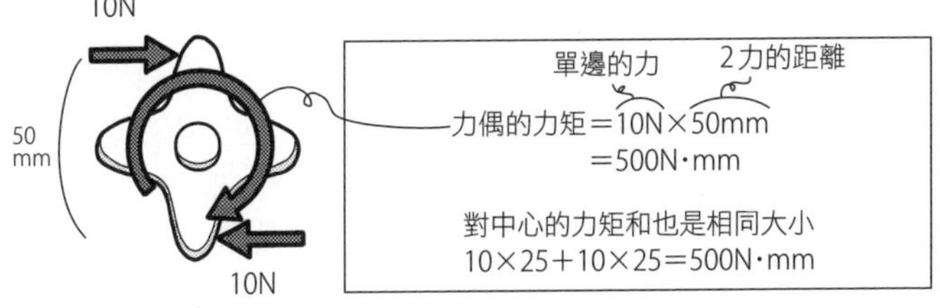

Q 斷面如圖的鋼筋混凝土造梁，承受上側為壓力、下側為拉力的彎矩作用時，請求出極限彎矩的值。混凝土的抗壓強度為36N/mm²，主筋（D25）每1根的斷面積為507mm²，主筋的降伏應力為345N/mm²。

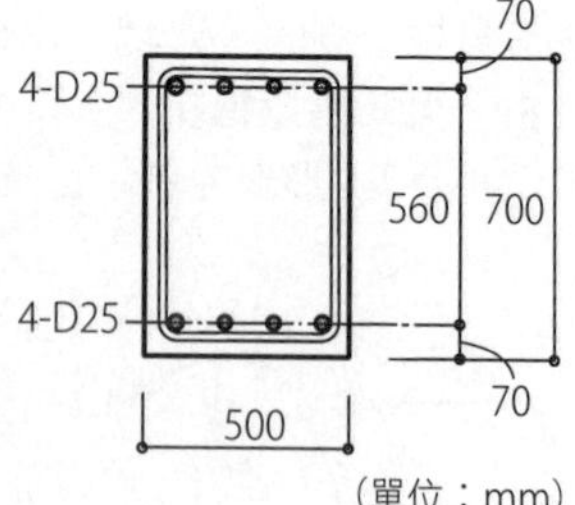

（單位：mm）

A ①塑性彎矩 M_P（P：plasticity，塑性）是指全斷面降伏，成為塑性狀態時的彎矩。鋼的壓力、拉力降伏值都同樣是 σ_y（y：yield，降伏），全斷面塑性時，壓力側的 σ_y 區塊和拉力側的 σ_y 區塊會是相同大小，呈現單純、整齊的形式。

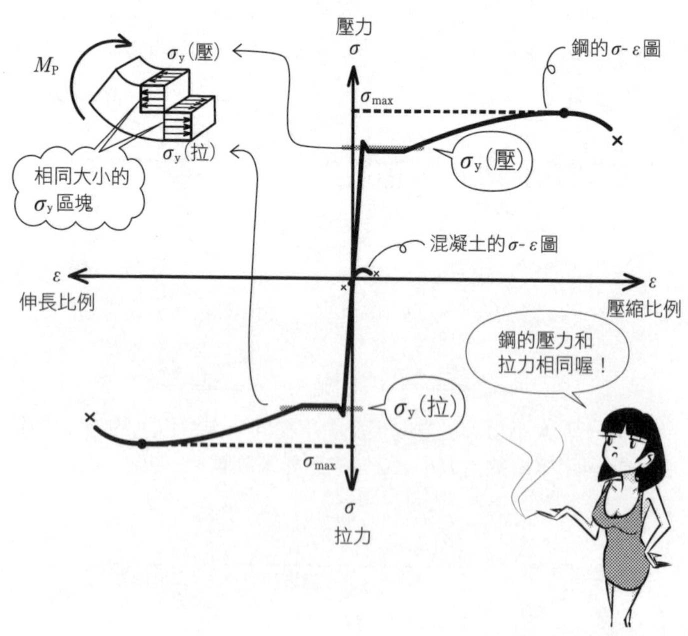

②混凝土的σ-ε圖高度只有鋼的1/10左右，也沒有從原點開始的直線部分（彈性區域），而且拉力的σ_{max}是抗壓強度的1/10左右。梁受到強烈的彎曲時，拉力側的混凝土會開裂，形成只有鋼筋在抵抗的情形。壓力側剩餘的混凝土σ_{max}會和拉力側鋼筋的σ_y形成力偶來抵抗彎曲，情況較複雜。此時不是全斷面塑性的塑性彎矩，而是破壞、最終的力矩，稱為極限彎矩M_u（u：ultimate，最終的）。

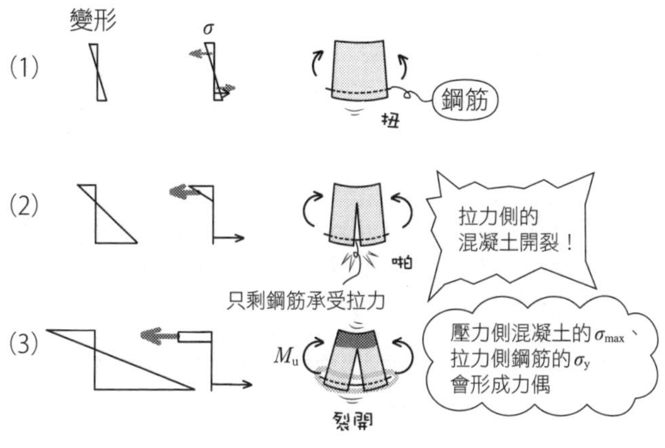

③C的區塊大小較難界定，無法計算C或j（C和T的距離）。但T可由(鋼筋的斷面積合計)×(鋼筋的σ_y)求得。另外，j則是使用拉力鋼筋的中心至梁上端的高度d（有效深度），乘上0.9倍，來加以概算。

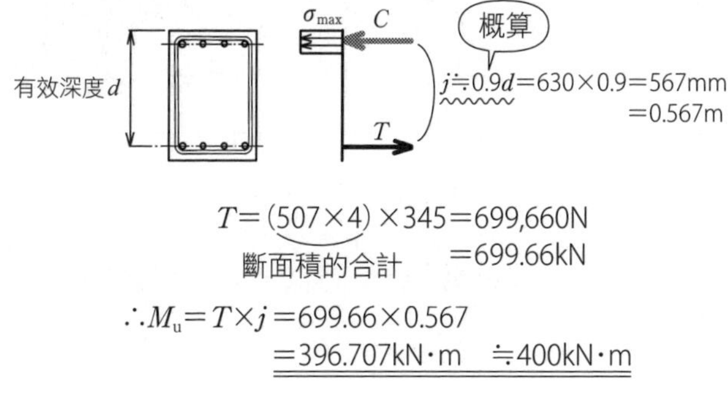

$$T=\underbrace{(507\times4)}_{\text{斷面積的合計}}\times345=699{,}660\text{N}=699.66\text{kN}$$

$$\therefore M_u=T\times j=699.66\times0.567=396.707\text{kN·m}\ \fallingdotseq 400\text{kN·m}$$

Q 如圖1承受水平力P作用的鋼筋混凝土構架，全長的梁斷面如圖2所示，梁的拉力鋼筋降伏會比壓力混凝土的破壞早發生。請求出此時在A點產生的極限彎矩M_u的值。其他條件如(1)～(4)所示。

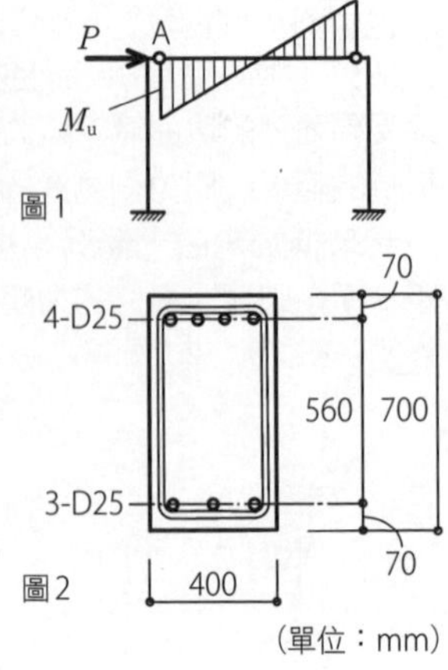

條件

(1) 鋼筋的材料強度σ_y：350N/mm^2。
(2) 混凝土的抗壓強度F_c：24N/mm^2。
(3) 主筋（D25）每1根的斷面積：500mm^2。
(4) 忽略梁的自重。

A ①無法單以平衡求出反力、內力的（靜不定）構架，先把M圖大概的形狀記下來會比較方便。M圖一般是先分別求得承受垂直荷重和水平荷重時的情況，再將兩者組合（加法）而成。

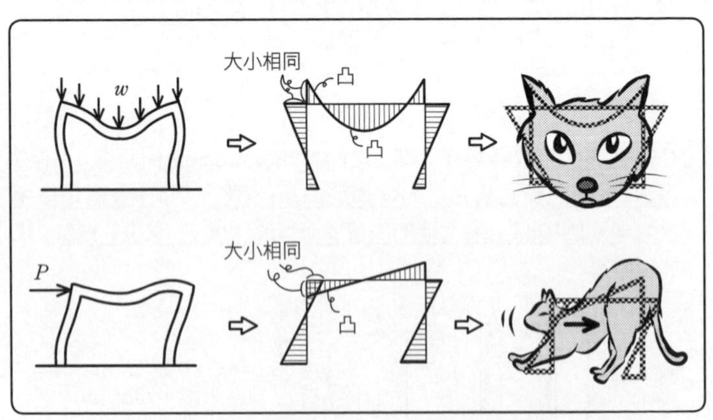

②水平荷重P逐漸增加，到某點材料產生降伏，在相同力下仍持續變形。像鉸接一樣可以旋轉者，稱為塑性鉸。在柱梁的接合部位，柱和梁之中抗彎較弱者，就會成為塑性鉸產生旋轉。

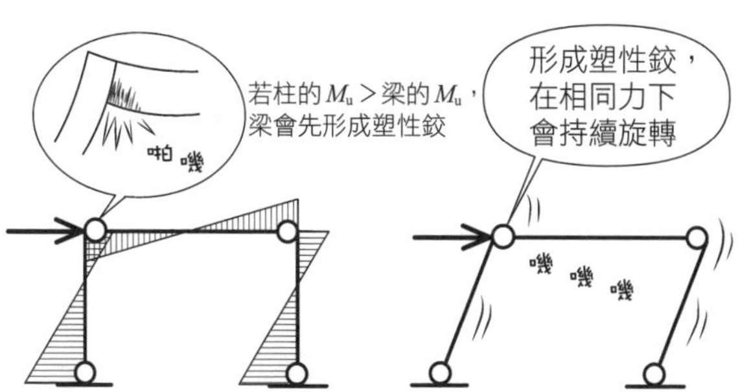

③問題的 A 點，由 M 圖可知梁是向下突出，下側的鋼筋會抵抗拉力。先求 3 根鋼筋的降伏強度，再乘上 0.9 × 有效深度，就可以得到 M_u。

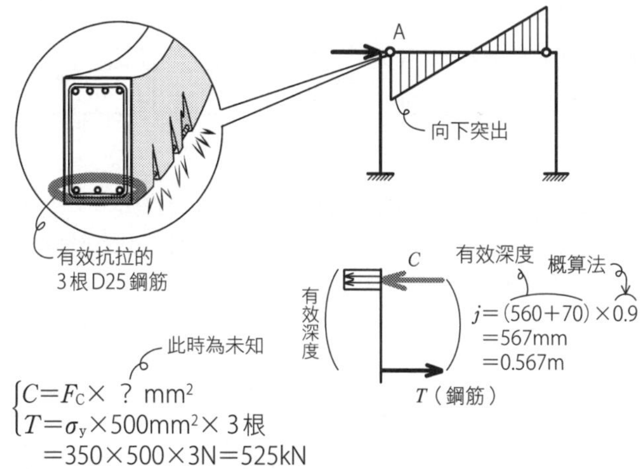

$$\begin{cases} C=F_C\times\ ?\ \text{mm}^2 \\ T=\sigma_y\times 500\text{mm}^2\times 3\text{根} \end{cases}$$

$$=350\times 500\times 3\text{N}=525\text{kN}$$

$$M_u=T\times j=525\text{kN}\times 0.567\text{m}=\underline{\underline{297.675\text{kN}\cdot\text{m}\fallingdotseq 300\text{kN}\cdot\text{m}}}$$

Point

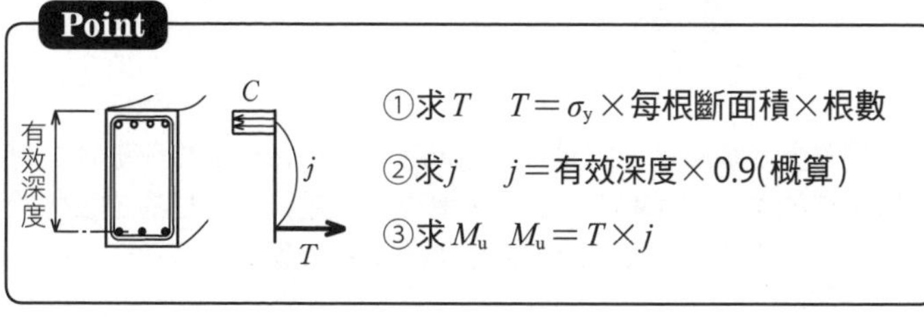

①求 T　$T=\sigma_y\times$ 每根斷面積 × 根數

②求 j　$j=$ 有效深度 × 0.9(概算)

③求 M_u　$M_u=T\times j$

Q 如圖承受荷重的構架A、B，水平力H增加時，表示發生塑性鉸（圖中的○）狀況的破壞機構的組合，在以下1～5之中，哪一個是正確的？柱、梁塑性彎矩的值分別是200kN·m、100kN·m，忽略作用在構材上的軸力或剪力所造成的彎曲強度降低。

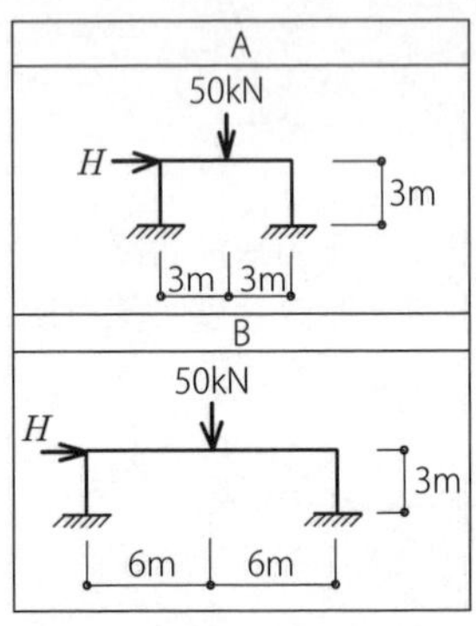

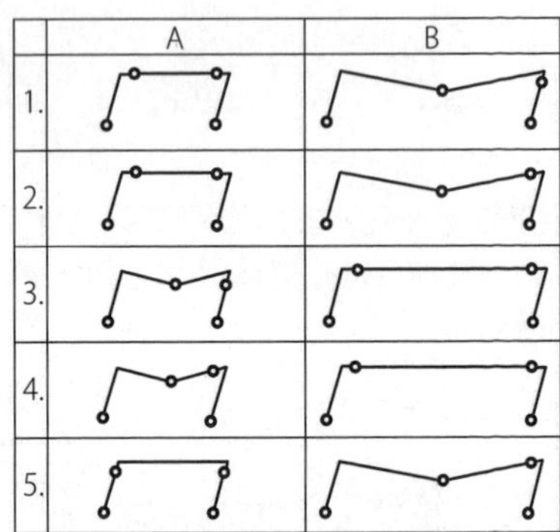

A ①在柱梁接合部位，柱頭和梁端承受相同的彎矩作用。塑性彎矩M_P，其大小關係是柱的M_P＞梁的M_P，梁會先形成塑性鉸。1、3、5有柱頭是鉸接，因此錯誤。

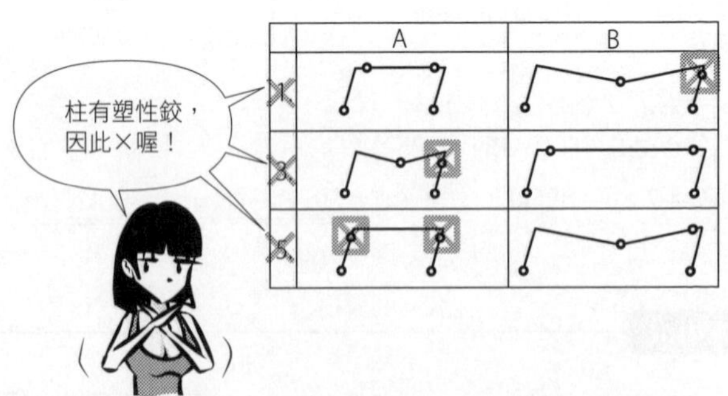

在實務上，多層構架的設計也是為了防止一部分的柱先破壞，所以讓柱的M_P＞梁的M_P。此時，會以梁的塑鉸化→柱的塑鉸化的順序，產生塑鉸，形成整體緩慢傾倒的破壞機構。

破壞機構是構架形成塑性鉸，使構架產生可能移動的情況。

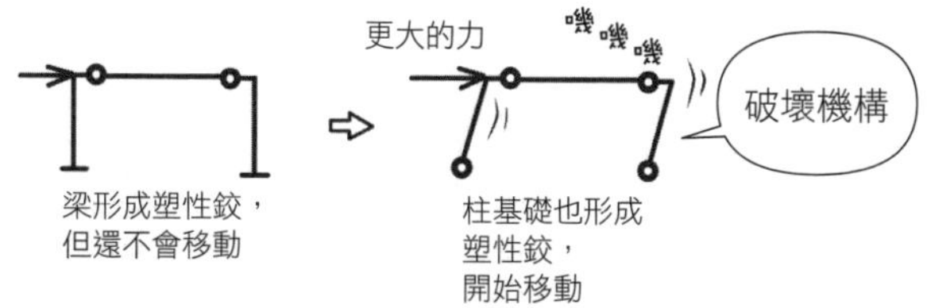

②考量承受垂直荷重50kN的2和4。梁越長，中央產生的彎矩就越大。因此中央若是形成塑性鉸，B會比A先出現。因此，2為正確答案。

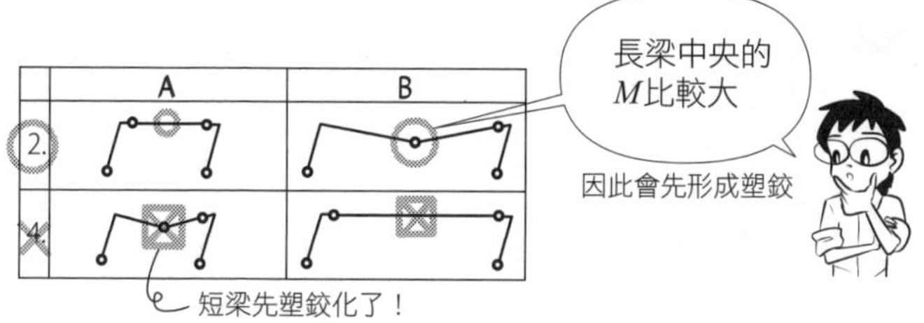

③當鋼的壓力和拉力σ_y相等而產生破壞時，這樣的鉸接稱為塑性鉸；RC的鉸接稱為降伏鉸，有時也會混用。

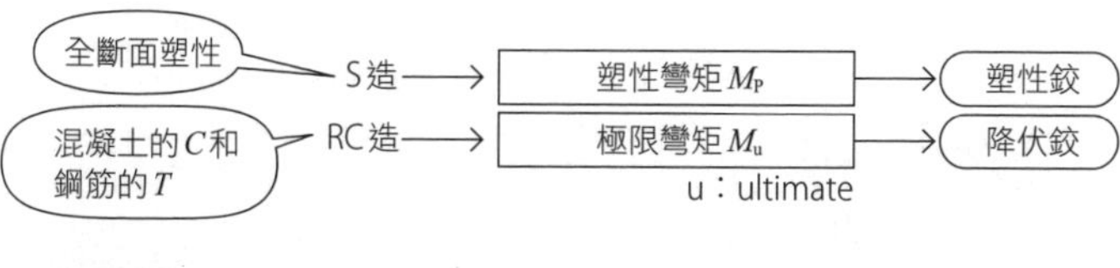

Point

M_P較小者會先形成塑性鉸

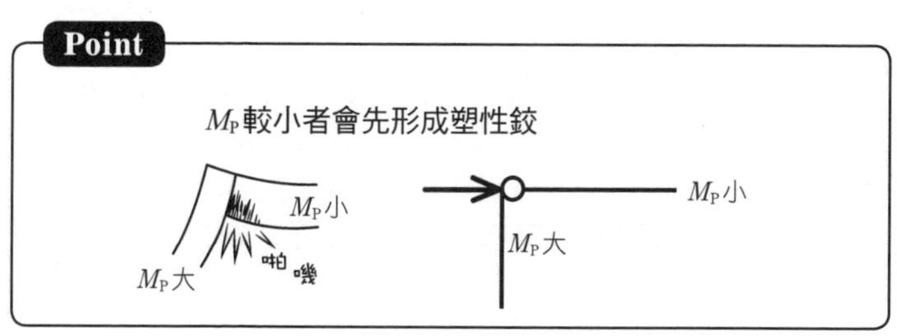

Q 如圖1承受荷重P的梁，荷重P增大時，梁的破壞機構如圖2所示。請求出梁的破壞荷重P_u。梁的塑性彎矩為M_P。

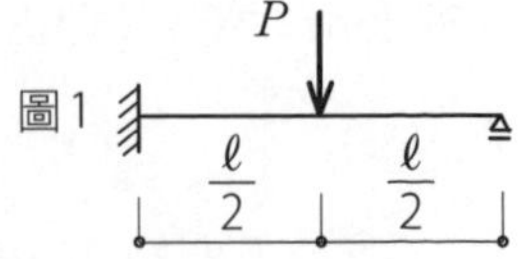

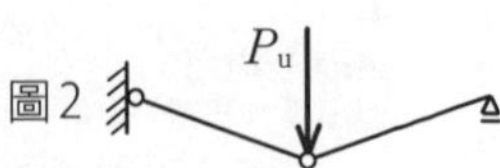

A ①再一次將解開這個問題的數學和物理基礎好好複習一遍吧。角度不使用360°的「°」，而是使用<u>弧度＝圓弧的長度／半徑(rad：radian)</u>。弧度是距離÷距離的比，圓弧是半徑的幾倍的比，沒有物理的單位。

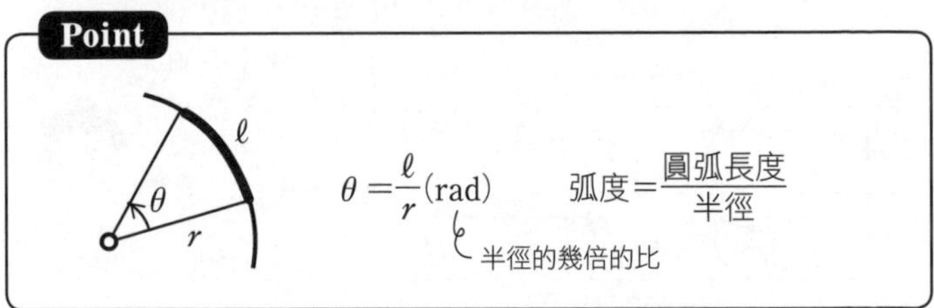

$\tan\theta$＝(對邊)／(底邊)＝$\frac{y}{x}$，直線斜率就是tangent。

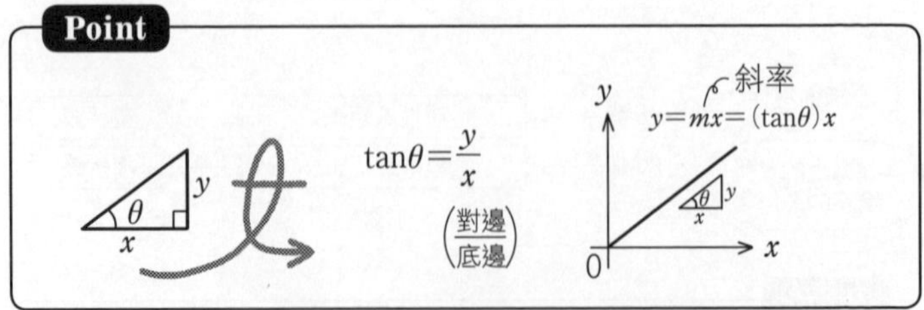

由$\tan\theta=\frac{y}{x}$，可知$y=x\tan\theta$。比如計算樹木的高度（y）時，可先測得至樹木的距離（x），以及仰看的角度（θ）。從數表或工程計算機得出$\tan\theta$，再乘上x就可以求得樹木的高度（y）。只要事先將直角三角形的比列成數表，在使用上就會更加便利了。

$\theta=\frac{\ell}{r}$ 的值非常小時，$\tan\theta \fallingdotseq \theta$。$\tan\theta \fallingdotseq \theta$ 在結構的領域中經常出現。這是因為結構體的變形角非常小的關係。

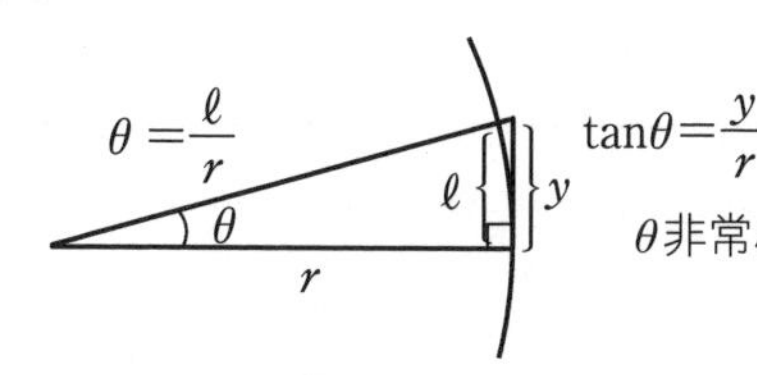

$\tan\theta=\frac{y}{r}$

θ 非常小時，$\tan\theta \fallingdotseq \theta$

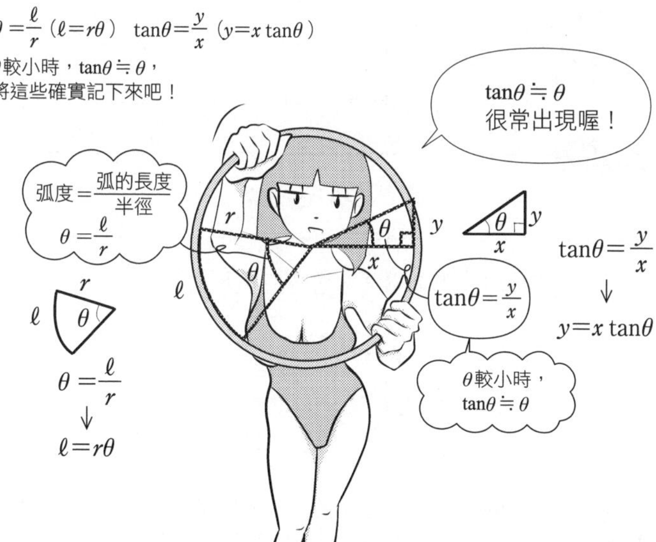

②功＝力×距離。以 F 的力推動物體，往力方向移動 x 距離，此時力 F 所作的功 W，就是 $W=F\times x$。

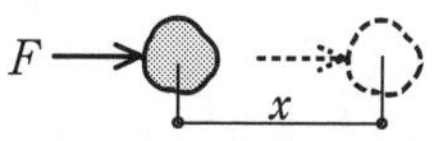

功 $W=F\times x$

功＝力×距離，功的單位是N·m、kgf·m等。N·m還有一個單位名稱為J（焦耳）。1N（牛頓）的力移動1m，該力就作了1N·m＝1J的功。

Point

牛頓·公尺　焦耳
1N·m＝1J

力矩M旋轉θ時，M作的功W就是$M\times\theta$。

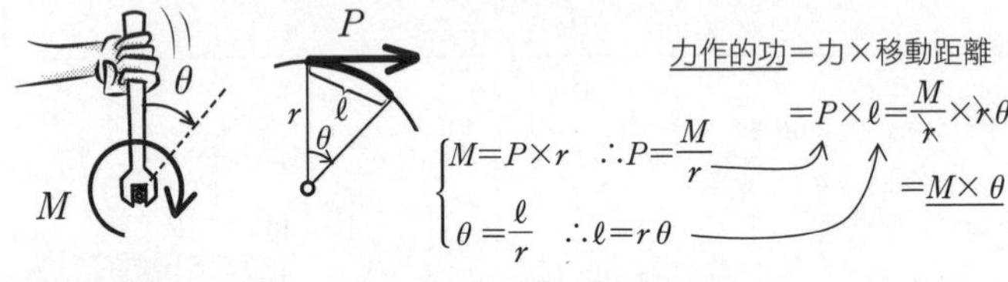

Point

力矩作的功$W=M\times\theta$

塑性彎矩M_P讓構材旋轉θ時，M_P作的功W就是$M_P\times\theta$。

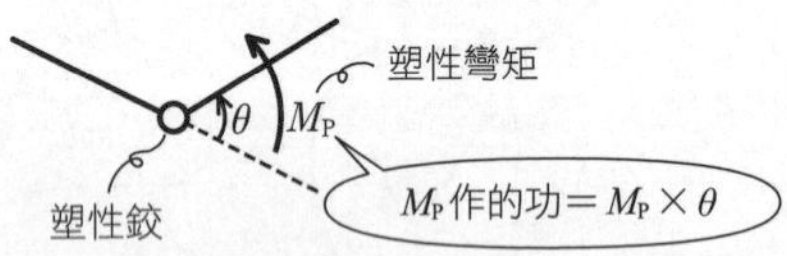

③能量是指作功的能力。將瓦片搬到屋頂上時，瓦片的位能會增加。該瓦片掉落時會產生動能，其總量為一定值。砰的一聲壞掉，就會產生熱能、聲能等的變化。能量的總量都是定值，稱為能量守恆定律。對結構體施加外力，作功產生能量時，內部會有內力作功，能量保持定值。

Point

外力作的功＝內力作的功（能量守恆定律）

④假設 P_u 造成變位 δ，M_P 造成旋轉 θ、2θ，各自所作的功是 $P_u\times\delta$、$M_P\times\theta$、$M_P\times 2\theta$。外力作的功 $P_u\times\delta$，會和內力作的功 $M_P\times\theta$、$M_P\times 2\theta$ 的合計相等。

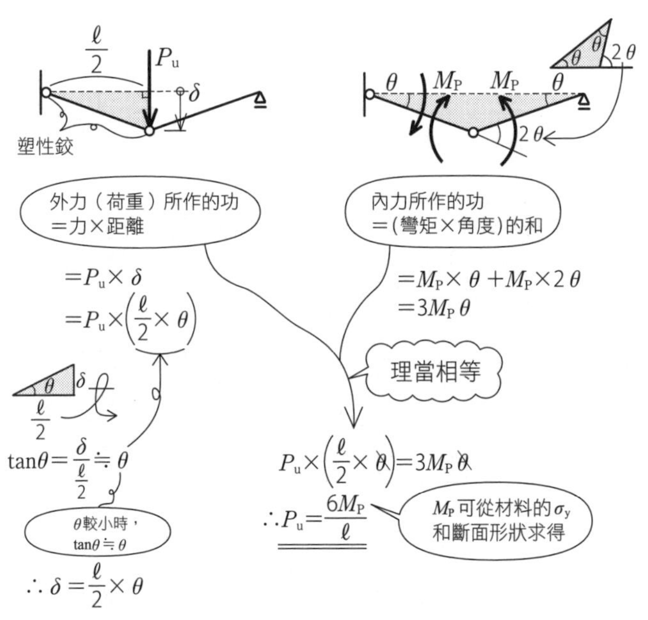

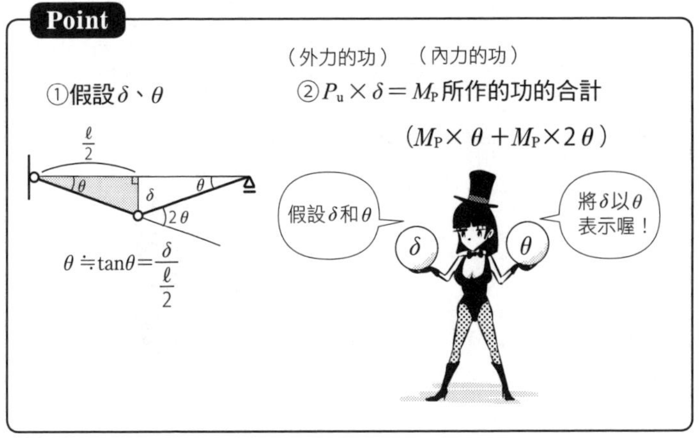

Q 如圖1承受荷重P的梁，荷重P增大時，梁的破壞機構如圖2所示。請求出梁的破壞荷重P_u。梁的塑性彎矩為M_P。

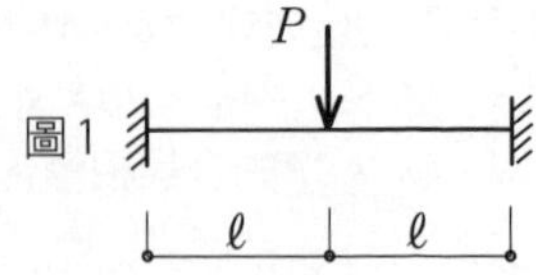

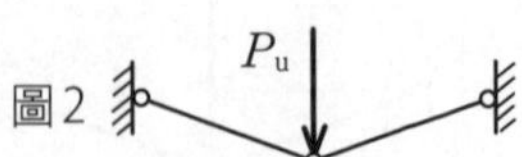

A ①再次複習關於角度的基本事項吧。平行線的同位角會相等（下圖左）。平行線的內錯角也會相等（下圖右）。通常會拉出平行線作為輔助線，使用同位角、內錯角等進行考量。

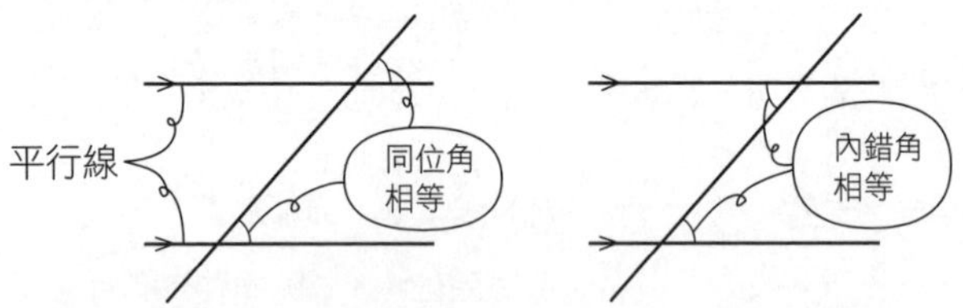

在下圖左中，$C=A+B$。若$A=B=\theta$，則$C=\theta+\theta=2\theta$。如下圖右在頂點處平行底邊拉出輔助線後，就可以從平行線的內錯角相等推導出相同結果。

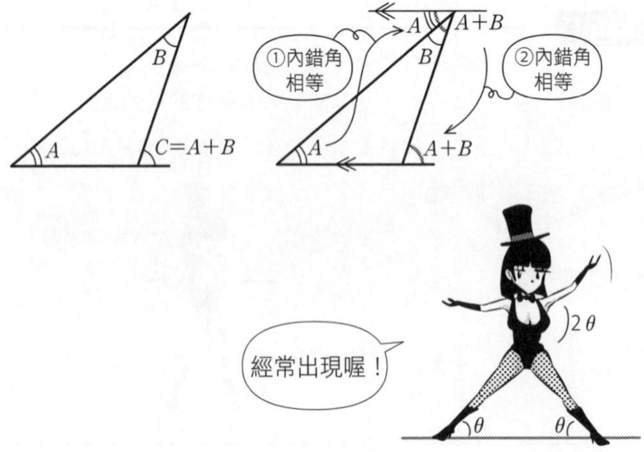

②假設變位為δ、θ，將δ以θ表示。

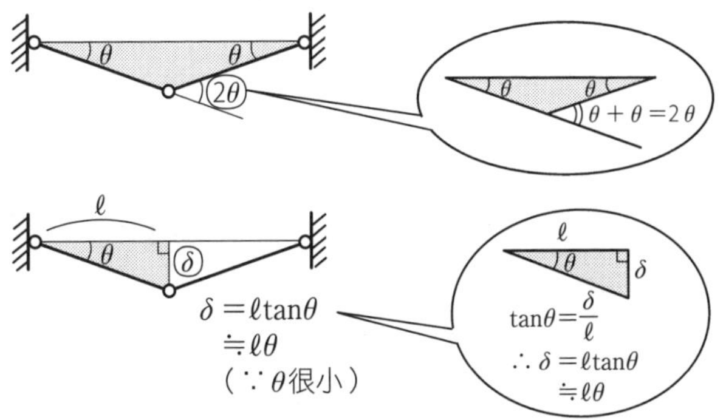

③外力P_u所作的功＝(外力P_u)×（P_u使之移動的距離δ）。

內力M_P所作的功＝(M_P×旋轉角)的總和。

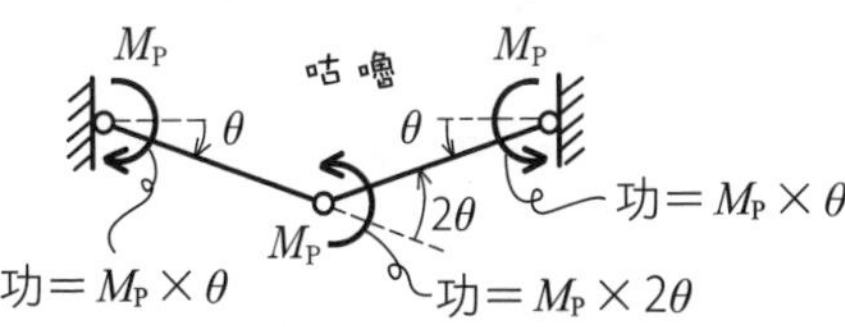

內力所作的功 $=M_P\times\theta+M_P\times2\theta+M_P\times\theta$

$=\underline{4M_P\theta}$

由外力所作的功＝內力所作的功（能量守恆定律）來求得P_u。

$$P_u\ell\cancel{\theta}=4M_P\cancel{\theta}$$

$$\therefore P_u=\frac{4M_P}{\ell}$$

Q 如圖1承受荷重P的梁，荷重P增大時，梁的破壞機構如圖2所示。請求出梁的破壞荷重P_u。梁的塑性彎矩為M_P。

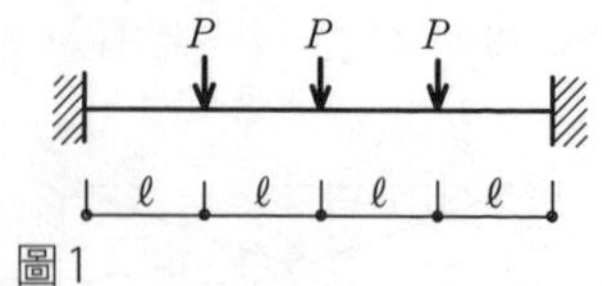

圖1

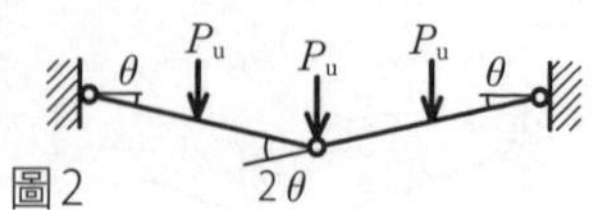

圖2

A ①考量作用在梁的外力，除了3個P_u，還有支承A、B的V_A、M_A、V_B、M_B。<u>往力的方向移動，即有作功的，只有3個P_u</u>。V_A、V_B將梁往上抬，但梁端部不會移動。而塑性鉸A、B的旋轉，是由內力M_P所致。

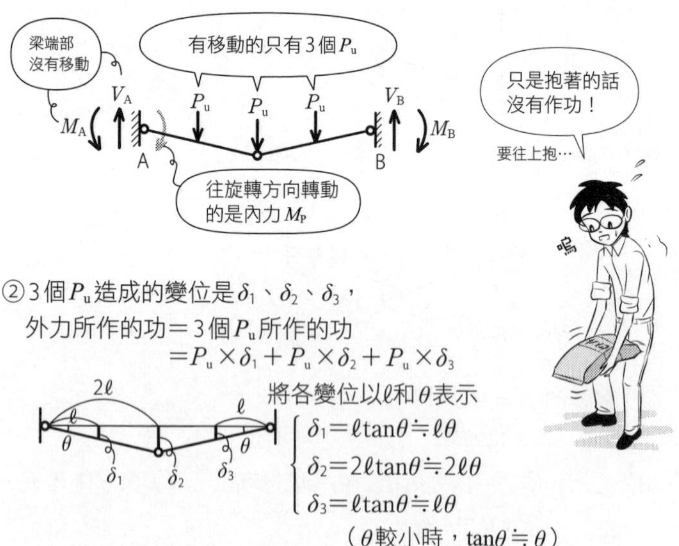

②3個P_u造成的變位是δ_1、δ_2、δ_3，

外力所作的功＝3個P_u所作的功

$$=P_u\times\delta_1+P_u\times\delta_2+P_u\times\delta_3$$

將各變位以ℓ和θ表示

$$\begin{cases}\delta_1=\ell\tan\theta\fallingdotseq\ell\theta\\ \delta_2=2\ell\tan\theta\fallingdotseq 2\ell\theta\\ \delta_3=\ell\tan\theta\fallingdotseq\ell\theta\end{cases}$$

（θ較小時，$\tan\theta\fallingdotseq\theta$）

∴外力所作的功$=P_u\times(\ell\theta)+P_u\times(2\ell\theta)+P_u\times(\ell\theta)$

$$=\underline{4P_u\ell\theta}$$

困難

③考量內力 M_P 所作的功。使塑性鉸旋轉 θ、2θ 的就是 M_P，M_P 在各個鉸接所作的功分別是 $M_P \times \theta$、$M_P \times 2\theta$、$M_P \times \theta$。中央的塑鉸部分，不管是往左側旋轉 2θ，或是往右側旋轉 2θ，都是相同的。或是左右各自旋轉 θ，結果還是和 2θ 的情況相同。

$$\text{內力所作的功} = M_P \times \theta + M_P \times 2\theta + M_P \times \theta$$
$$= \underline{4M_P\theta}$$

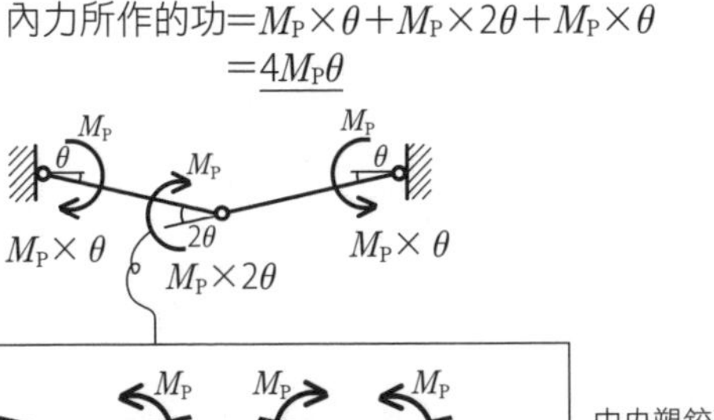

④由外力所作的功＝內力所作的功，來求得破壞荷重 P_u。外部施加的能量＝內部的變形能量，這就是能量守恆定律。

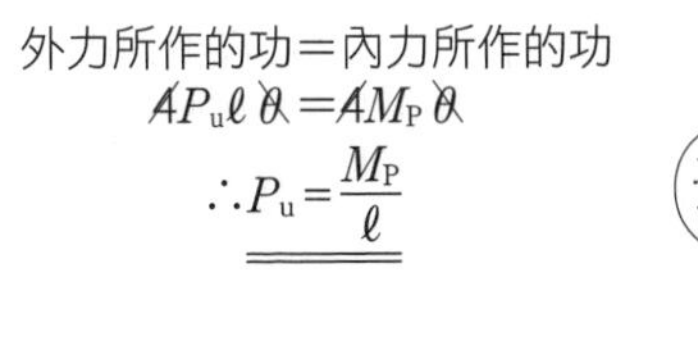

外力所作的功＝內力所作的功
$\not{4} P_u \ell \not{\theta} = \not{4} M_P \not{\theta}$
$\therefore P_u = \dfrac{M_P}{\ell}$

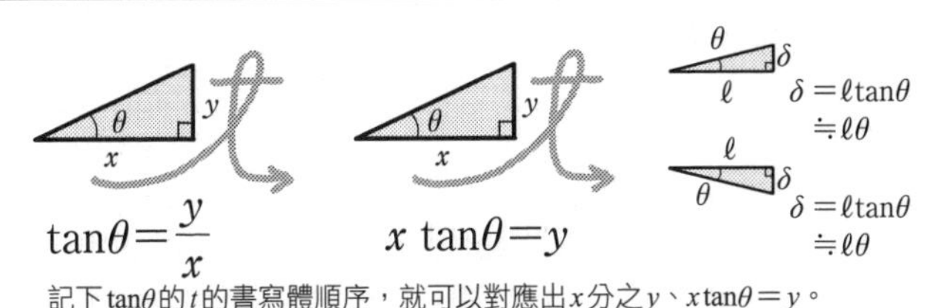

Q 如圖的梁A、B、C，作用的荷重P逐漸增加，梁的破壞機構如圖1所示。請求出各梁的破壞荷重P_u。梁的塑性彎矩為M_P。

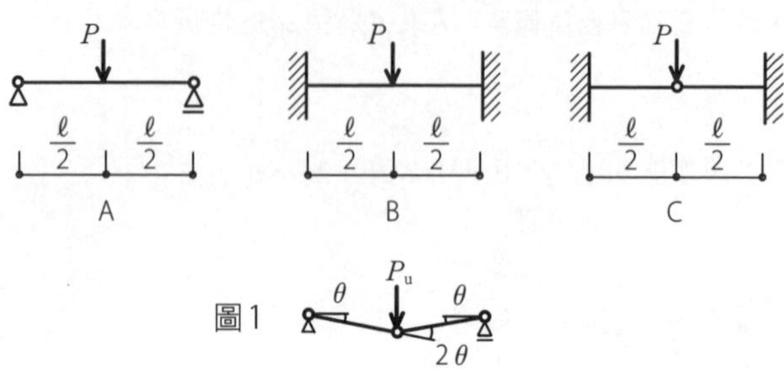

A ①外力P_u所作的功，在梁A、B、C都一樣，若變位是δ，就是$P_u \times \delta$。

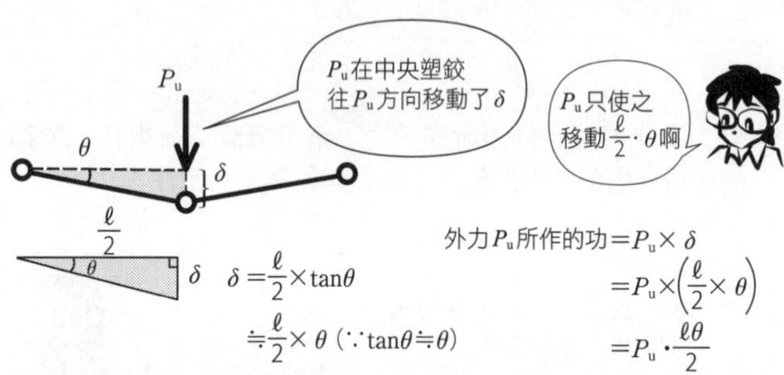

$$\delta = \frac{\ell}{2} \times \tan\theta$$
$$\fallingdotseq \frac{\ell}{2} \times \theta \ (\because \tan\theta \fallingdotseq \theta)$$

$$外力P_u所作的功 = P_u \times \delta = P_u \times \left(\frac{\ell}{2} \times \theta\right) = P_u \cdot \frac{\ell\theta}{2}$$

②梁A，由外力的功＝內力的功，求得破壞荷重P_{Au}。

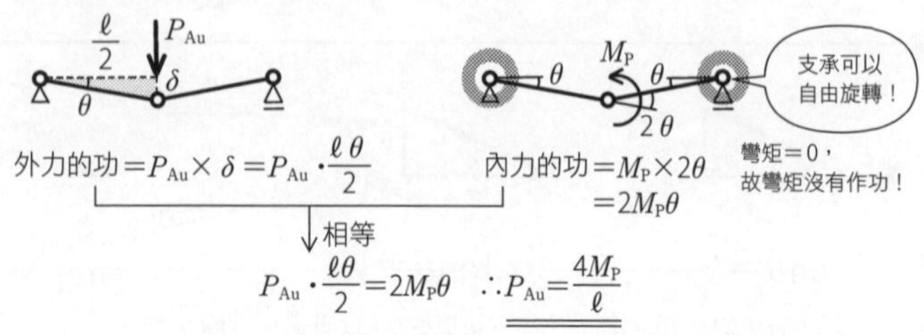

$$外力的功 = P_{Au} \times \delta = P_{Au} \cdot \frac{\ell\theta}{2}$$

$$內力的功 = M_P \times 2\theta = 2M_P\theta$$

$$P_{Au} \cdot \frac{\ell\theta}{2} = 2M_P\theta \quad \therefore P_{Au} = \frac{4M_P}{\ell}$$

③梁B，由外力的功＝內力的功，求得破壞荷重P_{Bu}。

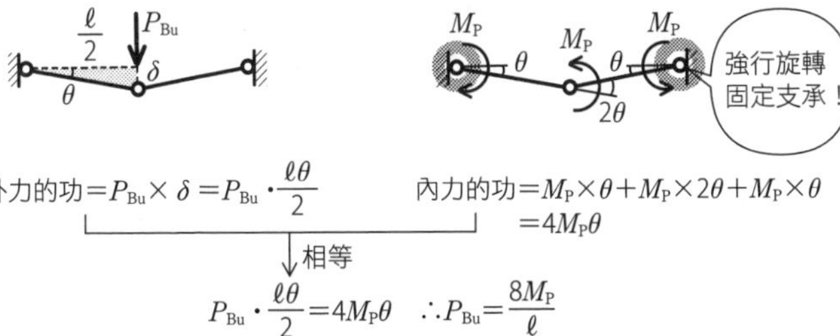

外力的功$=P_{Bu}\times\delta=P_{Bu}\cdot\dfrac{\ell\theta}{2}$　　內力的功$=M_P\times\theta+M_P\times2\theta+M_P\times\theta=4M_P\theta$

↓相等

$$P_{Bu}\cdot\frac{\ell\theta}{2}=4M_P\theta\quad\therefore P_{Bu}=\frac{8M_P}{\ell}$$

④梁C，由外力的功＝內力的功，求得破壞荷重P_{Cu}。

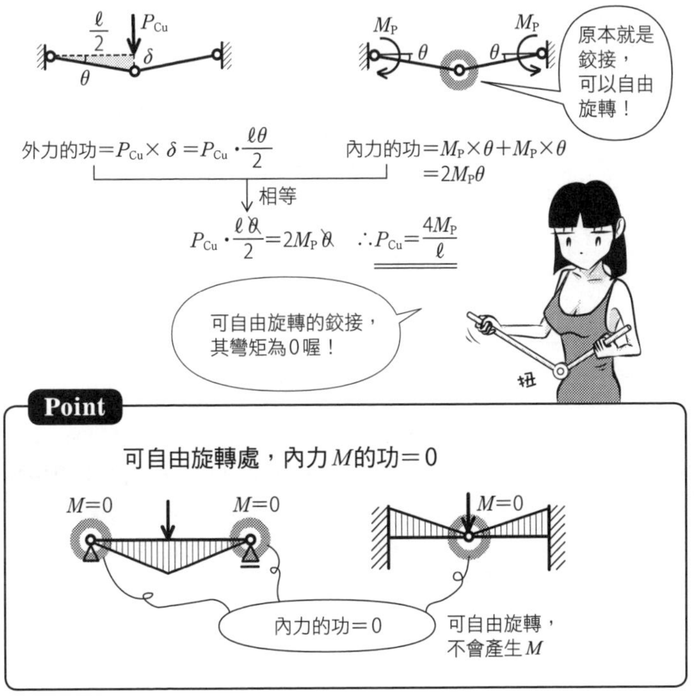

Q 如圖1承受荷重P的構架，荷重P增大時，構架的破壞機構如圖2所示。請求出構架的破壞荷重P_u。其塑性彎矩M_P，柱是300kN·m，梁是200kN·m。

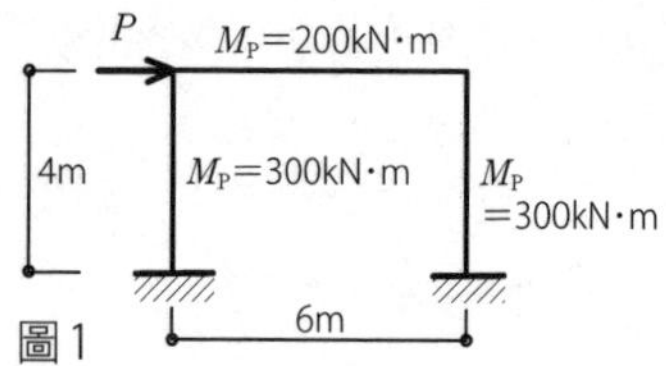

圖1

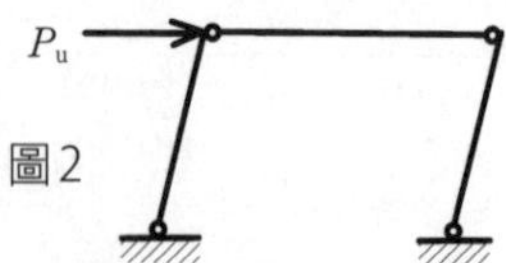

圖2

A ①假設柱的傾斜角度為θ，梁的直角偏移、旋轉角度也是θ。若P_u在構架上半部的水平移動長度為δ，δ就是4(m) × tanθ ≒ 4θ(m)。

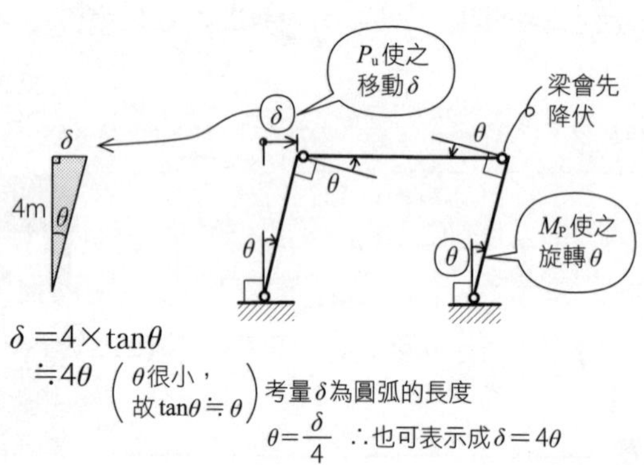

②外力除了P_u之外，還有作用在柱腳的反力。不過反力不會移動任何東西，沒有作功。但會和水平力P_u平衡抵抗，讓結構體不會移動。另一方面，P_u在構架上半部的$\delta=4\theta$(m)是往P_u方向移動，故所作的功為$P_u \times \delta$。

$$外力所作的功 = P_u \times \delta = P_u \times (4\theta) = \underline{4P_u\theta}$$

普通

③承受外力時，結構體內部會產生許多不同內力，包含軸力N、彎矩M、剪力Q等。N和Q造成的變形很小可以忽略，故考量M造成的變形。結構體在破壞時的破壞機構下，只有4個塑鉸有旋轉，其他部分不會旋轉。4個塑鉸有M在作功，可用M×旋轉角θ進行計算。

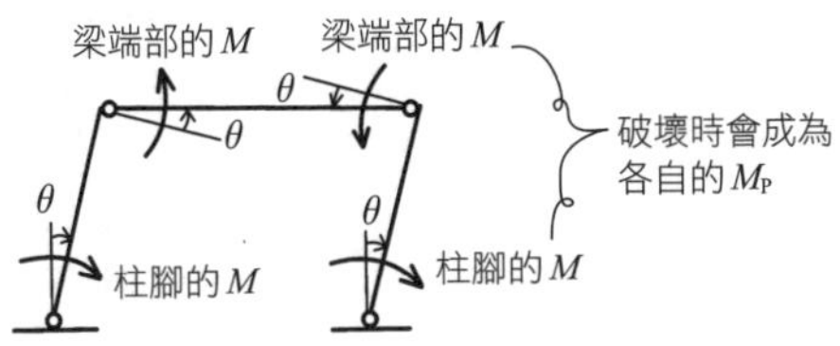

內力的功＝(柱腳的M)×(柱腳的旋轉角θ)×2處

＋(梁端部的M)×(梁端部的旋轉角θ)×2處

＝(柱的M_P)×θ×2＋(梁的M_P)×θ×2

＝300kN·m×θ×2＋200kN·m×θ×2

＝<u>1000θkN·m</u>

④由外力的功＝內力的功，求出P_u。

外力的功＝內力的功

$4P_u\theta = 1000\theta$ （左邊的4是4m，右邊的1000是kN·m）

$\therefore P_u = 250$kN

就像強行讓生鏽的鉸接旋轉喔！

這個解法是使用能量守恆定律而得，可稱為能量法。

由於是考量假設的變位δ所作的功，亦可稱為虛功的原理。

除去P後恢復原狀（彈性）

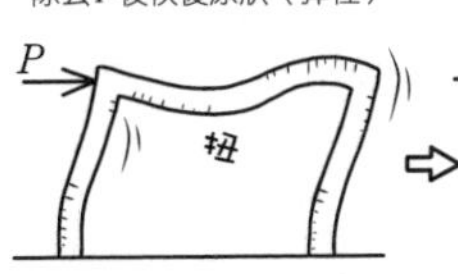

承受P_u，塑性鉸使之持續旋轉，直至破壞。無法恢復原狀（塑性）

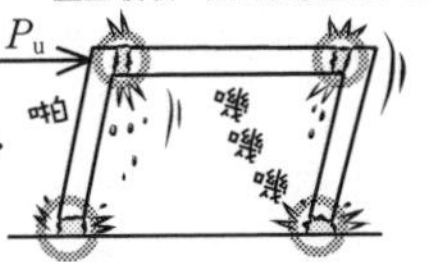

P所作的功的能量
＝各部位的變形能量

P_u所作的功的能量
＝各塑鉸的旋轉能量
＝塑鉸的熱、振動、聲音等的能量

17 破壞荷重

★ R130 check ▶□□□

Q 如圖1承受水平荷重P的構架，水平荷重P增大時，構架的破壞機構如圖2所示。請求出構架的破壞荷重P_u。柱、梁的塑性彎矩 M_P 值分別為 400kN·m、200kN·m，忽略作用在構材上的軸力或剪力所造成的彎曲強度下降。

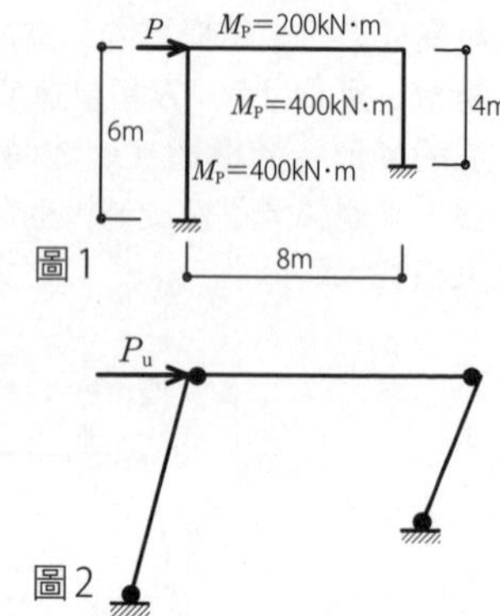

圖1
圖2

A ①普通的鉸接不會抵抗，會順著旋轉；塑性鉸則是在施加塑性彎矩M_P之後，才開始旋轉。兩者的差別就像是上了油的鉸接（鉸鏈）和生鏽的鉸接。上了油的鉸接在旋轉時不需要能量，而生鏽的鉸接旋轉時必須有力矩×旋轉角的能量才行。

②由於左右柱的長度不同，傾斜的角度也不同。假設左側柱的旋轉角為θ，P_u造成的水平變位為δ，右側柱則以θ來表示其旋轉角θ'和水平變位δ。

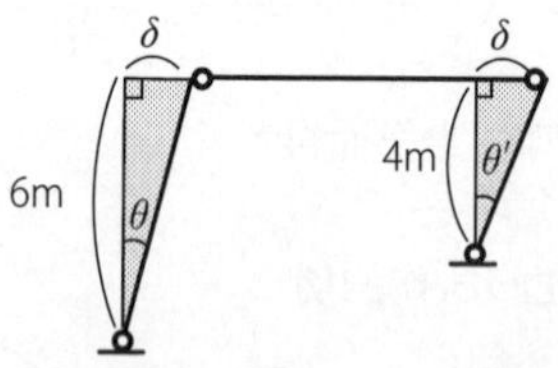

左柱：$\delta = 6\text{m} \times \tan\theta = \underline{6\theta}(\text{m})$（∵ θ很小，故$\tan\theta \fallingdotseq \theta$）

右柱：$\delta = 4\text{m} \times \tan\theta' = 4\theta'(\text{m})$，由 $\theta' = \dfrac{\delta}{4} = \dfrac{6\theta}{4} = \dfrac{3}{2}\theta$

③計算外力所作的功。支承反力沒有讓支承移動，因此沒有作功。

$$外力所作的功 = P_u \times \delta = P_u \times (6\theta) = \underline{6P_u\theta}$$

④計算內力所作的功。使塑性鉸旋轉的塑性彎矩 M_P，在柱和梁上是不一樣的，還要注意左柱和右柱的旋轉角也不一樣。

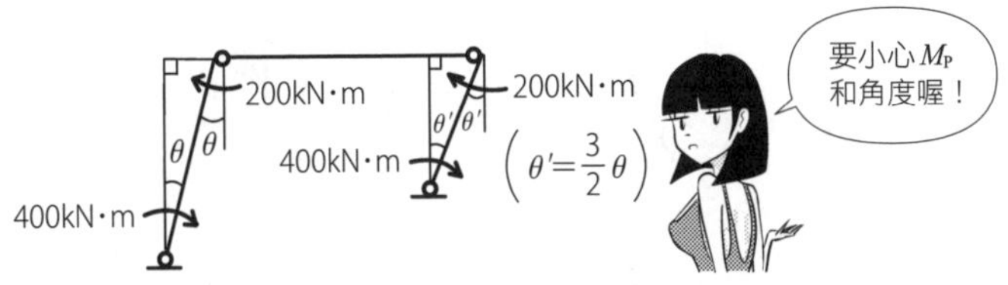

$$\begin{aligned}
內力所作的功 &= 400\text{kN·m} \times \theta + 200\text{kN·m} \times \theta + 400\text{kN·m} \times \theta' \\
&\quad + 200\text{kN·m} \times \theta' \\
&= 400\theta + 200\theta + 400\left(\frac{3}{2}\theta\right) + 200\left(\frac{3}{2}\theta\right) \\
&= 400\theta + 200\theta + 600\theta + 300\theta \\
&= \underline{1500\theta \text{kN·m}}
\end{aligned}$$

⑤由外力所作的功＝內力所作的功，求出 P_u。

$$6P_u\theta = 1500\theta$$

$$P_u = \frac{1500}{6} = \underline{\underline{250\text{kN}}}$$

Point

柱的長度不同→由 δ 相同，求出 θ'

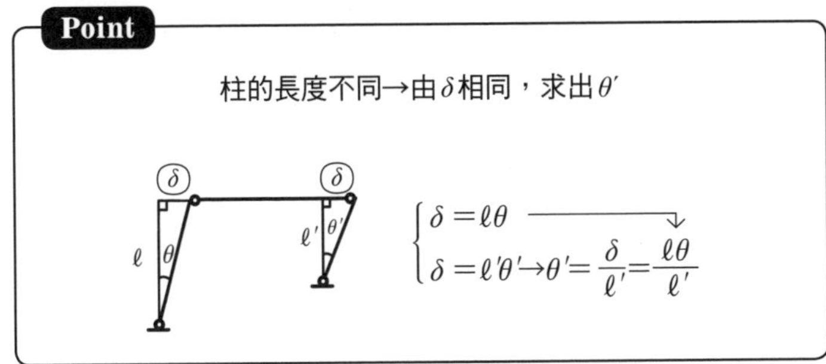

$$\begin{cases} \delta = \ell\theta \\ \delta = \ell'\theta' \rightarrow \theta' = \dfrac{\delta}{\ell'} = \dfrac{\ell\theta}{\ell'} \end{cases}$$

⑥試著用別的解題方式，由M圖求出柱的Q，再以合計求出P_u。門型構架承受水平力作用的M圖如下所示，可以用貓伸懶腰的姿勢來記住比較方便。

用貓伸懶腰的形狀記下喵！

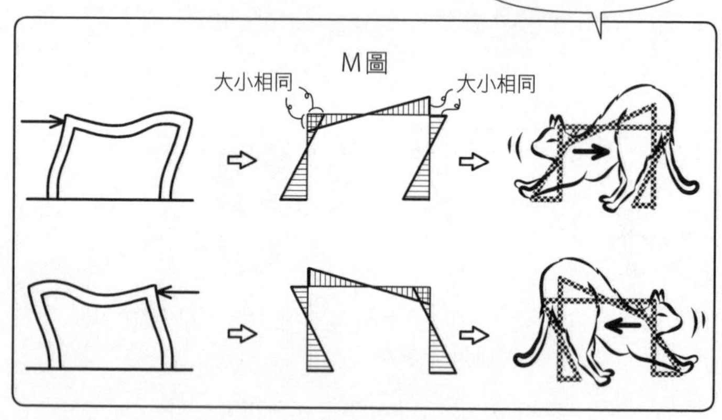

⑦題目的門型構架雖然是左右柱長度不同的形式，但M圖的形狀還是相同。水平力逐漸增大，達到破壞機構時，各個塑鉸作用的彎矩為M_P，除此之外就是普通的M圖。由於作用在柱、梁上的力，就只有端部的節點、支承，當中間沒有力作用時，M圖從端點到端點都是直線變化。

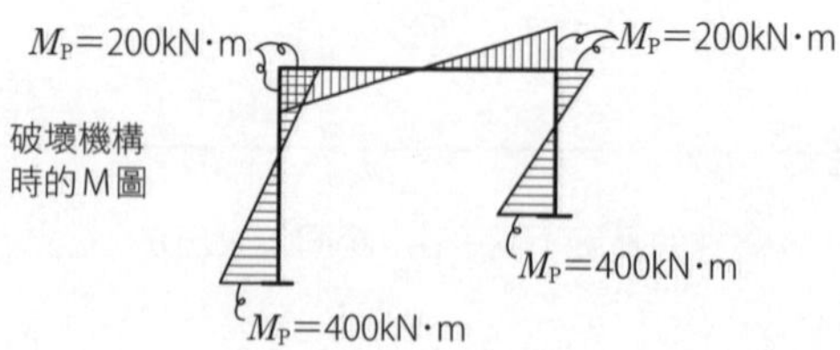

⑧抵抗水平荷重P者，是柱的剪力Q_A、Q_B。因此只要從破壞機構的M圖求得柱的剪力，就可以求出P_u。

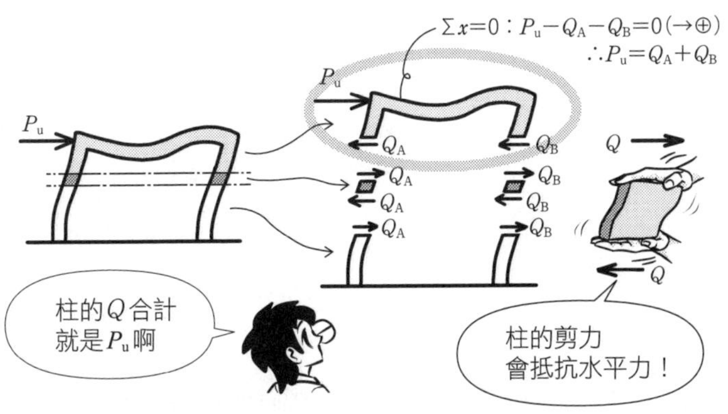

⑨M的斜率（微分）就是Q，左柱的Q_A、右柱的Q_B可從M圖求得，合計後就能求出P_u。

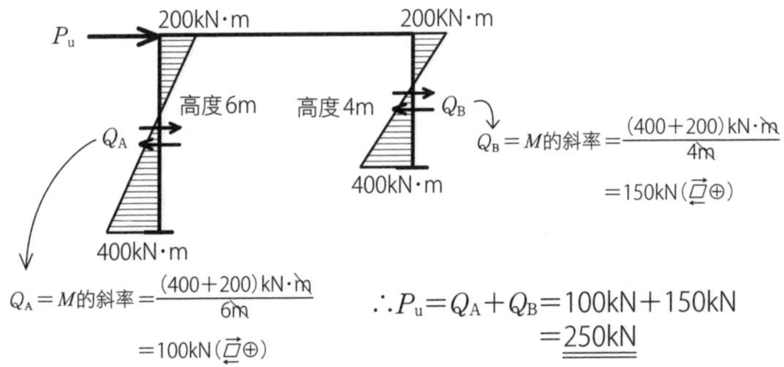

$\therefore P_u=Q_A+Q_B=100\text{kN}+150\text{kN}$
$=\underline{\underline{250\text{kN}}}$

Point

（斜率）　（柱的剪力合計）

柱的 $Q=\frac{\Delta M}{\Delta x}$ → $P_u=Q_A+Q_B$

Q 如圖1，作用在構架的荷重P增大時，構架的破壞機構如圖2所示。請求出構架的破壞荷重P_u。構材AB、BC、CD的塑性彎矩值分別是$3M_P$、$2M_P$、M_P。

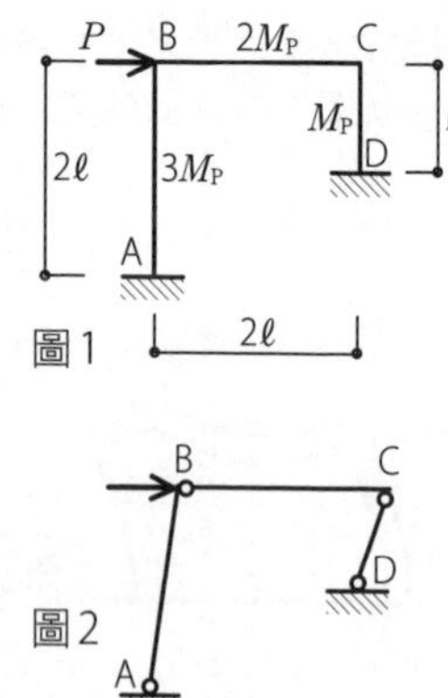

圖1

圖2

A ①一般來說，梁會比柱先形成塑性鉸，因此實務上會將柱設計得比較堅固。看看題目圖2的節點C，要注意是在柱側形成塑性鉸而旋轉。假設柱AB傾斜θ，求出各旋轉角。

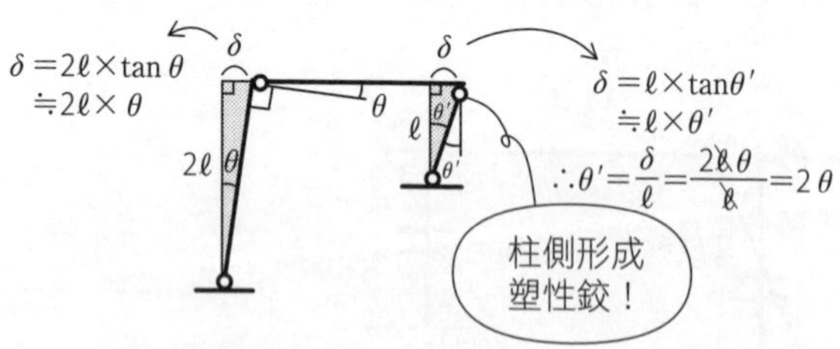

②外力P_u所作的功＝

$$P_u\times\delta=P_u\times(2\ell\theta)=\underline{2P_u\ell\theta}$$

③將各塑性鉸的塑性彎矩所作的功合計起來，求出內力所作的功。

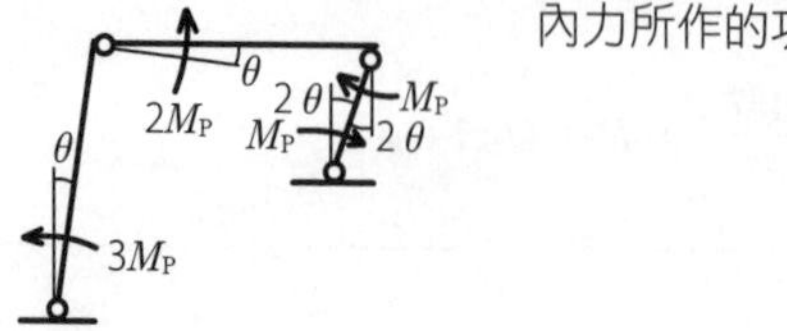

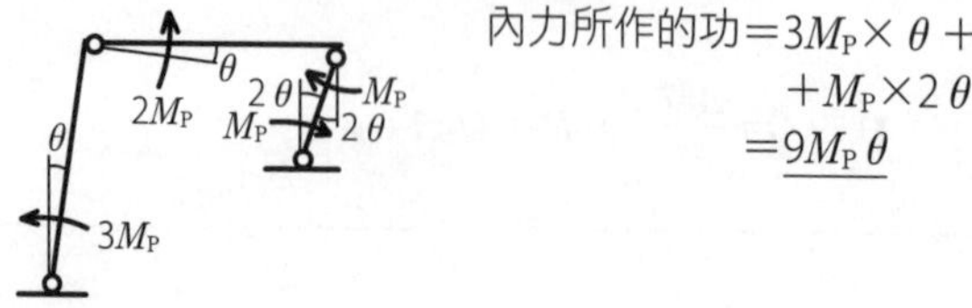

內力所作的功$=3M_P\times\theta+2M_P\times\theta$
$+M_P\times 2\theta+M_P\times 2\theta$
$=\underline{9M_P\theta}$

普通

④由外力的功＝內力的功，求出 P_u。

$$2P_u\ell\theta=9M_P\theta \qquad \therefore P_u=\frac{9M_P}{2\ell}$$

⑤由M圖的斜率求出柱的 Q，其合計就是 P_u，在此也將不同解法表示如下。

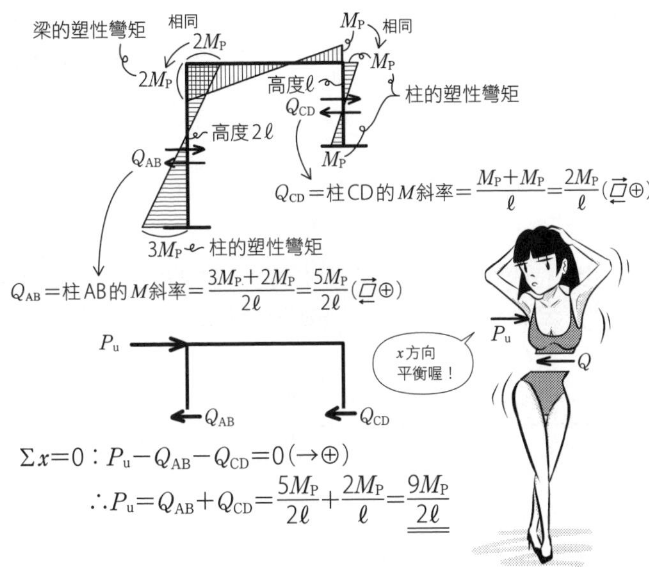

Point

①假設 θ　→　外力的功＝內力的功
$P_u\times\delta=M_P\times\theta+\cdots$

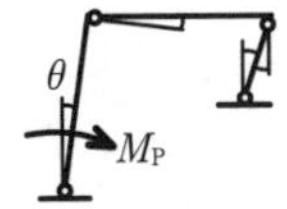

②M圖　→　柱的 Q＝柱的 M 斜率　→　$P_u=Q_1+Q_2$

$Q_1=\frac{dM_1}{dx}$　$Q_2=\frac{dM_2}{dx}$

P_u　Q_1　Q_2

用以抵抗各層破壞荷重的剪力稱為極限水平承載力。破壞開始瞬間的水平力＝剪力。
上方「Point」中的①可稱為能量法（虛功的原理），②則是節點分配法（彎矩分配法）。

17 破壞荷重

Q 如圖1承受垂直荷重200kN、水平荷重P的構架，水平荷重P增大時，構架的破壞機構如圖2所示。請求出構架的破壞荷重P_u。柱、梁的塑性彎矩M_P值分別為600kN·m、400kN·m，忽略作用在構材上的軸力或剪力所造成的彎曲強度下降。

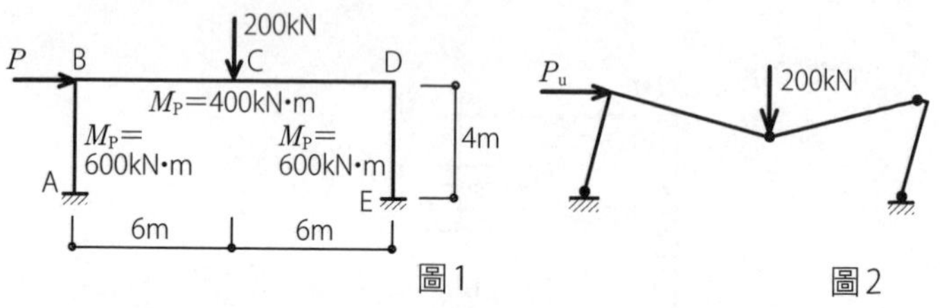

圖1　圖2

A ①梁中央部位的C點會比梁端部先形成塑性鉸，再來是梁右端的D點會形成塑性鉸。梁左端的B點則是維持直角。

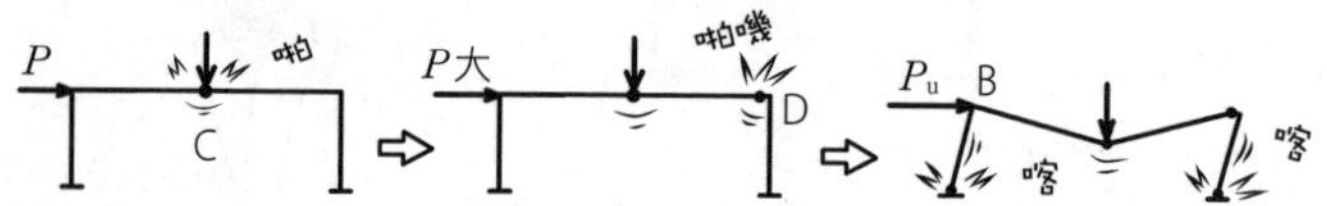

②柱AB傾斜θ，B、C點的變位為δ、δ'，求出各點的角度。

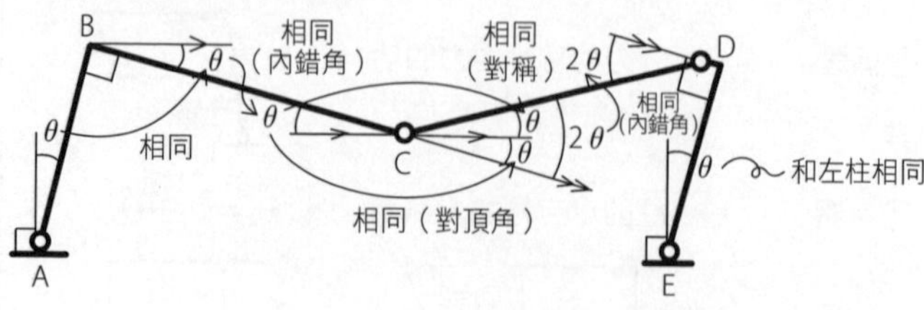

困難

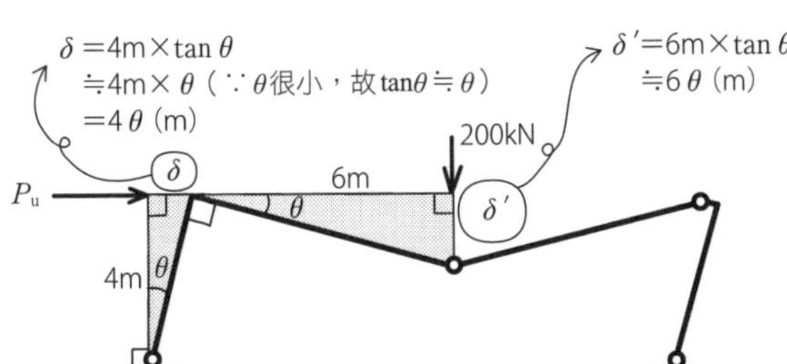

③看圖2就知道除了P_u之外，在C點還有垂直荷重200kN作用的功。因此要注意外力所作的功是P_u×B點的變位＋200kN×C點的變位。

$$外力所作的功 = P_u \times \delta + 200 \times \delta'$$
$$= P_u \times (4\theta) + 200 \times 6\theta$$
$$= \underline{4P_u\theta + 1200\theta \ (\text{kN·m})}$$

梁是旋轉
2θ喔！

④內力所作的功，可由M_P×旋轉角的合計求得。

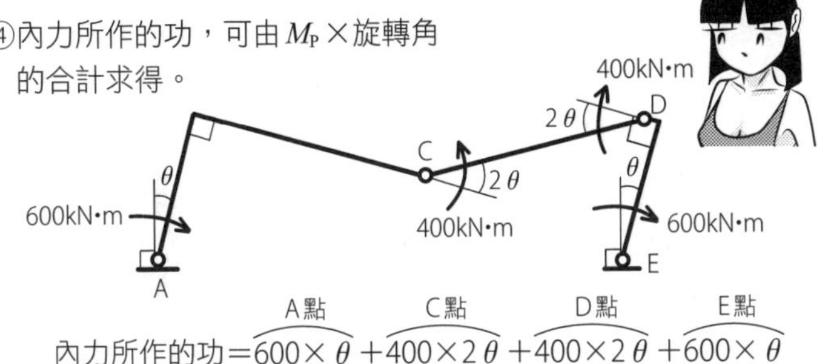

$$內力所作的功 = \overbrace{600 \times \theta}^{A點} + \overbrace{400 \times 2\theta}^{C點} + \overbrace{400 \times 2\theta}^{D點} + \overbrace{600 \times \theta}^{E點}$$
$$= \underline{2800\theta \ (\text{kN·m})}$$

⑤由外力所作的功＝內力所作的功，求出P_u。

$$4P_u\cancel{\theta} + 1200\cancel{\theta} = 2800\cancel{\theta}$$
$$4P_u = 1600$$
$$\therefore P_u = \underline{\underline{400\text{kN}}}$$

這個題目要畫出M圖非常麻煩，以θ求解比較簡單。

17
破壞荷重

Q 如圖1，作用在構架上的荷重P增大時，構架的破壞機構如圖2所示。請求出構架的破壞荷重P_u。構材AB、BC、AD、BE、CF的塑性彎矩值分別是M_P、$2M_P$、$3M_P$、$4M_P$、$5M_P$。

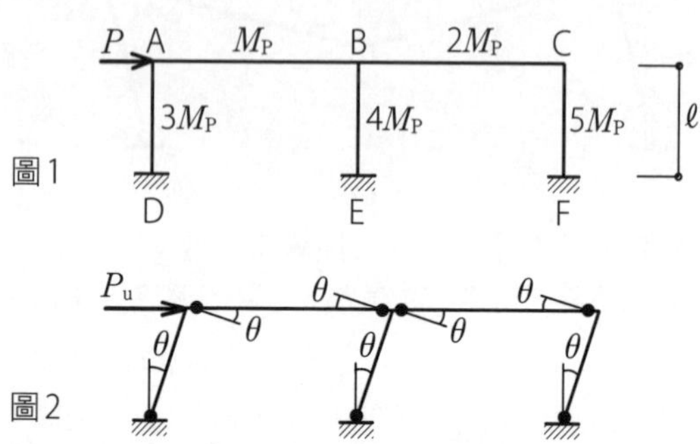

A ①外力P_u造成的變位$\delta = \ell\tan\theta \fallingdotseq \ell\theta$，因此外力所作的功就是$P_u\ell\theta$。

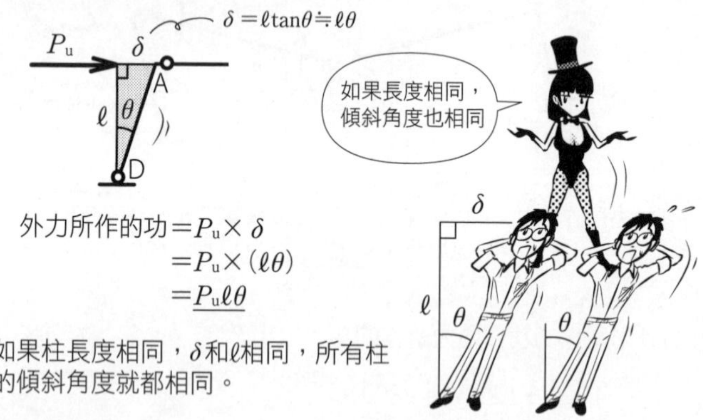

外力所作的功$= P_u \times \delta$
$= P_u \times (\ell\theta)$
$= \underline{P_u\ell\theta}$

如果柱長度相同，δ和ℓ相同，所有柱的傾斜角度就都相同。

Point

柱的長度相同
⇩
傾斜角度相同

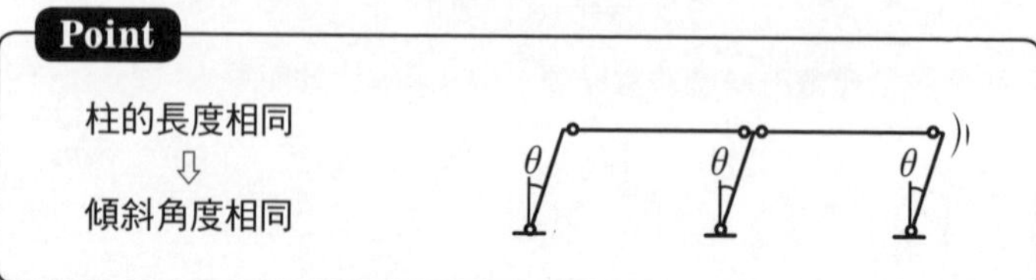

普通

②由各塑性鉸的塑性彎矩，計算 M_P ×旋轉角 θ 的合計，求出內力所作的功。

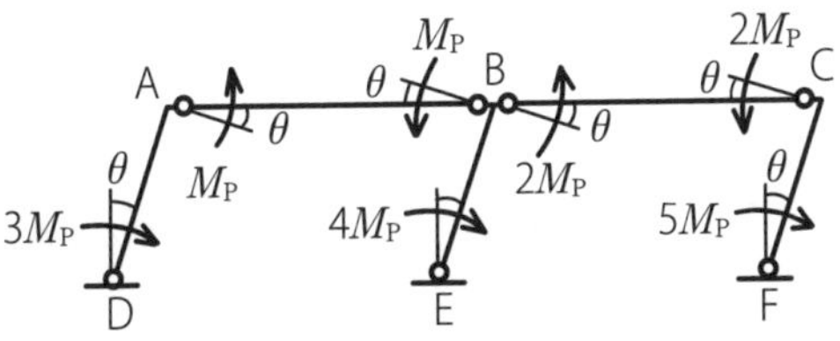

$$\text{內力所作的功} = \overset{\text{D點}}{3M_P \times \theta} + \overset{\text{E點}}{4M_P \times \theta} + \overset{\text{F點}}{5M_P \times \theta} + \overset{\text{A點}}{M_P \times \theta}$$
$$+ \overset{\text{B點左}}{M_P \times \theta} + \overset{\text{B點右}}{2M_P \times \theta} + \overset{\text{C點}}{2M_P \times \theta}$$
$$= (3+4+5+1+1+2+2) M_P\theta$$
$$= \underline{\underline{18M_P\theta}}$$

③由外力所作的功＝內力所作的功，求出 P_u。

$$P_u \ell \cancel{\theta} = 18M_P \cancel{\theta}$$
$$\therefore P_u = \underline{\underline{\frac{18M_P}{\ell}}}$$

水平力會和柱的 Q 合計
（層剪力）互相平衡喵

④畫出M圖，由柱的 M 斜率求出 Q，其合計就是 P_u，求解方法如下。

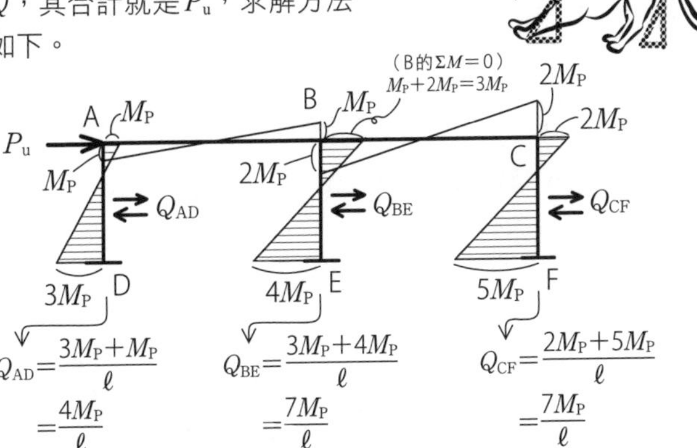

$$P_u = Q_{AD} + Q_{BE} + Q_{CF} = \frac{4M_P}{\ell} + \frac{7M_P}{\ell} + \frac{7M_P}{\ell} = \underline{\underline{\frac{18M_P}{\ell}}}$$

17
破壞荷重

Q 如圖1，作用在構架上的荷重P增大時，構架的破壞機構如圖2所示。請求出構架的破壞荷重P_u。柱、梁的塑性彎矩值分別是$3M_P$、$2M_P$。

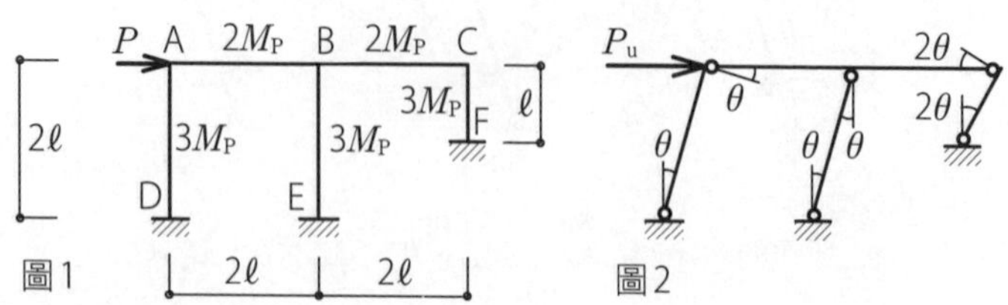

圖1　　圖2

A ①在節點B是柱比梁先形成塑性鉸。中柱的兩側因為有梁，柱頭的旋轉受到拘束，在柱頭產生的彎矩會比角柱的柱頭來得大。中柱較難彎曲，因此在分擔水平力P時，P_2會比P_1、P_3大。

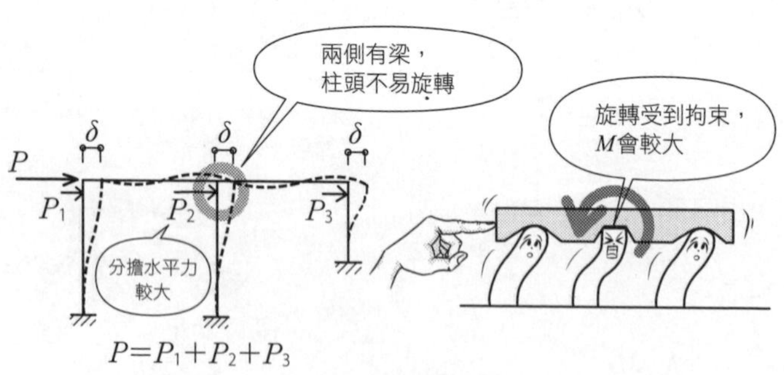

②要注意柱越短，傾斜的角度會越大。

Point

長度$\frac{1}{2}$ → 角度2倍

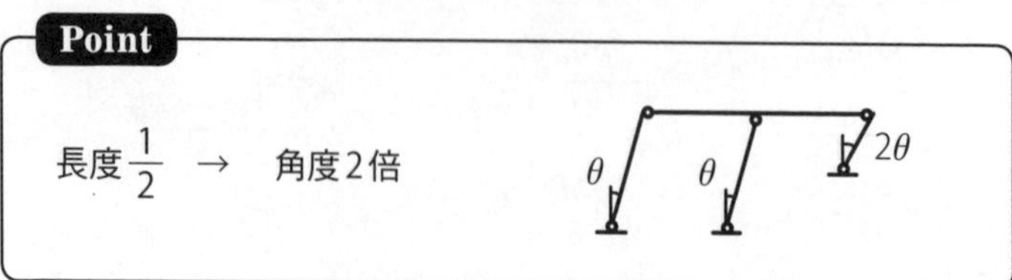

③將P_u造成的變位δ乘上P_u，求出外力所作的功。

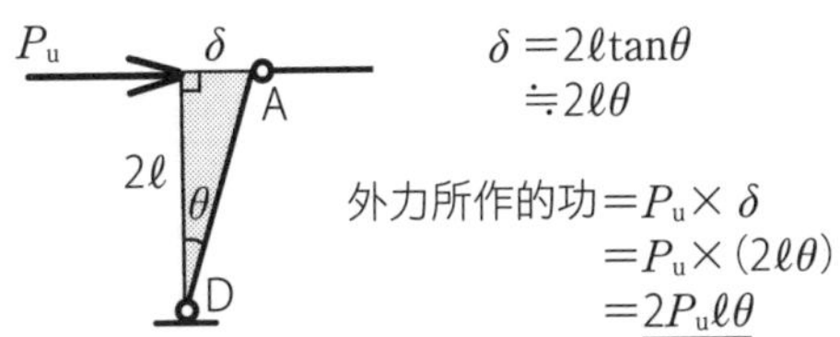

$$\delta = 2\ell\tan\theta \fallingdotseq 2\ell\theta$$

$$\text{外力所作的功} = P_u \times \delta = P_u \times (2\ell\theta) = \underline{2P_u\ell\theta}$$

④由各塑性鉸的塑性彎矩，計算M_P×旋轉角θ的合計，求出內力所作的功。

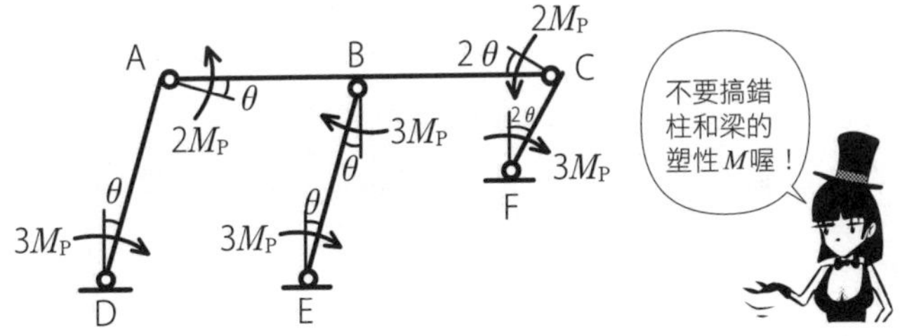

A點　B點　C點　D點　E點　F點

$$\text{內力所作的功} = 2M_P \times \theta + 3M_P \times \theta + 2M_P \times 2\theta + 3M_P \times \theta + 3M_P \times \theta + 3M_P \times 2\theta$$
$$= (2+3+4+3+3+6)M_P\theta$$
$$= \underline{21M_P\theta}$$

⑤由外力所作的功＝內力所作的功，求出P_u。

$$2P_u\ell\theta = 21M_P\theta \quad \therefore P_u = \underline{\underline{\frac{21M_P}{2\ell}}}$$

⑥柱的M圖→柱的Q→合計即得P_u，
此方法也可得解。

只要畫出
柱的M就
解開了喵

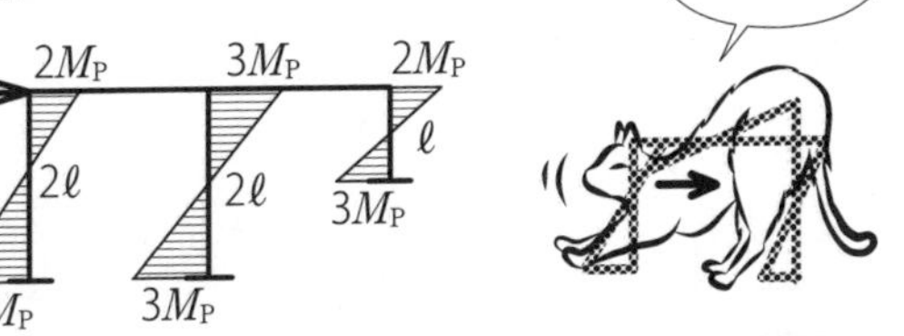

M的斜率
是Q

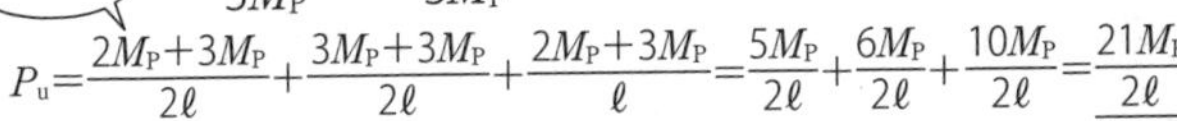

$$P_u = \frac{2M_P+3M_P}{2\ell} + \frac{3M_P+3M_P}{2\ell} + \frac{2M_P+3M_P}{\ell} = \frac{5M_P}{2\ell} + \frac{6M_P}{2\ell} + \frac{10M_P}{2\ell} = \underline{\underline{\frac{21M_P}{2\ell}}}$$

Q 如圖為2層構架承受水平力P及$2P$作用時的破壞機構。請求出P值。梁的塑性彎矩為M_P及$2M_P$，1樓柱腳的塑性彎矩則是$2M_P$。

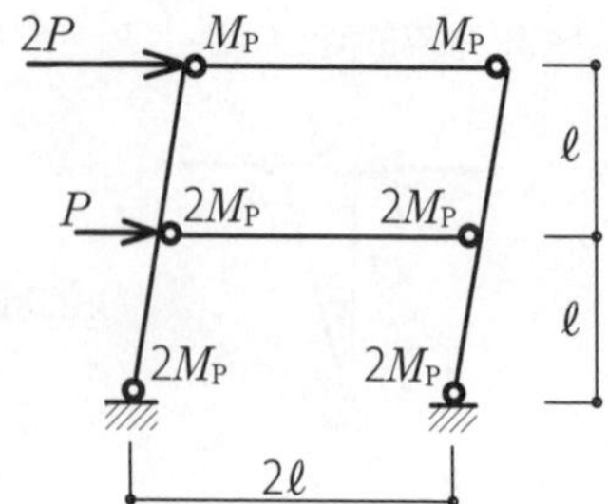

A ①一般來說，節點的破壞方式是由梁先形成塑性鉸。柱的傾斜角度為θ，P造成的變位為δ、$2P$造成的變位為δ'，將各個塑性鉸的旋轉角以θ表示。

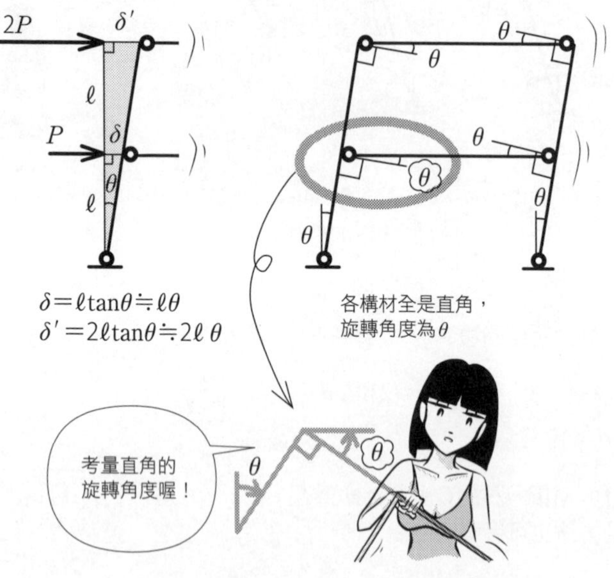

②外力所作的功，可由$P\times\delta$、$2P\times\delta'$的合計求得。

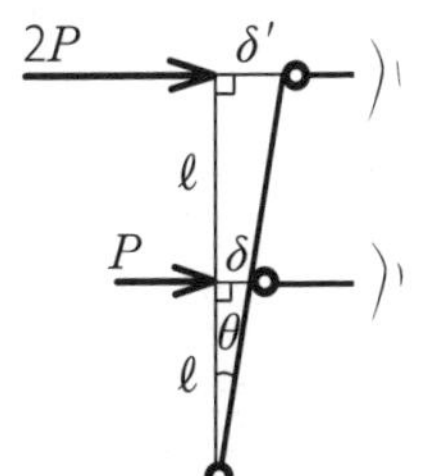

$$2P\text{所作的功}=2P\times\delta'=2P\times(2\ell\theta)=4P\ell\theta$$

$$P\text{所作的功}=P\times\delta=P\times(\ell\theta)=P\ell\theta$$

$$\therefore\text{外力所作的功}=2P\text{所作的功}+P\text{所作的功}=4P\ell\theta+P\ell\theta=\underline{5P\ell\theta}$$

③內力所作的功，可由各塑性鉸的塑性彎矩M_P×旋轉角θ的合計求得。

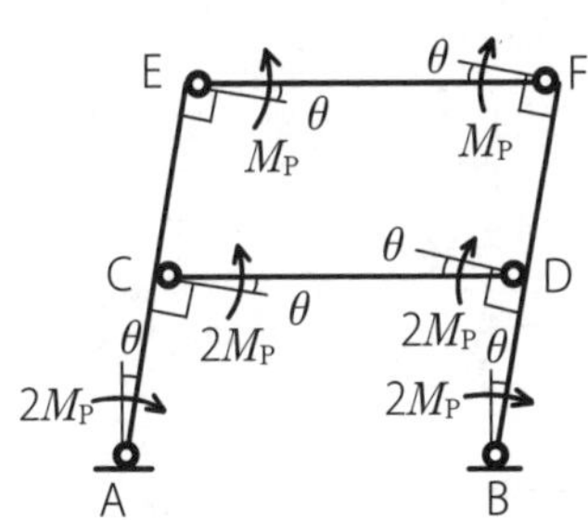

$$\text{內力所作的功}=\overset{\text{A點}}{2M_P\times\theta}+\overset{\text{B點}}{2M_P\times\theta}+\overset{\text{C點}}{2M_P\times\theta}+\overset{\text{D點}}{2M_P\times\theta}+\overset{\text{E點}}{M_P\times\theta}+\overset{\text{F點}}{M_P\times\theta}$$

$$=(2+2+2+2+1+1)M_P\theta=\underline{10M_p\theta}$$

④由外力所作的功＝內力所作的功，求出P值。

$$5P\ell\theta=10M_P\theta\quad\therefore P=\underline{\underline{\frac{2M_P}{\ell}}}$$

從M圖求Q的方法，要求出節點C、D的柱彎矩會很麻煩，所以從能量來求解比較簡單。

Q 如圖為2層構架承受水平力P及$2P$作用時的破壞機構。梁的剪力是Q_{EF}、Q_{CD}，柱的軸力是N_{DF}、N_{BD}，請以M_P表示支承B的垂直反力V_B。梁的塑性彎矩為M_P及$2M_P$，1樓柱腳的塑性彎矩則是$2M_P$。

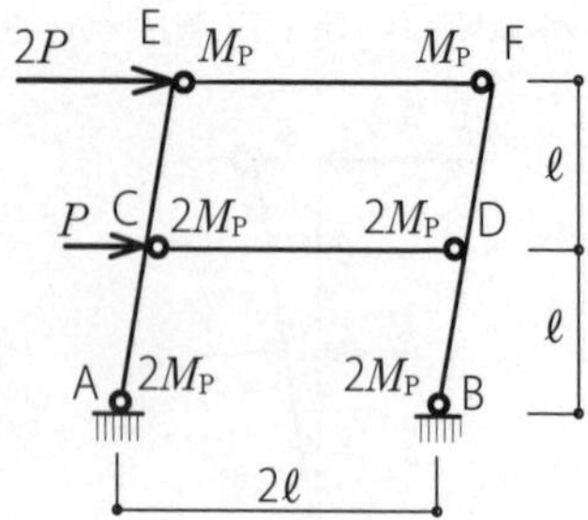

A 梁的Q可由梁的M斜率$\frac{\Delta M}{\Delta x}$求得。水平力持續增加至某點後破壞，到這個瞬間前的行為會和彈性區域相同。柱往右傾斜，柱梁的節點向右旋轉，梁變形成S曲線。

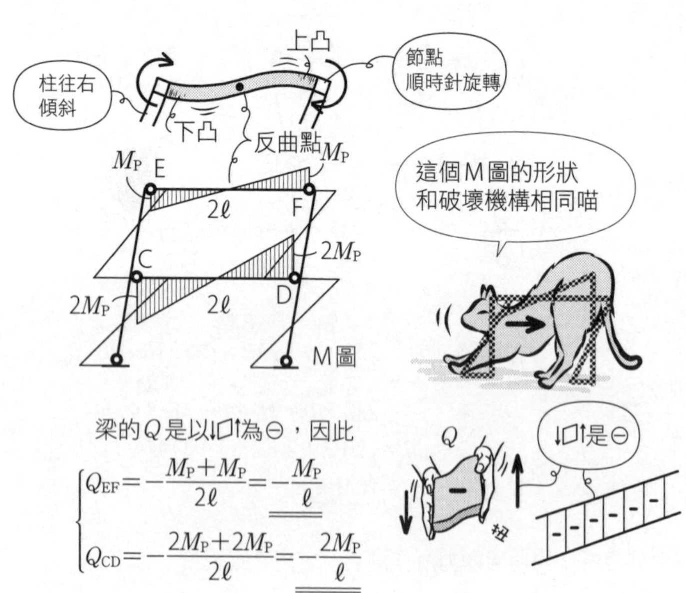

梁的Q是以↓□↑為⊖，因此

$$\begin{cases} Q_{EF} = -\dfrac{M_P + M_P}{2\ell} = -\dfrac{M_P}{\ell} \\ Q_{CD} = -\dfrac{2M_P + 2M_P}{2\ell} = -\dfrac{2M_P}{\ell} \end{cases}$$

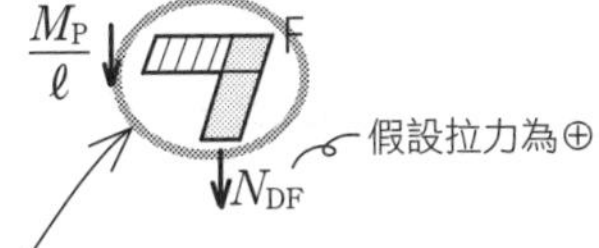

$$\Sigma Fy=0:-\frac{M_P}{\ell}-N_{DF}=0\ (\uparrow\oplus)$$

$$\therefore N_{DF}=-\frac{M_P}{\ell}\ (\ominus)$$

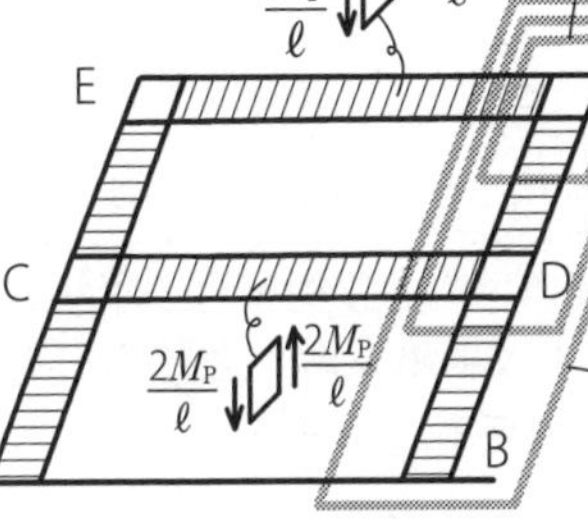

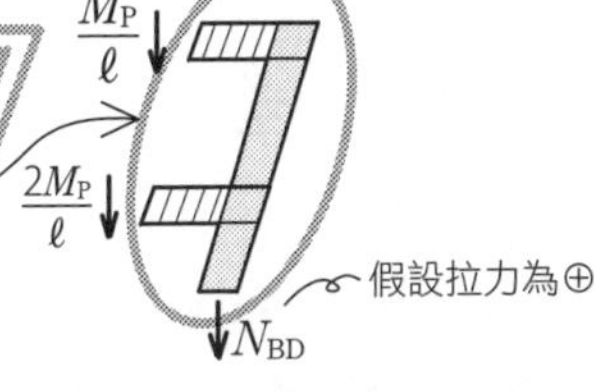

$$\Sigma Fy=0:-\frac{M_P}{\ell}-\frac{2M_P}{\ell}-N_{BD}=0\ (\uparrow\oplus)$$

$$\therefore N_{BD}=-\frac{3M_P}{\ell}\ (\ominus)$$

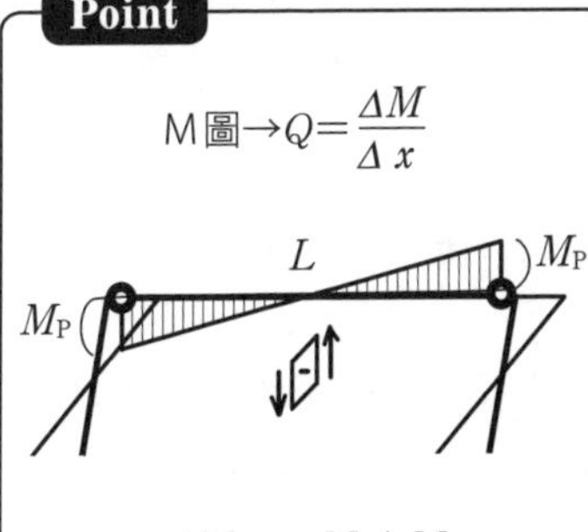

Point
M圖→$Q=\frac{\Delta M}{\Delta x}$
L
M_P
M_P
$Q=\frac{\Delta M}{\Delta x}=-\frac{M_P+M_P}{L}$
（M的斜率）

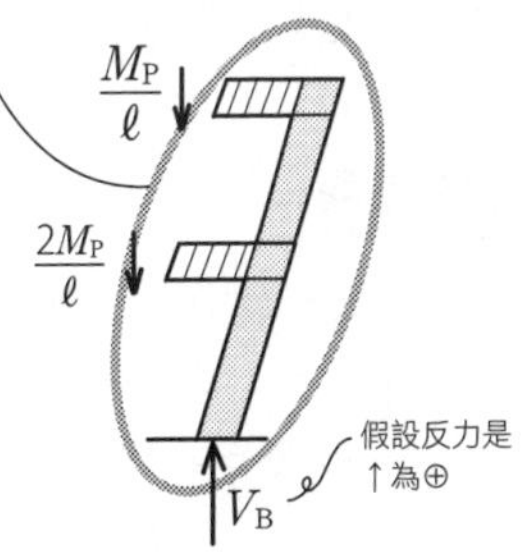

$$\Sigma Fy=0:-\frac{M_P}{\ell}-\frac{2M_P}{\ell}+V_B=0\ (\uparrow\oplus)$$

$$\therefore V_B=\frac{3M_P}{\ell}\ (\uparrow)$$

Q 以下的架構中，哪一個是靜定結構？

1. 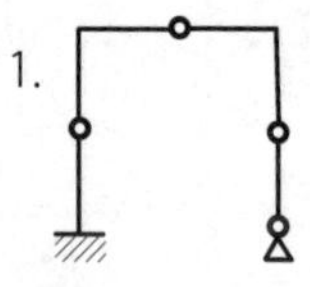

2. 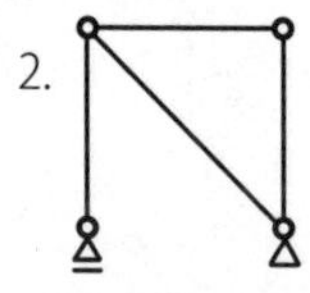

3. 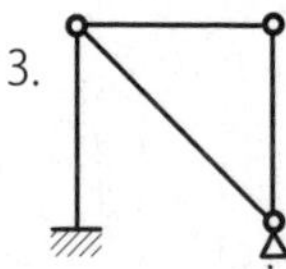

4. 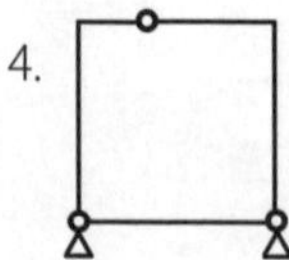

5. 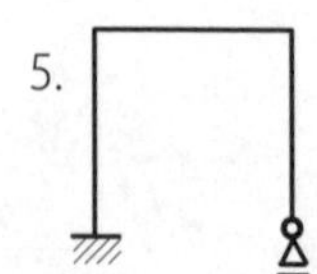

A ①靜定是在穩定結構物中，只要以反力、內力平衡就可以求解的結構物。靜不定是反力數較多，無法以平衡求解，要使用變形等進行解題的結構物。一般的結構物幾乎都是靜不定。

②穩定、不穩定、靜定、靜不定可利用判別式判斷。這是用於判斷節點、支承是否會旋轉，至於柱、梁是否會破壞則是另一回事。

Point

判別式＝反力數＋構材數＋剛接接合數－2×節點數

$m = n + s + r - 2k$

$m>0$：穩定、靜不定　$m=0$：穩定、靜定　$m<0$：不穩定

剛接接合數 r，是指在各節點的構材中，與之為剛接接合的構材數有幾個。另外要注意節點數 k 有包含支承、自由端。

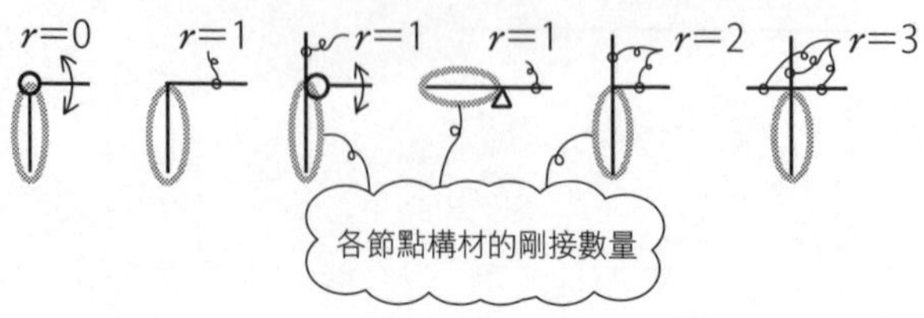

普通

③列出判別式來判定。

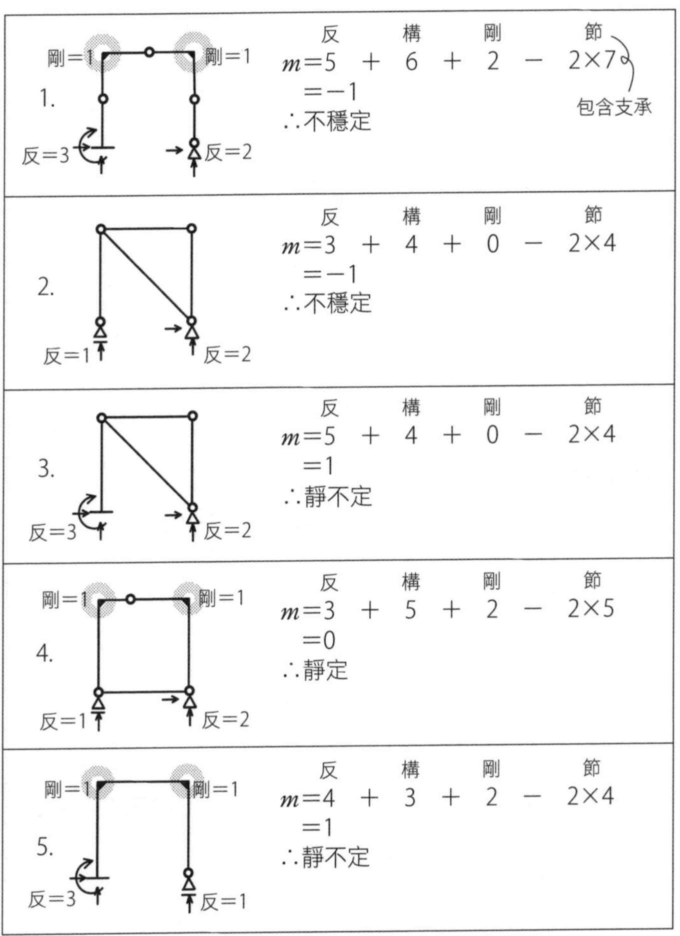

結構	判別式	結果
1.	反 $m=5$ ＋ 構 6 ＋ 剛 2 － 節 2×7 ＝－1（包含支承）	∴不穩定
2.	反 $m=3$ ＋ 構 4 ＋ 剛 0 － 節 2×4 ＝－1	∴不穩定
3.	反 $m=5$ ＋ 構 4 ＋ 剛 0 － 節 2×4 ＝1	∴靜不定
4.	反 $m=3$ ＋ 構 5 ＋ 剛 2 － 節 2×5 ＝0	∴靜定
5.	反 $m=4$ ＋ 構 3 ＋ 剛 2 － 節 2×4 ＝1	∴靜不定

$m=0$的4是靜定結構。

Q 以下的架構中，哪一個是不穩定結構？

1. 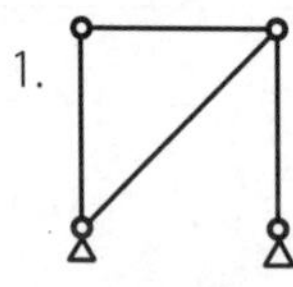

2. 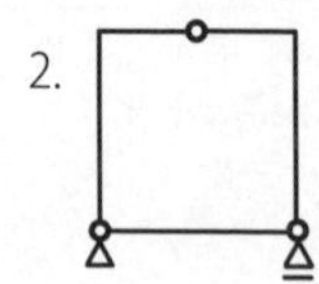

3. 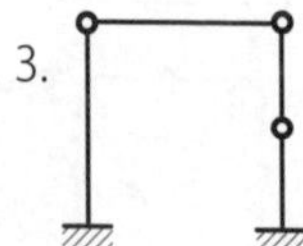

4. 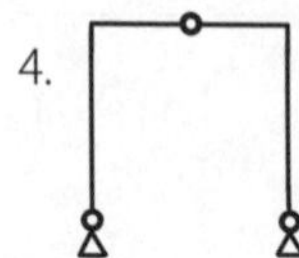

5. 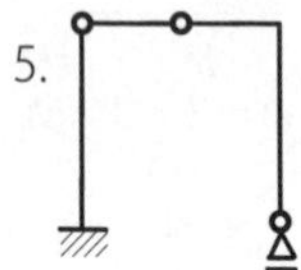

A ①再次確實地將判別式記下來吧。

Point

判別式＝反力數＋構材數＋剛接接合數－2×節點數

$$m = n + s + r - 2k$$

$m>0$：穩定、靜不定　$m=0$：穩定、靜定　$m<0$：不穩定

剛接接合數 r　：各節點構材的剛接數量
節點數 k　　：支承數＋節點數（包含自由端）

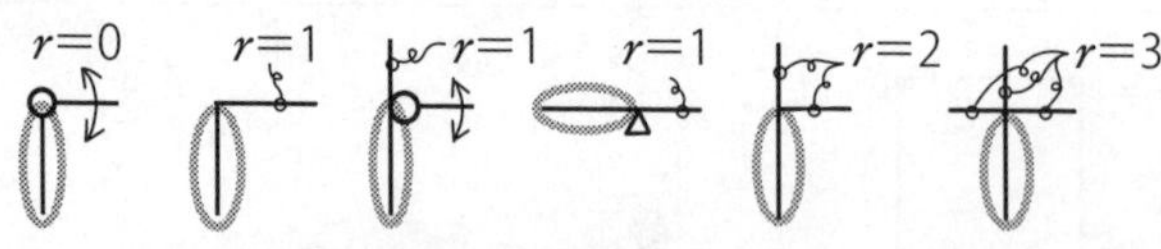

②一看就知道5是會移動的不穩定構架。

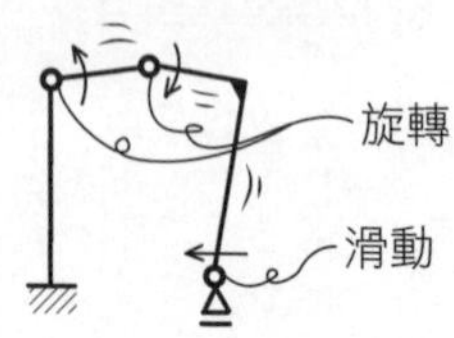

普通

③列出判別式來判定。

結構	判別式
1. 反=2　反=2	反＋構＋剛－節 $m=4+4+0-2\times4$ $=0$ ∴穩定、靜定
2. 剛=1　剛=1　反=2　反=1	反＋構＋剛－節 $m=3+5+2-2\times5$ $=0$ ∴穩定、靜定
3. 反=3　反=3	反＋構＋剛－節 $m=6+4+0-2\times5$ $=0$ ∴穩定、靜定
4. 剛=1　剛=1　反=2　反=2	反＋構＋剛－節 $m=4+4+2-2\times5$ $=0$ ∴穩定、靜定
5. 剛=1　反=3　反=1	反＋構＋剛－節 $m=4+4+1-2\times5$ $=-1<0$ ∴不穩定

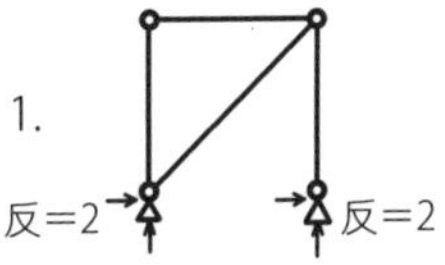

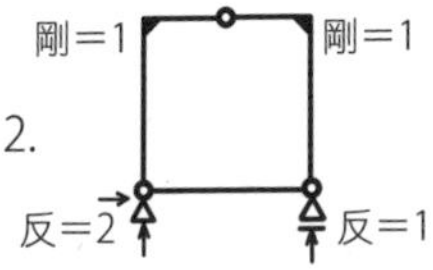

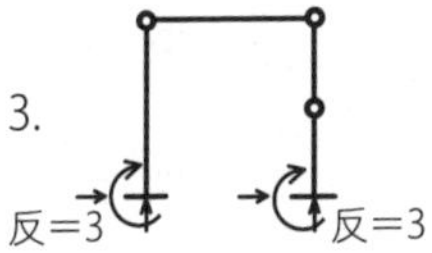

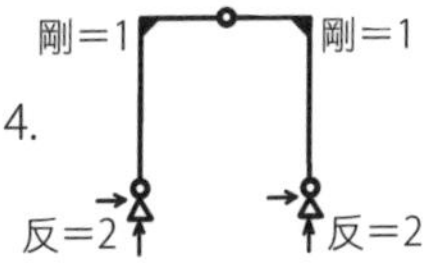

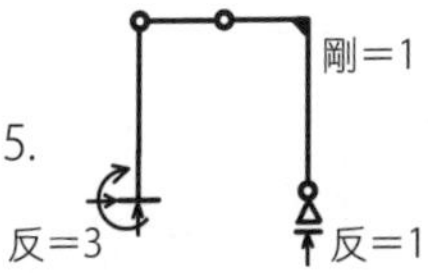

$m<0$的5是不穩定結構物。

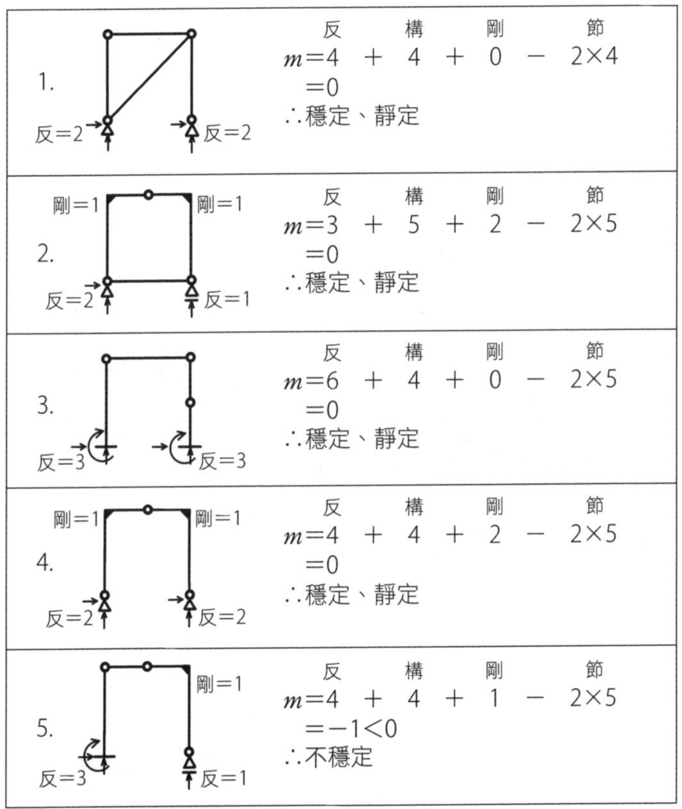

將靜定的支承、節點中的拘束向下減少一階段，就會變得不穩定，形成搖晃的狀態。

穩定　○				不穩定　×
靜不定			靜定	

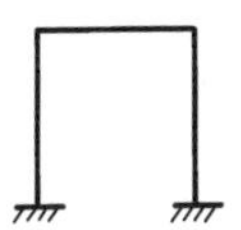

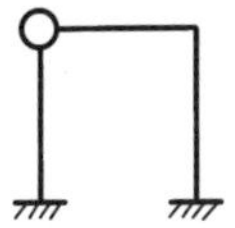

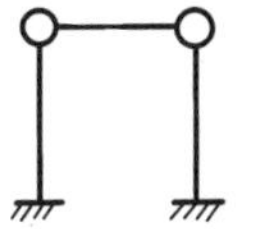

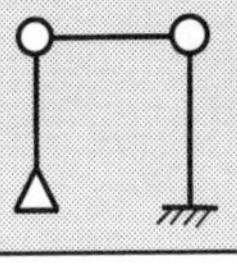

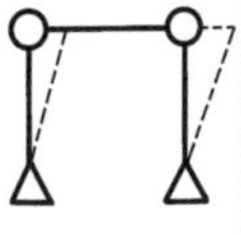

18
判別式

Q 如圖的構架，請求出以柱A為基準時，梁B的勁度比。構材A、B的斷面二次矩分別是I、$3I$。

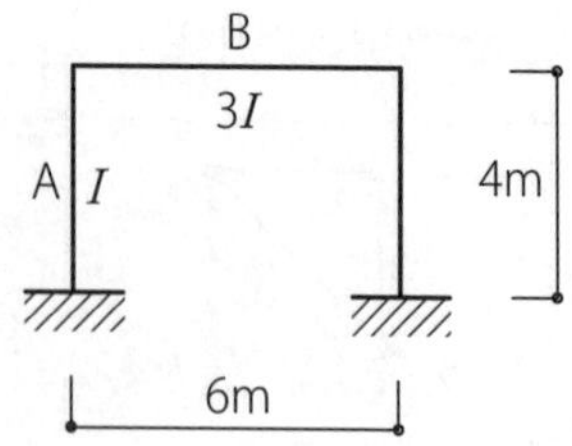

A ①勁度是表示彎曲困難度的係數，由斷面二次矩除以長度而得。記號是使用大寫的K。

勁度的比就是勁度比，可以讓複雜的勁度簡化，變成容易了解的係數。記號是使用小寫的k。不管選擇哪一個作為基準1的勁度（標準勁度）都可以，如下面的範例說明：

$K_1=\dfrac{I}{\ell}$、$K_2=\dfrac{I}{2\ell}$、$K_3=\dfrac{2I}{\ell}$ 因此

→ $k_1=1$、$k_2=0.5$、$k_3=2$（以K_1為1，標準勁度）

→ $k_1=2$、$k_2=1$、$k_3=4$（以K_2為1，標準勁度）

→ $k_1=0.5$、$k_2=0.25$、$k_3=1$（以K_3為1，標準勁度）

簡單

②假設題目的構材A、B的勁度是K_A、K_B

$$\begin{cases} K_A=\dfrac{I}{4} \\ K_B=\dfrac{3I}{6}=\dfrac{I}{2} \end{cases}$$

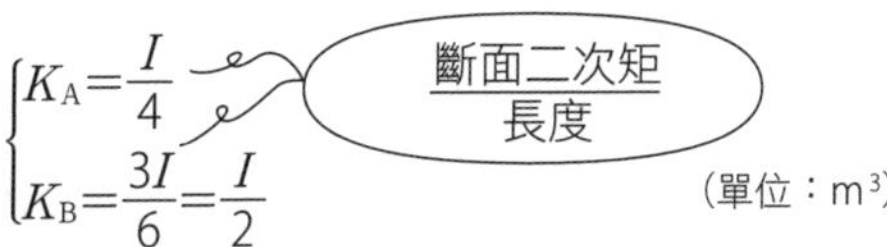

（單位：m³）

以K_A為1的勁度比，也就是以K_A為標準勁度時，各自的勁度比為k_A、k_B，

$$\begin{cases} k_A=\dfrac{K_A}{K_A}=1 \\ k_B=\dfrac{K_B}{K_A}=\dfrac{\frac{I}{2}}{\frac{I}{4}}=\dfrac{I}{2}\times\dfrac{4}{I}=2 \end{cases}$$

（各勁度／標準勁度）

（沒有單位：比）

因此，B的勁度比是2。

③勁度K是在傾角變位法的基本公式中出現的重要係數。$K=\dfrac{I}{\ell}$中不包含彈性模數E，這是因為構架的構材大多使用相同材料的緣故。另一方面，斷面形狀或長度會隨著構材改變，因此$\dfrac{I}{\ell}$要以構材分開來計算才行。這裡將傾角變位法的基本公式背下來吧。

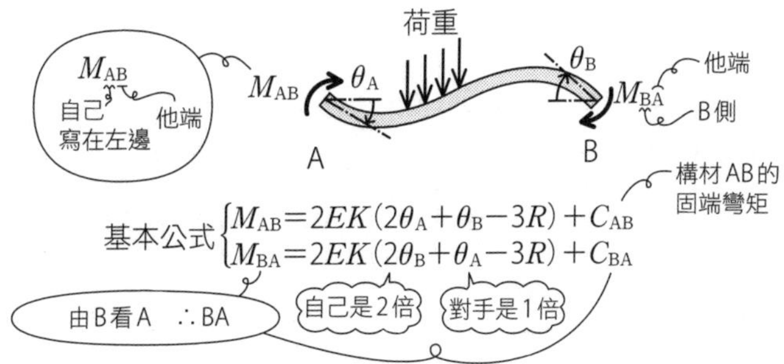

$$\text{基本公式}\begin{cases} M_{AB}=2EK(2\theta_A+\theta_B-3R)+C_{AB} \\ M_{BA}=2EK(2\theta_B+\theta_A-3R)+C_{BA} \end{cases}$$

Q 如圖的構架，節點○施加70kN·m的力矩時，請求出構材○A、○B、○C在○點的桿端彎矩。構材○A、○B、○C的斷面二次矩分別是$4I$、I、$2I$，力矩是以順時針為正。

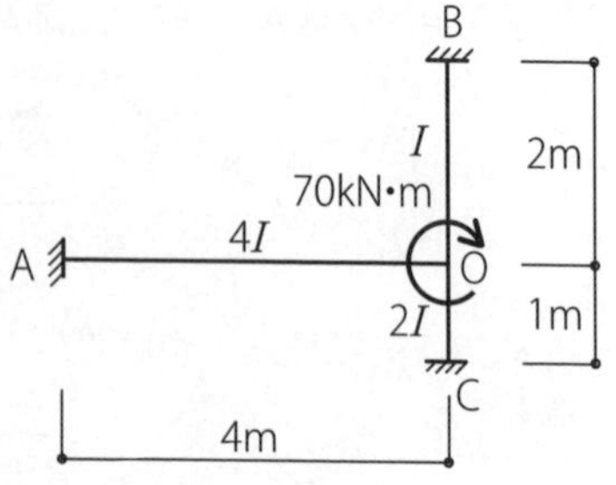

A ①構材○A、○B、○C的勁度（勁度比）為K_A（k_A）、K_B（k_B）、K_C（k_C），分別以各自的斷面二次矩÷各自的長度來求得。以最小的K_B為1（標準勁度）來計算勁度比。基本上用哪一個勁度為基準都可以。

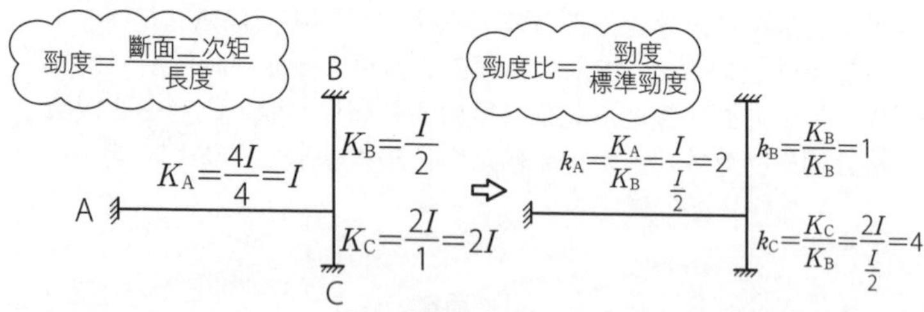

②○點為剛節點會維持直角。旋轉角為θ_O（↻⊕）時，在○點的3個構材都會以θ_O的角度旋轉。

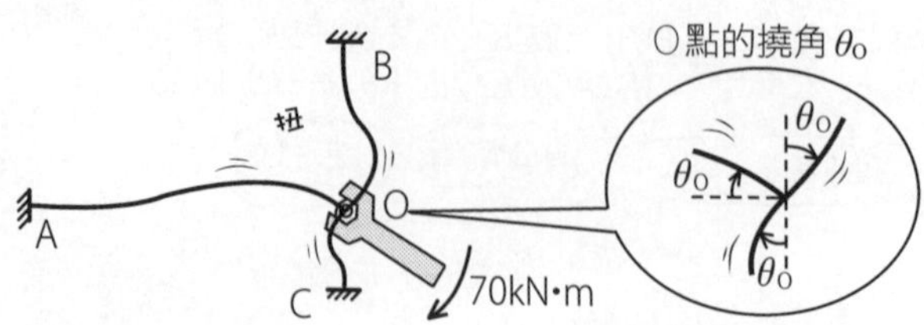

③各構材在O點的力矩為 M_{OA}、M_{OB}、M_{OC}，列出傾角變位法的公式。

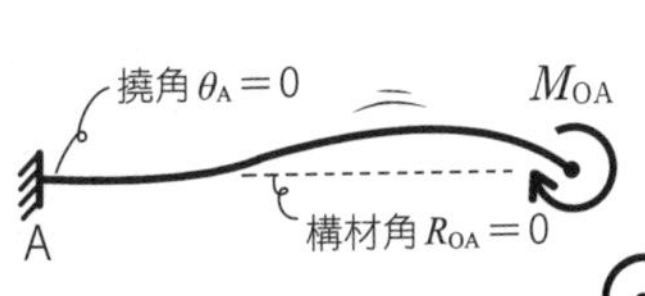

支承皆為固定支承，
故 $\theta_A=\theta_B=\theta_C=0$
沒有構材角，
故 $R_{OA}=R_{OB}=R_{OC}=0$
也沒有中間荷重，
故固端彎矩 $C_{OA}=C_{OB}=C_{OC}=0$

$M_{OA}+M_{OB}+M_{OC}=70\text{kN}\cdot\text{m}$

各力矩加起來是70kN·m，將70kN·m分配至各力矩

$\theta_A=0$　$R_{OA}=0$　中間荷重＝0

$$\begin{cases} M_{OA}=2EK_A(2\theta_O+0-3\times 0)+0=4E\theta_O\cdot K_A \\ M_{OB}=2EK_B(2\theta_O+0-3\times 0)+0=4E\theta_O\cdot K_B \\ M_{OC}=2EK_C(2\theta_O+0-3\times 0)+0=4E\theta_O\cdot K_C \end{cases}$$

自己是2倍　對手是1倍　相同

④<u>力矩會和勁度 K 成正比</u>，將70kN·m<u>以勁度成比例分配</u>，就可以得到各力矩。

$$M_{OA}=\frac{K_A}{K_A+K_B+K_C}\times 70\quad M_{OB}=\frac{K_B}{K_A+K_B+K_C}\times 70\quad M_{OC}=\frac{K_C}{K_A+K_B+K_C}\times 70$$

由於 $K_A=k_A\times K_B$　$K_B=k_B\times K_B$　$K_C=k_C\times K_B$
就<u>等同於以勁度比成比例分配</u>。這樣計算會比較輕鬆。

$$\begin{cases} M_{OA}=\dfrac{k_A}{k_A+k_B+k_C}\times 70=\dfrac{2}{2+1+4}\times 70=\underline{\underline{20\text{kN}\cdot\text{m}}} \\ M_{OB}=\dfrac{k_B}{k_A+k_B+k_C}\times 70=\dfrac{1}{2+1+4}\times 70=\underline{\underline{10\text{kN}\cdot\text{m}}} \\ M_{OC}=\dfrac{k_C}{k_A+k_B+k_C}\times 70=\dfrac{4}{2+1+4}\times 70=\underline{\underline{40\text{kN}\cdot\text{m}}} \end{cases}$$

以勁度比成比例分配喔！

Q 如圖的構架，請描繪出節點O施加力矩70kN·m時的彎矩圖。

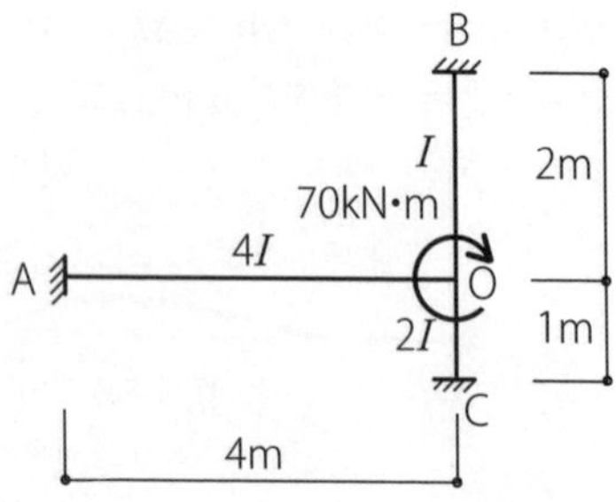

A ①如前題，由勁度K求出勁度比。

$$\begin{cases} K_A=\dfrac{4I}{4}=I \\ K_B=\dfrac{I}{2} \\ K_C=\dfrac{2I}{1}=2I \end{cases} \rightarrow \begin{cases} k_A=\dfrac{K_A}{K_B}=\dfrac{I}{\frac{I}{2}}=2 \\ k_B=\dfrac{K_B}{K_B}=1 \\ k_C=\dfrac{K_C}{K_B}=\dfrac{2I}{\frac{I}{2}}=4 \end{cases}$$

B, 1, A, 2, O, 4, C

將70kN·m以勁度比成比例分配，求出桿端彎矩。

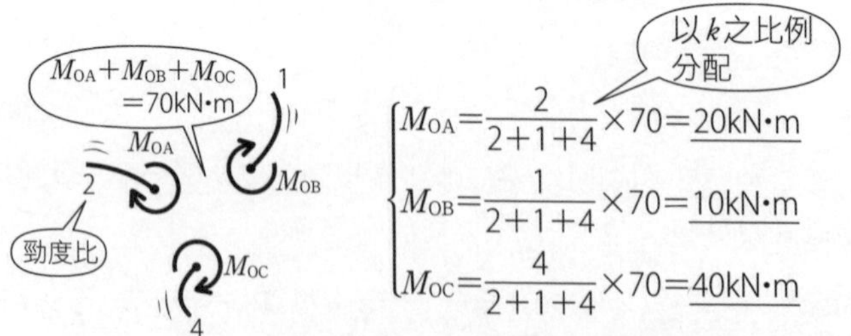

$$\begin{cases} M_{OA}=\dfrac{2}{2+1+4}\times70=\underline{20\text{kN·m}} \\ M_{OB}=\dfrac{1}{2+1+4}\times70=\underline{10\text{kN·m}} \\ M_{OC}=\dfrac{4}{2+1+4}\times70=\underline{40\text{kN·m}} \end{cases}$$

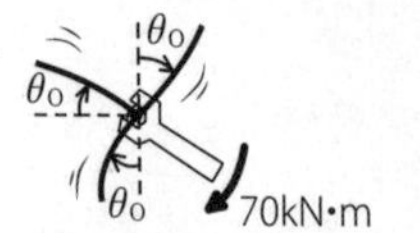

勁度K是表示彎曲困難度的係數，以比表示就是勁度比k。同樣以撓角θ_0旋轉時，彎曲較困難的構材需要較多力矩。從受到70kN·m旋轉的節點來看，難以彎曲的構材OC的抵抗會最大。

Point

外力的力矩可用K或k成比例分配→桿端彎矩

②列出構材OA的傾角變位法公式。桿端彎矩 M_{OA}、M_{AO} 是使構材端部旋轉的外力力矩，也是端部外側的彎矩，<u>一般以順時針旋轉為正</u>。

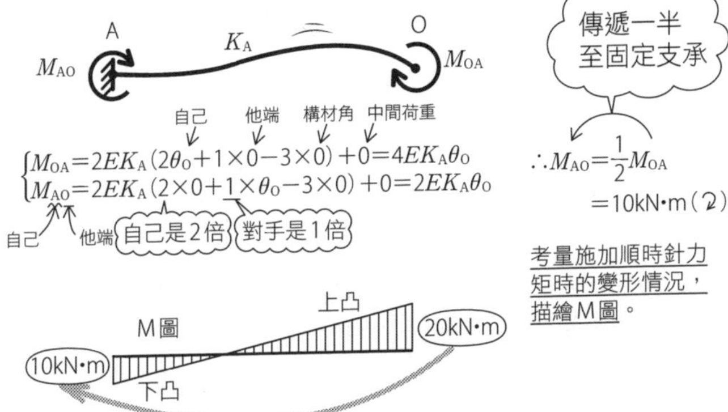

從2×(自己的角度)＋1×(他端的角度)的公式，可知在O點<u>分配的力矩 M_{OA}，會有 $\frac{1}{2}$ 傳遞至他端的固定支承（$\theta_A=0$）</u>。

③構材OB、OC也一樣會傳遞 $\frac{1}{2}$ 至他端，M圖如下所示。

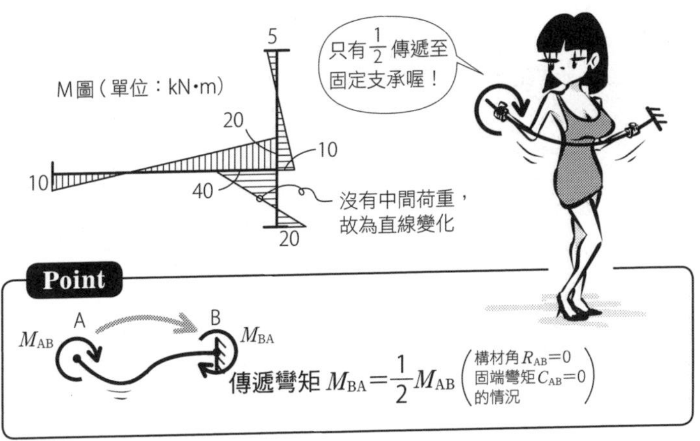

★ R142 check ▶□□□

Q 如圖的構架，在節點F施加力矩M的情況下，請求出節點F各構材的桿端彎矩的比。各構材的勁度比為k_A、k_B、k_C、k_D。

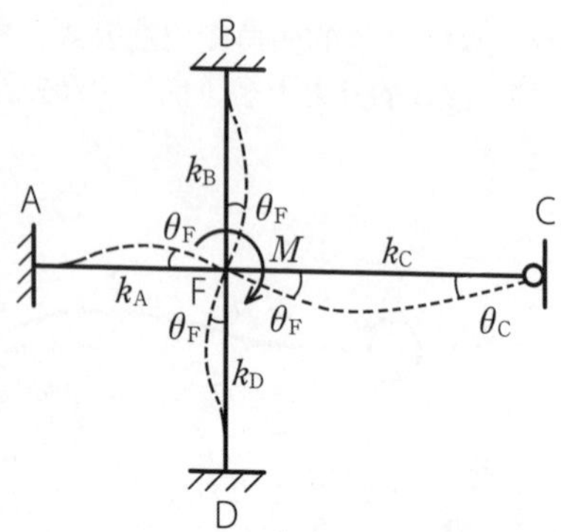

A ①C是鉸支承，比起C為固定支承的情況時更容易彎曲。下面列出固定支承和鉸支承情況下的傾角變位法公式。構材整體的構材角$R_{FC}=0$，且沒有中間荷重，$C_{FC}=0$。以K_0為標準勁度（作為基準，比為1的勁度），由$k_C=\dfrac{K_C}{K_0}$可知$K_C=k_CK_0$。

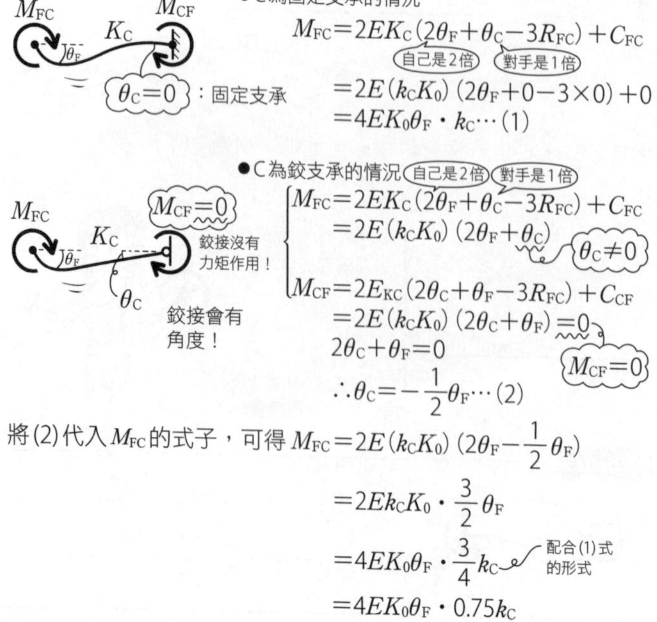

●C為固定支承的情況

$$M_{FC}=2EK_C(2\theta_F+\theta_C-3R_{FC})+C_{FC}$$
$$=2E(k_CK_0)(2\theta_F+0-3\times 0)+0$$
$$=4EK_0\theta_F\cdot k_C\cdots(1)$$

●C為鉸支承的情況

$$M_{FC}=2EK_C(2\theta_F+\theta_C-3R_{FC})+C_{FC}$$
$$=2E(k_CK_0)(2\theta_F+\theta_C)$$
$$M_{CF}=2EK_C(2\theta_C+\theta_F-3R_{FC})+C_{CF}$$
$$=2E(k_CK_0)(2\theta_C+\theta_F)=0$$
$$2\theta_C+\theta_F=0$$
$$\therefore\theta_C=-\frac{1}{2}\theta_F\cdots(2)$$

將(2)代入M_{FC}的式子，可得 $M_{FC}=2E(k_CK_0)(2\theta_F-\frac{1}{2}\theta_F)$

$$=2Ek_CK_0\cdot\frac{3}{2}\theta_F$$
$$=4EK_0\theta_F\cdot\frac{3}{4}k_C$$ 配合(1)式的形式
$$=4EK_0\theta_F\cdot 0.75k_C$$

②鉸接側的桿端會旋轉，支承點沒有受到力矩作用。從這個條件可以推導出鉸支承的角度 $\theta_C = -\frac{1}{2}\theta_F$。負號是逆時針旋轉的意思。試著比較固定支承和鉸支承的式子。

$$\begin{cases} \text{他端為固定支承：} M_{FC} = (4EK_0\theta_F) \cdot k_C \\ \text{他端為鉸支承：} M_{FC} = (4EK_0\theta_F) \cdot \frac{3}{4} k_C \end{cases}$$

被分配的力矩，在他端為固定支承時，是和勁度比 k_C 成正比，鉸支承時則是和 $\frac{3}{4}k_C(0.75k_C)$ 成正比。和其他的構材算式相較，就可以知道他端固定支承是和 k 成正比，鉸支承則是和 $0.75k$ 成正比。作為分配力矩的 $0.75k_C$ 稱為有效勁度比。

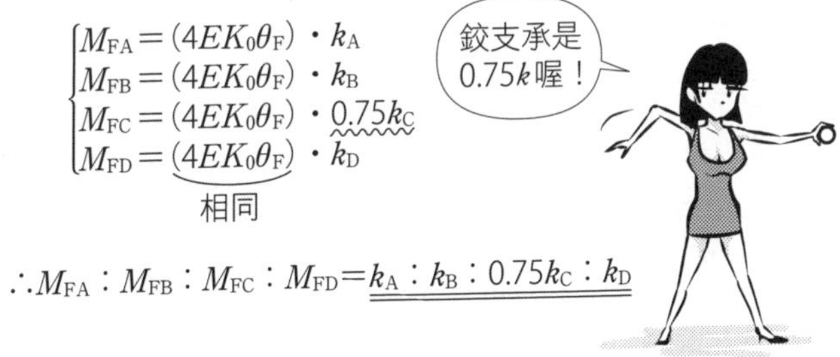

$$\begin{cases} M_{FA} = (4EK_0\theta_F) \cdot k_A \\ M_{FB} = (4EK_0\theta_F) \cdot k_B \\ M_{FC} = (4EK_0\theta_F) \cdot 0.75k_C \\ M_{FD} = (4EK_0\theta_F) \cdot k_D \end{cases}$$

$$\therefore M_{FA} : M_{FB} : M_{FC} : M_{FD} = k_A : k_B : 0.75k_C : k_D$$

③在C為開放自由端的情況下，構材FC彎曲時不會有抵抗作用，$M_{FC} = 0$。有效勁度比是0。

Point

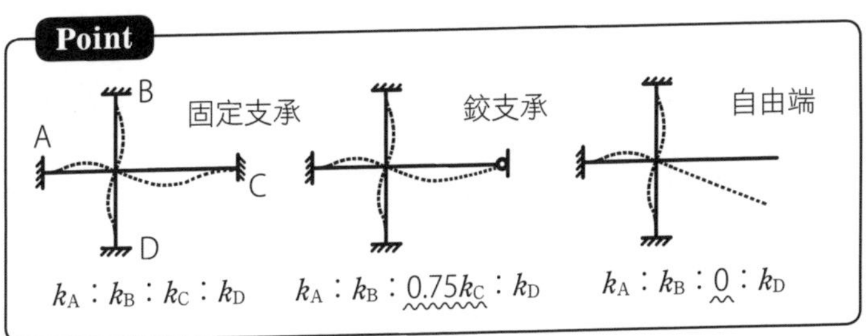

Q 如圖為對稱變形的構架，請求出施加在節點F上的力矩M，其分配在各構材的比。

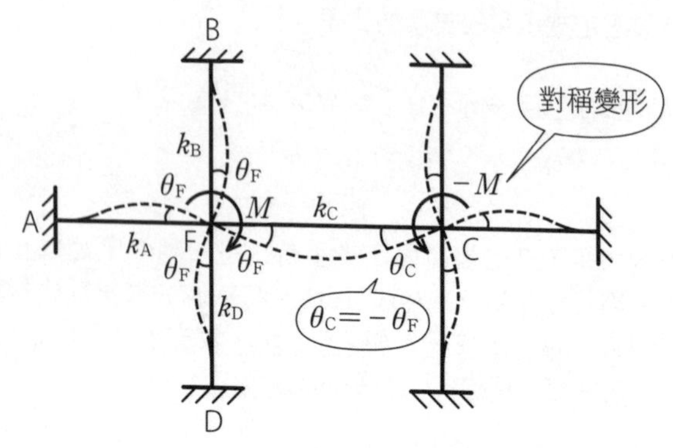

A ①若他端全部是固定支承，不能旋轉，桿端彎矩會和勁度K或勁度比k成正比，M的分配可以用k來做比例分配。不過當他端產生撓角時，彎曲的難易度隨之改變，不能單純以k來做比例分配。他端為鉸支承時，沒有旋轉拘束，與固定支承相比變得容易彎曲，要使用修正後的勁度比（有效勁度比）0.75k來進行比例分配（參見前題）。這個題目在構材FC是對稱變形的狀態下，C和固定支承的情況相比，會比較容易彎曲。

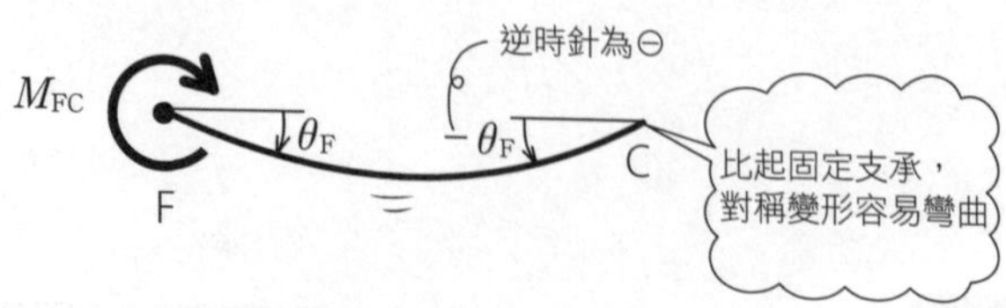

②列出傾角變位法的公式。只有 M_{FC} 的公式在他端有撓角 θ_C，且 $\theta_C = -\theta_F$。

他端固定

$$\begin{cases} M_{FA} = 2EK(2\theta_F + \theta_A - 3R_{FA}) + C_{FA} \\ \quad = 2E(K_0 k_A)(2\theta_F + 0 - 3\times 0) + 0 \\ \quad = (4EK_0\theta_F)k_A \\ M_{FB} = (4EK_0\theta_F)k_B \\ M_{FD} = (4EK_0\theta_F)k_D \end{cases}$$

（自己是2倍）（對手是1倍）

$k_A : k_B : k_D$

對稱變形

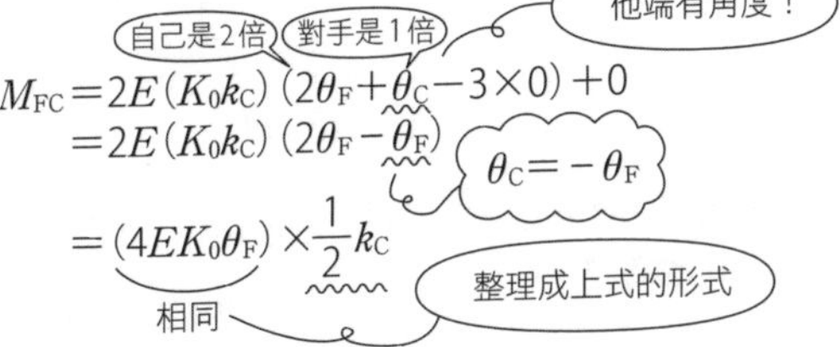

$$M_{FC} = 2E(K_0 k_C)(2\theta_F + \theta_C - 3\times 0) + 0$$
$$= 2E(K_0 k_C)(2\theta_F - \theta_F)$$
$$= (4EK_0\theta_F) \times \frac{1}{2} k_C$$

（自己是2倍）（對手是1倍）

他端有角度！

$\theta_C = -\theta_F$

相同

整理成上式的形式

$$\therefore M_{FA} : M_{FB} : M_{FC} : M_{FD} = k_A : k_B : \frac{1}{2} k_C : k_D$$

M_{FC} 和他端固定支承相比，可以用一半的力矩來旋轉相同角度。

勁度比×0.5＝有效勁度比 k_e

e：effective（有效的）

對稱就是一半喔！

0.5 0.5

Point

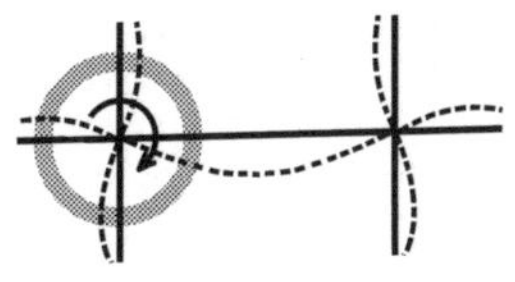

對稱變形

$k_A : k_B : 0.5k_C : k_D$

Q 如圖為反對稱變形的構架，請求出施加在節點F上的力矩M，其分配在各構材的比。

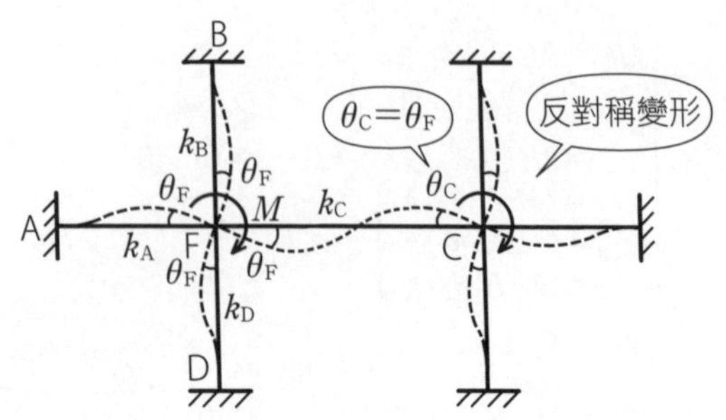

A ①彎矩M會使構材FC在他端產生和彎曲方向相反的旋轉作用。如此會變得較難彎曲，不能用勁度比k_C來做比例分配。列出節點F四周的傾角變位法公式。

他端固定

$$M_{FA}=2EK(2\theta_F+\theta_A-3R_{FA})+C_{FA}$$

（自己是2倍）（對手是1倍）

$$=2E(K_0k_A)(2\theta_F+0-3\times0)+0$$
$$=(4EK_0\theta_F)k_A$$
$$M_{FB}=(4EK_0\theta_F)k_B$$
$$M_{FD}=(4EK_0\theta_F)k_D$$

（$k_A:k_B:k_D$）

反對稱變形

（自己是2倍）（對手是1倍）（他端有角度！）

$$M_{FC}=2E(K_0k_C)(2\theta_F+\theta_C-3\times0)+0$$
$$=2E(K_0k_C)(2\theta_F+\theta_F)$$

（$\theta_C=\theta_F$）

$$=(4EK_0\theta_F)\times\frac{3}{2}k_C$$
$$=(4EK_0\theta_F)\times1.5k_C$$

（整理成上式的形式）

相同

$$\therefore M_{FA}:M_{FB}:M_{FC}:M_{FD}=k_A:k_B:\frac{3}{2}k_C:k_D$$

（勁度比×1.5＝有效勁度比k_e）

②使用勁度比 k、有效勁度比 k_e 為比例，進行力矩分配者，就如彎矩分配法中用以分配釋放彎矩的情況。在此再一次記下有效勁度比 k_e 的值吧。

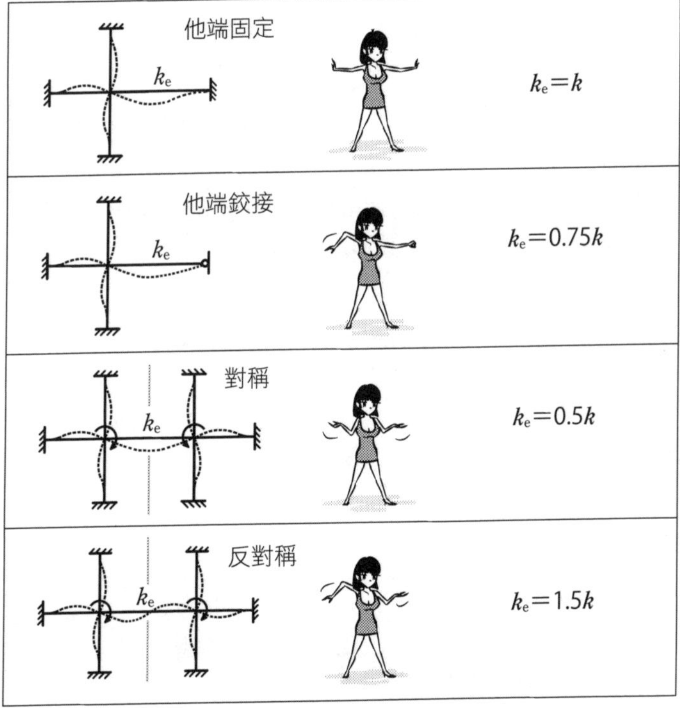

越容易彎曲，M_{FC} 就會越小，k_e 也跟著變小。反之，越難彎曲，M_{FC} 就會越大，變得難以旋轉，k_e 也會變大。

Q 如圖承受集中荷重P的構架，請以傾角變位法求出彎矩，畫出彎矩圖。

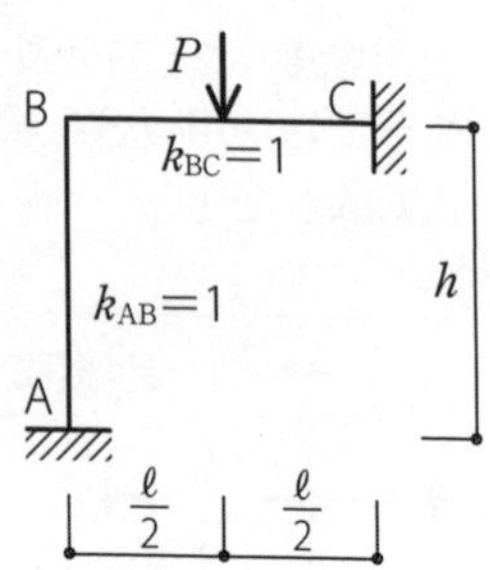

A ①將每個支承、節點，分別以傾角變位法列出桿端彎矩的公式。要注意構材BC有中間荷重。建議可以邊寫來練習解題喔。

$$\begin{cases} M_{AB}=(2EK_0)\cdot 1\cdot(2\cdot 0+\theta_B-3\cdot 0)+0=(2EK_0)\,\theta_B \\ M_{BA}=(2EK_0)\cdot 1\cdot(2\theta_B+0-3\cdot 0)+0=(2EK_0)\cdot 2\theta_B \\ M_{BC}=(2EK_0)\cdot 1\cdot(2\theta_B+0-3\cdot 0)+C_{BC}=(2EK_0)\cdot 2\theta_B+C_{BC} \\ M_{CB}=(2EK_0)\cdot 1\cdot(2\cdot 0+\theta_B-3\cdot 0)+C_{CB}=(2EK_0)\,\theta_B+C_{CB} \end{cases}$$

（自己是2倍）（對手是1倍）

②$M_{BC}=(2EK_0)k_B(2\theta_B+\theta_C-3R_{BC})+C_{BC}$的基本式中，若各節點的撓角$\theta_B=\theta_C=0$（若兩端是固定支承），構材角$R_{BC}=0$，因此桿端彎矩$M_{BC}$＝載重項目$C_{BC}$。也就是說，兩端固定有中間荷重作用時，固端彎矩就是載重項目。

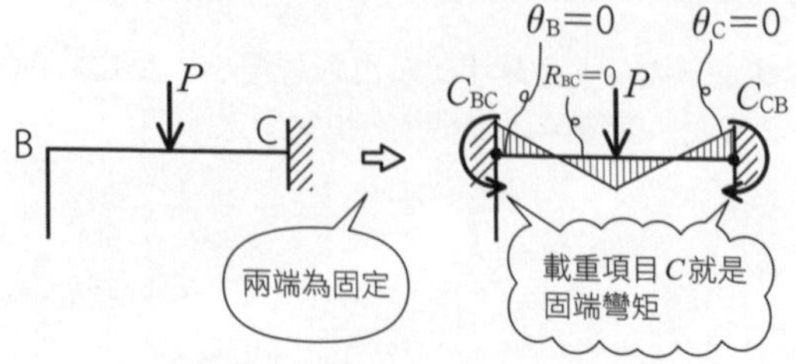

這個載重項目（固端彎矩）的公式，雖然也有出現在數表中，不過一些基本的東西先記下來吧。

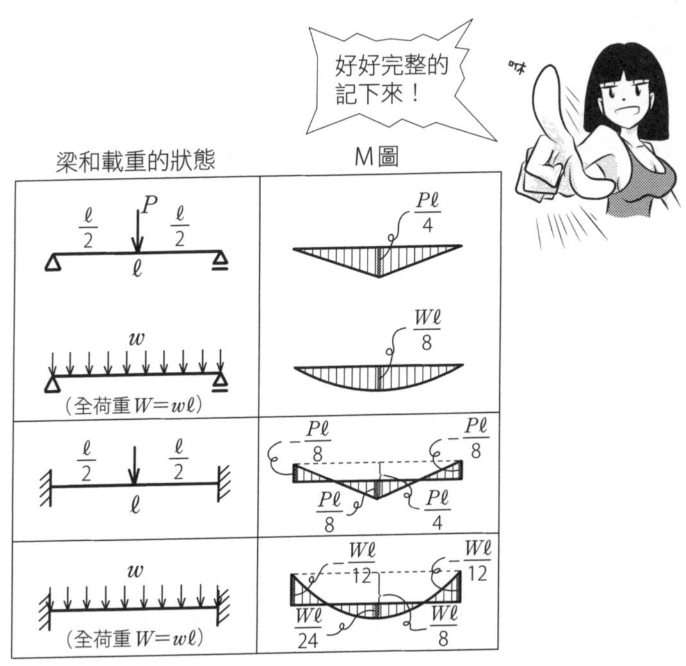

上記的M圖符號，是以彎矩的向下凸為⊕，向上凸為⊖。傾角變位法中，桿端彎矩是以順時針為⊕，因此如下圖固端彎矩左端為⊖，右端為⊕。

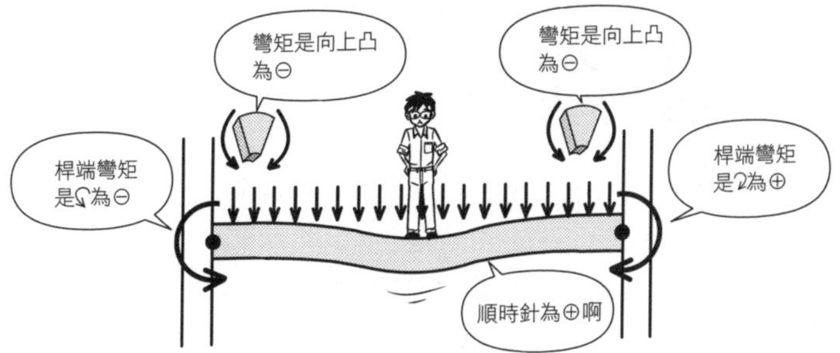

③求出有中間荷重的構材BC的固端彎矩 C_{BC}、C_{CB}，完成各桿端彎矩的公式。

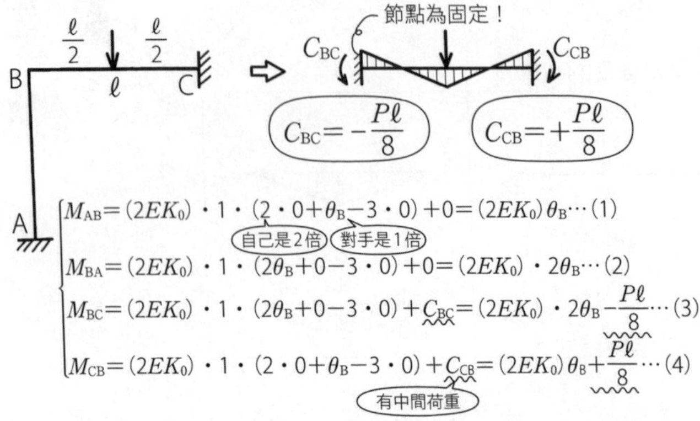

$$\begin{cases} M_{AB}=(2EK_0)\cdot 1\cdot(2\cdot 0+\theta_B-3\cdot 0)+0=(2EK_0)\theta_B\cdots(1) \\ M_{BA}=(2EK_0)\cdot 1\cdot(2\theta_B+0-3\cdot 0)+0=(2EK_0)\cdot 2\theta_B\cdots(2) \\ M_{BC}=(2EK_0)\cdot 1\cdot(2\theta_B+0-3\cdot 0)+C_{BC}=(2EK_0)\cdot 2\theta_B-\frac{P\ell}{8}\cdots(3) \\ M_{CB}=(2EK_0)\cdot 1\cdot(2\cdot 0+\theta_B-3\cdot 0)+C_{CB}=(2EK_0)\theta_B+\frac{P\ell}{8}\cdots(4) \end{cases}$$

④在(1)～(4)的式子中，未知的角度只有 θ_B。未知數只有1個，方程式也只要有1個就可以求解。就算有給 E、K_0 等，在計算途中也會消失，只留下勁度比的關係。在節點B旋轉方向平衡，也就是集中在節點B的力矩和＝0的條件下，列出方程式（節點方程式）。

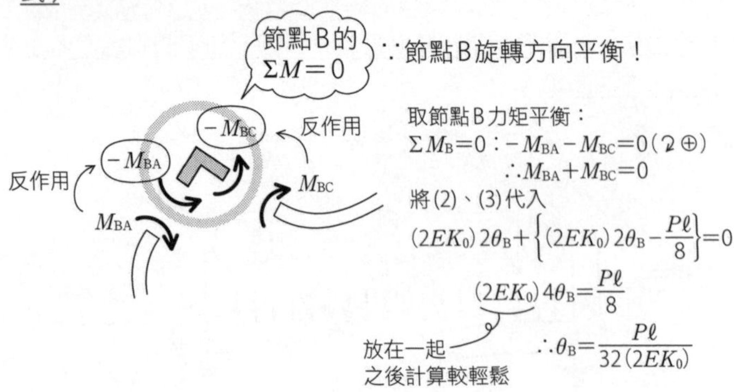

∵節點B旋轉方向平衡！

取節點B力矩平衡：

$\Sigma M_B=0$：$-M_{BA}-M_{BC}=0$（↻⊕）

$\therefore M_{BA}+M_{BC}=0$

將(2)、(3)代入

$$(2EK_0)2\theta_B+\left\{(2EK_0)2\theta_B-\frac{P\ell}{8}\right\}=0$$

$$(2EK_0)4\theta_B=\frac{P\ell}{8}$$

$$\therefore \theta_B=\frac{P\ell}{32(2EK_0)}$$

柱BA的柱頭有 M_{BA}（↻）的力矩作用，節點B則有反向的 $-M_{BA}$（↺）的力矩作用。這就是作用力・反作用力的法則，用在梁也是一樣。柱、梁承受的 $-M_{BA}$、$-M_{BC}$ 的和若不是0，節點B就會不斷地旋轉。

⑤將節點方程式求得的θ_B值，代入各桿端彎矩的式子中。

$$\begin{cases} M_{AB}=(2EK_0)\theta_B=\cancel{(2EK_0)}\cdot\dfrac{P\ell}{32\cancel{(2EK_0)}}=\dfrac{P\ell}{32}(\circlearrowright\oplus) \\ M_{BA}=(2EK_0)\cdot 2\theta_B=\cancel{(2EK_0)}\cdot 2\cdot\dfrac{P\ell}{32\cancel{(2EK_0)}}=\dfrac{P\ell}{16}(\circlearrowright\oplus) \\ M_{BC}=(2EK_0)\cdot 2\theta_B-\dfrac{P\ell}{8}=\cancel{(2EK_0)}\cdot 2\cdot\dfrac{P\ell}{32\cancel{(2EK_0)}}-\dfrac{P\ell}{8}=-\dfrac{P\ell}{16}(\circlearrowleft\ominus) \\ M_{CB}=(2EK_0)\theta_B+\dfrac{P\ell}{8}=\cancel{(2EK_0)}\cdot\dfrac{P\ell}{32\cancel{(2EK_0)}}+\dfrac{P\ell}{8}=\dfrac{5P\ell}{32}(\circlearrowright\oplus) \end{cases}$$

得到θ_B，求出桿端彎矩喔！

由此可知$(2EK_0)$會因為約分而消失。每個式子都要寫出$(2EK_0)$比較麻煩，可將$(2EK_0)\theta_B$以θ'_B或ϕ_B，$(2EK_0)(-3R_{CB})$則以R'_{CB}或ψ_{CB}來表示（ϕ：fai，ψ：psi）。

簡略式：$M_{AB}=k_{AB}\ (2\theta'_A+\theta'_B+R')+C_{AB}$

⑥考量梁BC，其荷重狀態與有集中荷重P和桿端彎矩M_{BC}、M_{CB}作用的簡支梁相同。將有P、M_{BC}、M_{CB}作用的簡支梁，進一步分成只有P作用的簡支梁，以及M_{BC}和M_{CB}作用的簡支梁，就可以很快畫出各自的M圖。再將2個M圖組合起來（加法）成為1個M圖，即可得解。

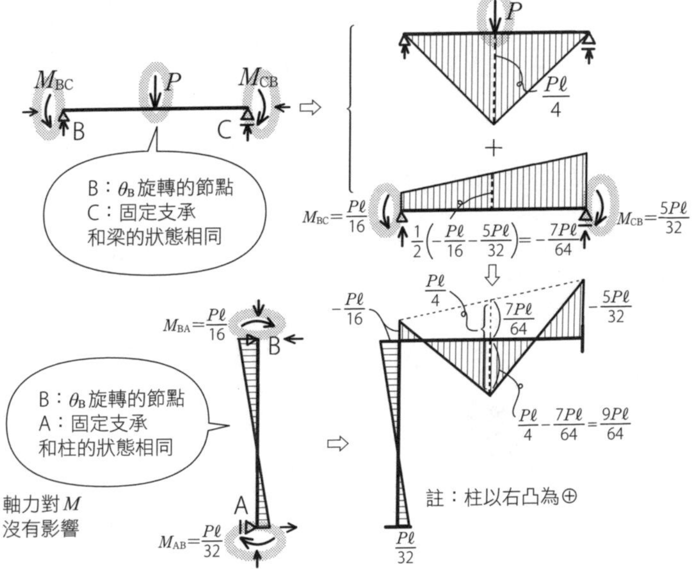

19 傾角變位法

Q 如圖承受均布荷重w的構架，請以傾角變位法求出彎矩，畫出彎矩圖。

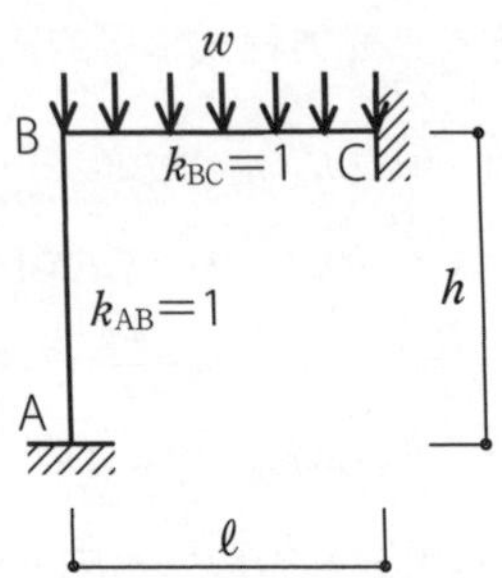

A ①先列出各桿端彎矩的公式。BC的載重項目C_{BC}、C_{CB}就是均布荷重的固端彎矩，大小為$\frac{w\ell^2}{12}$。由$W=w\ell$表示為$\frac{W\ell}{12}$時，比較容易了解力×距離＝力矩的單位。

$$\begin{cases} M_{AB}=(2EK_0)\cdot 1\cdot(2\cdot 0+\theta_B-3\cdot 0)+0=(2EK_0)\theta_B\cdots(1) \\ M_{BA}=(2EK_0)\cdot 1\cdot(2\theta_B+0-3\cdot 0)+0=(2EK_0)\cdot 2\theta_B\cdots(2) \\ M_{BC}=(2EK_0)\cdot 1\cdot(2\theta_B+0-3\cdot 0)+C_{BC}=(2EK_0)\cdot 2\theta_B-\frac{W\ell}{12}\cdots(3) \\ M_{CB}=(2EK_0)\cdot 1\cdot(2\cdot 0+\theta_B-3\cdot 0)+C_{CB}=(2EK_0)\theta_B+\frac{W\ell}{12}\cdots(4) \end{cases}$$

（自己是2倍）（對手是1倍）（有中間荷重）

②由節點B旋轉方向平衡的條件列出節點方程式，求出θ_B。

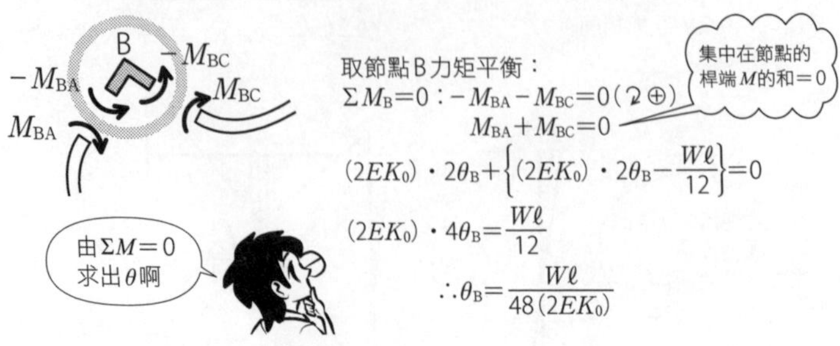

取節點B力矩平衡：

$\Sigma M_B=0$：$-M_{BA}-M_{BC}=0$（↻⊕）

$$M_{BA}+M_{BC}=0$$

$$(2EK_0)\cdot 2\theta_B+\left\{(2EK_0)\cdot 2\theta_B-\frac{W\ell}{12}\right\}=0$$

$$(2EK_0)\cdot 4\theta_B=\frac{W\ell}{12}$$

$$\therefore \theta_B=\frac{W\ell}{48(2EK_0)}$$

③將節點方程式求得的θ_B值，代入各桿端彎矩的式子中。

$$
\begin{cases}
M_{AB}=(2EK_0)\theta_B=(2EK_0)\cdot\dfrac{W\ell}{48(2EK_0)}=\dfrac{W\ell}{48}(\circlearrowright\oplus)\\
M_{BA}=(2EK_0)\cdot 2\theta_B=(2EK_0)\cdot 2\cdot\dfrac{W\ell}{48(2EK_0)}=\dfrac{W\ell}{24}(\circlearrowright\oplus)\\
M_{BC}=(2EK_0)\cdot 2\theta_B-\dfrac{W\ell}{12}=(2EK_0)\cdot 2\cdot\dfrac{W\ell}{48(2EK_0)}-\dfrac{W\ell}{12}=-\dfrac{W\ell}{24}(\circlearrowleft\ominus)\\
M_{CB}=(2EK_0)\theta_B+\dfrac{W\ell}{12}=(2EK_0)\cdot\dfrac{W\ell}{48(2EK_0)}+\dfrac{W\ell}{12}=\dfrac{5W\ell}{48}(\circlearrowright\oplus)
\end{cases}
$$

④將梁BC承受w作用，以及M_{BC}、M_{CB}作用的情況，分別畫出M圖，之後再組合起來（加法）成為1個M圖，即可得解。

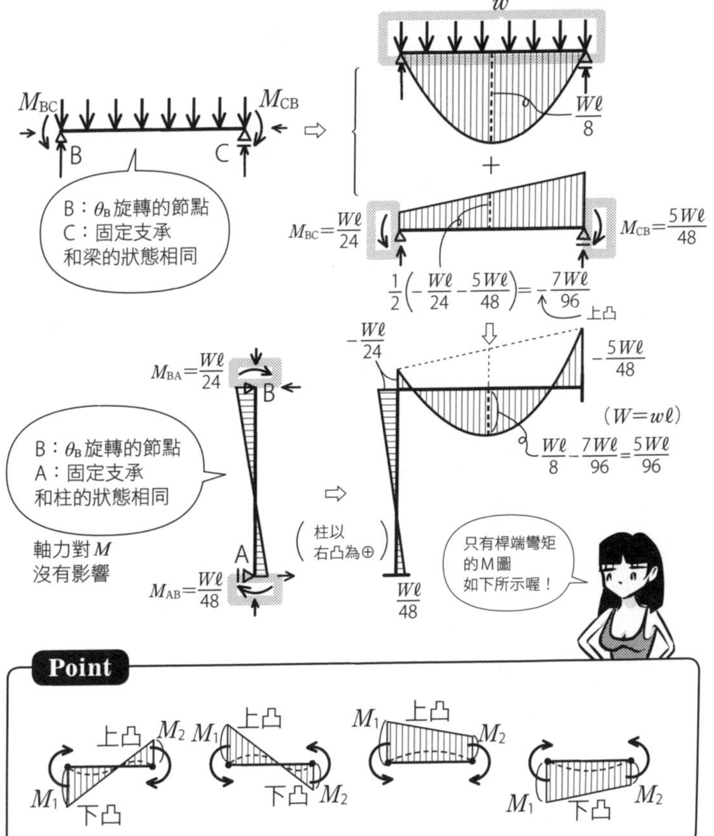

Point

Q 如圖承受集中荷重P的構架，請以傾角變位法求出彎矩，畫出彎矩圖。

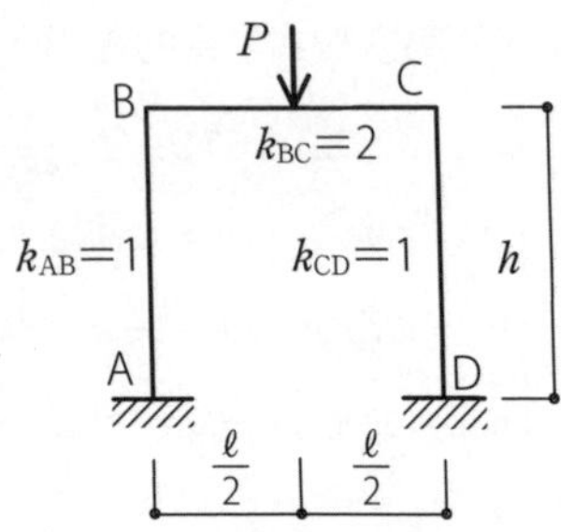

A ①由於是對稱變形，故$\theta_C=-\theta_B$，M圖也是只要畫出左半部，就可以對稱畫出右半部。

②只要對節點A和節點B，以傾角變位法列出桿端彎矩的公式。載重項目C_{BC}是P所造成的固端彎矩，因此$C_{BC}=-\frac{P\ell}{8}$（↺⊖）。

$$\begin{cases} M_{AB}=(2EK_0)\cdot 1\cdot(2\cdot 0+\theta_B-3\cdot 0)+0=(2EK_0)\theta_B\cdots(1) \\ M_{BA}=(2EK_0)\cdot 1\cdot(2\theta_B+0-3\cdot 0)+0=(2EK_0)\cdot 2\theta_B\cdots(2) \\ M_{BC}=(2EK_0)\cdot 2\cdot(2\theta_B-\theta_B-3\cdot 0)+C_{BC}=(2EK_0)\cdot 2\theta_B-\frac{P\ell}{8}\cdots(3) \end{cases}$$

（自己是2倍）（對手是1倍）

$k_{BC}=2$　$\theta_C=-\theta_B$　$C_{BC}=-\frac{P\ell}{8}$（有中間荷重）

取節點B力矩平衡：

$\Sigma M_B=0$：$-M_{BA}-M_{BC}=0$（↻⊕）

$M_{BA}+M_{BC}=0$（節點方程式）

$$(2EK_0)\cdot 2\theta_B+\left\{(2EK_0)\cdot 2\theta_B-\frac{P\ell}{8}\right\}=0$$

$$(2EK_0)\cdot 4\theta_B=\frac{P\ell}{8}$$

$$\theta_B=\frac{P\ell}{32(2EK_0)}$$

③將 θ_B 代入(1)～(3)，求出各桿端彎矩。

$$\begin{cases} M_{AB}=(2EK_0)\theta_B=\cancel{(2EK_0)}\cdot\dfrac{P\ell}{32\cancel{(2EK_0)}}=\dfrac{P\ell}{32}(\circlearrowright\oplus) \\ M_{BA}=(2EK_0)\cdot 2\theta_B=\cancel{(2EK_0)}\cdot 2\cdot\dfrac{P\ell}{32\cancel{(2EK_0)}}=\dfrac{P\ell}{16}(\circlearrowright\oplus) \\ M_{BC}=(2EK_0)\cdot 2\theta_B-\dfrac{P\ell}{8}=\cancel{(2EK_0)}\cdot 2\cdot\dfrac{P\ell}{32\cancel{(2EK_0)}}-\dfrac{P\ell}{8}=-\dfrac{P\ell}{16}(\circlearrowleft\ominus) \end{cases}$$

④將梁BC承受 P 作用，以及 M_{BC}、M_{CB} 作用的情況，分別畫出M圖，之後再組合起來（加法）成為1個M圖，即可得解。

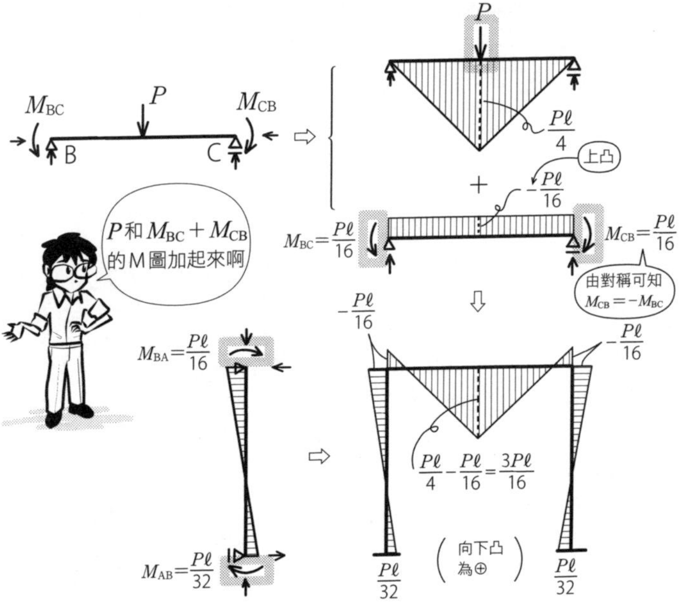

Q 如圖承受集中荷重P的構架，請以傾角變位法求出彎矩，畫出彎矩圖。

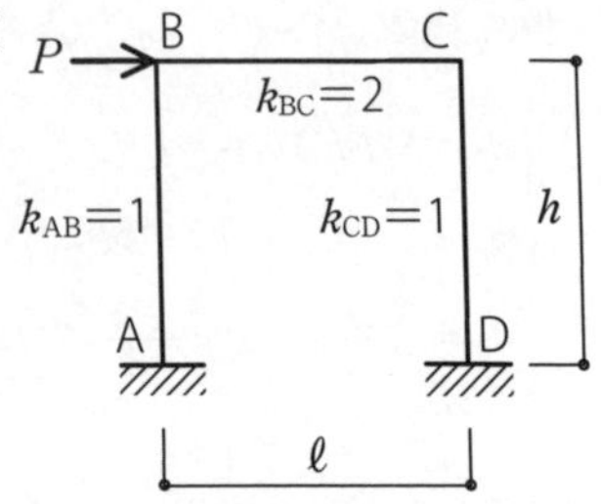

A ①由於是反對稱的構架，故$\theta_C=\theta_B$。還有向右偏移相同距離δ，因此構材角相等，即$R_{AB}=R_{DC}\fallingdotseq \tan R_{AB}=\dfrac{\delta}{h}$。未知數有2個，也就是$\theta_B$和$R_{AB}$。

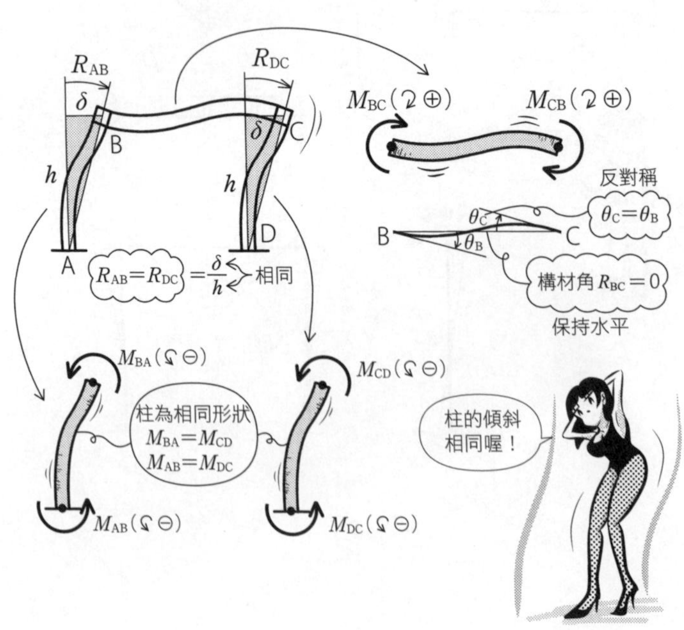

②構材AB有構材角R_{AB}，注意$\theta_C=\theta_B$，列出各桿端彎矩的公式。右柱的桿端彎矩M_{CD}、M_{DC}會和左柱相同，故可省略。

$$\begin{cases} M_{AB}=(2EK_0)\cdot 1\cdot(2\cdot 0+\theta_B-3\cdot R_{AB})+0=(2EK_0)(\theta_B-3R_{AB})\cdots(1) \\ M_{BA}=(2EK_0)\cdot 1\cdot(2\theta_B+0-3\cdot R_{AB})+0=(2EK_0)(2\theta_B-3R_{AB})\cdots(2) \\ M_{BC}=(2EK_0)\cdot 2\cdot(2\theta_B+\theta_B-3\cdot 0)+0=(2EK_0)\cdot 6\theta_B\cdots(3) \\ M_{CB}=(2EK_0)\cdot 2\cdot(2\theta_B+\theta_B-3\cdot 0)+0=(2EK_0)\cdot 6\theta_B\cdots(4) \end{cases}$$

$\theta_A=0$

柱的構材角

$\theta_C=\theta_B$

反對稱，故相同

自己是2倍

$\theta_C=\theta_B$

對手是1倍

③作用在節點B的力矩，是和柱梁的桿端彎矩反向的力矩。此力矩的和若不是0，節點B就會不斷地旋轉。

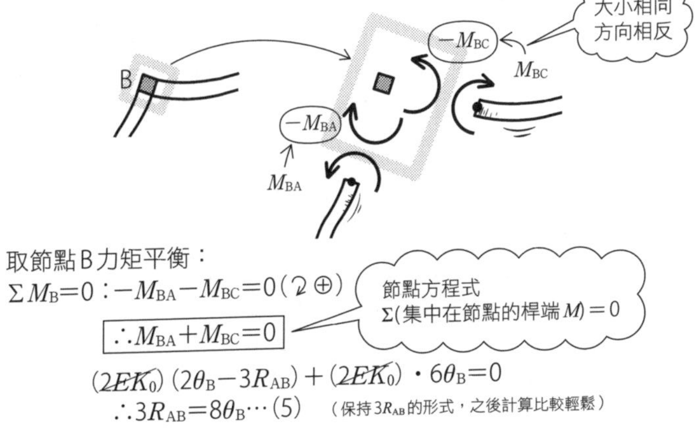

取節點B力矩平衡：

$\Sigma M_B=0$：$-M_{BA}-M_{BC}=0$（↻⊕）

$\boxed{\therefore M_{BA}+M_{BC}=0}$

$(2EK_0)(2\theta_B-3R_{AB})+(2EK_0)\cdot 6\theta_B=0$

$\therefore 3R_{AB}=8\theta_B\cdots(5)$　（保持$3R_{AB}$的形式，之後計算比較輕鬆）

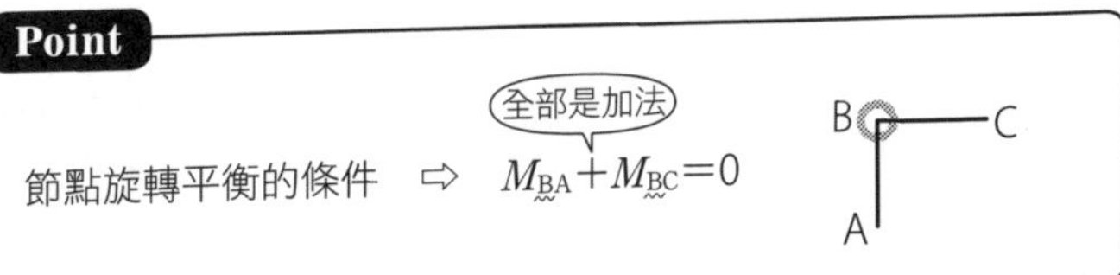

④水平切斷柱的部分，考量上半部的平衡$\Sigma Fx=0$。2根柱的剪力Q之和，會和水平力P互相平衡。由於$Q=$(M的斜率)，故可從桿端彎矩M_{AB}、M_{BA}的式子求得。$\Sigma Fx=0$在多層構架的每一層都適用，稱為層方程式。

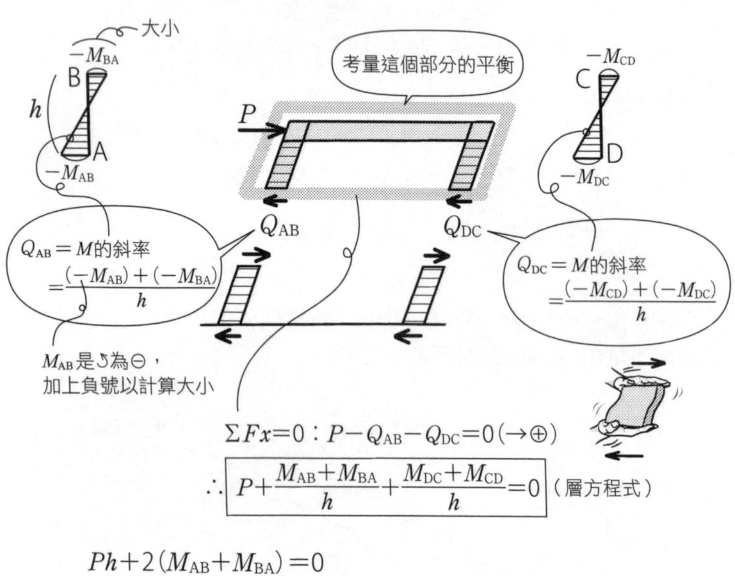

$$\Sigma Fx=0：P-Q_{AB}-Q_{DC}=0\ (\rightarrow\oplus)$$

$$\therefore \boxed{P+\frac{M_{AB}+M_{BA}}{h}+\frac{M_{DC}+M_{CD}}{h}=0}\ （層方程式）$$

$$Ph+2(M_{AB}+M_{BA})=0$$
$(\because M_{DC}=M_{AB}、M_{CD}=M_{BA})$

$$Ph+2\{(2EK_0)(\theta_B-3R_{AB})+(2EK_0)(2\theta_B-3R_{AB})\}=0$$
（代入桿端M的公式）

$$Ph+2\{(2EK_0)(\theta_B-8\theta_B)+(2EK_0)(2\theta_B-8\theta_B)\}=0$$
（$\because$由(5)，可知$3R_{AB}=8\theta_B$）

$$\therefore \theta_B=\frac{Ph}{26(2EK_0)}、3R_{AB}=8\theta_B=\frac{4Ph}{13(2EK_0)}\cdots(6)$$

Point

水平向平衡的條件 ⇨ $P+\frac{M_{AB}+M_{BA}}{h}+\frac{M_{DC}+M_{CD}}{h}=0$（全部是加法）

⑤將θ_B、$3R_{AB}$的值代入(1)～(4)，求出桿端彎矩。

$$M_{AB}=(\cancel{2EK_0})\left\{\frac{Ph}{26(\cancel{2EK_0})}-\frac{4Ph}{13(\cancel{2EK_0})}\right\}=-\frac{7Ph}{26}\ (\circlearrowleft\ominus)$$

$$M_{BA}=(\cancel{2EK_0})\left\{\frac{2Ph}{26(\cancel{2EK_0})}-\frac{4Ph}{13(\cancel{2EK_0})}\right\}=-\frac{3Ph}{13}\ (\circlearrowleft\ominus)$$

$$M_{BC}=(\cancel{2EK_0})\frac{6Ph}{26(\cancel{2EK_0})}=\frac{3Ph}{13}\ (\circlearrowright\oplus)$$

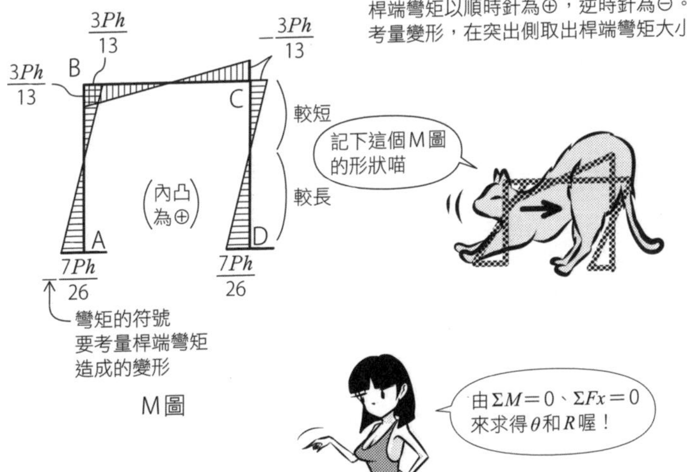

M圖

由$\Sigma M=0$、$\Sigma Fx=0$來求得θ和R喔！

Point

①桿端彎矩的公式

$$\begin{cases}M_{AB}=(2EK_0)k_A(2\theta_A+\theta_B-3R_{AB})+C_{AB}\\ \quad\vdots\end{cases}$$

②各節點的$\Sigma M=0$

$$\begin{cases}M_{BA}+M_{BC}=0\\ \quad\vdots\end{cases}$$

全部是加法

③各層的$\Sigma Fx=0$

$$\begin{cases}P+\dfrac{M_{AB}+M_{BA}}{h}+\dfrac{M_{CD}+M_{DC}}{h}=0\\ \quad\vdots\end{cases}$$

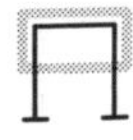

④得到角度的未知數，求出桿端彎矩。

★ R149 check ▶□□□

Q 如圖承受集中荷重P的構架，請以傾角變位法求出彎矩，畫出彎矩圖。

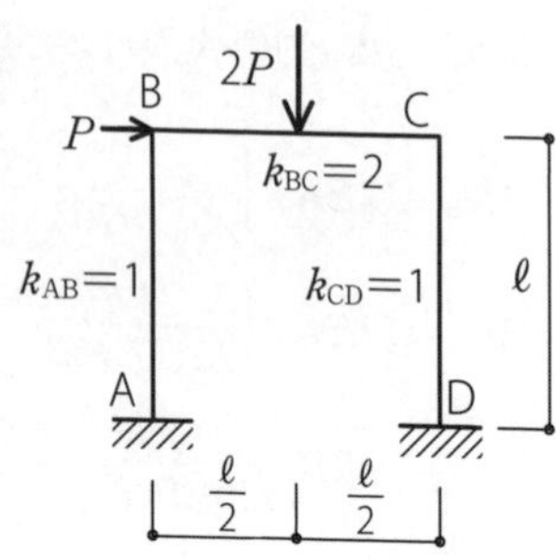

A ①垂直荷重、水平荷重同時作用時，無法以對稱、反對稱的簡化方式來求解。請列出4個節點的桿端彎矩公式，在節點B、C，其$\Sigma M=0$的節點方程式，以及水平向平衡$\Sigma Fx=0$的層方程式。

・各桿端彎矩

（自己是2倍）（對手是1倍）

柱AB
$$M_{AB}=2EK_0\cdot 1\cdot(2\cdot 0+\theta_B-3R_{AB})=2EK_0(\theta_B-3R_{AB}) \quad \cdots(1)$$
$$M_{BA}=2EK_0\cdot 1\cdot(2\theta_B+0-3R_{AB})=2EK_0(2\theta_B-3R_{AB}) \quad \cdots(2)$$

（$k_{BC}=2$）（$R_{BC}=0$）

梁BC
$$M_{BC}=2EK_0\cdot 2\cdot(2\theta_B+\theta_C-3\cdot 0)-\frac{(2P)\ell}{8}=2EK_0(4\theta_B+2\theta_C)-\frac{P\ell}{4} \quad \cdots(3)$$
（固端彎矩）
$$M_{CB}=2EK_0\cdot 2\cdot(2\theta_C+\theta_B-3\cdot 0)+\frac{(2P)\ell}{8}=2EK_0(2\theta_B+4\theta_C)+\frac{P\ell}{4} \quad \cdots(4)$$

柱CD
$$M_{CD}=2EK_0\cdot 1\cdot(2\theta_C+0-3R_{AB})=2EK_0(2\theta_C-3R_{AB}) \quad \cdots(5)$$
$$M_{DC}=2EK_0\cdot 1\cdot(2\cdot 0+\theta_C-3R_{AB})=2EK_0(\theta_C-3R_{AB}) \quad \cdots(6)$$

・B的$\Sigma M=0$：$-M_{BA}-M_{BC}=0$→ 將(2)、(3)代入$M_{BA}+M_{BC}=0$中整理（全部是加法）

$$6\theta_B+2\theta_C-3R_{AB}=\frac{P\ell}{4(2EK_0)} \cdots(7)$$

（節點方程式）

・C的$\Sigma M=0$：$-M_{CB}-M_{CD}=0$→ 將(4)、(5)代入$M_{CB}+M_{CD}=0$中整理

$$2\theta_B+6\theta_C-3R_{AB}=-\frac{P\ell}{4(2EK_0)} \cdots(8)$$

・$\Sigma Fx=0$：$P-\frac{(-M_{AB})+(-M_{BA})}{\ell}-\frac{(-M_{DC})+(-M_{CD})}{\ell}=0$

（全部是加法）（層方程式）

→將(1)、(2)、(5)、(6)代入$P+\frac{M_{AB}+M_{BA}}{\ell}+\frac{M_{DC}+M_{CD}}{\ell}=0$中整理

$$3\theta_B+3\theta_C-4\cdot 3R_{AB}=\frac{-P\ell}{2EK_0} \cdots(9)$$

(7)、(8)、(9)的三元一次聯立方程式，可以求出θ_B、θ_C、$3R_{AB}$。若是以包含$2EK_0$的$\theta'_B(\phi_B)$、$\theta'_C(\phi_C)$、$R'_{AB}(\psi_{AB})$作為未知數，公式會變得單純許多。

由(7)、(8)、(9)可得$\theta_B=\dfrac{21P\ell}{208(2EK_0)}$、$\theta_C=\dfrac{-5P\ell}{208(2EK_0)}$、$3R_{AB}=\dfrac{4P\ell}{13(2EK_0)}$

將結果代入(1)～(6)中

$$M_{AB}=-\frac{43P\ell}{208}\quad M_{BA}=-\frac{11P\ell}{104}\quad M_{BC}=\frac{11P\ell}{104}$$

$$M_{CB}=\frac{37P\ell}{104}\quad M_{CD}=-\frac{37P\ell}{104}\quad M_{DC}=-\frac{69P\ell}{208}$$

②在桿端彎矩的突出方向，取出桿端彎矩的彎矩大小，連結兩端畫出M圖。有中間荷重的構材BC，要計算荷重作用點的M大小。

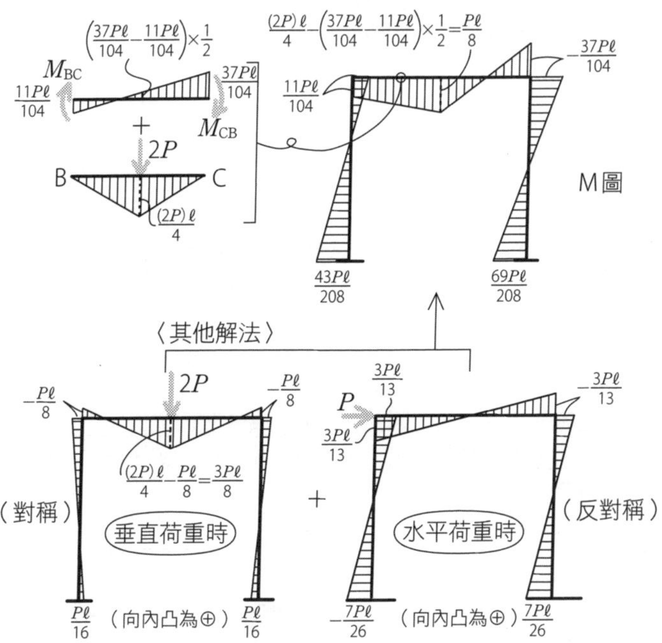

另外也有分別將承受垂直荷重和水平荷重時的M圖組合起來（加法）的方法。就是把R147的P改成$2P$的M圖，和R148的M圖組合起來，即可得解。這個計算法經常使用在將長期垂直荷重時的內力與地震時的內力相加，以求得短期內力的情況。

Q 如圖承受集中荷重P的構架，請以彎矩分配法求出彎矩，畫出彎矩圖。

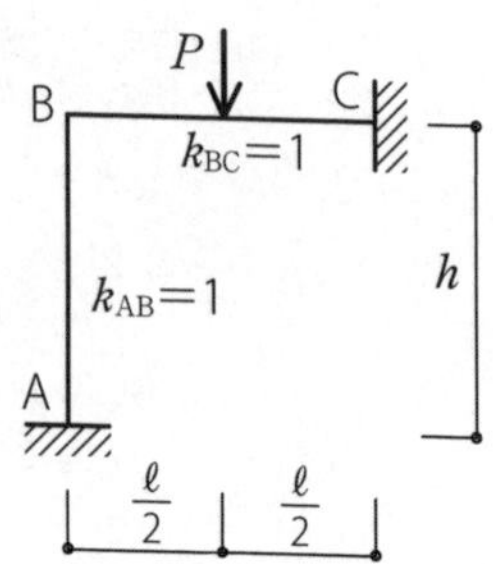

A ①在構架的節點沒有移動、承受垂直荷重時，經常使用彎矩分配法作為解題的計算方法。暫時將會旋轉的節點，視為不會旋轉的固定支承。作為固定該節點的彎矩就是固端彎矩。

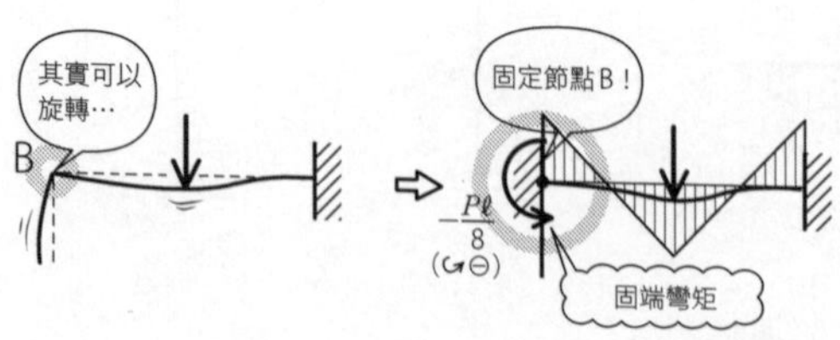

②保持固定是不合理的，因此在反方向會有和固端彎矩大小相同、作為解開固端的彎矩作用。固端彎矩＋解開彎矩，就和什麼都沒做的意思一樣。

③<u>解開固端的彎矩，在構材AB、BC會依勁度比成比例分配</u>。構材AB、BC的勁度比都是1，表示彎曲困難度相同，分別承受$\frac{P\ell}{8}$的一半。

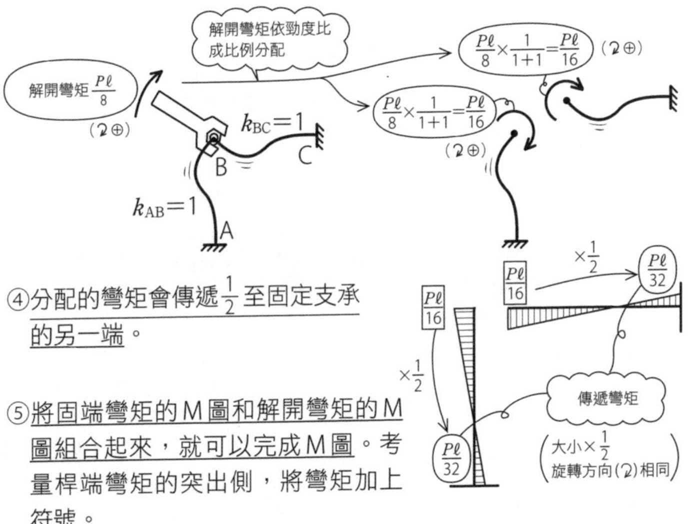

④<u>分配的彎矩會傳遞$\frac{1}{2}$至固定支承的另一端</u>。

⑤<u>將固端彎矩的M圖和解開彎矩的M圖組合起來，就可以完成M圖</u>。考量桿端彎矩的突出側，將彎矩加上符號。

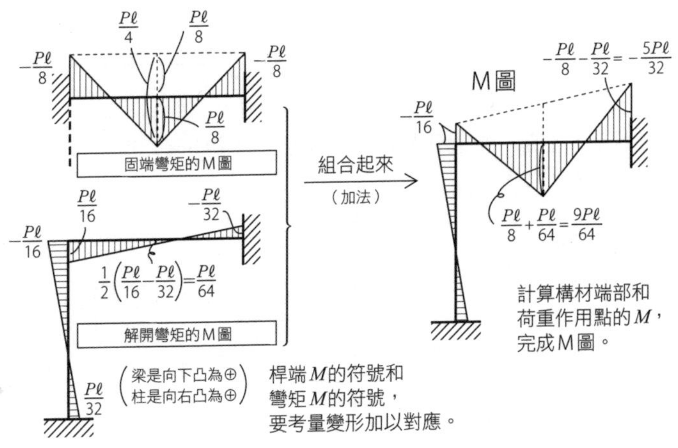

Point

①以固端彎矩來固定節點

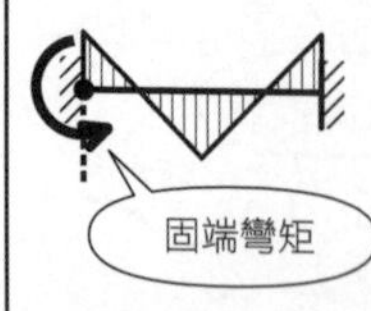

②以解開彎矩來解開固定

③依勁度比分配解開彎矩

④分配的解開彎矩 $\times\frac{1}{2}$ 至另一端

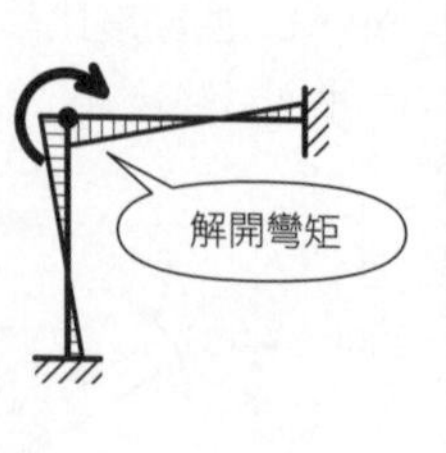

⑥依勁度比成比例分配時，以 $\frac{\text{（某構材的勁度比）}}{\text{（集中在節點的勁度比合計）}}$ 作為分配係數，簡寫成DF。其他則使用如下的符號，以表格列出。

DF	
FEM	
D_1	
C_1	

DF：分配係數（distribution factor）
FEM：固端彎矩（fixed end moment）
D_1：第1次的分配彎矩（distribution moment）
C_1：相對於 D_1 的傳遞彎矩（carry-over moment）

⑦如下圖，先在構架上列出如圖的表格。為了明確知道是哪個桿端的表，特別加上箭頭。

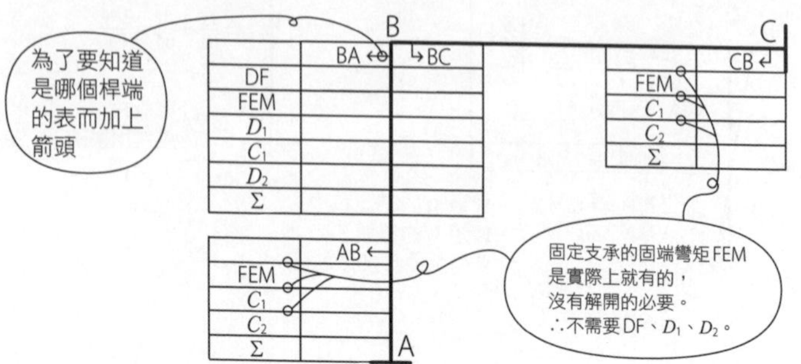

⑧將節點 B 的分配係數 DF，由勁度比計算出來後填入。

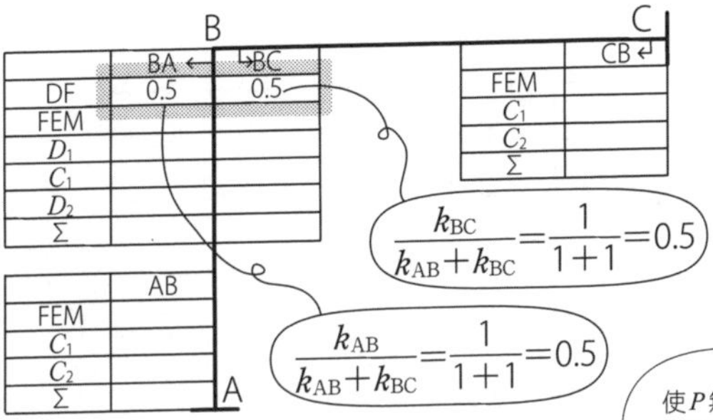

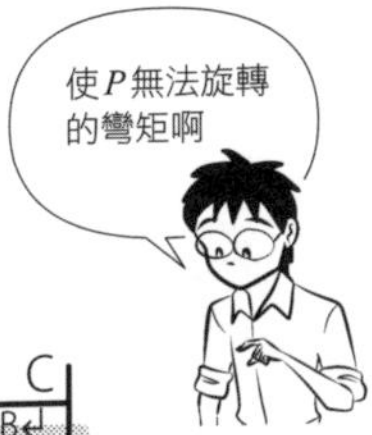

	BA	BC
DF	0.5	0.5
FEM		
D_1		
C_1		
D_2		
Σ		

	CB
FEM	
C_1	
C_2	
Σ	

	AB
FEM	
C_1	
C_2	
Σ	

$$\frac{k_{BC}}{k_{AB}+k_{BC}}=\frac{1}{1+1}=0.5$$

$$\frac{k_{AB}}{k_{AB}+k_{BC}}=\frac{1}{1+1}=0.5$$

使 P 無法旋轉的彎矩啊

⑨由荷重計算固定（端）彎矩 FEM 後填入。

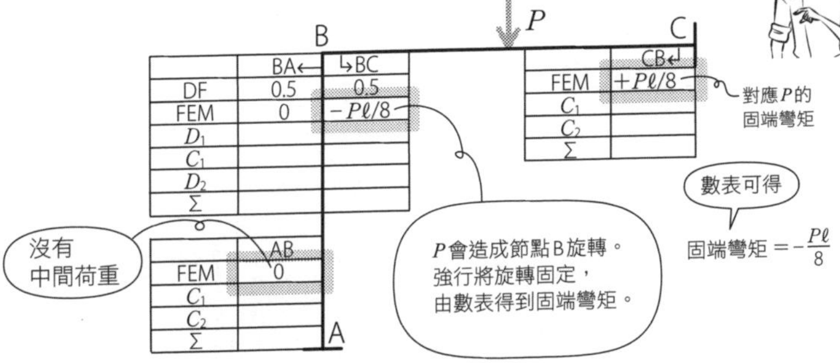

	BA	BC
DF	0.5	0.5
FEM	0	$-P\ell/8$
D_1		
C_1		
D_2		
Σ		

	CB
FEM	$+P\ell/8$
C_1	
C_2	
Σ	

	AB
FEM	0
C_1	
C_2	
Σ	

對應 P 的固端彎矩

數表可得

固端彎矩 $=-\frac{P\ell}{8}$

沒有中間荷重

P 會造成節點 B 旋轉。強行將旋轉固定，由數表得到固端彎矩。

⑩由固端彎矩加上負號所得的解開彎矩 $\overline{M}$，依分配係數 DF 來加以分配。

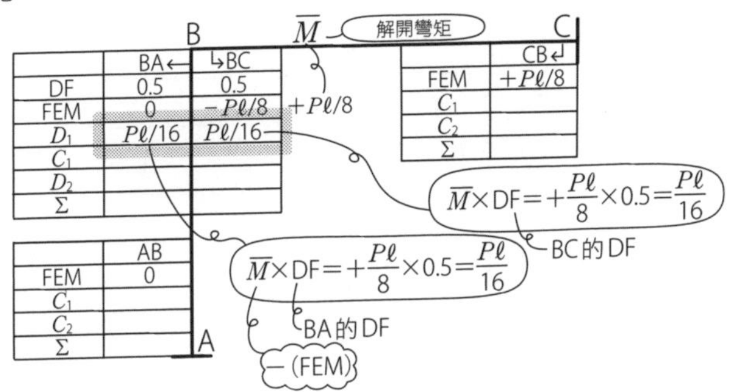

	BA	BC
DF	0.5	0.5
FEM	0	$-P\ell/8$
D_1	$P\ell/16$	$P\ell/16$
C_1		
D_2		
Σ		

	CB
FEM	$+P\ell/8$
C_1	
C_2	
Σ	

	AB
FEM	0
C_1	
C_2	
Σ	

⑪傳遞第1次分配彎矩D_1的$\frac{1}{2}$至另一端，成為第1次傳遞彎矩C_1。

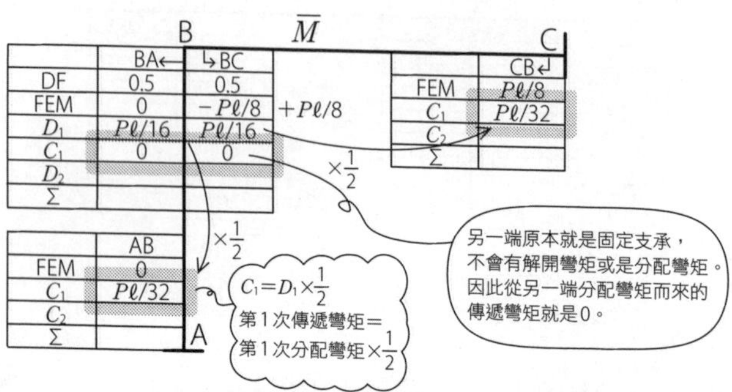

⑫節點B的C_1合計＝0，已達平衡，因此解開的$\overline{M}$也是0。

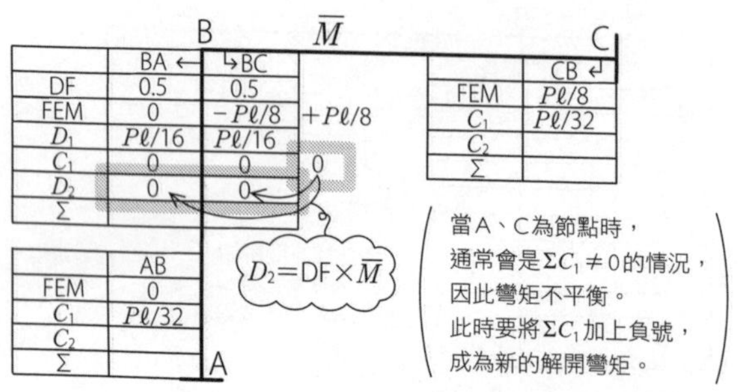

⑬2次分配彎矩D_2的$\frac{1}{2}$，寫成2次傳遞彎矩C_2，由於$D_2=0$，因此兩邊都是$C_2=0$。

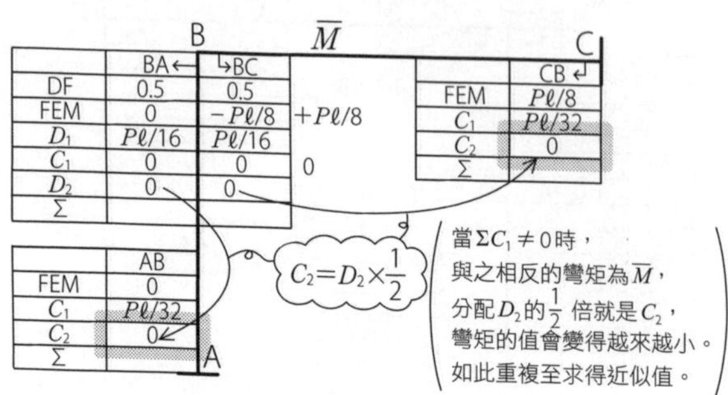

⑭由固端彎矩 FEM，解開彎矩分配後的 D_1、D_2，以及傳遞彎矩 C_1、C_2 的合計，求出桿端彎矩。

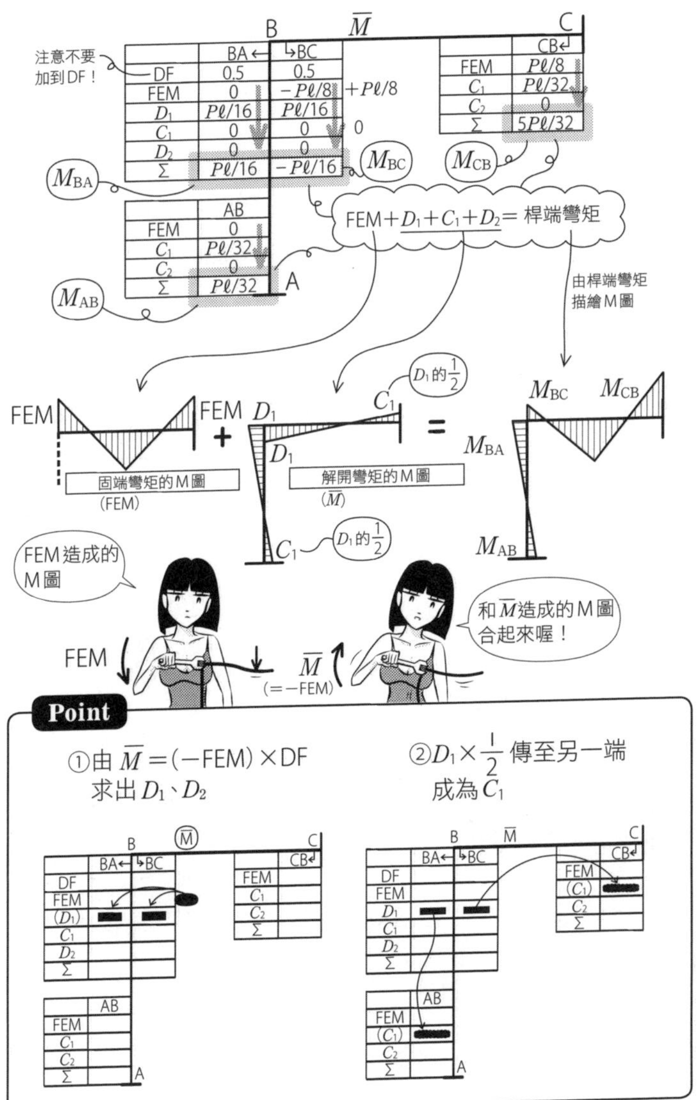

Q 如圖承受均布荷重w的構架，請以彎矩分配法求出彎矩，畫出彎矩圖。

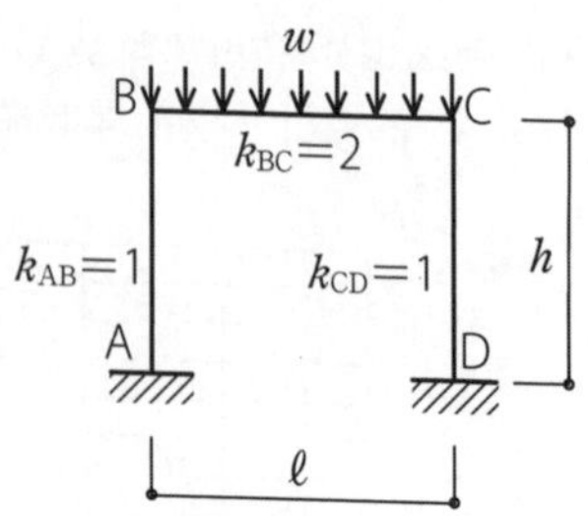

A ①畫出節點B、C在固端彎矩（FEM）作用下的M圖，接著畫出節點B、C以解開彎矩（$\overline{M}$）作用下的M圖，兩者的M圖組合起來（加法）就可以完成M圖。

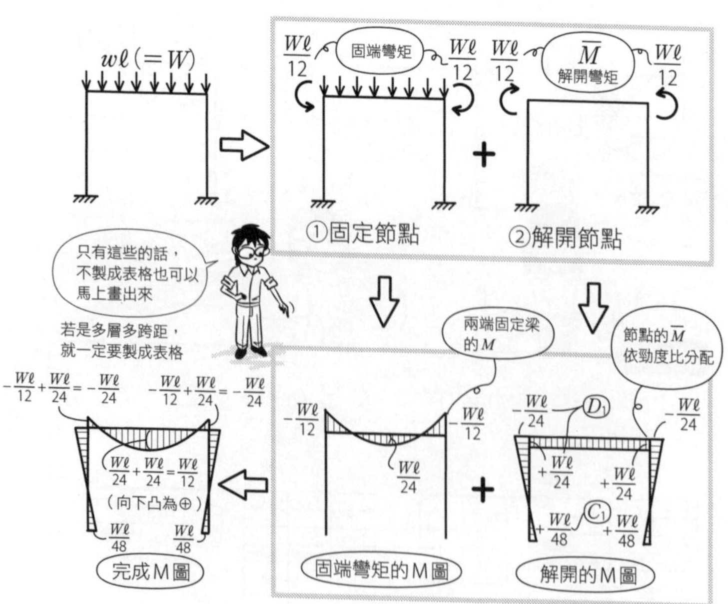

②對稱荷重下，只計算左側時，勁度比k要修正成有效勁度比k_e來計算。從右端而來的傳遞彎矩為0。不看右側時要以k_e來計算。

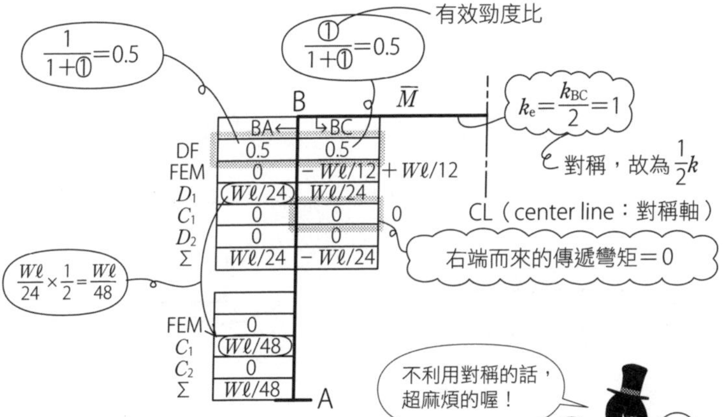

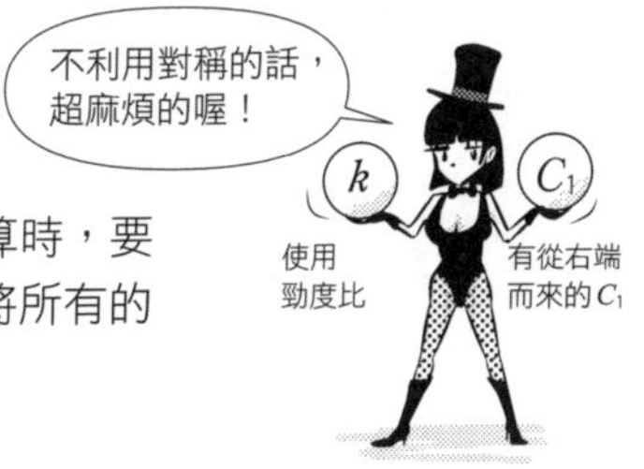

有效勁度比

$\frac{1}{1+①}=0.5$　$\frac{①}{1+①}=0.5$

$k_e=\frac{k_{BC}}{2}=1$

對稱，故為$\frac{1}{2}k$

CL（center line：對稱軸）

	BA←	↳BC	
DF	0.5	0.5	
FEM	0	$-W\ell/12$	$+W\ell/12$
D_1	$W\ell/24$	$W\ell/24$	
C_1	0	0	0
D_2	0	0	
Σ	$W\ell/24$	$-W\ell/24$	

右端而來的傳遞彎矩＝0

$\frac{W\ell}{24}\times\frac{1}{2}=\frac{W\ell}{48}$

FEM	0
C_1	$W\ell/48$
C_2	0
Σ	$W\ell/48$

不利用對稱的話，超麻煩的喔！

使用勁度比 k　有從右端而來的C_1

③不利用對稱，右側也要進行計算時，要直接使用勁度比來計算，並且將所有的傳遞彎矩寫出來。

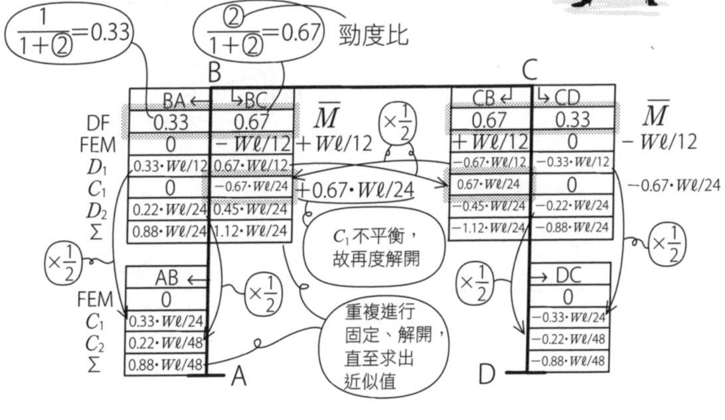

$\frac{1}{1+②}=0.33$　$\frac{②}{1+②}=0.67$ 勁度比

	BA←	↳BC		CB↲	↳CD	
DF	0.33	0.67	$\overline{M}$	0.67	0.33	$\overline{M}$
FEM	0	$-W\ell/12$	$+W\ell/12$	$+W\ell/12$	0	$-W\ell/12$
D_1	$0.33\cdot W\ell/12$	$0.67\cdot W\ell/12$		$-0.67\cdot W\ell/12$	$-0.33\cdot W\ell/12$	
C_1	0	$-0.67\cdot W\ell/24$	$+0.67\cdot W\ell/24$	$0.67\cdot W\ell/24$	0	$-0.67\cdot W\ell/24$
D_2	$0.22\cdot W\ell/24$	$0.45\cdot W\ell/24$		$-0.45\cdot W\ell/24$	$-0.22\cdot W\ell/24$	
Σ	$0.88\cdot W\ell/24$	$1.12\cdot W\ell/24$		$-1.12\cdot W\ell/24$	$-0.88\cdot W\ell/24$	

$\times\frac{1}{2}$

C_1不平衡，故再度解開

	AB←		→DC
FEM	0		0
C_1	$0.33\cdot W\ell/24$		$-0.33\cdot W\ell/24$
C_2	$0.22\cdot W\ell/48$		$-0.22\cdot W\ell/48$
Σ	$0.88\cdot W\ell/48$		$-0.88\cdot W\ell/48$

重複進行固定、解開，直至求出近似值

Point

只有對稱的左側→$k_e=\frac{1}{2}k$，從右端而來的$C_1=0$

下面集結了最重要的公式，藉由無數次的反覆練習，連同圖的形狀一起完整地記憶下來吧。

	梁和荷重的狀態	M圖
1.	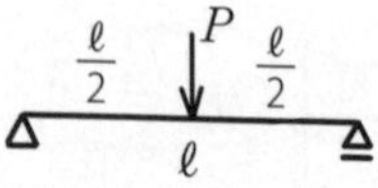 P，$\frac{\ell}{2}$，$\frac{\ell}{2}$，ℓ	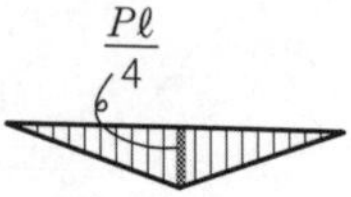 $\frac{P\ell}{4}$
2.	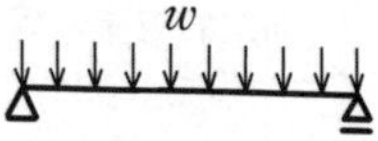 w（全荷重 $W=w\ell$）	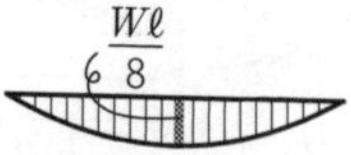 $\frac{W\ell}{8}$
3.	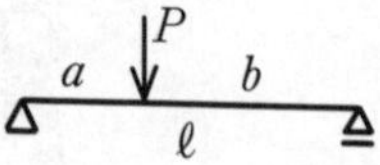 P，a，b，ℓ	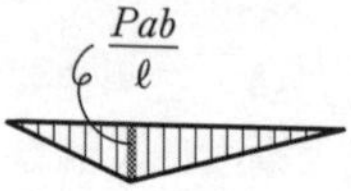 $\frac{Pab}{\ell}$
4.	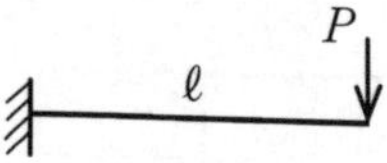 P，ℓ	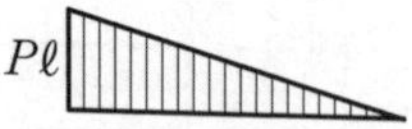 $P\ell$
5.	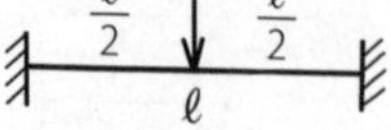 $\frac{\ell}{2}$，$\frac{\ell}{2}$，ℓ	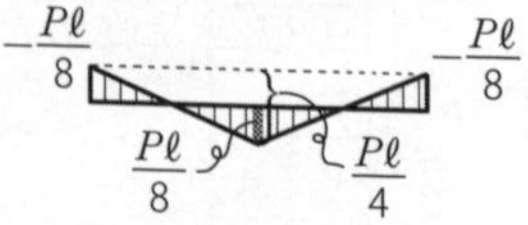 $-\frac{P\ell}{8}$，$-\frac{P\ell}{8}$，$\frac{P\ell}{8}$，$\frac{P\ell}{4}$
6.	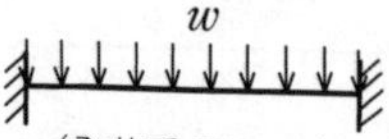 w（全荷重 $W=w\ell$）	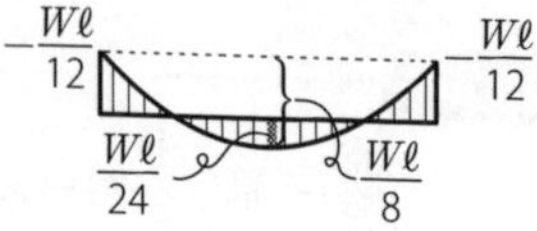 $-\frac{W\ell}{12}$，$-\frac{W\ell}{12}$，$\frac{W\ell}{24}$，$\frac{W\ell}{8}$

		$\delta_{\max}$	$\theta_{\max}$
7.	δ和θ的公式中，ℓ的次數	ℓ^3 【δ→Δ→3角形→3次方】	ℓ^2 【θ→∡→2邊→2次方】
8.	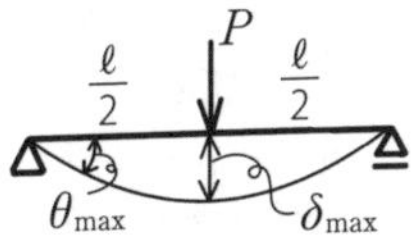 P, $\frac{\ell}{2}$, $\frac{\ell}{2}$, $\theta_{\max}$, $\delta_{\max}$	$\frac{P\ell^3}{48EI}$	$\frac{P\ell^2}{16EI}$
9.	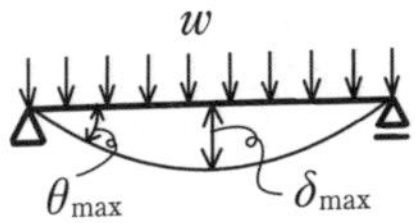 w, $\theta_{\max}$, $\delta_{\max}$	$\frac{5W\ell^3}{384EI}$	$\frac{W\ell^2}{24EI}$
10.	 M, θ_A, θ_B		$\theta_A=\frac{M\ell}{3EI}$ $\theta_B=\frac{M\ell}{6EI}$
11.	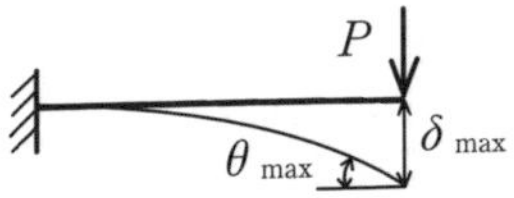 P, $\theta_{\max}$, $\delta_{\max}$	$\frac{P\ell^3}{3EI}$	$\frac{P\ell^2}{2EI}$
12.	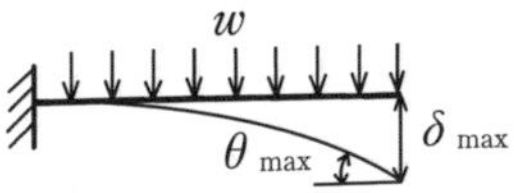 w, $\theta_{\max}$, $\delta_{\max}$	$\frac{W\ell^3}{8EI}$	$\frac{W\ell^2}{6EI}$
13.	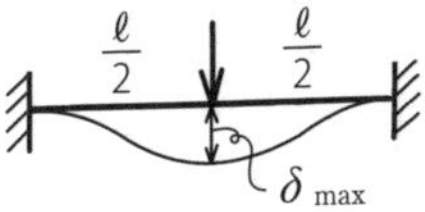 $\frac{\ell}{2}$, $\frac{\ell}{2}$, $\delta_{\max}$	$\frac{P\ell^3}{192EI}$	 分母一定有EI喔！ EI
14.	$W=w\ell$（全荷重） 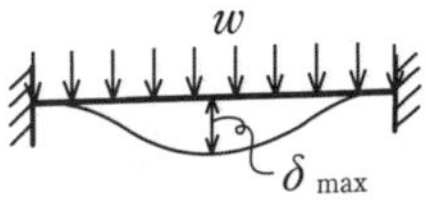 w, $\delta_{\max}$	$\frac{W\ell^3}{384EI}$	

No.	問題	解答
15.	M、Q、w 的關係是？	$\frac{dM}{dx}=Q$、$\frac{dQ}{dx}=-w$ 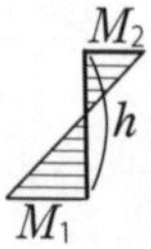　M_2　h　M_1　$Q=\frac{M_1+M_2}{h}$
16.	σ、E、ε 的關係是？	$\sigma=E\varepsilon$ 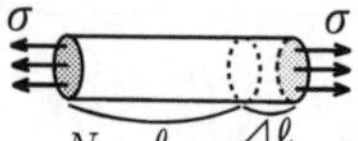　σ　σ　ℓ　$\Delta\ell$　$\sigma=\frac{N}{A}$　$\varepsilon=\frac{\Delta\ell}{\ell}$
17.	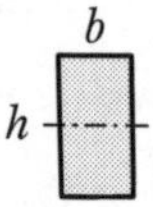 b　h　$I=$？	$I=\frac{bh^3}{12}$ 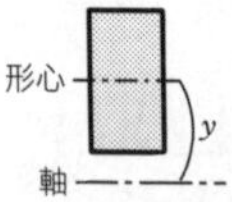　形心　軸　y　$I=\frac{bh^3}{12}+Ay^2$
18.	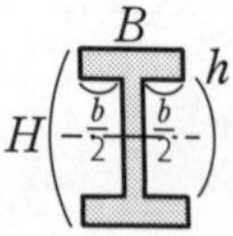 B　h　H　$\frac{b}{2}$　$\frac{b}{2}$　$I=$？	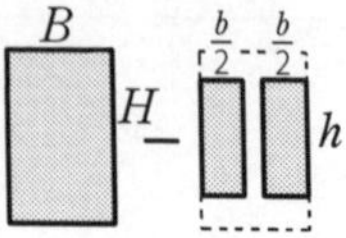 B　H − $\frac{b}{2}$　$\frac{b}{2}$　h　$I=\frac{BH^3}{12}-\left\{\frac{\left(\frac{b}{2}\right)h^3}{12}+\frac{\left(\frac{b}{2}\right)h^3}{12}\right\}=\frac{BH^3}{12}-\frac{bh^3}{12}$
19.	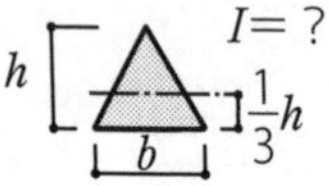 $I=$？　h　$\frac{1}{3}h$　b	$I=\frac{bh^3}{36}$
20.	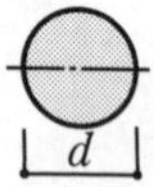 $I=$？　d	$I=\frac{\pi d^4}{64}$
21.	σ_b 和 M 的關係是？	$\sigma_b=\frac{My}{I}$ 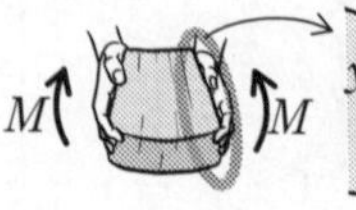 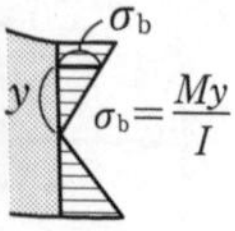　M　M　y　σ_b　$\sigma_b=\frac{My}{I}$
22.	σ_b 的最大值是？	$\sigma_{b\,max}=\frac{My_{max}}{I}=\frac{M}{\frac{I}{y_{max}}}=\frac{M}{Z}$　$Z=\frac{I}{y_{max}}$ 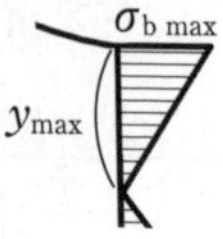　y_{max}　$\sigma_{b\,max}$

No.	問題	公式
23.	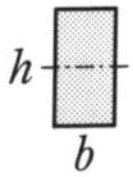 h, b $Z=?$ $Z_p=?$	$Z=\frac{bh^2}{6}$ 、$Z_p=\frac{bh^2}{4}$ 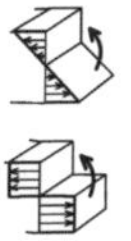 $\sigma_{b\,max}=\frac{M}{Z}$ $\sigma_y=\frac{M_p}{Z_p}$
24.	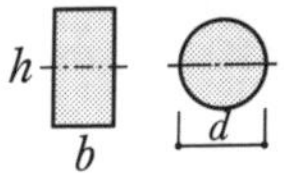 $\tau_{max}=?$ h, b, d	$\tau_{max}=\frac{3}{2}\times\frac{Q}{A}$ $\tau_{max}=\frac{4}{3}\times\frac{Q}{A}$ 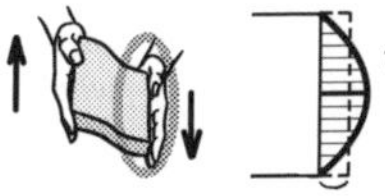 τ_{max} 平均 $\frac{Q}{A}$
25.	$P=\square\times\delta$ 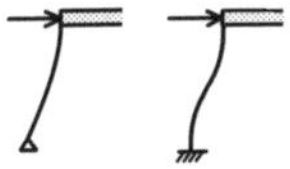	$P=\frac{3EI}{h^3}\times\delta$ $P=\frac{12EI}{h^3}\times\delta$
26.	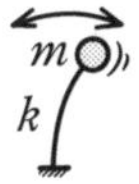 m, k $T=?$	$T=2\pi\sqrt{\frac{m}{k}}$
27.	 $P_k=?$	$P_k=\frac{\pi^2EI}{\ell_k^2}$
28.	$\ell_k=\square\times\ell$	 ℓ 0.5ℓ 0.7ℓ ℓ 2ℓ
29.	$M_{AB}=?$  M_{AB} A θ_A θ_B B	$K=\frac{I}{\ell}$ 自己是2倍 對手是1倍 $M_{AB}=2EK(2\theta_A+\theta_B-3R)+C_{AB}$
30.	$k_e=\square\times k$	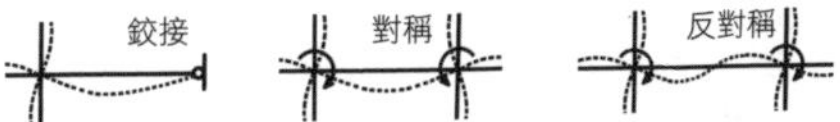 鉸接 $k_e=0.75k$ 對稱 $k_e=0.5k$ 反對稱 $k_e=1.5k$

國家圖書館出版品預行編目資料

圖解結構力學練習入門：一次精通結構力學的基本知識、原理和計算／原口秀昭著；陳曄亭譯.--初版.--臺北市：臉譜，城邦文化出版：家庭傳媒城邦分公司發行，2015.09
面； 公分. --（藝術叢書；FI1036）
譯自：ゼロからはじめる「構造力学」演習
ISBN 978-986-235-442-1（平裝）
1. 結構力學
440.15 104006040

藝術叢書 FI1036

圖解結構力學練習入門

一次精通結構力學的基本知識、原理和計算

作　　者　原口秀昭
譯　　者　陳曄亭
審 訂 者　呂良正
副總編輯　劉麗真
主　　編　陳逸瑛、顧立平
美術設計　陳瑀聲

發 行 人　凃玉雲
出　　版　臉譜出版
城邦文化事業股份有限公司
台北市中山區民生東路二段141號5樓
電話：886-2-25007696　傳真：886-2-25001952
發　　行　英屬蓋曼群島商家庭傳媒股份有限公司城邦分公司
台北市中山區民生東路二段141號11樓
客服服務專線：886-2-25007718；25007719
24小時傳真專線：886-2-25001990；25001991
服務時間：週一至週五上午09:30-12:00；下午13:30-17:00
劃撥帳號：19863813　戶名：書虫股份有限公司
讀者服務信箱：service@readingclub.com.tw
香港發行所　城邦（香港）出版集團有限公司
香港灣仔駱克道193號東超商業中心1樓
電話：852-25086231　傳真：852-25789337
E-mail : hkcite@biznetvigator.com
馬新發行所　城邦（馬新）出版集團 Cité (M) Sdn Bhd
41, Jalan Radin Anum, Bandar Baru Sri Petaling, 57000 Kuala Lumpur, Malaysia
電話：603-90578822　傳真：603-90576622
E-mail: cite@cite.com.my

初版一刷　2015年9月1日

城邦讀書花園
www.cite.com.tw

ISBN 978-986-235-442-1

定價：400元
（本書如有缺頁、破損、倒裝，請寄回更換）